数据库原理及应用教程

（MySQL 版）

微课版

陈志泊 **主编**

崔晓晖 **副主编**

韩慧 苏晓慧 付红萍 罗传文 **编著**

DATABASE PRINCIPLES AND APPLICATIONS

人民邮电出版社

北京

图书在版编目（CIP）数据

数据库原理及应用教程：MySQL版：微课版 / 陈志泊主编；韩慧等编著. -- 北京：人民邮电出版社，2022.3
高等学校计算机专业核心课名师精品系列教材
ISBN 978-7-115-57710-8

Ⅰ. ①数… Ⅱ. ①陈… ②韩… Ⅲ. ①关系数据库系统－高等学校－教材 Ⅳ. ①TP311.138

中国版本图书馆CIP数据核字(2021)第219174号

内 容 提 要

本书基于 MySQL 8，系统介绍了数据库技术的原理和应用方法。全书知识结构合理、重难点突出，符合教学和读者认知规律。全书包括数据库系统概念、数据库操作、数据库优化和管理、数据库设计和数据库编程 5 个篇章，内容循序渐进、深入浅出、条理性强。每个篇章的前面均有思维导图，可帮助读者系统了解各个篇章的知识架构；每章后面均有习题，可帮助读者巩固所学知识。本书提供了重要知识和操作的微课视频，读者可扫码观看。

本书具有丰富的配套资源，包括实验资源、教学课件、习题参考答案等，读者可从人邮教育社区（www.ryjiaoyu.com）下载。本书还可配套中国大学 MOOC 网站的"数据库原理及应用"课程使用。

本书可作为高等院校计算机及相关专业的教材，也可供从事计算机软件工作的科技人员、工程技术人员及其他有关人员参阅。

♦ 主　　编　陈志泊
　　副 主 编　崔晓晖
　　编　　著　韩　慧　苏晓慧　付红萍　罗传文
　　责任编辑　邹文波
　　责任印制　王　郁　陈　犇
♦ 人民邮电出版社出版发行　　北京市丰台区成寿寺路 11 号
　　邮编　100164　电子邮件　315@ptpress.com.cn
　　网址　https://www.ptpress.com.cn
　　北京鑫丰华彩印有限公司印刷
♦ 开本：787×1092　1/16
　　印张：21.75　　　　　　　　2022 年 3 月第 1 版
　　字数：598 千字　　　　　　2024 年 8 月北京第 9 次印刷

定价：69.80 元

读者服务热线：(010)81055256　印装质量热线：(010)81055316
反盗版热线：(010)81055315
广告经营许可证：京东市监广登字 20170147 号

　　数据库及其相关技术是计算机应用中一个非常活跃、发展迅速、应用广泛的领域。随着物联网、云计算、移动互联网、社交媒体等信息技术的飞速发展，数据资源急剧膨胀，如何解决实际业务领域中数据管理的相关技术问题，并利用数据库管理系统对这些数据资源进行科学的组织、存储、检索、维护和共享，是当前数据库类课程的主要教学内容。

　　目前，数据库类课程由于其课程知识适用范围广、技术实用性强等特点，已成为计算机类、电子信息类、管理类专业的核心课程，同时也成为其他工科类、农林类、生物技术类专业的选修课。许多专业推荐学生选修至少一门数据库类课程，为学习开展领域数据建模、相关数据库系统设计及领域科研数据分析和挖掘等奠定基础。

　　党的二十大报告指出，要推动战略性新兴产业融合集群发展，构建新一代信息技术、人工智能等一批新的增长引擎。在国家大数据战略背景下，面对科技革命和产业变革，依托"新工科""新农科"等中国特色人才培养模式，面向不同领域、不同专业培养数据库复合应用型人才，开展数据库类教材建设尤为重要。目前，围绕MySQL的数据库书籍可分为教材类和技术类两大类，前者主要面向教学，但存在一定程度的"重理论、轻实践"等问题，后者大多依据MySQL官方文档，内容缺乏逻辑性，学习重点不突出。针对以上问题，为满足各类院校MySQL数据库类课程教学需要及社会从业人员学习需要，我们结合国家级规划教材《数据库原理及应用教程（SQL Server版）》的教学改革成果和北京市优质本科课程的建设成果，以数据库技术应用场景为主线，对数据库操作、管理运维、设计和编程等知识进行筛选和重构，辅以教师教学服务资源、读者学习辅助资源和实践教学资源，编写了本书——《数据库原理及应用教程（MySQL版）（微课版）》。

● 写作背景

　　本书主编于2003年带领教学团队从事行业类院校计算机类和非计算机类专业"数据库"教学改革和教材建设工作，在将近20年中4次再版《数据库原理及应用教程（SQL Server版）》。该教材广受好评，先后被70余所大学选为数据库类课程教材，并入选普通高等教育"十一五"国家级规划教材和"十二五"普通高等教育本科国家级规划教材。第4版自出版以来，年均发行2万余册。2018年，本书主编及其团队依托该教材参加全国生态文明信息化教学成果遴选，获得A级奖项（最高级别为A级）。2019年，本书主编及其团队在中国大学MOOC网站开设的课程被评为校级精品在线开放课。2020年，本书主编主讲的"数据库系统"课程获得"北京市优质本科课程"称号。在获得多项荣誉后，本书主编及其团队继续坚持"持续改进、服务社会"的教材建设理念，对标国家"自主可控"战略布局，秉承"应用场景驱动"的数据库教学改革思路，重构和优化原有教材内容，强化实践操作型和设计型章节，编写了以数据库系统概念、数据库操作、数据库优化和管理、数据库设计和数据库编程为篇章的《数据库原理及应用教程（MySQL版）（微课版）》。

● 本书内容

本书共5个篇章、17章内容，既基于MySQL 8又不拘泥于具体的DBMS，主要介绍了关系型数据库基本概念、使用SQL语句操作关系数据库、表和数据查询方法、数据库优化和运维管理技术、数据库设计和规范化步骤及MySQL数据库编程方法。

篇章1主要介绍了数据库技术的发展、数据库内部和外部体系结构、数据模型、关系的形式化定义和关系的完整性等内容。

篇章2介绍了SQL、表和数据以及使用MySQL工具实现相关操作的方法，主要包括SQL的基本概念，使用SQL语句和MySQL Workbench实现数据库、表、数据的增加、修改和删除，使用单表查询、多表查询和子查询实现复杂数据查询的方法等内容。

篇章3介绍了数据库优化和管理技术，主要包括视图技术及其使用方法、索引技术及其应用场景、MySQL索引和视图的使用方法、MySQL权限管理、并发控制方法、MySQL数据库备份还原和日志管理方法等内容。

篇章4介绍数据库设计，主要包括数据库设计步骤、需求分析、关系模式规范化的方法、概念结构设计、逻辑结构设计、物理结构设计，以及数据库的实施、运行和维护等内容。

篇章5介绍数据库编程，主要包括MySQL存储过程、MySQL常用内置函数、MySQL触发器的使用、使用Python连接MySQL数据库等内容。

本书在提供理论教学内容的基础上，还提供面向授课教师、学生、社会工作者的多种辅助教学资源。面向授课教师，本书提供教材习题解答、混合式教学任务书、教学课件、实验任务指导书等资源。面向学生，本书提供重难点和关键知识点讲解的微课视频、各篇章知识思维导图和配套的中国大学MOOC资源。面向社会工作者，本书提供相关知识的辅助教程、配套的中国大学MOOC资源等。

本书篇章1为其他篇章提供了理论基础，篇章2、篇章3和篇章4内容独立，篇章5依赖于篇章2的内容，教师或学生可根据教学或学习需要，组织教学或学习内容；社会工作者可根据个人学习需要，个性化选择和深入学习所需知识。

● 本书特色

（1）本书立足"新工科"背景下复合应用型人才培养需要，打造以数据库技术应用场景为主线的知识结构。

（2）本书以数据库原理、体系结构、新技术为基础知识支撑，以数据库操作、设计、运维管理和编程等数据库技术应用场景为主线的知识结构，支撑"工程知识运用""数据库建模和操作问题分析""数据库设计及管理方案求解""现代数据库建模和操作工具使用"及"团队协作开发"等人才培养目标达成。

（3）本书紧跟数据库技术发展，立足"自主可控"开源软件教学需要，基于MySQL 8组织相关知识，但不拘泥于MySQL 8数据库管理系统，部分内容兼容MySQL 5和其他主流关系型数据库管理系统，方便各类高等院校和从业人员按需使用。

（4）本书通过借助"一题多解""语句模式分析""数据库设计案例驱动"和"技术适用场景研讨分析"等强化训练，助力读者数据库关键能力的养成，为读者开展数据库系统研发和科学研究工作奠定基础。

（5）本书突破传统教材模式，搭建以教材为核心、满足开源教育理念的教学生态资源平台，促进教材持续改进；充分吸纳新的教学手段，在中国大学MOOC网站和人民邮电出版社的平台上，开发了理论和实践操作视频、实验和实践任务指导、学习指导、其他DBMS辅助教材、教学课件、习题参考答案和课程设计等服务资源，方便不同受众结合学习和工作需要，个性化定制和选择所需的配套教学资源。

（6）为深化数据库技术实践能力培养，使读者"学懂、弄通、做实"数据库知识、技术和解决方案，本书编者团队围绕课程的理论知识和实践任务，正在打造配套的实验指导教材，实验指导教材计划于2022年3月出版。

● 本书使用指南

本书不仅包含关系型数据库原理和技术内容，还包含MySQL 8的使用方法，授课教师选用本书进行讲解时，可按照培养方案中规定的学时和知识点要求，筛选在课堂讲授的知识点及学生自行学习内容。

下面的学时建议表按照32学时和40学时两种方案给出授课学时建议，学时分配方案仅供参考。授课教师可根据培养方案中规定的理论学时和实践学时要求，自行对学时进行划分。

学时建议表

篇章	学时建议（总学时32学时）	学时建议（总学时40学时）
篇章1　数据库系统概念	4学时	4学时
篇章2　数据库操作	10学时	12学时
篇章3　数据库优化和管理	6学时	8学时
篇章4　数据库设计	8学时	10学时
篇章5　数据库编程	4学时	6学时

选用了本书的授课教师，可以通过人邮教育社区（www.ryjiaoyu.com），免费下载本

书配套的实验教学和实践教学任务指导、混合式教学指导、教学大纲、与教材配套的其他DBMS辅助教学资源、混合式教学和一般线下类教学用课件、主客观习题参考答案、书中涉及的代码和数据库文件等。

与本书各篇章内容相关的"数据库原理与应用"课程已经在中国大学MOOC网站发布，该课程每学年开课2轮。授课教师可利用中国大学MOOC网站提供的免费慕课堂平台，关联线上的"数据库原理与应用"课程，开展混合式教学。例如，数据库基本概念、原理、SQL、数据表、数据操作方法及数据库设计的基本步骤等知识，授课教师可通过MOOC讲授；MySQL数据库的优化和运维、数据库编程、MySQL实践等内容，授课教师可采用线下讲授。授课教师也可直接使用MOOC课程，辅助线下教学内容，方便学生利用碎片化时间开展课程的预习和复习。本书读者也可以利用MOOC课程学习所需内容。

本书在编写过程中参考了大量优秀的数据库类教材和相关文献资料，在此向这些教材和文献资料的作者一并表示诚挚的谢意。由于编者能力有限，书中难免存在不足之处，望广大读者不吝赐教。

陈志泊　崔晓晖

北京林业大学信息学院

2021年9月

篇章1
数据库系统概念

思维导图

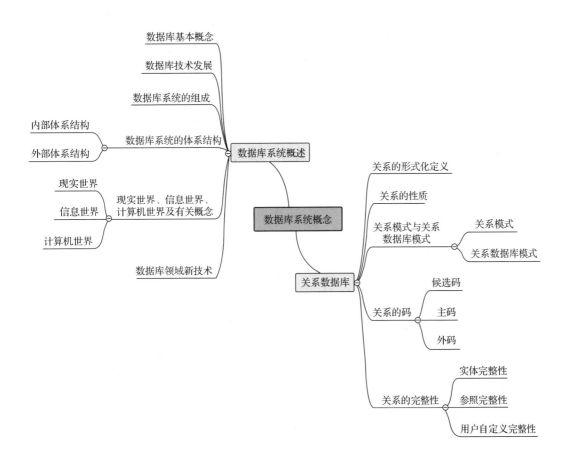

第1章
数据库系统概述

本章介绍数据库基本概念；数据库技术的3个发展阶段及其特点；数据库系统的组成；数据库系统的体系结构；现实世界、信息世界、计算机世界及有关概念，以及数据库领域的新技术。

本章学习目标：理解数据和信息的概念；理解数据处理和数据管理的关系；掌握数据库技术的发展阶段及其优缺点；掌握数据库系统的组成，重点掌握数据库管理系统的作用；掌握数据库系统的内部和外部体系结构；掌握现实世界、信息世界、计算机世界的概念；了解数据库领域的新技术。

1.1 数据库基本概念和数据库技术发展

1.1.1 信息、数据、数据处理和数据管理

1. 信息

（1）信息的定义

信息（Information）是人脑对现实世界事物的存在方式、运动状态及事物之间联系的抽象反映。信息是客观存在的，人类有意识地对信息进行采集并加工、传递，从而形成了各种消息、情报、指令、数据及信号等。例如，对于课程情况，某课程的课程号是"c7"，课程名是"高等数学"，课时是"60"，这些都是关于该课程的具体信息，是该课程当前存在状态的反映。

（2）信息的特征

第一，信息源于物质和能量。信息的传递需要物质载体，信息的获取和传递需要消耗能量，如信息可以通过报纸、电台、电视和计算机网络进行传递。

第二，信息是可以感知的。人类对客观事物的感知，可以通过感觉器官，也可以通过各种仪器仪表和传感器，不同的信息源有不同的感知形式。如网络信息通过视觉器官感知，广播信息通过听觉器官感知。

第三，信息是可存储、加工、传递和再生的。人们用大脑存储信息，叫作记忆。计算机存储器、录音、录像等技术的发展，进一步扩大了信息存储的范围。借助计算机，人们还可对收集到的信息进行整理。

2. 数据

数据（Data）是用来记录信息的可识别的符号组合，是信息的具体表现形式。例如，上面提到的课程信息，可以用一组符号"c7、高等数学、60"表示。给这些符号分别赋予"课程号""课程名"和"课时"的语义后，它们就转换为课程信息。

数据和语义是不可分割的。如果不给定语义，一个数据可以有多种不同的解释，例如，上述数据"c7、高等数学、60"可以理解为"高等数学"这门课程的选课人数是60，或者"高等数学"的教材有60册等。

数据有不同的表现形式，包括数字，还包括文字、图形、图像、声音和视频等，它们都可以经过数字化后存储到计算机中。如"参加了该考试的人数是500，考试通过率是80%"，其中的数据"500"和"80%"可改为汉字形式"五百"和"百分之八十"，表达的信息是一致的。

3. 信息与数据的联系

数据是信息的符号表示，信息是对数据的语义解释。如上例中的数据"500"和"80%"被赋予了特定的语义，此处的"500"表示"考试人数为500"，80%表示"考试通过率是80%"。我们可以用下面的式子简单地表示信息与数据的关系。

$$信息=数据+语义$$

4. 数据处理和数据管理

数据处理是将数据转换成信息的过程，包括对数据的收集、管理、加工利用乃至信息输出等一系列活动。其目的之一是从大量的原始数据中抽取和推导出有价值的信息，作为决策的依据；目的之二是借助计算机科学地保存和管理大量复杂的数据，以便人们能够方便地充分利用这些信息资源。在数据处理过程中，数据是原料，是输入；而信息是产出，是输出结果。"数据处理"的真正含义应该是为了产生信息而处理数据。

在数据处理中，数据管理过程比较复杂，主要包括数据的分类、组织、编码、存储、维护、检索等操作。对于这些数据管理的操作，人们应研制一个通用、高效而又使用方便的管理软件，把数据有效地管理起来，以便最大限度地减轻程序员管理数据的负担；至于处理业务中的加工计算，因为不同业务存在实现上的差异，所以要靠程序员根据实际业务情况编写相关应用程序加以解决。因此，数据管理是与数据处理相关的必不可少的环节，其技术的优劣将直接影响数据处理的效果。数据库技术正是瞄准这一目标而研究、发展并完善起来的。

1.1.2 数据库技术的发展

1. 人工管理阶段

在20世纪50年代中期以前，计算机主要用于科学计算，在硬件方面只有卡片、纸带和磁带，没有磁盘等直接存取设备；在软件方面没有操作系统和管理数据的软件。

在人工管理阶段，应用程序与数据之间是一一对应的关系，其特点可用图1-1表示。

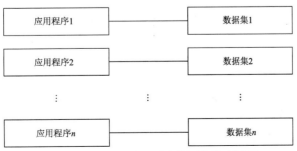

图1-1 人工管理阶段应用程序与数据之间的对应关系

人工管理数据有以下几个特点。

（1）数据没有专门的存取设备。例如，使用计算机完成某一课题时，计算机将原始数据和应用程序一起输入内存，运算结束后将结果输出。任务完成时，数据和应用程序一起从内存中被释放；若再计算同一课题，则需要再次向内存输入原始数据和应用程序。由于没有专门的存取设备，原始数据和运算结果都无法在计算机中保存。

（2）数据没有专门的管理软件。数据需要由应用程序自己管理，没有相应的软件系统负责数据的管理工作。每个应用程序不仅要规定数据的逻辑结构，而且要设计数据的物理结构，包括输入数据的物理结构、对应物理结构的计算方法和输出数据的物理结构等。因此，程序员的负担很重。

（3）数据不共享。数据是面向应用程序的，一组数据只能对应一个应用程序。即使不同应用程序涉及某些相同的数据，也必须各自定义，无法互相利用、互相参照。因此，程序之间有大量的冗余数据。

（4）数据不具有独立性。由于以上几个特点，以及没有专门对数据进行管理的软件系统，所以这个时期每个应用程序都要有数据存取方法、输入/输出方式和数据组织方法等。因为应用程序是直接面向存储结构的，所以当数据的类型、格式或输入/输出方式等逻辑结构或物理结构发生变化时，人们必须对应用程序做出相应的修改，因而，数据与应用程序不具有独立性，这也进一步加重了程序员的负担。

2. 文件系统阶段

在20世纪50年代后期至60年代中期，计算机应用范围逐步扩大，不仅用于科学计算，还大量用于信息管理。随着数据量的增加，数据的存储、检索和维护成为紧迫的需要。在硬件方面，有了磁盘、磁鼓等数据存取设备；在软件方面，出现了高级语言和操作系统，操作系统中有了专门管理数据的软件，即文件系统。

在文件系统阶段，应用程序与数据之间的对应关系如图1-2所示。

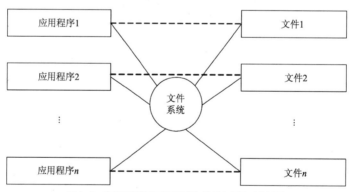

图1-2 文件系统阶段应用程序与数据之间的对应关系

文件系统阶段数据管理有以下几个特点。

（1）数据以文件形式长期保存。数据以文件的组织方式，长期保存在计算机的磁盘上，可以被多次反复使用。

（2）由文件系统管理数据。文件系统提供了文件管理功能和文件的存取方法。文件系统把数据组织成具有一定结构的记录，并以文件的形式存储在存储设备上，这样，应用程序只与存储设备上的文件名打交道，不必关心数据的物理存储（存储位置、物理结构等），由文件系统提供的存取方法实现数据的存取。

（3）应用程序与数据之间有一定的独立性。文件系统在应用程序与数据文件之间的存取转换作用，使应用程序和数据之间具有"设备独立性"，即当改变存储设备时，不必改变应用程序，程序员也不必过多地考虑数据存储的物理细节，这大大减少了维护程序的工作量。

（4）文件的形式已经多样化。由于有了磁盘这样的数据存取设备，文件也就不再局限于顺序文件，有了索引文件、链表文件等。因此，对文件的访问方式既可以是顺序访问，也可以是直接访问。但文件之间是独立的，它们之间的联系需要通过应用程序去构造，文件的共享性也比较差。

（5）数据具有一定的共享性。有了文件以后，数据就不再仅仅属于某个特定的应用程序，而可以由多个应用程序反复使用。但文件结构仍然是基于特定用途的，应用程序仍然是基于特定的物理结构和存取方法编制的。因此，数据的存储结构和应用程序之间的依赖关系并未根本改变。

与人工管理阶段相比，文件系统阶段对数据的管理有了很大的进步，但一些根本性问题仍没有彻底解决，主要表现在以下几个方面。

（1）数据共享性差、冗余度大。一个文件基本上对应一个应用程序，即文件仍然是面向应用的。当不同的应用程序所使用的数据具有共同部分时，各应用程序也必须分别建立自己的数据文件，数据不能共享。

（2）数据不一致性。这通常是由数据冗余造成的。由于相同数据在不同文件中重复存储、各自管理，对数据进行更新操作时，不但浪费磁盘空间，同时也容易造成数据的不一致性。

（3）数据独立性差。在文件系统阶段，尽管应用程序与数据之间有一定的独立性，但是这种独立性主要是指设备独立性，还未能彻底实现用户观点下的数据逻辑结构独立于数据在外部存储器的物理结构要求。因此，在文件系统中，一旦改变数据的逻辑结构，必须修改相应的应用程序，修改文件结构的定义。而应用程序发生变化，如改用另一种程序设计语言来编写程序，也将引起文件的数据结构的改变。

（4）数据间的联系弱。文件与文件之间是独立的，文件间的联系必须通过应用程序来构造。因此，文件系统只是一个没有弹性的、无结构的数据集合，不能反映现实世界事物之间的内在联系。

3. 数据库系统阶段

从20世纪60年代后期开始，计算机在硬件方面出现了大容量、存取快速的磁盘，使存取大量数据成为可能，同时，计算机的应用也越来越广泛，数据量急剧增加，多种应用、多种语言互相覆盖地共享数据集合的要求也越来越强烈，文件系统已经不能满足各种应用的需要。于是，数据库技术应运而生，出现了统一管理数据的专门软件系统，即数据库管理系统（DataBase Management System，DBMS）。

在数据库系统阶段，应用程序与数据之间的关系如图1-3所示。

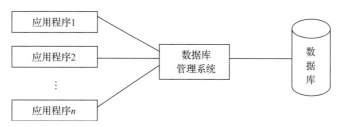

图1-3　数据库系统阶段应用程序与数据之间的关系

数据库系统阶段数据管理的特点体现在以下几个方面。

（1）结构化的数据及其联系的集合

数据库系统（DataBase System，DBS）将数据按一定的结构形式（即数据模型）组织到数据库（DataBase，DB）中，不仅考虑了某个应用的数据结构，而且考虑了整个组织（即多个应用）的数据结构，也就是说，数据库中的数据不再仅仅针对某个应用，而是面向全组织，不仅数据内部是结构化的，整体也是结构化的；不仅描述了数据本身，也描述了数据间的有机联系，从而较好地反映了现实世界事物间的自然联系。

例如：如果将教师（教师号，姓名，性别，年龄，职称，工资，专业，院系）和课程（课程号，课程名，课时）数据分别存储在两个文件中，由于文件的记录之间没有联系，要想查询某个教师的教师号、姓名、讲授课程的名称和课时，必须编写一段比较复杂的程序来实现这种联系。如果将这些数据存储在数据库中，由于数据库系统不仅描述数据本身，还描述数据之间的联系，上述查询需求可以非常容易地联机完成。

（2）数据共享性高、冗余度低

数据库系统全盘考虑所有用户的数据需求，面向整个应用系统，所有用户的数据都包含在数据库中。因此，不同用户、不同应用程序可同时存取数据库中的数据，每个用户或应用程序只使用数据库中的一部分数据，同一数据可供多个用户或应用程序共享，从而减少了不必要的数据冗余，节约了存储空间，同时也避免了数据之间的不相容性与不一致性，即避免了同一数据在数据库中重复出现且具有不同值的现象。

同时，在数据库系统中，用户和应用程序不像在文件系统中那样各自建立自己对应的数据文件，而是从数据库中存取其中的数据子集。数据子集是数据库管理系统从数据库中映射出来的逻辑文件。同一个数据可能在物理存储上只存一次，但数据库管理系统可以把它映射到不同的逻辑文件里，这就是数据库系统提高数据共享、减少数据冗余的根本所在，如图1-4所示。

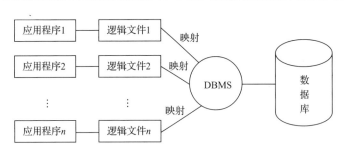

图1-4　数据库系统中的数据共享机制示意图

（3）数据独立性高

在数据库系统中，整个数据库的结构可分成三级：用户逻辑结构、数据库逻辑结构和数据库物理结构。数据独立性分为两级：物理独立性和逻辑独立性，如图1-5所示。

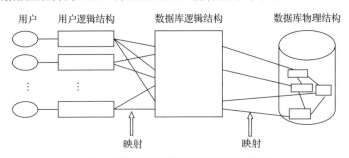

图1-5　数据库的三级结构及其映射关系示意图

数据的物理独立性是指当数据库物理结构（如存储结构、存取方式、外部存储设备等）改变时，通过修改映射，使数据库逻辑结构不受影响，进而用户逻辑结构及应用程序不用改变。例如，在更换程序运行的硬盘时，数据库管理系统会根据不同硬件，调整数据库逻辑结构到数据库物理结构的映射，保持数据库逻辑结构不发生改变，因此，用户逻辑结构无须改变。

数据的逻辑独立性是指当数据库逻辑结构（如修改数据定义、增加新的数据类型、改变数据间的关系等）发生改变时，通过修改映射，用户逻辑结构及应用程序不用改变。例如，在修改数据库中数据的内容时，数据库管理系统会根据调整后的数据库逻辑结构，调整用户逻辑结构到数据库逻辑结构的映射，保持用户逻辑结构访问的数据逻辑不改变，因此，用户逻辑结构无须改变。

（4）有统一的数据管理和控制功能

数据通过数据库管理系统进行管理和控制，具体内容详见1.2节中对数据库管理系统的主要功能的介绍。

1.2 数据库系统的组成

数据库系统由数据库、数据库用户、软件系统和硬件系统组成。图1-6是数据库系统的部分组成示意图，图中省略了硬件系统。

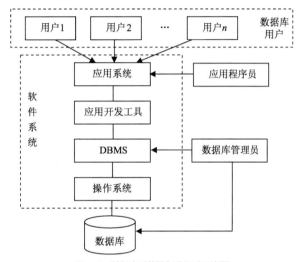

图1-6 数据库系统的部分组成示意图

1. 数据库

数据库是存储在计算机内的、有组织的、可共享的数据和数据对象（如表、视图、存储过程和触发器等）的集合，这种集合按一定的数据模型（或结构）组织、描述并长期存储，同时能以安全和可靠的方法进行数据的检索和存储。

2. 数据库用户

（1）最终用户

最终用户（End User）主要是使用数据库的各级管理人员、工程技术人员和科研人员，主要利用已编写好的应用程序接口使用数据库。

（2）应用程序员

应用程序员（Application Programmer）负责为最终用户设计和编写应用程序，并进行调试和安装，以便最终用户利用应用程序对数据库进行存取操作。

（3）数据库管理员

数据库管理员（DataBase Administrator，DBA）是负责设计、建立、管理和维护数据库以及协调用户对数据库要求的个人或工作团队。DBA应熟悉计算机的软硬件系统，具有较全面的数据处理知识，熟悉最终用户的业务、数据及其流程。

DBA的主要职责：参与数据库设计的全过程，决定整个数据库的结构和信息内容；决定数据库的存储结构和存取策略，以获得较高的存取效率和存储空间利用率；帮助应用程序员使用数据库系统；定义数据的安全性和完整性约束条件，确保数据的安全性和完整性；监控数据库的使用和运行；利用数据库管理系统提供的监视和分析程序对数据库的运行情况进行记录、统计和分析，并根据实际情况不断改进数据库的设计，提高系统的性能；根据用户需求情况的变化，对数据库进行重新构造。

3. 软件系统

软件（Software）系统主要包括操作系统（Operating System，OS）、DBMS、应用开发工具和应用系统等。DBMS可借助操作系统对数据库的数据进行存取、维护和管理。数据库系统的各类人员、应用程序等对数据库的各种操作请求，都必须通过DBMS完成。

DBMS是数据库系统的核心软件，下面介绍其主要功能、组成和数据存取过程。

（1）DBMS的主要功能

DBMS的主要功能包括数据定义功能、数据操纵功能、数据库运行管理功能、数据库的建立和维护功能、数据通信接口及数据的组织、存储和管理功能，如图1-7所示。

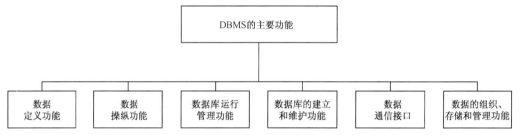

图1-7　DBMS的主要功能

① 数据定义功能

DBMS提供数据定义语言（Data Definition Language，DDL），定义数据的模式、外模式和内模式三级模式结构，定义模式/内模式和外模式/模式二级映像，定义有关的约束条件。例如，为保证数据库安全而定义用户口令和存取权限，为保证正确语义而定义完整性规则等。再如，DBMS提供的结构化查询语言（Structured Query Language，SQL）提供CREATE、DROP、ALTER等语句，可分别用来建立、删除和修改数据库。用DDL定义的各种模式需要通过相应的模式翻译程序转换为机器内部代码表示形式，保存在数据字典（Data Dictionary，DD）（或称为系统目录）中。数据字典是DBMS存取数据的基本依据。因此，DBMS中应包括DDL的编译程序。

② 数据操纵功能

DBMS提供数据操纵语言（Data Manipulation Language，DML）实现对数据库的基本操作，包括检索、更新（包括插入、修改和删除）等。因此，DBMS也应包括DML的编译程序或解释程序。DML有两类：一类是自主型的或自含型的，这一类属于交互式命令语言，语法简单，可独立使用；另一类是宿主型的，它把对数据库的存取语句嵌入高级语言（如Fortran、Pascal、C等）中，不能单独使用。SQL就是DML的一种。例如，DBMS提供的结构化查询语言SQL提供查询语句（SELECT）、插入语句（INSERT）、修改语句（UPDATE）和删除语句（DELETE），可分别实现对数据库中数据的查询、插入、修改和删除操作。

③ 数据库运行管理功能

对数据库的运行进行管理是DBMS的核心功能。DBMS对数据库的控制主要通过以下4个方面实现。

第一，数据的安全性（Security）控制：防止不合法使用数据库造成数据的泄露和破坏，使每个用户只能按规定对某些数据进行某种或某些操作和处理，保证数据的安全。例如，DBMS提供口令检查用户身份或用其他手段来验证用户身份，以防止非法用户使用系统。DBMS也可以对数据的存取权限进行限制，用户只能按所具有的权限对指定的数据进行相应的操作。

第二，数据的完整性（Integrity）控制：DBMS通过设置一些完整性规则等约束条件，确保数据的正确性、有效性和相容性。正确性是指数据的合法性，如课程的课时属于数值型数据，不能含有字母或特殊符号。有效性是指数据是否在其定义的有效范围，如成绩不能是负数。相容性是指表示同一事实的两个数据应相同，否则就不相容，如一位教师不能属于两个院系。

第三，并发（Concurrency）控制：多个用户同时存取或修改数据库时，DBMS可防止由于相互干扰而提供给用户不正确的数据，并防止数据库受到破坏。

第四，数据恢复（Recovery）：由于计算机系统的硬件故障、软件故障，以及操作员的误操作等原因，造成数据库中的数据不正确或数据丢失时，DBMS有能力将数据库从错误状态恢复到最近某一时刻的正确状态。

④ 数据库的建立和维护功能

数据库的建立包括数据库的初始数据的装入与数据转换等，数据库的维护包括数据库的转储、恢复、重组织与重构造、系统性能监视与分析等。这些功能分别由DBMS的各个实用程序来完成。

⑤ 数据通信接口

DBMS提供与其他软件系统进行通信的功能。一般地，DBMS提供了与其他DBMS或文件系统的接口，从而使该DBMS能够将数据转换为另一个DBMS或文件系统能够接受的格式，或者可接收其他DBMS或文件系统的数据，实现用户程序与DBMS、DBMS与DBMS、DBMS与文件系统之间的通信。通常这些功能需要操作系统协调完成。

⑥ 数据的组织、存储和管理功能

DBMS负责对数据库中需要存放的各种数据（如数据字典、用户数据、存取路径等）进行组织、存储和管理，确定以何种文件结构和存取方式物理地组织这些数据，以提高存储空间利用率和对数据库中数据进行增加、删除、查询、修改等操作的效率。

（2）DBMS的组成

DBMS是由许多程序组成的一个大型软件系统，每个程序都有自己的功能，共同完成DBMS的一个或几个功能。一个完整的DBMS通常应由语言编译处理程序、系统运行控制程序、系统建立和维护程序、数据字典等部分组成。

语言编译处理程序包括数据定义语言DDL和数据操纵语言DML编译程序。用DDL编写的各级源模式被编译成各级目标模式，保存在数据字典中，供以后数据操纵或数据控制时使用。DML语句被转换成可执行程序，实现对数据库数据的检索、插入、删除和修改等基本操作。

系统运行控制程序负责数据库系统运行过程中的控制与管理，主要包括系统总控程序、安全性控制程序、完整性控制程序、并发控制程序、数据存取和更新程序、通信控制程序等。

系统建立和维护程序包括：装配程序，用来完成初始数据库的数据装入；重组程序，当数据库系统性能降低（如查询速度变慢）时，重新组织数据库，重新装入数据；系统恢复程序，当数据库系统受到破坏时，将数据库系统恢复到以前某个正确的状态。

DD用来描述数据库中有关信息的数据目录，包括数据库的三级模式、数据类型、用户名和用户权限等有关数据库系统的信息，起着系统状态的目录表的作用，帮助用户、DBA和DBMS本身使用和管理数据库。

（3）DBMS的数据存取过程

在数据库系统中，DBMS与操作系统、应用程序、硬件等协同工作，共同完成数据各种存取操作，其中DBMS起着关键作用，对数据库的一切操作都要通过DBMS完成。DBMS对数据的存取通常包括以下步骤。

① 用户使用某种特定的数据操作语言向DBMS发出存取请求。

② DBMS接受请求并将该请求解释转换成机器代码指令。

③ DBMS依次检查外模式、外模式/模式映像、模式、模式/内模式映像及存储结构定义。

④ DBMS对数据库执行必要的存取操作。

⑤ 从对数据库的存取操作中接受结果。

⑥ 对得到的结果进行必要的处理，如格式转换等。

⑦ 将处理的结果返回给用户。

上述存取过程中还包括安全性控制、完整性控制，以确保数据的正确性、有效性和一致性。

4. 硬件系统

硬件（Hardware）系统指存储和运行数据库系统的硬件设备，包括CPU、内存、大容量的存储设备、输入/输出设备和外部设备等。

1.3 数据库系统的体系结构

1.3.1 数据库系统的内部体系结构

美国国家标准学会（American National Standards Institute，ANSI）所属标准计划和要求委员会在1975年公布的研究报告中，把数据库系统内部的体系结构从逻辑上分为外模式、模式和内模式三级模式结构和二级映像功能，即ANSI/SPARC体系结构。三级模式结构和二级映像功能如图1-8所示。

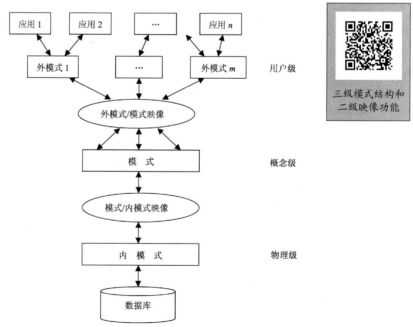

图1-8　数据库系统的三级模式结构和二级映像功能示意图

1．三级模式结构

外模式、模式和内模式分别对应用户级、概念级和物理级，它们分别反映了看待数据库的3个角度。

（1）模式

模式（Schema）也称概念模式，是数据库中全体数据的逻辑结构和特征的描述，处于三级模式结构的中间层，不涉及数据的物理存储细节和硬件环境，与具体的应用程序、所使用的应用开发工具及高级程序设计语言（如C、Fortran等）无关。一个数据库只有一个模式，它是整个数据库数据在逻辑上的视图，是数据库的整体逻辑。我们也可以认为，模式是对现实世界的一个抽象，是将现实世界某个应用环境（企业或单位）的所有信息按用户需求形成的一个逻辑整体。

模式是数据库中全体数据的逻辑结构的描述，不涉及具体的值。例如，对于学生信息，可以定义其模式为（学号，姓名，性别，年龄，专业，院系），而（s1，王彤，女，18，计算机，信息学院）是该模式的一个具体取值。

（2）外模式

外模式（External Schema）又称子模式（Subschema）或用户模式（User Schema），是三级模式结构的最外层，是与某一应用有关的数据的逻辑结构，即用户视图。外模式一般是模式的子集，一个数据库可以有多个外模式。由于不同用户的需求可能不同，因此不同用户对应的外模式的描述也可能不同。用户只能看到和访问与自己对应的外模式中的数据，数据库中的其余数据对他们来说是不可见的。所以，外模式是保证数据库安全的一个有力措施。

（3）内模式

内模式（Internal Schema）又称存储模式（Storage Schema）或物理模式（Physical Schema），是三级模式结构中的最内层，也是靠近物理存储的一层，即与实际存储数据方式有关的一层。它是对数据库存储结构的描述，是数据在数据库内部的表示方式。例如，记录以什么存储方式存储（顺序存储、hash表、B+树存储等）、索引按照什么方式组织、数据是否压缩及是否加密等，它不涉及任何存储设备的特定约束，如磁盘磁道容量和物理块大小等。

综上所述，在数据库系统中，外模式可有多个，而模式、内模式只能各有一个。内模式是整个数据库实际存储的表示，而模式是整个数据库实际存储的抽象表示，外模式是逻辑模式的某一部分的抽象表示。

2．二级映像

DBMS在三级模式之间提供了二级映像功能，保证了数据库系统较高的数据独立性，即逻辑独立性与物理独立性。

（1）外模式/模式映像。模式描述的是数据的全局逻辑结构，外模式描述的是数据的局部逻辑结构。数据库中的同一模式可以有任意多个外模式，对于每一个外模式，都存在一个外模式/模式映像。它确定了数据的局部逻辑结构与全局逻辑结构之间的对应关系。例如，在学生的逻辑结构（学号，姓名，性别）中添加新的属性"出生日期"时，学生的逻辑结构变为（学号，姓名，性别，出生日期），由数据库管理员对各个外模式/模式映像做相应改变，这一映像功能保证了数据的局部逻辑结构不变（即外模式保持不变）。由于应用程序是依据数据的局部逻辑结构编写的，所以应用程序不必修改，从而保证了数据与应用程序间的逻辑独立性。

（2）模式/内模式映像。数据库中的模式和内模式都只有一个，所以模式/内模式映像是唯一的。它确定了数据的全局逻辑结构与存储结构之间的对应关系。存储结构变化时，如采用了更先进的存储结构，由数据库管理员对模式/内模式映像做相应变化，使其模式仍保持不变，即把存储结构的变化影响限制在模式之下，这使数据的存储结构和存储方法较高地独立于应用程序，通过映像功能保证数据存储结构的变化不影响数据的全局逻辑结构，从而不必修改应用程序，即确保了数据的物理独立性。

3．三级模式与二级映像的优点

（1）保证数据的独立性。将模式和内模式分开，保证了数据的物理独立性；将外模式和模式分开，保证了数据的逻辑独立性。

（2）简化了用户接口。按照外模式编写应用程序或输入命令，而不需要了解数据库内部的存储结构，方便用户使用系统。

（3）有利于数据共享。在不同的外模式下可由多个用户共享系统中的数据，减少了数据冗余。

（4）有利于数据的安全保密。在外模式下根据要求进行操作，只能对限定的数据操作，保证了其他数据的安全。

1.3.2　数据库系统的外部体系结构

从最终用户角度来看，数据库系统的外部体系结构分为单用户结构、主从式结构、分布式结构、客户机/服务器结构和浏览器/服务器结构。

1．单用户结构

单用户结构的数据库系统又称桌面型数据库系统，其主要特点是将应用程序、DBMS和数据库都装在一台计算机上，由一个用户独占使用，不同计算机间不能共享数据。

DBMS提供较弱的数据库管理工具及较强的应用程序和界面开发工具，开发工具与数据库集成为一体，既是数据库管理工具，同时又是数据库应用程序和界面的前端工具。

2．主从式结构

主从式结构的数据库系统是一个大型主机带多终端的多用户结构的系统。在这种结构中，应用程序、DBMS和数据库都集中存放在一个大型主机上，所有处理任务都由这个大型主机来完成，而连于主机上的终端，只是作为主机的输入/输出设备，各个用户通过主机的终端并发地存取和共享数据资源。而主机则通过分时的方式轮流为每个终端用户服务。在每个时刻，每个用户都感觉自己独占主机的全部资源。

主从式结构的主要优点是结构简单、易于管理与维护；缺点是所有处理任务由主机完成，对主机的性能要求较高。当终端数量太多时，主机的处理任务和数据吞吐任务过重，易形成瓶颈，使系统性能下降；另外，当主机遭受攻击而出现故障时，整个系统无法使用。因此，主从式结构对主机的可靠性要求较高。

3．分布式结构

分布式结构的数据库系统是分布式网络技术与数据库技术相结合的产物，数据在物理上是分布的，数据不集中存放在一台服务器上，而是分布在不同地域的服务器上；所有数据在逻辑上是一个整体；用户不关心数据的分片存储，也不关心物理数据的具体分布，这些完全由网络数据库在分布式文件系统的支持下完成。

这种数据库系统的优点是可以利用多台服务器并发地处理数据，从而提高计算型数据处理任务的效率；缺点是数据的分布式存储给数据处理任务的协调与维护带来困难，同时，当用户需要经常访问过程数据时，系统效率明显地受到网络流量的制约。

4．客户机／服务器结构

客户机/服务器结构（Client/Server，C/S）的数据库系统示意图如图1-9所示。

在客户机/服务器结构中，DBMS和数据库存放于数据库服务器上，DBMS应用开发工具和应用程序存放于客户机上。客户机负责管理用户界面、接收用户数据、处理应用逻辑；负责生成数据库服务请求，并将该请求发送给服务器，数据库服务器进行处理后，将处理结果返回给客户机，客户机将结果按一定格式显示给用户。因此，这种客户机/服务器模式又称富客户机（Rich Client）模式，是一种两层结构。

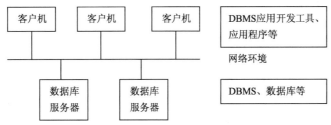

图1-9 客户机/服务器结构的数据库系统示意图

客户机/服务器结构的数据库系统中，服务器只将处理的结果返回给客户机，大大降低了网络上的数据传输量；应用程序的运行和计算处理工作由客户机完成，减少了与服务器不必要的通信开销，减轻了服务器的负载。但是，这种结构维护升级很不方便，需要在每个客户机上安装客户机程序，而且当应用程序修改后，就必须在所有安装应用程序的客户机上升级此应用程序。

5. 浏览器 / 服务器结构

浏览器/服务器结构（Browser/Server，B/S）的数据库系统示意图如图1-10所示。客户机仅安装通用的浏览器软件，实现用户的输入/输出，应用程序不安装在客户机上，而是安装在介于客户机和数据库服务器之间的另外一个称为应用服务器的服务器上，即将客户机运行的应用程序转移到应用服务器上，这样，应用服务器充当了客户机和数据库服务器的中介，架起了用户界面与数据库之间的桥梁。因此，浏览器/服务器模式又称瘦客户机（Thin Client）模式，是一种三层结构。

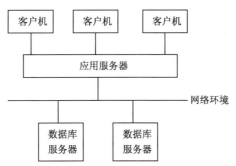

图1-10 浏览器/服务器结构的数据库系统示意图

1.4 现实世界、信息世界、计算机世界及有关概念

1.4.1 现实世界

现实世界，即客观存在的世界，其中存在各种事物及它们之间的联系，每个事物都有自己的特征或性质。人们总是选用感兴趣的最能表征一个事物的若干特征来描述该事物。例如，要描述一门课程，常选用课程号、课程名、课时等来描述，有了这些特征，就能区分不同的课程。

现实世界中，事物之间是相互联系的，而这种联系可能是多方面的，但人们只选择那些感兴趣的联系，无须选择所有的联系。例如，人们可以选择"教师讲授课程"这一联系来表示教师和课程之间的关系。

1.4.2　信息世界

1. 信息世界及其有关概念

信息世界是现实世界在人们头脑中的反映，经过人脑的分析、归纳和抽象，形成信息，人们把这些信息进行记录、整理、归类和格式化后，就构成了信息世界。在信息世界中，常用的主要概念如下。

（1）实体（Entity）。客观存在并且可以相互区别的"事物"称为实体。实体可以是具体的人、事或者物，如一位教师、一门课程、一座建筑等；也可以是抽象的事件，如一堂课、一次比赛等。

（2）属性（Attribute）。实体所具有的某一特性称为属性。一个实体可以由若干个属性共同刻画。如课程实体由课程号、课程名、课时等属性组成。属性有"型"和"值"之分。"型"即属性名，如课程号、课程名、课时都是属性的型；"值"即属性的具体内容，如课程（c7，高等数学，60），这些属性值的集合表示了一个课程实体。

（3）实体型（Entity Type）。具有相同属性的实体必然具有共同的特征。所以，用实体名及其属性名集合来抽象和描述同类实体，称为实体型。如课程（课程号，课程名，课时）就是一个实体型，它描述的是课程这一类实体。

（4）实体集（Entity Set）。同型实体的集合称为实体集，如所有的学生、所有的课程等。

（5）码（Key）。在实体型中，能唯一标识一个实体的属性或属性集称为实体的码。如学生的学号就是学生实体的码，而学生实体的姓名属性可能有重名，不能作为学生实体的码。注意：在有些教材中该概念称为键，具体内容将在本书的第2章介绍。

（6）域（Domain）。某一属性的取值范围称为该属性的域。如姓名的域为字符串集合，年龄的域为小于40的整数，性别的域为男或女等。

（7）联系（Relationship）。在现实世界中，事物内部及事物之间是有联系的，这些联系同样也要抽象和反映到信息世界中来，在信息世界中将被抽象为单个实体型内部的联系和实体型之间的联系。单个实体型内部的联系通常是指组成实体的各属性之间的联系；实体型之间的联系通常是指不同实体集之间的联系，可分为两个实体型之间的联系及两个以上实体型之间的联系。

2. 两个实体型之间的联系

两个实体型之间的联系是指两个不同的实体集间的联系，有如下3种类型。

（1）一对一联系（1∶1）。实体集A中的一个实体至多与实体集B中的一个实体相对应，反之，实体集B中的一个实体至多与实体集A中的一个实体相对应，此时称实体集A与实体集B为一对一的联系，记作1∶1。例如，班级与班长、观众与座位、病人与床位之间的联系。

（2）一对多联系（1∶n）。实体集A中的一个实体与实体集B中的n（n≥0）个实体相联系，反之，实体集B中的一个实体至多与实体集A中的一个实体相联系，记作1∶n。例如，班级与学生、公司与职员、省与市之间的联系。

（3）多对多联系（m∶n）。实体集A中的一个实体与实体集B中的n（n≥0）个实体相联系，反之，实体集B中的一个实体与实体集A中的m（m≥0）个实体相联系，记作m∶n。例如，教师与学生、学生与课程、工厂与产品之间的联系。

实际上，一对一联系是一对多联系的特例，而一对多联系又是多对多联系的特例。

我们可以用图形来表示两个实体型之间的这3种联系，如图1-11所示。

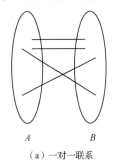
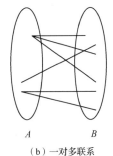
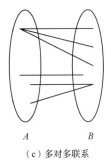

（a）一对一联系　　　　　（b）一对多联系　　　　　（c）多对多联系

图1-11　两个实体型之间的联系

3．两个以上实体型之间的联系

两个以上的实体型之间也存在一对一、一对多和多对多的联系。

例如，对于课程、教师与参考书3个实体型，如果一门课程可以有若干个教师讲授，使用若干本参考书，而每一个教师只讲授一门课程，每一本参考书只供一门课程使用，则课程与教师、参考书之间的联系是一对多的联系。

4．单个实体型内部的联系

同一个实体型内部的各个实体之间存在的联系，也可以有一对一、一对多和多对多的联系。例如，职工实体型内部具有领导与被领导的联系，即某一职工"领导"若干名职工，而一个职工仅被另外一个职工直接领导，因此，职工实体型内部的这种联系，就是一对多的联系。

1.4.3　计算机世界

1．计算机世界及其有关概念

计算机世界是信息世界中信息的数据化，就是将信息用字符和数值等数据表示，便于存储在计算机中并由计算机进行识别和处理。在计算机世界中，常用的主要概念有以下几个。

（1）字段（Field）。标记实体属性的命名单位称为字段，也称为数据项。字段的命名往往和属性名相同。例如，课程有课程号、课程名和课时等字段。

（2）记录（Record）。字段的有序集合称为记录。通常用一个记录描述一个实体，因此，记录也可以定义为能完整地描述一个实体的字段集。例如，（c7，高等数学，60）为一个课程记录。

（3）文件（File）。同一类记录的集合称为文件。文件是用来描述实体集的。例如，所有课程的记录组成了一个课程文件。

（4）关键字。能唯一标识文件中每个记录的字段或字段集，称为记录的关键字，或简称键（码）。例如，在课程文件中，课程号可以唯一标识每一个课程记录，因此，课程号可作为课程记录的关键字。

通过对现实世界、信息世界和计算机世界有关概念的介绍，我们可以总结出现实世界、信息世界和计算机世界中有关概念的对应关系，如图1-12所示。

2．计算机世界的数据模型

（1）层次模型

层次模型（Hierarchical Model）是数据库系统中最早出现的数据模型，采用层次模型的数据库的典型代表是IBM公司的IMS数据库。

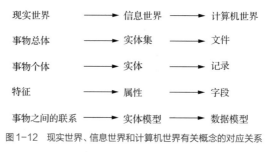

现实世界、信息世界和计算机世界的关系

图1-12　现实世界、信息世界和计算机世界有关概念的对应关系

现实世界中，许多实体之间的联系都表现出一种很自然的层次关系，如家族关系、行政机构等，因此，层次模型用树形数据结构（有根树）来表示各类实体及实体间的联系。在这种树形数据结构中，每个结点表示一个记录型，每个记录型可包含若干个字段，记录型描述的是实体，字段描述实体的属性，各个记录型及其字段都必须命名。结点间的带箭头的连线（或边）表示记录型间的联系，连线上端的结点是父结点或双亲结点，连线下端的结点是子结点或子女结点，同一双亲的子女结点称为兄弟结点，没有子女结点的结点称为叶结点，如图1-13所示。

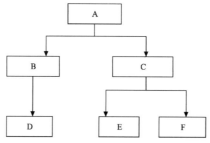

图1-13　层次模型有根树的示意图

层次模型中，每棵树有且仅有一个结点没有双亲，该结点就是根结点；根结点以外的其他结点有且仅有一个双亲结点；父子结点之间的联系是一对多（$1:n$）的联系。父结点中的一个记录值可能对应n个子结点中的记录值，而子结点中的一个记录值只能对应父结点中一个记录值。因此，任何一个给定的记录值只有按其路径查看时，才能显出它的全部意义，没有一个子女记录值能够脱离双亲记录值而独立存在。

层次模型的数据操作主要有查询、插入、删除和修改，进行插入、删除和修改操作时要满足层次模型的完整性约束条件。

层次模型的优点：结构比较简单，层次分明，便于在计算机内实现；结点间联系简单，从根结点到树中任一结点均存在一条唯一的层次路径，当要存取某个结点的记录值时，沿着这条路径很快就能找到该记录值，查询效率很高；提供了良好的数据完整性支持。

层次模型的缺点：不能直接表示两个以上的实体型间的复杂联系和实体型间的多对多联系，只能通过引入冗余数据或创建虚拟结点的方法来解决，易产生不一致性；对数据插入和删除的操作限制太多；查询子女结点必须通过双亲结点。

（2）网状模型

网状模型（Network Model）采用有向图结构表示记录型与记录型之间的联系，可以更直接地描述现实世界，层次模型实际上是网状模型的一个特例。网状模型中有一个以上的结点没有双亲结点；允许结点有多个双亲结点；允许两个结点之间有多种联系（复合联系）。

网状模型的数据操作主要包括查询、插入、删除和修改数据。进行插入、删除和修改操作时要满足网状模型的完整性约束条件。插入数据时，允许插入尚未确定双亲结点值的子女结点值。例如，可增加一名尚未分配到某个教研室的新教师，也可增加一些刚来报到、还未分配宿舍的学生。删除数据时，允许只删除双亲结点值。例如，可删除一个教研室，而该教研室所有教师的信息仍保留在数据库中。修改数据时，可直接表示非树形结构，而无须像层次模型那样增加冗余结点。因此，进行修改操作时只需更新指定记录即可。网状模型不像层次模型那样有严格的完整性约束条件，它只提供一定的完整性约束。

网状模型的优点：能更为直接地描述客观世界，可表示实体间的多种复杂联系；具有良好的性能和存储效率。

网状模型的缺点：数据结构复杂，并且随着应用环境的扩大，数据库的结构变得越来越复杂，不便于终端用户掌握；其数据定义语言（DDL）和数据操纵语言（DML）极其复杂，不易于用户掌握；由于记录间的联系本质上是通过存取路径实现的，应用程序在访问数据库时要指定存取路径，即用户需要了解网状模型的实现细节，加重了编写应用程序的负担。

（3）关系模型

关系模型（Relational Model）是发展较晚的一种模型。1970年，IBM公司的研究员埃德加·考特（E.F.Codd）首次提出了数据库系统的关系模型。他发表了题为《大型共享数据银行数据的关系模型》（*A Relation Model of Data for Large Shared Data Banks*）的论文，在文中解释了关系模型，定义了某些关系代数运算，研究了数据的函数相关性，定义了关系的第三范式，从而开创了数据库的关系方法和数据规范化理论的研究。为此他获得了1981年的图灵奖。此后许多人把研究方向转到关系方法上，陆续出现了关系数据库系统。1977年，IBM公司研制的关系数据库System R开始运行，后来IBM公司又进行了不断改进和扩充，开发了基于System R的数据库系统SQL/DB。

20世纪80年代以后，计算机厂商新推出的数据库管理系统几乎都支持关系模型，非关系数据库管理系统的产品也都加上了关系接口。数据库领域当前的研究工作也都是以关系方法为基础的。关系数据库管理系统已成为目前应用最广泛的数据库管理系统，如现在广泛使用的小型数据库管理系统Foxpro、Access，开源数据库管理系统MySQL、MongoDB，商业数据库管理系统Oracle、SQL Server、Informix和Sybase等，都是关系数据库管理系统。

关系模型的数据结构是规范化的二维表，由表名、表头和表体3部分构成。表名即二维表的名称，表头决定了二维表的结构（即表中列数及每列的列名、类型等），表体即二维表中的数据。每个二维表又可称为关系。关系模型与层次模型、网状模型不同，它是建立在严格的数学概念之上的，严格的定义将在第2章给出。表1-1～表1-5所示为教学数据库teaching的关系模型及其实例，分别为教师关系t、学生关系s、课程关系c、选课关系sc和授课关系tc。

表 1-1 t（教师关系）

tno 教师号	tn 姓名	sex 性别	age 年龄	prof 职称	sal 工资	maj 专业	dept 院系
t1	刘杨	男	40	教授	3610.5	计算机	信息学院
t2	石丽	女	26	讲师	2923.3	信息	信息学院
t3	顾伟	男	32	副教授	3145	计算机	信息学院
t4	赵礼	女	50	教授	4267.9	自动化	工学院
t5	赵希希	女	36	副教授	3332.67	数学	理学院
t6	张刚	男	30	讲师	3012	自动化	工学院

表 1-2 s（学生关系）

sno 学号	sn 姓名	sex 性别	age 年龄	maj 专业	dept 院系
s1	王彤	女	18	计算机	信息学院
s2	苏乐	女	20	信息	信息学院

续表

sno 学号	sn 姓名	sex 性别	age 年龄	maj 专业	dept 院系
s3	林昕	男	19	信息	信息学院
s4	陶然	女	18	自动化	工学院
s5	魏立	男	17	数学	理学院
s6	何欣荣	女	21	计算机	信息学院
s7	赵琳琳	女	19	数学	理学院
s8	李轩	男	19	自动化	工学院

表 1-3　c（课程关系）

cno 课程号	cn 课程名	ct 课时
c1	Java程序设计	40
c2	程序设计基础	48
c3	线性代数	48
c4	数据结构	64
c5	数据库系统	56
c6	数据挖掘	32
c7	高等数学	60
c8	控制理论	32

表 1-4　sc（选课关系）

sno 学号	cno 课程号	score 成绩
s1	c1	90.5
s1	c2	85
s2	c5	57
s2	c6	81.5
s2	c7	
s2	c4	70
s3	c1	75
s3	c2	70.5
s3	c4	85
s4	c1	93
s4	c2	85
s4	c3	83
s4	c6	
s5	c2	89
s5	c7	60
s7	c2	62
s7	c5	80
s7	c7	100
s8	c3	96
s8	c7	78.5

表1-5　tc（授课关系）

tno 教师号	cno 课程号	tcdate 开课日期
t1	c1	20210903
t1	c2	20210904
t2	c5	20210906
t2	c6	20210910
t3	c2	20210308
t3	c4	20210306
t4	c3	20200310
t5	c7	20200309
t5	c8	20210910

关系模型的数据操作主要包括查询、插入、删除和修改数据。关系模型中的数据操作是集合操作，操作对象和操作结果都是关系，即若干元组的集合。

关系模型的优点：有严格的数学理论根据；数据结构简单、清晰，用户易懂、易用，不仅用关系描述实体，而且用关系描述实体间的联系，对数据的操作结果也是关系；存取路径对用户透明，用户只需要指出"干什么"，而不必详细说明"怎么干"，从而大大加强了数据的独立性，提高了用户操作效率。关系模型的缺点是查询效率不如非关系模型。

本书将重点介绍关系模型及关系数据库。

（4）面向对象模型

面向对象模型（Object-oriented Model）中最基本的概念是对象和类。

对象是现实世界中实体的模型化，如一个学生、一门课程等都可以看作对象。每个对象都包含属性和方法。属性用来描述对象的静态特征。方法用来描述对象的行为特性。如一辆机动车，它不仅具有描述其静态特征的属性——高度、质量等，还具有加速、减速等动态特征。与关系模型相比，面向对象模型中的对象概念更为全面，因为关系模型主要描述对象的属性，而忽视了对象的方法，所以会产生"结构与行为相分离"的缺陷。

类是由具有同样属性和方法集的所有对象构成的。在面向对象模型中，可以继承操作形成新的类，新的类是对已有的类定义的扩充和细化，从而形成了一种类间的层次结构，有了超类和子类的概念。超类是子类的父类，规定了子类可以实现或扩展的方法和行为，子类继承父类的方法和属性，可用于扩展并形成功能更加具体的对象。

面向对象模型能完整地描述现实世界的数据结构，具有丰富的表达能力，但模型相对比较复杂，涉及的知识比较多，因此，面向对象数据库尚未达到关系数据库的普及程度。

1.5　数据库领域新技术

1.5.1　分布式数据库

1. 分布式数据库的定义

分布式数据库是一组结构化的数据集合，数据在逻辑上属于同一系统，在物理上分布在计算机网络的不同节点上。分布式数据库中有全局数据库和局部数据库两个概念。全局数据库就是从系统的角度出发，逻辑上的一组结构化的数据集合或逻辑项集；局部数据库是指不同物理节点上的各个数据库子集。

2. 分布式数据库的特点

分布式数据库可以建立在以局域网连接的一组工作站上，也可以建立在广域网（或称远程网）的环境中。但分布式数据库系统并不是简单地把集中式数据库安装在不同的场地，而是具有自己的性质和特点。

（1）自治与共享

自治是指局部数据库可以是专用资源，也可以是共享资源。共享资源体现了物理上的分散性，是按一定的约束条件划分而形成的，需要由一定的协调机制来控制以实现共享。

（2）冗余的控制

分布式数据库允许冗余，即物理上的重复。冗余增加了自治性，即数据可以重复地驻留在常用的节点上以减少通信代价，提供自治基础上的共享。冗余不仅改善系统性能，同时也增加了系统的可用性，即不会由于某个节点的故障而引起全系统的瘫痪。但这无疑增加了存储代价，也增加了副本更新时的一致性代价，特别是当有故障时，节点重新恢复后保持多个副本一致性的代价。

（3）分布事务执行的复杂性

逻辑数据项集实际上是由分布在各个结点上的多个关系片段（子集）组成的。一个项可以在物理上被划分为不相交（或相交）的片段，也可以有多个相同的副本且存储在不同的节点上。所以，分布式数据库存取的事务是一种全局性事务，它是由许多在不同结点上执行对各局部数据库存取的局部子事务组成的。如果仍保持事务执行的原子性，则必须保证全局事务的原子性。

（4）数据的独立性

使用分布式数据库时，系统要提供一种完全透明的性能，具体包括以下内容。

① 逻辑数据透明性。某些用户的逻辑数据文件改变时，或者增加新的应用使全局逻辑结构改变时，对其他用户的应用程序没有或有尽量少的影响。

② 物理数据透明性。数据在节点上的存储格式或组织方式改变时，数据的全局结构与应用程序无须改变。

③ 数据分布透明性。用户不必知道全局数据如何划分。

④ 数据冗余的透明性。用户无须知道数据重复，即数据子集在不同节点上冗余存储的情况。

3. 分布式数据库的应用及展望

分布式数据库系统在实现共享时，其利用率高、有站点自治性、能随意扩充、可靠性和可用性好，有效且灵活，就像使用本地的集中式数据库一样。分布式数据库已广泛应用于企业人事、财务和库存等管理系统，百货公司、零售店的经营信息系统，电子银行、民航订票、铁路订票等在线处理系统，国家政府部门的经济信息系统，大规模数据资源等信息系统。

此外，随着数据库技术深入各应用领域，除了商业性、事务性应用以外，在以计算机作为辅助工具的各个信息领域，如计算机辅助设计（Computer Aided Design，CAD）、计算机辅助制造（Computer Aided Manufacturing，CAM）、计算机辅助软件工程（Computer Aided Software Engineering，CASE）、办公自动化（Office Automation，OA）、人工智能（Artificial Intelligence，AI）及军事科学等，同样适用分布式数据库技术，而且对数据库的集成共享、安全可靠等特性有更多的要求。为了适应新的应用，人们一方面要研究如何克服关系数据模型的局限性，增加更多面向对象的语义模型，研究基于分布式数据库的知识处理技术；另一方面要研究如何弱化完全分布、完全透明的概念，组成松散的联邦型分布式数据库系统。这种系统不一定保持全局逻辑一致，而仅提供一种协商谈判机制，使各个数据库维持其独立性，但能支持部分有控制的数据共享，这对OA等信息处理领域很有吸引力。

总之，分布式数据库技术有广阔的应用前景。随着计算机软、硬件技术的不断发展和计算机网络技术的发展，分布式数据库技术也将不断地向前发展。

1.5.2　数据仓库与数据挖掘

从20世纪80年代初起直到90年代初，联机事务处理（On line Transaction Processing，OLTP）一直是关系数据库应用的主流。然而，应用需求在不断地变化，当联机事务处理系统应用到一定阶段时，企业家们便发现单靠拥有联机事务处理系统已经不足以获得市场竞争的优势，他们需要对其自身业务的运作以及整个市场相关行业的态势进行分析，进而做出有利的决策。这种决策需要对大量的业务数据包括历史业务数据进行分析才能得到。这种基于业务数据的决策分析，我们把它称为联机分析处理（Online Analytical Processing，OLAP）。如果说传统联机事务处理强调的是更新数据库（向数据库中添加信息），那么联机分析处理就是从数据库中获取信息、利用信息。因此，数据仓库专家拉尔夫·金博尔（Ralph Kimball）写道："我们花了20多年的时间将数据放入数据库，如今是该将它们拿出来的时候了。"

数据仓库（Data Warehouse，DW）是近年来信息领域发展起来的数据库新技术，随着企事业单位信息化建设的逐步完善，各单位信息系统将产生越来越多的历史信息数据，如何将各业务系统及其他档案数据中有分析价值的海量数据集中管理起来，在此基础上，建立分析模型，从中挖掘出符合规律的知识并用于未来的预测与决策中，是非常有意义的，这也是数据仓库产生的背景和原因。

1.　数据仓库的定义
数据仓库的定义大多依照数据仓库专家荫蒙（W.H.Inmon）在其著作《建立数据仓库》（*Building the Data Warehouse*）中给出的描述：数据仓库就是一个面向主题的（Subject Oriented）、集成的（Integrate）、相对稳定的（Non-Volatile）、反映历史变化的（Time Variant）数据集合，通常用于辅助决策支持。

从其定义的描述中可以看出，数据仓库有以下几个特点。

（1）面向主题。操作型数据库（如银行柜台存取款、股票交易、商场POS等系统的数据库）的数据组织是面向事务处理任务，各个业务系统之间各自分离；而数据仓库中的数据是按照一定的主题域进行组织的。主题是一个抽象的概念，是指用户使用数据仓库进行决策时所关心的重点领域，一个主题通常与多个操作型业务系统或外部档案数据相关。例如，一个超市的数据仓库组织数据的主题可能为供应商、顾客、商品等，而按应用来组织，则可能是销售子系统、供应子系统和财务子系统等。可见，基于主题组织的数据被划分为各自独立的领域，每个领域都有自己的逻辑内涵而互不交叉。而基于应用的数据组织则完全不同，它的数据只是为处理具体应用而组织在一起的。

（2）集成。面向事务处理的操作型数据库通常与某些特定的应用相关，数据库之间相互独立，并且往往是异构的。而数据仓库中的数据是在对原有分散的数据库数据做抽取、清理的基础上经过系统加工、汇总和整理得到的，必须消除源数据中的不一致性，以保证数据仓库内的信息是关于整个企事业单位一致的全局信息。也就是说，存放在数据仓库中的数据应使用一致的命名规则、格式、编码结构和相关特性来定义。

（3）相对稳定。操作型数据库中的数据通常实时更新，数据根据需要及时发生变化。数据仓库的数据主要供单位决策分析之用，所涉及的数据操作主要是数据查询和加载，一旦某个数据被加载到数据仓库中，一般情况下将作为数据档案长期保存，几乎不再做修改和删除操作。也就是说，针对数据仓库，通常有大量的查询操作及少量定期的加载（或刷新）操作。

（4）反映历史变化。操作型数据库主要关心当前某个时间段内的数据，而数据仓库中的数据通常包含较久远的历史数据，因此数据仓库总是包含一个时间维度，以便可以研究趋势和变化。数据仓库系统通常记录了一个单位从过去某一时点（如开始启用数据仓库系统的时点）到目前的所有时期的信息，通过这些信息，人们可以对单位的发展历程和未来趋势做出定量分析和预测。

2. 数据仓库系统的体系结构

数据仓库系统通常是对多个异构数据源的有效集成，集成后按照主题进行重组，包含历史数据。存放在数据仓库中的数据通常不再修改，用于做进一步的分析。

数据仓库系统的建立和开发，是以企事业单位的现有业务系统和大量业务数据的积累为基础的，数据仓库不是一个静态的概念，只有把信息适时地交给需要这些信息的使用者，供他们做出改善其业务经营的决策，信息才能发挥作用，信息才是有意义的。因此，把信息加以整理归纳和重组，并及时提供给相应的管理决策人员，是数据仓库的根本任务。数据仓库的开发是全生命周期的，通常是一个循环迭代开发过程。

数据仓库系统的体系结构如图1-14所示。一个典型的数据仓库系统通常包含数据源、数据存储与管理、OLAP服务器及前端工具与应用4个部分。

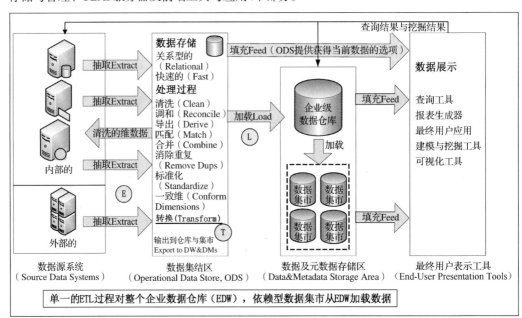

图1-14 数据仓库系统的体系结构

（1）数据源。数据源是数据仓库系统的基础，即系统的数据来源，通常包括企业（或事业单位）的各种内部信息和外部信息。内部信息，如存于操作型数据库中的各种业务数据和办公自动化系统中包含的各类文档数据；外部信息，如各类法律法规、市场信息、竞争对手的信息，以及各类外部统计数据及其他有关文档等。

（2）数据的存储与管理。该部分是整个数据仓库系统的核心，其在现有各业务系统的基础上，对数据进行抽取、清理，并有效集成，按照主题进行重新组织，最终确定数据仓库的物理存储结构。按照数据的覆盖范围和存储规模，数据仓库可以分为企业级数据仓库和部门级数据仓库（也叫"数据集市"，Data Marts）。

（3）OLAP服务器。OLAP服务器对需要分析的数据按照多维数据模型进行重组，以支持用户随时从多角度、多层次来分析数据，发现数据规律与趋势。

（4）前端工具与应用。前端工具与应用主要包括各种数据分析工具、报表工具、查询工具、数据挖掘工具以及各种基于数据仓库或数据集市开发的应用。其中数据分析工具主要针对OLAP服务器，报表工具、数据挖掘工具既可针对数据仓库，也可针对OLAP服务器。

3. 数据挖掘的定义

数据挖掘（Data Mining）就是从大量数据中获取有效的、新颖的、潜在有用的、最终可理解的模式的非平凡过程。简单地说，数据挖掘就是从大量数据中提取或"挖掘"知识，因此，其又被称为数据库中的知识发现（Knowledge Discovery in Database，KDD）。

若将数据仓库比作矿井，那么数据挖掘就是深入矿井采矿的工作。数据挖掘不是一种无中生有的魔术，也不是点石成金的炼金术，若没有足够丰富完整的数据，则很难期待数据挖掘能挖掘出有意义的信息。

4. 数据挖掘的方法

数据挖掘的方法可以分为两类：直接数据挖掘与间接数据挖掘。

直接数据挖掘的目标是利用可用的数据建立一个模型，这个模型对剩余的数据，比如对一个特定的变量进行描述。直接数据挖掘包括分类（Classification）、估值（Estimation）和预言（Prediction）等分析方法。

而在间接数据挖掘的目标中并没有选出某一具体的变量并用模型进行描述，而是在所有的变量中建立起某种关系，如相关性分组或关联规则（Affinity Grouping or Association Rules）、聚集（Clustering）、描述和可视化（Description and Visualization）及复杂数据类型挖掘（文本、网页、图形图像、音视频和空间数据等）。

1.5.3 大数据技术

1. 大数据技术的产生背景

IBM前首席执行官郭士纳指出，每隔15年IT领域会迎来一次重大变革。截至目前，共发生了3次信息化浪潮。第一次信息化浪潮发生在1980年前后，其标志是个人计算机的产生，当时信息技术所面对的主要问题是实现各类数据的处理。第二次信息化浪潮发生在1995年前后，其标志是互联网的普及，当时信息技术所面对的主要问题是实现数据的互联互通。第三次信息化浪潮发生在2010年前后，随着硬件存储成本的持续下降、互联网技术和物联网技术的高速发展，现代社会每天正以不可想象的速度产生各类数据，如电子商务网站的用户访问日志、微博中的评论信息、各类短视频和微电影、各类商品的物流配送信息、手机通话记录等。这些数据或流入已经运行的数据库系统，或形成具有结构化的各类文件，或形成具有非结构化特征的视频和图像文件。据统计，Google每分钟进行200万次搜索，全球每分钟发送2亿封电子邮件，12306网站春节期间一天的访问量为84亿次。总之，人们已经步入一个以各类数据为中心的全新时代——大数据时代。

从数据库的研究历程看，大数据并非一个全新的概念，它与数据库技术的研究和发展密切相关。20世纪70时代至80年代，数据库的研究人员就开始着手超大规模数据库（Very Large Database，VLDB）的探索工作，并于1975年举行了第一届VLDB学术会议，至今该会议仍然是数据库管理领域的顶级学术会议之一。20世纪90年代后期，随着互联网技术的发展、行业信息化建设和水平不断提高，产生了海量数据（Massive Data），于是数据库的研究人员开始从数据管理转向数据挖掘技术，尝试在海量数据上进行有价值数据的提取和预测工作。20年后，数据库的研究人员发现他们所处理的数据不仅在数量上呈现爆炸式增长，种类繁多的数据类型也不断挑战原有数据模型的计算能力和存储能力，因此，学者纷纷使用"大数据"来表达现阶段的数据科研工作，随之产生了一个新兴领域和职业——数据科学和数据科学家。

2. 大数据的概念

对于大数据的概念，尚无明确的定义，但人们普遍采用大数据的4V特性来描述大数据，即"数据量大（Volume）""数据类型繁多（Variety）""数据处理速度快（Velocity）"和"数据价值密度低（Value）"。

（1）"数据量大"是从数据规模的角度来描述大数据的。大数据的数据量可以从数百TB到数百PB，甚至到EB的规模。

（2）"数据类型繁多"是从数据来源和数据种类的角度来描述大数据的。大数据的数据类型从宏观上可以分为结构化数据和非结构化数据，其中结构化数据以关系型数据库为主，占大数据的10%左右，非结构化的数据主要包括邮件、音频、视频、位置信息、网络日志等，占大数据的90%左右。

（3）"数据处理速度快"是从数据的产生和处理的角度来描述大数据的。一方面，现阶段每分钟产生大量的社会、经济、政治和人文等领域的相关数据。另一方面，大数据时代的很多应用，效率是核心，需要对数据具有"秒级"响应，从而进行有效的商业指导和生产实践。

（4）"数据价值密度低"是从大数据潜藏的价值分布情况来描述大数据的。虽然大数据中具有很多有价值的潜在信息，但其价值的密度远远低于传统关系型数据库中的数据价值。对于价值密度低，很多学者认为这也体现了解决大数据各类问题的必要性，即通过技术的革新，实现大数据淘金。

3. 大数据的关键技术

目前大数据所涉及的关键技术主要包括数据的采集和迁移、数据的处理和分析、数据安全和隐私保护等。

数据采集技术将分布在异构数据源或异构采集设备上的数据通过清洗、转换和集成技术，存储到分布式文件系统中，成为数据分析、挖掘和应用的基础。数据迁移技术将数据从关系型数据库迁移到分布式文件系统或NoSQL数据库中。NoSQL数据库是一种非结构化的新型分布式数据库，它采用键值对的方式存储数据，支持超大规模数据存储，可灵活地定义不同类型的数据库模式。

数据处理和分析技术利用分布式并行编程模型和计算框架，如Hadoop的Map-Reduce计算框架和Spark的混合计算框架等，结合模式识别、人工智能、机器学习、数据挖掘等算法，实现对大数据的离线分析和大数据流的在线分析。

数据安全和隐私保护是指在确保大数据被良性利用的同时，通过隐私保护策略和数据安全等手段，构建大数据环境下的数据隐私和安全保护。

需要指出的是，上述各类大数据技术多传承自现阶段的关系型数据库，如关系型数据库上的异构数据集成技术、结构化查询技术、数据半结构化组织技术、数据联机分析技术、数据挖掘技术、数据隐私保护技术等。同时，大数据中的NoSQL数据库本身含义是Not Only SQL，而非Not SQL。它表明大数据的非结构化数据库和关系型数据库在解决问题上各具优势，大数据存储中的数据一致性、数据完整性和复杂查询的效率等方面还需借鉴关系型数据库的一些成熟解决方案。因此，掌握和理解关系型数据库对于日后开展大数据相关技术的学习、实践、创新具有重要的借鉴意义。

4. 大数据技术的应用场景

目前，大数据技术的应用已经非常普遍，涉及的领域包括传统零售业、金融业、医疗业和政府机构等。

在传统零售行业中，用户购物的大数据可用于分析具有潜在购买关系的商品，经销商将分析得到的关联商品以搭配的形式进行销售，从而提高相关商品的销售量。

在金融业中，每日股票交易的数据量具有大数据的特点，很多金融公司纷纷成立金融大数据研发机构，通过大数据技术分析市场的宏观动向并预测某些公司的运行情况。同时，银行可以根据区域用户日常交易情况，将常用的业务放置在区域内ATM机器上，方便用户更快捷地使用所需的金融服务。

在医疗行业中，各类患者的诊断信息、检查信息和处方信息可用于预测、辨别和辅助各种医疗活动。代表性的案例如"癌症的预测"，研究发现，很多症状能够用于早期的癌症预测，但由于传统医疗数据量较小，导致预测结果精度不高。随着大数据技术与医疗大数据的深度结合，越来越多有意义的癌症指征被发现并用于早期的癌症预测中。

在政府机构中，其掌握的各类大数据对政府的决策具有重要的辅助作用。例如，传统的出租车GPS信息只用于掌握出租车的运行情况，目前这一数据可用于预测各主要街道的拥堵情况，从而对未来的市政建设提供决策依据。再如，药店销售的感冒药数量不仅可用于行业的基本监督，还可用于预测当前区域的流感发病情况等。

以上各行业的大数据应用表明，大数据技术已经融入人们日常生活的方方面面，并正在改变人们的生活方式。未来，大数据技术将会与领域结合得更加紧密，任何决策和研究的成果必须通过数据进行表达，数据将成为驱动行业健康、有序发展的重要动力。

除上述数据库新技术外，数据库技术的研究领域还可分为数据库管理系统软件的研制、数据库设计和数据库理论的研究。本书所介绍的数据库系统的基本概念、基本技术和基本知识都是进行上述3个领域研究和开发的基础。

通过上述对数据库系统的介绍，我们可以得出这样的结论：传统的数据库技术和其他计算机技术相互结合、相互渗透，使数据库中新的技术内容层出不穷；数据库的许多概念、技术内容、应用领域甚至某些原理都有了重大的发展和变化。新的数据库技术不断涌现，它们提高了数据库的功能、性能，并使数据库的应用领域得到了极大的发展。各种各样的数据库系统共同构成了数据库系统的大家族。

1.6 小结

本章讲述了信息、数据、数据处理与数据管理的基本概念，介绍了数据管理技术发展的3个阶段及各自的优缺点，说明了数据库系统的特点；讲述了数据库系统的组成，并且重点讲述了DBMS的主要功能、组成和数据存取过程；讲解了数据库系统的内部体系结构（三级模式结构和二级映像功能）和外部体系结构；介绍了现实世界、信息世界和计算机世界及其有关概念，并且重点介绍了计算机世界中的数据模型；讲解了数据库领域的新技术。

习 题

一、选择题

1. 关于信息，以下说法正确的是（   ）。
   A. 信息=数据+语义　　B. 信息=数据　　C. 信息=数据-语义　　D. 信息=语义
2. 在数据库的三级模式结构中，描述整个数据库实际物理存储表示的是（   ）。
   A. 内模式　　　　　B. 模式　　　　　C. 概念模式　　　　　D. 外模式

3. 下列关于数据库的叙述正确的是（　　　）。
   A. 数据库中只存在数据项之间的联系
   B. 数据库的数据项之间和记录之间都存在联系
   C. 数据库的数据项之间无联系，记录之间存在联系
   D. 数据库的数据项之间和记录之间都不存在联系

4. 数据库系统的核心软件是（　　　）。
   A. 数据库　　　　　　B. 数据库管理系统　C. 数据模型　　　　D. 数据库管理员

5. 下列说法中错误的是（　　　）。
   A. 外模式是用户视图，是概念模式的某一部分的抽象表示
   B. 在数据库系统中，外模式/模式映像保证了数据与应用程序间的逻辑独立性
   C. 在数据库系统中，外模式可有多个，而模式、内模式只能各有一个
   D. 一个数据库系统中，外模式/模式映像只能有一个

6. 为了保证数据的物理独立性，需要修改的是（　　　）。
   A. 模式　　　　　　　　　　　　　　　B. 模式与内模式之间的映射
   C. 外模式　　　　　　　　　　　　　　D. 模式与外模式之间的映射

7. 某学校学生宿舍是6人间，宿舍和学生之间的联系类型是（　　　）。
   A. 1∶1　　　　　　　B. 1∶n　　　　　　C. m∶n　　　　　D. 以上3个都是

8. 一个数据库的内模式（　　　）。
   A. 只能有一个　　　B. 至少有一个　　　C. 至多有一个　　　D. 可以有多个

9. 以下选项中，不属于计算机世界的数据模型的是（　　　）。
   A. 关系模型　　　　B. 层次模型　　　　C. 网状模型　　　　D. 面向主题模型

10. 以下选项中，不属于实体的是（　　　）。
    A. 学生　　　　　　B. 教师　　　　　　C. 性别　　　　　　D. 课程

二、填空题

1. 数据库技术的发展，主要经历了_____、_____和_____3个阶段。

2. 数据库的三级模式结构中，_____对应基本表。

3. 数据库的二级映像中，_____保证了数据与应用程序间的逻辑独立性。

4. 从最终用户来看，数据库系统的外部体系结构可分为5种类型：_____、_____、_____、_____、_____。

5. 用有向图结构表示实体之间联系的模型是_____。

6. 一本书可以有多个作者，一个作者可以写多本书，则书和作者之间的联系类型是_____。

7. 数据库系统由_____、_____、_____和_____组成。

三、简答题

1. 简述数据库系统阶段数据管理的特点。
2. 什么是数据库管理系统，它有哪些功能？
3. 简述数据库的三级模式结构，并说明其优点。
4. 什么是分布式数据库？它有哪些特点？
5. 现实世界、信息世界和计算机世界之间有什么联系？

第2章
关系数据库

本章介绍关系的定义和性质、关系模式和关系数据库模式，以及关系的码和关系的完整性。

本章学习目标：了解域和笛卡儿积的概念；掌握关系的性质；掌握关系模式的概念和性质；掌握关系的码、关系模型的数据结构、关系的完整性约束。

2.1 关系的形式化及性质

2.1.1 关系的形式化定义

1. 域

定义2.1 域（Domain）是一组具有相同数据类型的值的集合，又称为值域（用D表示）。例如，整数、实数和字符串的集合都是域。

域中所包含的值的个数称为域的基数（用m表示）。例如，以1.4.3小节中表1-1所示的教师关系t为例：

D_1={刘杨，石丽，顾伟，赵礼，赵希希，张刚}，m_1=6；

D_2={男，女}，m_2=2；

D_3={26，30，32，36，40，50}，m_3=6。

其中，D_1、D_2、D_3分别表示教师关系中的姓名域、性别域和年龄域。

2. 笛卡儿积

定义2.2 给定一组域$D_1,D_2,\cdots,D_n$（它们包含的元素可以完全不同，也可以部分或全部相同），其笛卡儿积（Cartesian Product）为

$D_1 \times D_2 \times \cdots \times D_n$={（$d_1,d_2,\cdots,d_n$）|$d_i \in D_i,i=1,2,\cdots,n$}。

笛卡儿积是一个集合。对于笛卡儿积，有以下几点需注意。

（1）每一个元素（$d_1,d_2,\cdots,d_n$）中的每一个值d_i叫作一个分量（Component），分量来自相应的域（$d_i \in D_i$）。

（2）每一个元素（$d_1,d_2,\cdots,d_n$）叫作一个n元组（n-Tuple），简称元组（Tuple）。但元组是有序的，相同分量d_i的不同排序所构成的元组不同。例如，以下3个元组是不同的：（1，2，

3）≠（2，3，1）≠（1，3，2）。

（3）若D_i（$i=1,2,\cdots,n$）为有限集，D_i中的集合元素个数称为D_i的基数，用m_i（$i=1,2,\cdots,n$）表示，则笛卡儿积$D_1 \times D_2 \times \cdots \times D_n$的基数$M$[即元组（$d_1,d_2,\cdots,d_n$）的个数]为所有域的基数的累乘之积。例如，上述教师关系中的姓名域D_1和性别域D_2的笛卡儿积为$D_1 \times D_2$={（刘杨，男），（刘杨，女），（石丽，男），（石丽，女），（顾伟，男），（顾伟，女），（赵礼，男），（赵礼，女），（赵希希，男），（赵希希，女），（张刚，男），（张刚，女）}。其中，刘杨、石丽、顾伟、赵礼、赵希希、张刚、男、女都是分量，（刘杨，男）、（刘杨，女）等是元组，$D_1 \times D_2$的基数$M=m_1 \times m_2=6 \times 2=12$，即集合中元组的个数为12。

（4）笛卡儿积可用二维表的形式表示。例如，笛卡儿积$D_1 \times D_2$可表示为表2-1。

表2-1　笛卡儿积 $D_1 \times D_2$ 的二维表形式

tn	sex
刘杨	男
刘杨	女
石丽	男
石丽	女
顾伟	男
顾伟	女
赵礼	男
赵礼	女
赵希希	男
赵希希	女
张刚	男
张刚	女

可以看出，笛卡儿积是集合，集合也可以用二维表来表示，表的每一列由对应的域构成，表的每一行就是集合中的一个元组。

3．关系

定义2.3　笛卡儿积$D_1 \times D_2 \times \cdots \times D_n$的任一子集称为定义在域$D_1,D_2,\cdots,D_n$上的$n$元关系（Relation），可用$R$（$D_1,D_2,\cdots,D_n$）表示。其中，$R$表示关系的名字，$n$是关系的目或度（Degree）。

例如，笛卡儿积$D_1 \times D_2$的某个子集可以构成教师关系T1，如表2-2所示。

表2-2　笛卡儿积 $D_1 \times D_2$ 的子集（教师关系 T1）

tn	sex
刘杨	男
石丽	女
顾伟	男
赵礼	女
赵希希	女
张刚	男

下面是对定义2.3的几点说明。

（1）在关系R中，$n=1$为单元关系，$n=2$为二元关系，以此类推。例如，教师关系为二元关系。

（2）关系中的元组常用t表示，关系中元组个数是关系的基数。例如，教师关系的基数为6。

（3）关系中的不同域（列）的取值可以相同，为了加以区别，必须对每个域（列）起一个名字，称为属性，n元关系必有n个属性，属性的名字唯一；属性的取值范围称为值域，等价于对应域D_i（$i=1,2,\cdots,n$）的取值范围。具有相同关系框架的关系称为同类关系。

（4）在数学上，关系是笛卡儿积的任意子集，但在实际应用中，关系是笛卡儿积中所取的有意义的子集。例如，表2-2是表2-1的一个有意义的子集。

从关系模型的角度，关系可进一步定义如下。

定义2.4 定义在域$D_1,D_2,\cdots,D_n$（不要求完全相异）上的关系由关系头（Heading）和关系体（Body）组成。

关系头由属性名$A_1,A_2,\cdots,A_n$的集合组成，每个属性A_i对应一个域D_i（$i=1,2,\cdots,n$）。关系头（关系框架）是关系的数据结构的描述，它是固定不变的。关系体是指关系结构中的内容或者数据，它随元组的插入、删除或修改而变化。

2.1.2 关系的性质

在关系模型中，关系具有以下性质。

（1）列是同质的，即每一列中的分量必须来自同一个域，必须是同一类型的数据。

（2）不同的属性可来自同一个域，但不同的属性必须有不同的名字。例如，假设某关系中有两个属性"职业"和"兼职"，它们可以来自同一个域{教师，工人，辅导员}。

（3）列的顺序可以任意交换。但交换时，应连同属性名一起交换，否则将得到不同的关系。

（4）关系中元组的顺序（即行序）可任意，在一个关系中可以任意交换两行的次序。因为关系是以元组为元素的集合，而集合中的元素是无序的，所以作为集合元素的元组也是无序的。

（5）关系中不允许出现相同的元组。因为数学上集合中没有相同的元素，而关系是元组的集合，所以作为集合元素的元组应该是唯一的。

（6）关系中每一分量必须是不可分的数据项，也就是说，不能出现"表中有表"的现象。满足此条件的关系称为规范化关系，否则称为非规范化关系。

例如，表2-3是非规范化关系。可以把其中的属性"籍贯"分成两个新的属性，即"省""市/县"，将其规范化，如表2-4所示。

表 2-3 非规范化关系

姓名	籍贯	
	省	市/县
张强	吉林	长春
王丽	山西	大同

表 2-4 规范化的关系

姓名	省	市/县
张强	吉林	长春
王丽	山西	大同

2.2 关系模式与关系数据库模式

2.2.1 关系模式

关系数据库中，关系模式是型，关系是值。关系模式（Relation Schema）是对关系的描述。

定义2.5 关系的描述称为关系模式。它可以形式化地表示为以下形式。

$$R（U,D,DOM,F）$$

由定义2.5可以看出，一个关系模式应当是一个五元组。其中，R为关系名；U为组成该关系的属性名集合；D为属性组U中属性所来自的域；DOM为属性向域的映像集合；F为属性间数据的依赖关系集合。属性间的数据依赖F将在第12章中进行讨论，而域名D及属性向域的映像DOM常常直接说明为属性的类型、长度。因此，关系模式通常可简记为以下形式。

$$R（U）或R（A_1,A_2,\cdots,A_n）$$

其中，$A_1,A_2,\cdots,A_n$为各属性名。

关系是关系模式在某一时刻的状态或内容。也就是说，关系模式是型，即关系头；而关系是值，即关系体。关系模式是关系的框架（或者称为表框架），是对关系结构的描述，它是静态的、稳定的；而关系是动态的、随时间不断变化的，它是关系模式在某一时刻的状态或内容，这是因为关系的各种操作在不断更新数据库中的数据。但在实际中，人们常常把关系模式和关系统称为关系，读者可以通过上下文加以区别。

例如，在第1章的表1-1至表1-5所示的教学数据库teaching中，共有5个关系，其关系模式可分别表示如下。

教师（教师号，姓名，性别，年龄，职称，工资，专业，院系）

学生（学号，姓名，性别，年龄，专业，院系）

课程（课程号，课程名，课时）

选课（学号，课程号，成绩）

授课（教师号，课程号，开课日期）

对于上述每个关系模式，又有其相应的实例。例如，在第1章的表1-1中，与教师关系模式对应的数据库中的实例如表2-5所示。

表 2-5　与教师关系对应的实例

t1	刘杨	男	40	教授	3610.5	计算机	信息学院
t2	石丽	女	26	讲师	2923.3	信息	信息学院
t3	顾伟	男	32	副教授	3145	计算机	信息学院
t4	赵礼	女	50	教授	4267.9	自动化	工学院
t5	赵希希	女	36	副教授	3332.67	数学	理学院
t6	张刚	男	30	讲师	3012	自动化	工学院

2.2.2 关系数据库模式

在关系模型中，实体及实体间的联系都是用关系来表示的。例如，学生实体、课程实体、学生与课程之间的多对多联系都可以分别用一个关系来表示。在一个给定的应用领域中，所有实体及实体之间联系所对应的关系的集合构成一个关系数据库。

关系数据库也是有型和值之分的。关系数据库的型称为关系数据库模式，是对关系数据库的描述，它包括若干域的定义以及在这些域上定义的若干关系模式。因此，关系数据库模式是对关系数据库结构的描述，或者说是对关系数据库框架的描述。而关系数据库的值也称为关系数据库，是关系模式在某一时刻对应的关系的集合。也就是说，与关系数据库模式对应的数据库中的当前值就是关系数据库的内容，称为关系数据库的实例。

例如，第1章表1-1~表1-5所示的教学数据库teaching是5个关系的集合，或者说是5个关系头和5个关系体的集合。其中，各个关系头相对固定，而关系体的内容会随时间而变化。

2.3 关系的码和关系的完整性

2.3.1 候选码和主码

关系的候选码

1. 候选码

能唯一标识关系中元组的一个属性或属性集，称为候选码（Candidate Key），也称候选关键字或候选键，在后续章节中，统一称为候选码。例如，课程关系中的课程号能唯一标识每一门课程，则属性"课程号"是课程关系的候选码。在授课关系中，只有属性的组合"教师号+课程号"才能唯一地区分每一条授课记录，则属性集"教师号+课程号"是授课关系的候选码。

下面给出候选码的形式化定义。

定义2.6 设关系R有属性$A_1,A_2,\cdots,A_n$，其属性集$K=(A_i,A_j,\cdots,A_k)$，当且仅当满足下列条件时，K被称为候选码。

（1）唯一性（Uniqueness），关系R的任意两个不同元组，其属性集K的值是不同的。

（2）最小性（Minimum），组成关系键的属性集$(A_i,A_j,\cdots,A_k)$中，任一属性都不能从属性集K中删掉，否则将破坏唯一性的性质。

例如，选课关系中"学号+课程号"的组合是唯一的，同时，"学号+课程号"满足最小性，从中去掉任一属性，都无法唯一标识选课记录。

2. 主码

如果一个关系中有多个候选码，可以从中选择一个作为查询、插入或删除元组的操作变量，被选用的候选码称为主码（Primary Key），或称为主关系键、主键、关系键、关键字等，后续章节中，统一称为主码。

例如，假设在学生关系中增加了一个属性"身份证号"，则"学号"和"身份证号"都可作为学生关系的候选码。如果选定"学号"作为数据操作的依据，则"学号"为主码。如果选定"身份证号"作为数据操作的依据，则"身份证号"为主码。

主码是关系模型中的一个重要概念。每个关系必须选择一个主码，选定以后，不能随意改变。

3. 主属性与非主属性

主属性（Prime Attribute）是指包含在主码中的各个属性。非主属性（Non-Prime Attribute）是指不包含在任何候选码中的属性，也称为非码属性。

在最简单的情况下，一个候选码只包含一个属性，如学生关系中的"学号"，教师关系中的"教师号"。在最极端的情况下，所有属性的组合是关系的候选码，这时称为全码（All-key）。

2.3.2 外码

定义2.7 如果关系R_2的一个或一组属性X不是R_2的主码，而是另一关系R_1的主码，则该属性或属性组X称为关系R_2的外码（Foreign Key）或外部关系键（在后续章节中统一称为外码），并称关系R_2为参照关系（Referencing Relation），关系R_1为被参照关系（Referenced Relation）。

例如，第1章表1-4所示的选课关系sc中的字段"学号"（sno）和"课程号"（cno）分别是学生关系s和课程关系c中的主码，则在选课关系sc中，sno和cno称为外码。这时，选课关系sc称为参照关系，学生关系s和课程关系c称为被参照关系。

由外码的定义可知，被参照关系的主码和参照关系的外码必须定义在同一个域上。如选课关系sc中的外码sno与学生关系s中的主码sno要定义在同一个域上，同理，其外码cno与课程关系c的主码cno也要定义在同一个域上。

2.3.3 关系的完整性

为了维护关系数据库中数据与现实世界的一致性，对关系数据库的插入、删除和修改操作必须有一定的约束条件，这些约束条件实际上是现实世界的要求。任何关系在任何时刻都要满足这些语义约束。

关系模型中，有3类完整性约束，即实体完整性（Entity Integrity）、参照完整性（Referential Integrity）和用户自定义完整性（User-defined Integrity）。其中，实体完整性和参照完整性是关系模型必须满足的完整性约束条件，称作关系的两个不变性。任何关系数据库系统都应该支持这两类完整性。除此之外，不同的关系数据库系统由于应用环境的不同，往往还需要一些特殊的约束条件，这就是用户自定义完整性，用户自定义完整性体现了具体领域中的语义约束。

关系的完整性

1. 实体完整性

实体完整性是指主码的值不能为空或部分为空。

关系模型中的一个元组对应一个实体，一个关系则对应一个实体集。例如，一条课程记录对应一门课程，课程关系对应课程的集合。现实世界中的实体是可区分的，即它们具有某种唯一性标识。与此相对应，关系模型中以主码来唯一标识元组。例如，课程关系中的主码"课程号"（cno）可以唯一标识一门课程实体。如果主码中的值为空或部分为空，即主属性为空，则不符合关系键的定义条件，不能唯一标识元组及与其相对应的实体。这就说明存在不可区分实体，从而与现实世界中的实体可以区分的事实相矛盾。因此，主码的值不能为空或部分为空。

例如，课程关系中的主码"课程号"不能为空，授课关系中的主码"教师号+课程号"不能部分为空，即"教师号"和"课程号"两个字段的取值都不能为空。

2. 参照完整性

如果关系R_2的外码X与关系R_1的主码相符，则X的每个值，或者等于R_1中主码的某一个值，或者取空值。

例如，在图2-1中，学生关系s的字段"院系"（dept）与院系关系d的主码"院系"（dept）相对应，因此，学生关系s的字段dept是该关系的外码，学生关系s是参照关系，院系关系d是被参照关系。学生关系中某个学生（如s1）"院系"的取值，必须在院系关系中主码"院系"的值中能够找到，否则表示把该学生分配到一个不存在的院系，这显然不符合语义。如果某个学生（如

关系的参照
完整性

s9）"院系"取空值，则表示该学生尚未分配到任何一个院系；否则，它只能取院系关系中某个元组的院系值。

再如，如果按照参照完整性规则，选课关系sc中的外码"学号"和"课程号"可以取空值或者取被参照关系中已经存在的值，但由于"学号+课程号"是选课关系中的主码，根据实体完整性规则，两个属性都不能为空，所以选课关系中的外码"学号"和"课程号"只能取被参照

关系中已经存在的值。

s（学生关系）

sno 学号	sn 姓名	sex 性别	age 年龄	maj 专业	dept 院系
s1	王彤	女	18	计算机	信息学院
s2	苏乐	女	20	信息	信息学院
s3	林昕	男	19	信息	信息学院
s4	陶然	女	18	自动化	工学院
s5	魏立	男	17	数学	理学院
s6	何欣荣	女	21	计算机	信息学院
s7	赵琳琳	女	19	数学	理学院
s8	李轩	男	19	自动化	工学院
s9	李丽	女	20		

d（院系关系）

dept 院系	Addr 地址
工学院	1号楼
理学院	2号楼
信息学院	1号楼

图2-1 学生关系和院系关系

3. 用户自定义完整性

用户自定义完整性是针对某一具体关系数据库的约束条件，它反映某一具体应用所涉及的数据必须满足的语义要求。例如，属性值根据实际需要，要具备一些约束条件，如规定选课关系中成绩属性的取值在0到100之间。又如，某些数据的输入格式要有一些限制等。关系模型应该提供定义和检验这类完整性的机制，以便用统一的、系统的方法处理它们，而不要由应用程序承担这一功能。

2.4 小结

本章介绍了域和笛卡儿积的概念，给出了关系和关系模式的形式化定义，讲述了关系的性质，指出了关系、二维表之间的联系。本章还系统地介绍了关系数据库的一些基本概念，其中包括关系的码、关系模型的数据结构、关系的完整性约束。

习　题

一、选择题

1. 关系数据库模式是（　　）。
   A. 关系模型的集合　　　　　　　　B. 关系模式的集合
   C. 关系子模式的集合　　　　　　　D. 存储模式的集合
2. 同一个关系模型的任两个元组值（　　）。
   A. 不能完全相同　　B. 可以完全相同　　C. 必须完全相同　　D. 以上都不对
3. 一个关系只有一个（　　）。
   A. 超码　　　　　　B. 外码　　　　　　C. 候选码　　　　　D. 主码
4. 关系模式的字段（　　）。
   A. 不可再分　　　　　　　　　　　B. 可再分
   C. 不同字段的域不能相同　　　　　D. 以上都不对

5. 以下选项中，不属于关系性质的是（　　　）。

    A. 关系的列必须是同质的   B. 关系中元组的顺序可以改变

    C. 关系中列的顺序可以改变   D. 关系中不同字段的域不能相同

二、填空题

1. 在一个关系中，列必须是_____的，即每一列中的分量是同类型的数据，来自同一个域。

2. 如果关系 R_2 的外码 X 与关系 R_1 的主码相符，则外码 X 的每个值必须在关系 R_1 主码的值中找到，或者为空，这是关系的_____规则。

3. 实体完整性规则是对_____的约束，参照完整性规则是对_____的约束。

4. 在关系数据库中，把数据表示成规范化的二维表，每一个二维表称为_____。

5. 设有关系模式学生（学号，姓名，性别，年龄，专业，院系，手机号，身份证号），则该关系模式的候选码是_____，主码是_____，非主属性是_____。

三、简答题

1. 关系模型的完整性规则有哪几类？

2. 举例说明什么是实体完整性和参照完整性。

3. 关系的性质主要包括哪些方面？

篇章2
数据库操作

思维导图

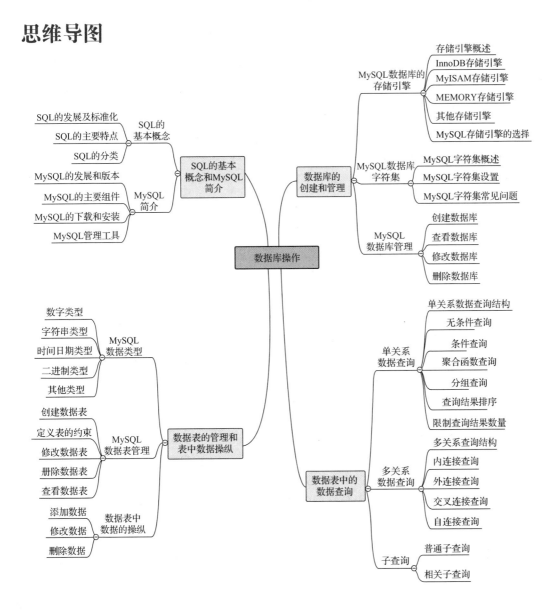

第3章
SQL的基本概念和MySQL简介

SQL是关系数据库的标准语言，也是目前应用最广的关系数据库语言。其功能除数据查询外，还包括数据定义、数据操纵和数据控制。MySQL是一款安全、跨平台、高效的数据库系统，能够与 PHP、Java 等主流编程语言紧密结合，目前已经成为最为流行的开源关系数据库系统。本章主要介绍SQL的基本概念和目前常用的数据库管理系统软件MySQL。

本章学习目标：了解SQL和MySQL的发展情况；理解SQL的分类；能够安装MySQL并能使用常见的MySQL管理工具。

3.1 SQL的基本概念

3.1.1 SQL 的发展及标准化

1. SQL 的发展

SQL功能强大，简洁易用，是当前最成功、应用最广的关系数据库语言。1974年，钱伯林（Chamberlin）和博伊斯（Boyce）提出了SEQUEL（Structured English Query Language，结构化英语查询语言）。IBM公司于1976年对SEQUEL进行了修改，将其用于System R关系数据库系统中，并在1980年将其改名为SQL。1979年，Oracle推出了商业版SQL。IBM于1981年推出了商用关系数据库SQL/DS，实现了SQL。直至今天，SQL广泛应用于各种大、中、小型数据库，如Sybase、SQL Server、Oracle、MySQL、Access、SQLite等。

2. SQL 的标准化

随着关系数据库系统和SQL应用的日益广泛，1982年，美国国家标准学会（ANSI）开始制订SQL标准。1986年，ANSI公布了SQL的第一个标准SQL-86。国际标准化组织（International Organization for Standardization，ISO）于1987年正式采纳了SQL-86标准为国际标准，并在1989年对SQL-86标准进行了补充，推出了SQL-89标准。随后，ISO在1992年推出了SQL-92标准；在1999年推出了SQL-99标准，增加了对对象数据、递归和触发器等的支持功能。在2003年、2008年、2011年和2016年，ISO分别推出了SQL:2003、SQL:2008、SQL:2011和SQL:2016。

3.1.2　SQL 的主要特点

SQL语法简单，命令少，简洁易用，因此成为标准并被业界和用户接受。SQL主要具有以下特点。

（1）SQL是一种一体化的语言。SQL包括数据定义、数据查询、数据操纵和数据控制等方面的功能，可以完成数据库活动中的全部工作。

（2）SQL是一种非过程化的语言。用SQL进行数据操作，只需要提出"做什么"，而不需要知道"怎么做"，因此，用户不需要关心具体的操作过程，也不必了解数据的存取路径，即用户只需要描述清楚"做什么"，SQL就可将要求交给系统，全部工作由系统自动完成。

（3）SQL是一种面向集合的语言。SQL采用集合操作方式，每个命令的操作对象可以是元组的集合，结果也可以是元组的集合。

（4）SQL既是自含式语言，又是嵌入式语言。SQL作为自含式语言，可以独立使用交互命令，适用于终端用户、应用程序员和DBA；作为嵌入式语言，可嵌入高级语言中使用，供应用程序员开发应用程序。

3.1.3　SQL 的分类

SQL按照实现的功能不同，主要分为4类：数据定义语言、数据查询语言、数据操纵语言和数据控制语言。其中每类语言对应的动词如表3-1所示。

表 3-1　SQL 的 4 类语言及对应的动词

SQL的4类语言	动词
数据定义语言	CREATE、ALTER、DROP
数据查询语言	SELECT
数据操纵语言	INSERT、UPDATE、DELETE
数据控制语言	GRANT、REVOKE

下面分别介绍SQL的4类语言。

1.　数据定义语言

数据定义语言（DDL）是一组SQL命令，主要用于创建和定义数据库对象，并将定义保存在数据字典中。数据定义语言主要包括CREATE、ALTER和DROP 3个语句，可用于创建数据库对象、修改数据库对象和删除数据库对象等。其中，CREATE负责数据库对象的建立，如数据库、数据表、数据库索引、视图等对象都可以使用CREATE语句来建立；ALTER负责数据库对象的修改，用户可依照要修改的程度来决定使用的参数；DROP用于删除数据库对象，用户只需要指定要删除的数据库对象名称即可。

2.　数据查询语言

数据查询语言（Data Query Language，DQL）主要用于对数据库中的各种数据对象进行查询，主要包括SELECT语句，是数据库学习的重点。其基本结构是由SELECT子句、FROM子句和WHERE子句组成的查询块，如下所示。

```
SELECT  <字段名>
FROM    <表或视图名>
WHERE   <查询条件>;
```

即根据查询条件，从表或视图中提取需要的字段。数据查询语言的详细语法结构和使用方法参见第6章。

3. 数据操纵语言

数据操纵语言（DML）主要用于处理数据库中的数据。数据操纵语言包括INSERT、UPDATE和DELETE 3个语句，供用户对数据库中的数据进行插入、更新和删除等操作。其中，INSERT 是向数据表中插入数据，可以一次插入一条数据，也可以将SELECT查询子句的结果集批量插入指定数据表；UPDATE是依据给定条件，将数据表中符合条件的数据更新为新值；DELETE用于从数据库对象中删除数据。除INSERT外，其他指令可以通过WHERE子句来指定数据范围，若不加WHERE子句，则访问全部数据。具体语法结构可参考5.3节。

4. 数据控制语言

数据控制语言（Data Control Language，DCL）可以对数据访问权限进行控制，用于修改数据库结构的操作权限，由GRANT和REVOKE两个语句组成。用户可通过授权和取消授权语句来实现相关数据的存取控制，以保证数据库的安全性。具体语法结构详见第8章。

3.2 MySQL简介

3.2.1 MySQL 的发展和版本

MySQL目前已历经多个版本的发展和演化。1996年，MySQL 1.0发布，其前身是1979年蒙蒂（Monty）用BASIC设计的一个报表工具。1999年，MySQL AB公司成立。同年，MySQL AB公司发布MySQL 3.23，该版本集成了Berkeley DB存储引擎，为后续可插拔式存储引擎架构奠定了基础。2000年，MySQL基于GPL协议开放源码。2003年，MySQL AB公司发布了MySQL 4.0，其集成了InnoDB存储引擎，提供了查询缓存。2005年发布的MySQL 5.0提供了视图、存储过程等功能。2008年，Sun公司收购MySQL AB公司，MySQL数据库进入Sun时代。同年，Sun公司发布MySQL 5.1，其提供了分区、事件管理、基于行的复制等功能。2009年，Oracle收购Sun公司，MySQL数据库进入Oracle时代。2010年发布的MySQL 5.5，其最主要的特点是InnoDB存储引擎成为MySQL的默认存储引擎。2013年和2015年分别发布了MySQL 5.6和MySQL 5.7。2016年，MySQL开始了8.0版本。

MySQL主要包括以下几个常见版本。

（1）社区版本（MySQL Community Server）：开源免费，但不提供官方技术支持，是数据库学习者常用的MySQL版本。

（2）企业版本（MySQL Enterprise Edition）：需付费，包含MySQL企业级数据库软件、监控与咨询服务，同时提供可靠性、安全性和实时性的技术支持。

（3）集群版（MySQL Cluster）：开源免费，是由多台服务器组成、同时对外提供数据管理服务的分布式集群系统，可将几个MySQL Server封装成一个Server，能够实现负载均衡，并提供冗余机制，可用性强。

（4）高级集群版（MySQL Cluster CGE）：需付费，包括用于管理、审计和监视MySQL Cluster数据库的工具，并提供Oracle标准支持服务。

除上述官方版本，MySQL还有一些分支。其中，MariaDB，其目的是完全兼容MySQL，其使用基于事务的Maria存储引擎，替换了MySQL的MyISAM存储引擎；Percona Server也是MySQL重要的分支之一，可以与MySQL完全兼容，为更好地发挥服务器硬件的性能，其在InnoDB存储引擎的基础上，提升了性能和易管理性，最后形成了XtraDB引擎。

3.2.2 MySQL 的主要组件

MySQL分为Server层和存储引擎两部分。其中，Server层包括连接器、查询缓存、分析器、优化器、执行器。Server层都是通用的组件，所有跨存储引擎的功能都在Server层实现，如存储过程、触发器、视图等。存储引擎主要负责数据的存储和提取。下面介绍Server层中的组件，存储引擎介绍详见4.1节。

1. 连接器

连接器主要用于与客户端建立连接、获取权限、维持和管理连接。连接器首先进行身份验证，验证通过之后即可建立连接，同时，在建立连接时验证权限。若要修改权限，则要重新建立新的数据库连接。当连接长时间未操作时（超过连接空闲时间），连接器会自动断开连接。

2. 查询缓存

MySQL在执行某个查询语句时，会先到缓存中查看是否执行过该语句，如果之前执行过这个查询语句，则直接返回结果集，从而达到快速查询效果。

注意：MySQL 8.0删除了查询缓存的功能。

3. 分析器

分析器主要用于分析SQL语法是否正确，通过词法分析，明确用户输入的SQL语句代表什么、要做什么；之后通过语法分析，判断用户输入的SQL语句是否满足MySQL语法规则。

4. 优化器

SQL执行前会使用优化器进行优化，选择出最优的查询方案。比如表中有多个索引时，决定用哪个索引；如果是多表关联查询，则决定表的连接顺序。

5. 执行器

执行器主要用于对SQL进行权限校验，判断SQL在对应表中是否有执行权限，如果有权限，则根据表的存储引擎定义调用存储引擎提供的接口，对数据进行操作；如果无权限则报错。

3.2.3 MySQL 的下载和安装

在Windows操作系统下，MySQL数据库的安装一般选择图像化界面安装。

1. 下载 MySQL

在安装之前，用户可到MySQL官方网站下载所需要的MySQL版本（本书以MySQL 8.0.22为例，进行有关内容的讲解）。

2. 安装和配置 MySQL

MySQL下载完成后，安装和配置步骤如下所示。

（1）双击安装包启动MySQL安装程序。如果弹出提示对话框，选择确认即可，允许安装。

（2）在安装类型对话框中，结合使用需要，选择安装类型，如图3-1所示。其中，"Developer Default"表示安装数据库服务器及数据库开发的必要工具；"Server only"表示只安装数据库服务器，适用于服务器部署；"Client only"表示只安装MySQL客户端，适用于在分布式环境下操作数据库的客户机部署；"Full"表示安装完整版；"Custom"表示用户手工自定义安装。作为数据库的学习人员，需要选择安装"Developer Default"，以实现数据库的本地部署和本地开发调试。选择后，单击"Next"按钮。

（3）进入MySQL产品安装界面，单击"Execute"按钮开始安装，如图3-2所示。等待全部产品安装成功后，如图3-3所示，单击"Next"按钮进入安装配置界面。

（4）配置界面提示了需要配置的内容，如图3-4所示。单击"Next"按钮进入配置。

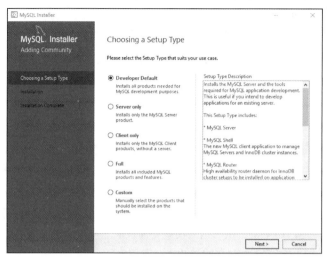

图3-1　选择安装类型

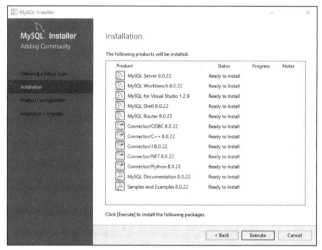

图3-2　确认安装产品

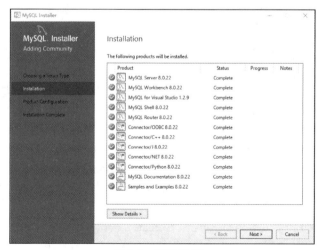

图3-3　产品安装成功

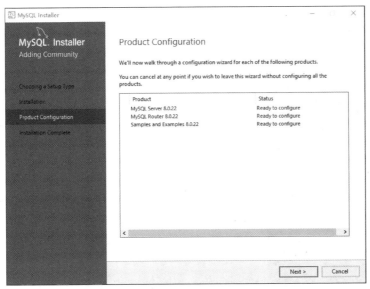

图3-4　需要配置的产品列表

（5）选择服务器类型和网络配置，如图3-5所示。其中，"Development Computer"为开发机，MySQL运行将占用开发机较小的资源，确保开发机可以完成其他任务；"Server"为服务器，MySQL运行将占用服务器中等资源，确保服务器中其他服务正常运行；"Dedicated"为确定服务器，即独占服务器，MySQL运行将占用确定服务器最大的资源。由于学习过程中，机器可能同时用于其他用途，因此可选择"Development Computer"类型。网络连接一般使用TCP/IP模式，端口为3306。如果服务器中安装了其他的软件占用了3306端口，可选择其他端口。关于其他配置，可保持默认状态。单击"Next"按钮进入下一步。

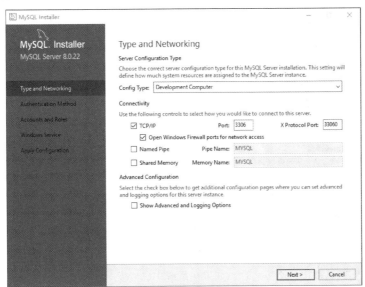

图3-5　服务器类型和网络配置

（6）配置认证方式，选择是使用强密码认证方式还是使用已有认证方式，如图3-6所示。如果配置的服务器用于衔接MySQL 5等服务器，可选择"Use Legacy Authentication Method"策略。如果是全新服务器，可选择"Use Strong Password Encryption for Authentication"。对于初次使用，可以保持默认选项，单击"Next"按钮进入后续配置。

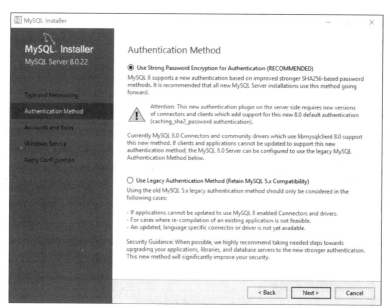

图3-6　配置认证方式

（7）配置管理员账号和密码，如图3-7所示，在界面中输入root账号的密码，请注意密码策略。root账号为数据库的超级管理员账号，在输入root账号后，也可以继续配置其他用户账号。配置完成后，记住root的密码，单击"Next"按钮继续配置。

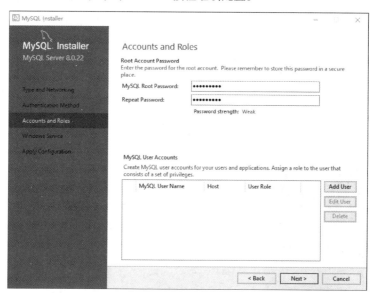

图3-7　配置管理员账号和密码

（8）配置实例名称，配置MySQL服务的实例名称以及是否允许在系统启动后自动运行，如图3-8所示。实例名称也是服务名称，如果在系统中已经安装了其他的MySQL数据库，需要确保实例名称不重复，如果是初次安装，保持现有实例名称，然后单击"Next"按钮。

（9）执行上述配置，单击"Execute"按钮生效上述配置的各项设置，如图3-9所示。配置成功后会提示"The configuration for MySQL Server 8.0.22 was successful"，单击"Finish"按钮完成安装，如图3-10所示。如果配置过程失败，可以单击"Log"选项卡，查看失败的原因并予以解决和重新安装。

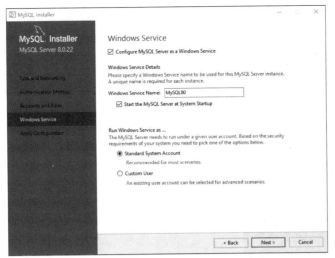

图3-8 配置实例名称

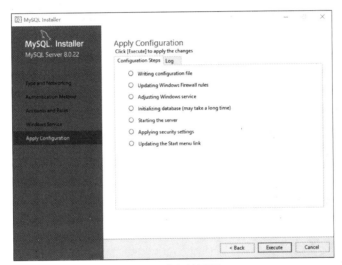

图3-9 执行上述配置

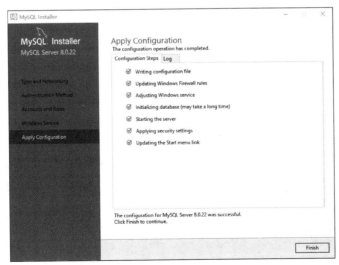

图3-10 执行配置成功

（10）回到配置界面，单击"Next"按钮进入MySQL Router配置，如图3-11所示。

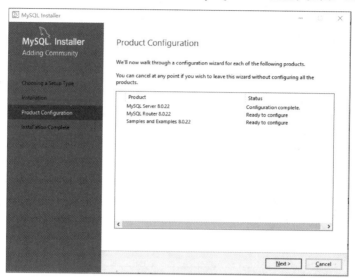

图3-11　配置界面

（11）如果未启用InnoDB集群，则保持默认状态。如果启用了InnoDB集群，则需要配置Router。配置完成后，单击"Finish"按钮继续安装，如图3-12所示。

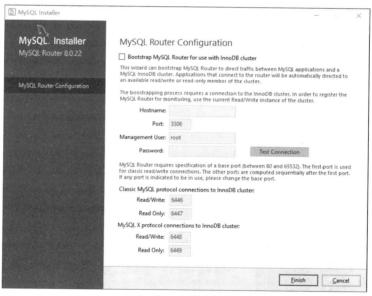

图3-12　InnoDB集群配置

（12）回到配置界面，单击"Next"按钮进入样例数据库配置，如图3-13所示。

（13）在样例数据库配置中，查看已经安装的数据库实例，然后选择需要安装样例的数据库并输入数据库的用户名和密码。如果是刚刚创建的数据库，直接输入刚刚设置的root密码，"Check"按钮用于检查用户名和密码的有效性，单击"Check"按钮通过验证后，单击"Next"按钮，如图3-14所示。

（14）单击"Execute"按钮，开始安装样例数据库，如图3-15所示。安装成功后，单击"Finish"按钮，如图3-16所示。如果安装失败，可以单击"Log"选项卡，查看失败的原因并予以解决和重新安装。

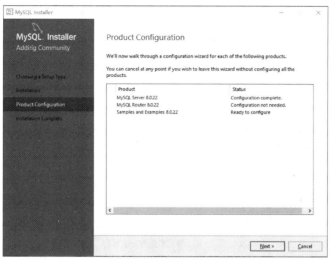

图3-13 配置界面

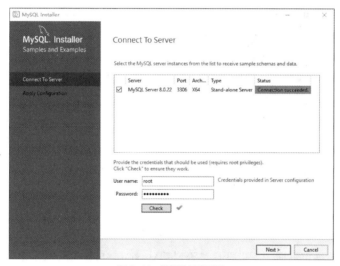

图3-14 样例数据库配置

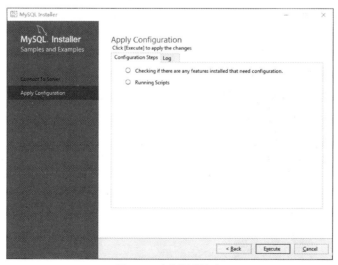

图3-15 安装样例数据库

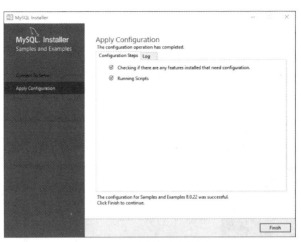

图3-16　样例数据库安装成功

（15）全部配置完成后，单击"Next"按钮，如图3-17所示。

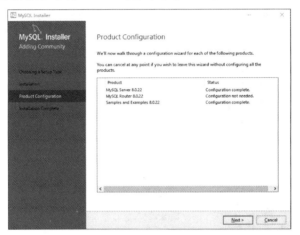

图3-17　配置完成界面

（16）在安装结束页面，可以选择是否启用MySQL Shell或者MySQL Workbench工具，MySQL Shell是一个终端形式的MySQL操作工具，MySQL Workbench提供了界面形式的管理和开发工具。按需选择后，单击"Finish"按钮完成MySQL安装，如图3-18所示。

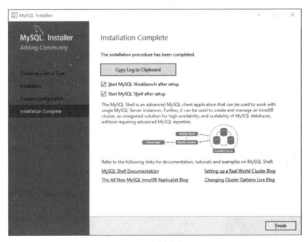

图3-18　安装结束界面

3.2.4 MySQL 管理工具

MySQL的管理工具有很多，可以分为应用工具、运维管理类工具、监控管理类工具和诊断优化工具。

1. 应用工具

MySQL客户端工具有很多，如需要付费的SQLyog、Navicat，免费的MySQL Workbench、SQLDeveloper、phpMyAdmin、MySQL Shell等。本书主要以MySQL Workbench作为可视化操作的工具。下面重点介绍MySQL Workbench和MySQL Shell。

（1）MySQL Workbench

MySQL Workbench是一个统一的可视化开发和管理工具，是MySQL AB发布的可视化的数据库设计工具，它的前身是数据库设计工具DBDesigner 4。该工具为数据库管理员、程序开发者和系统规划师提供可视化设计、模型建立及数据库管理功能，有开源和商业化两个版本，可在Windows、Linux和Mac上使用。

在3.2.3小节MySQL的安装中，已经同时安装了MySQL Workbench。用户可以通过执行"开始→所有程序→MySQL→MySQL Workbench 8.0 CE"命令，启动MySQL Workbench，进入欢迎界面，如图3-19所示。其中，MySQL Connections下面是用户设置的MySQL本地登录账号，此账号是在安装MySQL过程中设置的，实例名为MySQL80，管理员账号名为root，端口为3306。单击账号进入图3-20所示页面，输入密码即可连接到数据库，进入主页面。MySQL Workbench的布局及功能如图3-21所示。

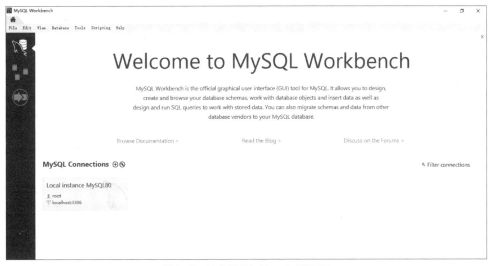

图3-19　MySQL Workbench 欢迎界面

图3-20　输入密码

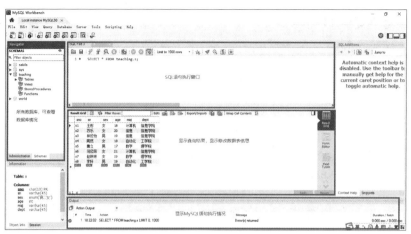

图3-21　MySQL Workbench的布局及功能

　　用户也可创建新连接。单击图3-19主菜单中的"Database→Manage Connections"命令，弹出"Manage Server Connections"对话框，如图3-22所示，单击左下角的"New"按钮，在对话框中输入相关信息后，单击"Test Connection"按钮进行测试，连接成功后如图3-23所示。返回MySQL Workbench欢迎页面后即可选择需要的连接。

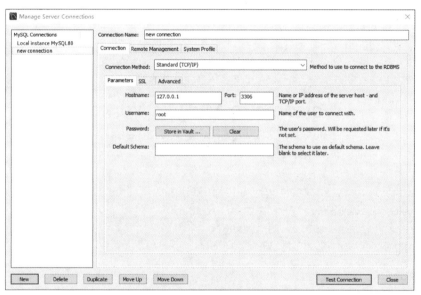

图3-22　连接参数设置

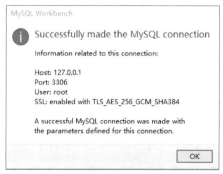

图3-23　连接成功

（2）MySQL Shell

MySQL Shell是一个统一的命令行客户端工具，是MySQL Server的高级客户端工具和代码编辑器，主要用于对MySQL进行管理和操作。MySQL Shell提供SQL功能，同时还提供JavaScript和Python的脚本功能，并包含用于MySQL的API。

使用MySQL
Shell连接数据库

在3.2.3小节MySQL的安装中，已经同时安装了MySQL Shell。用户可以通过执行"开始→所有程序→MySQL→MySQL Shell"命令，启动MySQL Shell，其界面如图3-24所示。

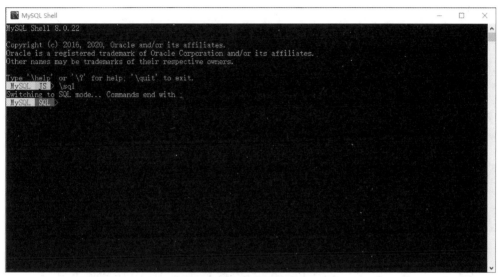

图3-24 MySQL Shell界面

其中，"MySQL JS>"说明当前的交互语言是JavaScript，用户可以通过"MySQL JS>\sql"转换到"MySQL SQL>"。

在MySQL Shell中，用户可以通过以下语句连接MySQL数据库。

```
MySQL SQL>\connect root@127.0.0.1
Please provide the password for 'root@127.0.0.1': *********
```

其中，"root"是安装MySQL时设置的用户名；"@"后是本地IP，也可以写"localhost"；"*********"是安装MySQL时设置的密码。连接成功后可以通过以下语句查看数据库。

```
MySQL 127.0.0.1:3306+ssl SQL>SHOW DATABASES;
```

以上语句的运行结果如图3-25所示。

图3-25 运行结果

此外，用户也可以在DOS窗口中连接MySQL数据库，如图3-26所示。用户可以通过执行"开始→运行"命令，在弹出的对话框中输入"cmd"并确认后，即可进入DOS窗口。在DOS窗口中进入目录C:\Porgram Files\MySQL\MySQL Server\bin（MySQL默认安装目录）后，可以通过以下语句连接MySQL数据库。

使用DOS连接MySQL数据库

```
mysql -h 主机名(IP)-u 用户名 -P 端口 -p
```

其中，"-h 主机名(IP)"表示要连接的数据库的主机名或者IP；"-u 用户名"表示连接数据库的用户名；"-P 端口"表示要连接的数据库的端口，默认是3306，如果端口不是默认端口，则必须指明端口号；"-p"表示要连接的数据库的密码，按"Enter"键，换行后即可输入密码。

如果要连接本机上的MySQL数据库，且端口是默认端口3306，则不需要指定主机名和端口，可以直接通过以下语句连接MySQL数据库。

```
mysql -u root -p
```

其中，root是安装MySQL时设置的用户名。

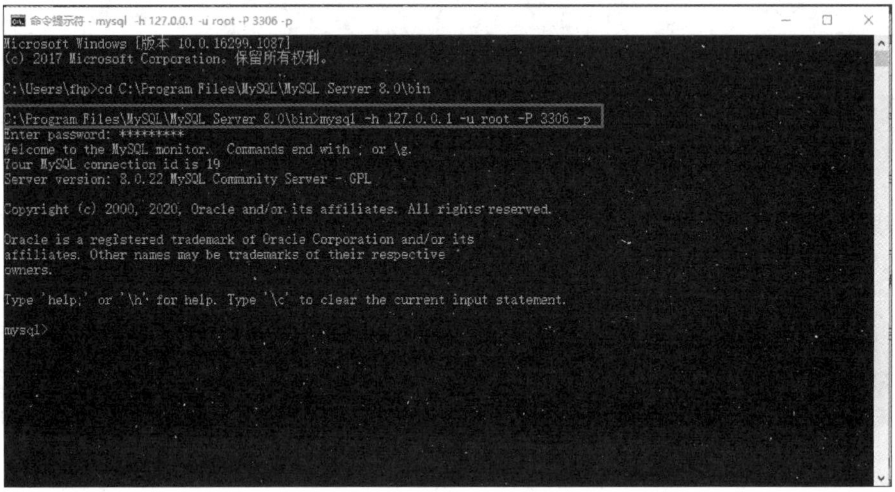

图3-26 DOS连接MySQL界面

2. 运维管理类工具

运维管理类工具主要是数据库管理员使用的工具。Percona-toolkit是主流的MySQL运维工具，是一组高级命令行工具的集合，具有查看当前服务的摘要信息、磁盘检测、实现表同步等功能。针对数据备份和恢复，用户可以使用mysqldump、mysqlpump、mydumper和xtrabackup。其中，mysqldump是MySQL经典的逻辑备份工具，也是默认的工具。针对数据库审计，用户可以使用MySQL官方的商业版插件、Percona Audit Log插件或MariaDB插件。

3. 监控管理类工具

为应对因服务或其他因素导致的性能变化，用户可以使用Zabbix、Lepus、mysql-statsd等性能监控工具。其中，Zabbix基于Web界面，既可以监控又能报警，通过监控各种网络参数，保证服务器系统的安全运营，并能及时报警以快速解决问题。

4. 诊断优化工具

诊断工具主要有innotop、orzdba、mytop、orztop和systemtap等。innotop可以通过命令行调用展示MySQL服务器的运行状况。淘宝DBA团队开发的orzdba可以监控MySQL数据库，同时可以进行磁盘和CPU的一些监控。mytop可以监控当前的连接用户和正在执行的命令。orztop可以查看MySQL数据库实时运行的SQL状况。systemtap可以监控、跟踪运行中的程序。

在性能测试方面，用户可以使用sysbench、tpcc-mysql、mydbtest和mysqlslap等工具。其中，mysqlslap是MySQL自带的基准测试工具。

3.3 小结

本章讲述了SQL的基本概念，介绍了SQL的主要特点和分类。SQL主要分为数据定义语言、数据查询语言、数据操纵语言和数据控制语言。本章通过图示讲解了MySQL的安装方法，为后续学习奠定了基础。

习　题

一、选择题

1. SQL的主要特点不包括（　　）。

    A. 过程化　　　　　　B. 面向集合　　　　C. 自含式　　　　D. 一体化

2. 下列SQL语句中，（　　）不是数据操纵语句。

    A. INSERT　　　　　B. CREATE　　　　C. DELETE　　　　D. UPDATE

3. SQL使用（　　）语句为用户授予系统权限或对象权限。

    A. SELECT　　　　　B. CREATE　　　　C. GRANT　　　　D. REVOKE

4. 在SQL语句中，语句ALTER TABLE实现（　　）功能。

    A. 数据查询　　　　B. 数据操纵　　　　C. 数据定义　　　　D. 数据控制

5. DROP语句属于（　　）。

    A. 数据查询　　　　B. 数据操纵　　　　C. 数据定义　　　　D. 数据控制

二、填空题

1. SQL是_____的缩写。

2. SQL主要分为_____、_____、_____和_____4类语言。

第4章
数据库的创建和管理

数据库的创建和管理是数据库应用的基础。本章介绍MySQL的常用存储引擎及其优缺点、MySQL的常用字符集及其校对规则，以及使用MySQL进行数据库管理。

本章学习目标：了解MySQL的常用存储引擎及其优缺点；掌握MySQL的字符集及其校对规则的查看和设置方法；掌握使用MySQL创建、查看、修改和删除数据库的语法格式。

4.1 MySQL数据库的存储引擎

4.1.1 存储引擎概述

存储引擎是决定如何存储数据库中的数据、如何为数据建立索引、如何更新和查询数据的机制。由于关系数据库中的数据是以关系表的形式存储的，所以存储引擎也称为表类型。

Oracle和SQL Server等数据库管理系统中只有一种存储引擎，所有数据存储管理机制都是一样的。MySQL数据库管理系统提供了多种存储引擎，用户可以根据不同的需求为数据表选择不同的存储引擎，也可以根据自己的需要编写自己的存储引擎。

MySQL的核心就是存储引擎。MySQL默认配置了许多不同的存储引擎，用户可以预先设置或者在MySQL服务器中启用。用户可以选择适用于服务器、数据库和数据表的存储引擎，以便在选择如何存储信息、如何检索这些信息以及需要数据结合什么性能和功能时具有较大的灵活性。

MySQL提供了插入式的存储引擎，所以，数据库中不同的数据表可以使用不同的存储引擎。MySQL常用的存储引擎有InnoDB、MyISAM、MEMORY和MERGE等。

用户可以查看MySQL支持的存储引擎，查看命令如下。

```
SHOW ENGINES;
```

以MySQL Workbench为例，如图4-1所示，在其查询窗口输入"SHOW ENGINES;"，单击"执行"按钮，即可查看各存储引擎的相关信息。

图4-1中各参数的说明如下。

（1）Engine：该列显示MySQL支持的所有存储引擎类型。

（2）Support：该列显示MySQL是否支持当前存储引擎，"YES"表示支持，"NO"表示不支持。

（3）Comment：该列显示对存储引擎的解释。

（4）Transactions：该列显示存储引擎是否支持事务处理，"YES"表示支持，"NO"表示不支持。

（5）XA：该列显示存储引擎是否支持分布式交易处理的XA规范，"YES"表示支持，"NO"表示不支持。

（6）Savepoints：该列显示存储引擎是否支持保存点，以便事务可以回滚到保存点，"YES"表示支持，"NO"表示不支持。

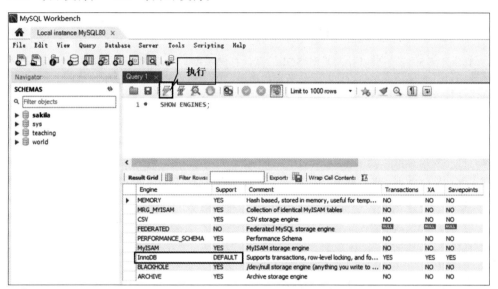

图4-1　MySQL支持的存储引擎

从图4-1中还可以看出，MySQL的默认存储引擎是InnoDB。如果想把其他存储引擎设置为默认存储引擎，可以使用如下命令。

```
SET DEFAULT_STORAGE_ENGINE=存储引擎名;
```

此外，如果不确定MySQL当前默认的存储引擎，可以使用如下命令。

```
SHOW VARIABLES LIKE '%storage_engine%';
```

以MySQL Workbench为例，执行上述命令的结果如图4-2所示。

Variable_name	Value
default_storage_engine	InnoDB
default_tmp_storage_engine	InnoDB
disabled_storage_engines	
internal_tmp_mem_storage_engine	TempTable

图4-2　查看MySQL当前支持的默认存储引擎

4.1.2　InnoDB 存储引擎

MySQL 5.5之后，InnoDB是MySQL的默认存储引擎。InnoDB是事务型数据库的首选引擎，具有提交、回滚和崩溃修复能力。

InnoDB提供专门的缓冲池。缓冲池既能缓冲索引又能缓冲数据，常用的数据可以直接在内存中处理，处理速度比从磁盘获取数据要快。

InnoDB支持行级锁定，行级锁定机制是通过索引来完成的，由于在数据库中大部分的SQL语句都要使用索引来检索数据，因此行级锁定机制为InnoDB在承受高并发压力的环境下增强了不小的竞争力。

InnoDB支持外键约束，是MySQL上第一个提供外键约束的存储引擎。InnoDB检查外键、插入、更新和删除，以确保数据的完整性。存储表中的数据时，每张表的存储都按主键顺序存放，如果没有显式地在表定义时指定主键，InnoDB会为每一行生成一个6字节的ROWID，并以此作为主键。

InnoDB存储引擎将表和索引存储在一个表空间中，表空间可以包含多个文件（或原始磁盘分区）。InnoDB表可以是任何大小。

4.1.3　MyISAM 存储引擎

MySQL 5.5之前，MyISAM是MySQL的默认存储引擎。MyISAM不支持事务处理，也不支持外键约束。但是，MyISAM具有高效的查询速度，插入数据的速度也很快，是在Web、数据仓储等应用环境中最常使用的存储引擎。

MyISAM不支持事务处理，没有事务记录，所以遇到系统崩溃或者非预期结束所造成的数据错误时，必须完整扫描后才能重新建立索引或者修正未写入硬盘的错误。而且，MyISAM的修复时间与数据量的多少成正比，随着数据量的增加，MyISAM的恢复能力会变弱。MyISAM不提供专门的缓冲池，必须依靠操作系统来管理读取与写入缓存，因此，在某些情况下，其数据访问效率比InnoDB低。

使用MyISAM创建数据库，将生成3个文件。文件的主文件名与表名相同，扩展名包括".frm"".myd"和".myi"。其中，".frm"文件存储数据表的定义，".myd"文件存储数据表中的数据，".myi"文件存储数据表的索引。

4.1.4　MEMORY 存储引擎

与InnoDB和MyISAM不同，MEMORY类型的表中的数据存储在内存中，如果数据库重启或者发生崩溃，表中的数据都将消失。MEMORY类型适用于暂时存放数据的临时表、统计操作的中间表，以及数据仓库中的维度表。

每个MEMORY类型的表对应一个文件，其主文件名与表名相同，扩展名为".frm"。该文件只存储数据表的定义，而数据表中的数据存储在内存中。这样可以有效地提高数据的处理速度。

MEMORY默认使用哈希（HASH）索引。其主要特性如下。

（1）每个表可以有多达32个索引，每个索引16列，最大键长度为500字节。

（2）执行HASH和BTREE索引。

（3）在一个MEMORY表中可以有非唯一键。

（4）MEMORY表使用一个固定的记录长度格式。

（5）不支持BLOB或者TEXT列。

（6）支持AUTO_INCREMENT列和对可包含NULL值的列的索引。

4.1.5　其他存储引擎

1. MERGE 存储引擎

MERGE存储引擎是一组具有相同结构的MyISAM表的组合。MERGE本身没有数据，对MERGE可以进行查询、更新和删除操作，这些操作实际上是对内部的MyISAM表进行的。对MERGE的插入操作，是通过INSERT_METHOD子句来定义的，该子句可以使用3个不同的值，使用FIRST或者LAST值使插入操作被相应地作用在第一个或者最后一个表上，不定义这个子句或者定义为NO，则表示不能对MERGE执行插入操作。对MERGE进行删除操作时，只是删除

MERGE的定义，对内部的表没有任何影响。MERGE在磁盘上保留两个文件，文件名以表名开始，一个".frm"文件存储表定义，另一个".mrg"文件包含组合表的信息，包括MERGE由哪些表组成、插入数据时的依据。用户可以通过修改".mrg"文件来修改MERGE，但是修改后要通过FLUSH TABLES刷新。

2. BLACKHOLE 存储引擎

BLACKHOLE存储引擎可以用来验证存储文件语法的正确性；可以对二进制日志记录进行开销测量，通过比较，允许与禁止二进制日志功能；可以用来查找与存储和引擎自身不相关的性能瓶颈。

3. CSV 存储引擎

CSV存储引擎实际上操作的是一个标准的CSV文件，不支持索引。CSV文件是很多软件都支持的较为标准的格式，当用户需要把数据库中的数据导出成一份报表文件时，用户可以先在数据库中建立一张CSV表，然后将生成的报表信息插入该表，得到CSV报表文件。

4. ARCHIVE 存储引擎

ARCHIVE存储引擎主要用于通过较小的存储空间来存储过期的很少访问的历史数据。ARCHIVE不支持索引，其包含一个".frm"的结构定义文件、一个".arz"的数据压缩文件和一个".arm"的meta信息文件。由于其所存储的数据的特殊性，ARCHIVE表不支持删除、修改操作。锁定机制为行级锁定。

4.1.6　MySQL 存储引擎的选择

在实际工作中，用户可以根据应用场景的不同，对各种存储引擎的特点进行对比和分析，选择适合的存储引擎。此外，用户还可以根据实际情况对不同的数据表选用不同的存储引擎。

如果实际应用中需要进行事务处理，在并发操作时要求保持数据的一致性，而且除了查询和插入操作，还经常要进行更新和删除操作，这种情况下用户可以选择InnoDB，这样可以有效降低更新和删除操作导致的锁定，并且可以确保事务的完整性提交和回滚。

如果实际应用中不需要进行事务处理，以查询和插入操作为主，更新和删除操作较少，并且对事务的完整性和并发性要求不是很高，这种情况下用户可以选择MyISAM。

如果实际应用中不需要进行事务处理，需要很快的读写速度，并且对数据的安全性要求较低，这种情况下用户可以选择MEMOEY。它对表的大小有要求，不能建立太大的表。所以，MEMORY适用于创建相对较小的数据表。

综上，选择什么类型的存储引擎需要根据具体应用灵活选择。此外，用户可以为同一个数据库中的不同数据表选择适合的存储引擎，从而满足各自的应用性能和实际需求。总之，使用合适的存储引擎将会提高整个数据库的性能。

4.2　MySQL数据库的字符集

4.2.1　MySQL 字符集概述

针对数据的存储，MySQL提供了多种字符集；针对同一字符集内字符之间的比较，MySQL提供了与之对应的多种校对规则。其中，一个字符集对应至少一种校对规则（通常是一对多的关系），两个不同的字符集不能有相同的校对规则，而且，每个字符集都设置默认的校对规则。

用户可以通过如下命令查看MySQL支持的所有字符集。

```
SHOW CHARACTER SET;
```

用户也可以使用系统表information_schema中的CHARACTER_SETS，命令如下。

```
USE information_schema;
SELECT * FROM CHARACTER_SETS;
```

在DOS窗口或者MySQL Shell窗口执行上述命令，可以得到图4-3所示的MySQL字符集列表。

Charset	Description	Default collation	Maxlen
armscii8	ARMSCII-8 Armenian	armscii8_general_ci	1
ascii	US ASCII	ascii_general_ci	1
big5	Big5 Traditional Chinese	big5_chinese_ci	2
binary	Binary pseudo charset	binary	1
cp1250	Windows Central European	cp1250_general_ci	1
cp1251	Windows Cyrillic	cp1251_general_ci	1
cp1256	Windows Arabic	cp1256_general_ci	1
cp1257	Windows Baltic	cp1257_general_ci	1
cp850	DOS West European	cp850_general_ci	1
cp852	DOS Central European	cp852_general_ci	1
cp866	DOS Russian	cp866_general_ci	1
cp932	SJIS for Windows Japanese	cp932_japanese_ci	2
dec8	DEC West European	dec8_swedish_ci	1
eucjpms	UJIS for Windows Japanese	eucjpms_japanese_ci	3
euckr	EUC-KR Korean	euckr_korean_ci	2
gb18030	China National Standard GB18030	gb18030_chinese_ci	4
gb2312	GB2312 Simplified Chinese	gb2312_chinese_ci	2
gbk	GBK Simplified Chinese	gbk_chinese_ci	2
geostd8	GEOSTD8 Georgian	geostd8_general_ci	1
greek	ISO 8859-7 Greek	greek_general_ci	1
hebrew	ISO 8859-8 Hebrew	hebrew_general_ci	1
hp8	HP West European	hp8_english_ci	1
keybcs2	DOS Kamenicky Czech-Slovak	keybcs2_general_ci	1
koi8r	KOI8-R Relcom Russian	koi8r_general_ci	1
koi8u	KOI8-U Ukrainian	koi8u_general_ci	1
latin1	cp1252 West European	latin1_swedish_ci	1
latin2	ISO 8859-2 Central European	latin2_general_ci	1
latin5	ISO 8859-9 Turkish	latin5_turkish_ci	1
latin7	ISO 8859-13 Baltic	latin7_general_ci	1
macce	Mac Central European	macce_general_ci	1
macroman	Mac West European	macroman_general_ci	1
sjis	Shift-JIS Japanese	sjis_japanese_ci	2
swe7	7bit Swedish	swe7_swedish_ci	1
tis620	TIS620 Thai	tis620_thai_ci	1
ucs2	UCS-2 Unicode	ucs2_general_ci	2
ujis	EUC-JP Japanese	ujis_general_ci	3
utf16	UTF-16 Unicode	utf16_general_ci	4
utf16le	UTF-16LE Unicode	utf16le_general_ci	4
utf32	UTF-32 Unicode	utf32_general_ci	4
utf8	UTF-8 Unicode	utf8_general_ci	3
utf8mb4	UTF-8 Unicode	utf8mb4_0900_ai_ci	4

图4-3　MySQL字符集列表

从图4-3可以看出，MySQL 8.0支持41种字符集。图中的"Charset"列显示所有字符集的名称，"Description"列显示每种字符集的描述，"Default collation"列显示每种字符集的默认校对规则，"Maxlen"列显示每种字符集中的单个字符所占的最大字节数。

图4-3中只列出了每种字符集的默认校对规则，但是，很多字符集包含多个校对规则，用户可以通过如下命令查看MySQL支持的所有校对规则。

```
SHOW COLLATION;
```

用户也可以使用系统表information_schema中的COLLATIONS，命令如下。

```
USE information_schema;
SELECT * FROM COLLATIONS;
```

执行上述命令后可以看到，MySQL支持的校对规则共有272个。

如果需要查看某一种特定的字符集的校对规则，如utf8字符集的校对规则，可以使用如下命令。

```
SHOW COLLATION WHERE Charset='utf8';
```

用户也可以使用系统表information_schema中的COLLATIONS，命令如下。

```
USE information_schema;
SELECT * FROM COLLATIONS WHERE CHARACTER_SET_NAME='utf8';
```

在MS DOS窗口或者MySQL Shell窗口执行上述命令，可以得到图4-4所示的utf8字符集的校对规则。

COLLATION_NAME	CHARACTER_SET_NAME	ID	IS_DEFAULT	IS_COMPILED	SORTLEN	PAD_ATTRIBUTE
utf8_general_ci	utf8	33	Yes	Yes	1	PAD SPACE
utf8_tolower_ci	utf8	76		Yes	1	PAD SPACE
utf8_bin	utf8	83		Yes	1	PAD SPACE
utf8_unicode_ci	utf8	192		Yes	8	PAD SPACE
utf8_icelandic_ci	utf8	193		Yes	8	PAD SPACE
utf8_latvian_ci	utf8	194		Yes	8	PAD SPACE
utf8_romanian_ci	utf8	195		Yes	8	PAD SPACE
utf8_slovenian_ci	utf8	196		Yes	8	PAD SPACE
utf8_polish_ci	utf8	197		Yes	8	PAD SPACE
utf8_estonian_ci	utf8	198		Yes	8	PAD SPACE
utf8_spanish_ci	utf8	199		Yes	8	PAD SPACE
utf8_swedish_ci	utf8	200		Yes	8	PAD SPACE
utf8_turkish_ci	utf8	201		Yes	8	PAD SPACE
utf8_czech_ci	utf8	202		Yes	8	PAD SPACE
utf8_danish_ci	utf8	203		Yes	8	PAD SPACE
utf8_lithuanian_ci	utf8	204		Yes	8	PAD SPACE
utf8_slovak_ci	utf8	205		Yes	8	PAD SPACE
utf8_spanish2_ci	utf8	206		Yes	8	PAD SPACE
utf8_roman_ci	utf8	207		Yes	8	PAD SPACE
utf8_persian_ci	utf8	208		Yes	8	PAD SPACE
utf8_esperanto_ci	utf8	209		Yes	8	PAD SPACE
utf8_hungarian_ci	utf8	210		Yes	8	PAD SPACE
utf8_sinhala_ci	utf8	211		Yes	8	PAD SPACE
utf8_german2_ci	utf8	212		Yes	8	PAD SPACE
utf8_croatian_ci	utf8	213		Yes	8	PAD SPACE
utf8_unicode_520_ci	utf8	214		Yes	8	PAD SPACE
utf8_vietnamese_ci	utf8	215		Yes	8	PAD SPACE
utf8_general_mysql500_ci	utf8	223		Yes	1	PAD SPACE

图4-4　utf8字符集的校对规则

从图4-4可以看出，utf8字符集的校对规则有28个，其中，"utf8_general_ci"是默认校对规则。此外，"utf8_general_ci"结尾的"ci"表示大小写不敏感；如果是"cs"，则表示大小写敏感；如果是"bin"，则表示按编码值比较。

4.2.2　MySQL 字符集设置

MySQL对于字符集的设置分为4个级别：服务器（Server）、数据库（DataBase）、数据表（Table）和连接（Connection）。

用户可以查看MySQL字符集在各个级别上的默认设置，查看命令如下。

```
SHOW VARIABLES LIKE 'character%';
```

在MS DOS窗口或者MySQL Shell窗口执行上述命令，可以得到图4-5所示的当前服务器各个级别的默认字符集。

Variable_name	Value
character_set_client	gbk
character_set_connection	gbk
character_set_database	utf8
character_set_filesystem	binary
character_set_results	gbk
character_set_server	utf8mb4
character_set_system	utf8
character_sets_dir	C:\Program Files\MySQL\MySQL Server 8.0\share\charsets\

图4-5　当前服务器各个级别的默认字符集

用户也可以单独查看某个特定级别的字符集默认设置。例如，查看服务器级的字符集默认设置的命令如下。

```
SHOW VARIABLES LIKE 'character_set_server';
```

用户可以查看MySQL校对规则在各个级别上的默认设置，查看命令如下。

```
SHOW VARIABLES LIKE 'collation%';
```

在MS DOS窗口或者MySQL Shell窗口执行上述命令，可以得到图4-6所示的当前服务器各个级别的默认校对规则。

Variable_name	Value
collation_connection	gbk_chinese_ci
collation_database	utf8_general_ci
collation_server	utf8mb4_0900_ai_ci

图4-6　当前服务器各个级别的默认校对规则

从图4-6可以看出，MySQL对于校对规则的设置包括3个级别：服务器、数据库和连接。

用户也可以单独查看某个特定级别的校对规则默认设置。例如，查看服务器级的校对规则默认设置的命令如下。

```
SHOW VARIABLES LIKE 'collation_server';
```

下面对图4-5和图4-6中的部分内容进行说明。

（1）character_set_server和collation_server的值分别表示服务器的字符集和校对规则。

（2）character_set_client的值表示客户端的数据使用的字符集，这个变量用来决定MySQL怎样解释客户端发送到服务器的SQL命令。

（3）character_set_connection和collation_connection的值分别表示连接层的字符集和校对规则，这两个变量用来决定MySQL怎样处理客户端发来的SQL命令。

（4）character_set_database和collation_connection的值表示当前选中数据库的字符集和校对规则，创建数据库命令"CREATE DATABASE"有两个参数可以用来设置数据库的字符集和校对规则。

（5）character_set_results的值表示查询结果的字符集，当查询结果返回的时候，这个变量用来决定发给客户端的结果中文字量的编码。

（6）character_set_system的值表示系统元数据的字符集，数据库、数据表和列的定义用的都是这个字符集。这个变量的值是utf8，不需要设置。

（7）character_set_filesystem的值表示文件系统的编码格式——把操作系统上的文件名转化成此变量的字符集值，即把character_set_client的字符集转换为character_set_filesystem的字符集。

用户可以统一修改MySQL在各个级别上的默认字符集。例如，将各级默认字符集都设置为utf8，通常有以下两种方法。

（1）修改配置文件

首先，关闭MySQL服务，在MySQL安装盘符下的"\ProgramData\MySQL\MySQL Server 8.0"中找到文件"my.ini"，查找"[mysql]"，在它的下面将"default-character-set="改为"default-character-set=utf8"，如图4-7所示。修改完成之后，将文件"my.ini"复制到MySQL安装盘符下的"\Program Files\MySQL\MySQL Server 8.0\bin"目录下。

其次，重启MySQL服务，再次查看默认字符集时，可以看到所有级别的默认字符集都已改为utf8。

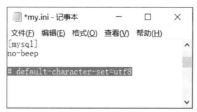

图4-7　使用配置文件修改默认字符集

如果是单独修改某个特定级别的字符集设置，例如将服务器级的默认字符集修改为utf8，可以在文件"my.ini"中查找"[mysqld]"，在它下面添加"character-set-server=utf8"，其他操作同上。

（2）运行时修改

用户可以使用命令行的方式修改MySQL在各个级别上的默认字符集，命令如下。

```
SET character_set_***=字符集名称；
```

其中，"***"可以替换为"server""database""connection""results""client""system"和"filesystem"。

注意： 这种方式在服务器重启之后会失效，如果想要重启后保持不变，则需要修改配置文件。

4.2.3 MySQL 字符集常见问题

在数据库系统开发中，MySQL乱码一直是困扰开发者的主要问题，主要表现如下。

（1）数据输入时为正常编码数据，但存入数据库后呈现乱码数据。

（2）数据库中存储的是正常编码数据，但读取后的数据呈现乱码形态。

我们可以从数据流向的角度，分析出现上述乱码问题的主要原因。

（1）数据输入端问题。数据输入端主要包括浏览器、App界面等，各类用户终端接收数据后，对数据进行编码，然后利用网络或本地文件系统，将数据传输和存储到数据库中。用户终端对用户输入的数据进行编码时，如果选择了与数据存储端不同的编码方式，则在传输后对数据进行解码时易导致数据出现乱码。

（2）网络问题。对于在线运行的数据库系统，可能因网络服务中断、网络服务质量不可靠等原因，出现数据接收不完整等现象，特别是在一些持续传输大量数据的系统中，如果接收端不对数据的完整性进行校验，会导致数据库中存储了编码不完整的数据。

（3）数据存储端问题。数据存储端主要是运行在服务器或者本地系统中的数据库。数据库存储的编码涉及多个层面，主要包括连接数据库层面的编码、数据库管理系统的默认编码、数据库层面的编码、数据表层面的编码等，各层编码规则的继承和覆盖是层层嵌套的。例如，若数据库管理系统采用Latin编码，而数据库层面未设置默认编码，则数据库层面会继承使用数据库管理系统的编码，从而导致存储中文数据时出现乱码。

上述原因表明，数据库编码问题如果不进行正确分析、设计、选型及实施，在系统开发和运行维护中会出现乱码问题，乱码问题的排查和解决难度较大。因此，在现代数据库系统的开发中，数据库管理系统选型确定后，开发人员一般会结合数据库管理系统的编码特点，按照业务系统使用语言需求，选择编码范围较为广泛的编码方式。例如，在MySQL数据库系统开发中，开发人员利用UTF编码范围较大的特点，选择UTF编码作为连接、系统、库、表的编码方式，以满足系统运行时可能需要的各类语言编码需求。同时，在一些运行了多个数据库系统的服务器上，在部署系统前，需要设置数据库的编码方式和字符排序方式，以确保在同一服务器上，其他数据库使用不同编码时的兼容性。

MySQL 5的一些早期的数据库版本，默认使用Latin编码，这给初学系统设计和开发人员带来极大的不便，分析和排查问题所涉及的方面较多。MySQL 8后使用的默认编码为UTF编码，对于未学习数据库编码或者对数据库了解较少的开发人员，使用MySQL时遇到乱码问题的概率降低，更方便进行数据库系统开发和调试工作。但是，结合本节学习内容，无论读者使用的数据库版本是否为MySQL 8，从系统的维护成本和可扩展性角度来看，读者还应结合业务需要，系统研究并明确数据库的编码方式，在数据库部署时，显式地使用所选的数据库编码，降低乱码出现的概率和风险。

4.3 MySQL数据库管理

4.3.1 创建数据库

在MySQL中，创建数据库的语法格式如下。

```
CREATE DATABASE|SCHEMA [IF NOT EXISTS] db_name
[[DEFAULT] CHARACTER SET charset_name]
[[DEFAULT] COLLATE collation_name];
```

说明如下。

（1）CREATE DATABASE|SCHEMA是创建数据库的命令。在MySQL中，SCHEMA也指数据库。

（2）IF NOT EXISTS的作用是创建的数据库名已经存在时，会给出错误信息。创建数据库时，为了避免和已有的数据库重名，可以加上IF NOT EXISTS。

（3）db_name是数据库名。

（4）[DEFAULT] CHARACTER SET charset_name是指为数据库设置默认字符集，其中"charset_name"可以替换为具体的字符集。

（5）[DEFAULT] COLLATE collation_name是指为数据库的默认字符集设置默认校对规则。

如果在创建数据库时，省略了上述字符集和校对规则的设置，MySQL将采用当前服务器在数据库级别上的默认字符集和默认校对规则。

【例4-1】创建名称为teaching的数据库，设置默认字符集为utf8mb4，设置默认校对规则为utf8mb4_0900_ai_ci。

```
CREATE DATABASE IF NOT EXISTS teaching
DEFAULT CHARACTER SET utf8mb4
DEFAULT COLLATE utf8mb4_0900_ai_ci;
```

在MySQL
Workbench窗口
中创建数据库

数据库teaching创建完成之后，默认的字符集是utf8mb4，默认的校对规则是utf8mb4_0900_ai_ci。

4.3.2 查看数据库

查看数据库的语法格式如下。

```
SHOW CREATE DATABASE db_name;
```

例如，查看数据库teaching，在DOS窗口或者MySQL Shell窗口执行以下命令。

```
SHOW CREATE DATABASE teaching;
```

执行上述命令后可以得到图4-8所示的结果，其中展示了数据库teaching的创建命令和参数设置。

在MySQL
Workbench窗口
中查看数据库

```
+----------+---------------------------------------------------------------------------------------------------------+
| Database | Create Database                                                                                         |
+----------+---------------------------------------------------------------------------------------------------------+
| teaching | CREATE DATABASE `teaching` /*!40100 DEFAULT CHARACTER SET utf8mb4 COLLATE utf8mb4_0900_ai_ci */          |
+----------+---------------------------------------------------------------------------------------------------------+
```

图4-8　数据库teaching的相关信息

此外，创建完数据库teaching之后，我们可以在MySQL安装盘符下的"\ProgramData\MySQL\MySQL Server 8.0\Data"文件中看到以teaching命名的文件夹，该文件夹最初是空文件夹，之后在数据库中创建的数据表等相关文件会存储在该文件夹中。

在 MySQL
Workbench 窗口
中修改数据库

4.3.3 修改数据库

数据库创建之后，用户可以根据需要修改数据库的参数。如果MySQL
的默认存储引擎是InnoDB，则无法修改数据库名，只能修改字符集和校对
规则。

修改数据库的语法格式如下。

```
ALTER DATABASE|SCHEMA db_name
[DEFAULT] CHARACTER SET charset_name
[DEFAULT] COLLATE collation_name;
```

需要注意的是，用户必须有数据库的修改权限，才能使用ALTER DATABASE命令修改数
据库。

【例4-2】将数据库teaching的默认字符集修改为gbk，默认校对规则修改为gbk_chinese_ci。

```
ALTER DATABASE teaching
DEFAULT CHARACTER SET gbk
DEFAULT COLLATE gbk_chinese_ci;
```

修改完数据库之后，我们可以通过SHOW CREATE DATABASE命令查看修改之后的相关
信息。

4.3.4 删除数据库

删除数据库是指在数据库系统中删除已经存在的数据库，删除成功之
后，原来分配的空间将被回收。如果数据库中已经包含了数据表和数据，则删
除数据库时，这些内容也会被删除。因此，删除数据库之前最好先对数据库进
行备份。

在 MySQL
Workbench 窗口
中删除数据库

删除数据库的语法格式如下。

```
DROP DATABASE [IF EXISTS] db_name;
```

【例4-3】删除数据库teaching。

```
DROP DATABASE IF EXISTS teaching;
```

4.4 小结

本章详细介绍了存储引擎的概念和MySQL中常见的存储引擎，讲解了各种存储引擎的优缺
点及适合的实际应用情况；介绍了MySQL字符集和校对规则的概念及设置方法；讲解了数据库
的创建、查看、修改和删除操作及实际使用时的注意事项。

<h1 style="text-align:center">习 题</h1>

一、选择题

1. 关于SQL Server的存储引擎，以下说法正确的是（　　　）。
   A. 有1种存储引擎　　　　　　　　　B. 有2种存储引擎
   C. 有多种存储引擎　　　　　　　　　D. 以上说法都不对

2. 关于MySQL的存储引擎，以下说法正确的是（　　　）。
    A. 有1种存储引擎   B. 有2种存储引擎
    C. 有多种存储引擎   D. 以上说法都不对

3. 以下关于MySQL字符集和校对规则的选项中，正确的是（　　　）。
    A. 字符集可以没有校对规则
    B. 一个字符集只能有一种校对规则
    C. 一个字符集至少有一种校对规则
    D. 两个不同的字符集可以有相同的校对规则

4. 以下选项中，（　　　）不是正确创建数据库teaching的命令。
    A. CREATE DATABASE teaching
    B. CREATE SCHEMA teaching
    C. CREATE teaching
    D. CREATE DATABASE teaching IF NOT EXISTS

二、填空题

1. 查看MySQL支持的所有存储引擎的命令是_____。

2. InnoDB是_____的首选引擎，具有提交、回滚和崩溃修复能力。

3. 使用MyISAM创建数据库，将生成3个文件，文件的主文件名与表名相同，扩展名分别为_____、_____和_____。

4. MEMORY类型的表中的数据存储在_____中，如果数据库重启或者发生崩溃，表中的数据都将消失。

5. 针对同一字符集内字符之间的比较，MySQL提供了与之对应的多种_____。

6. 查看MySQL支持的所有字符集的命令是_____。

7. 查看MySQL支持的所有校对规则的命令是_____。

8. 创建数据库的关键字是_____。

9. 查看数据库的关键字是_____。

10. 修改数据库的命令是_____。

11. 删除数据库的命令是_____。

三、简答题

1. 简述存储引擎的概念及其作用。

2. 简述常用的存储引擎的优缺点。

3. 在实际应用中，如何选择存储引擎？

4. 简述字符集校对规则的作用。

第5章
数据表的管理和表中数据操纵

表是数据库中最重要的数据库对象，是数据存储的基本单位。创建完数据库之后，需要在数据库中创建数据表。对数据表的操作是数据库应用的基础。本章首先介绍MySQL支持的数据类型，然后通过建立teaching数据库中教师关系表（t）、学生关系表（s）、课程关系表（c）、选课关系表（sc）、授课关系表（tc）等数据表，介绍表的管理和表中数据的操纵。其中，数据表管理包括表的创建、修改、删除、查看等，数据操纵包括数据的添加、修改、删除等。

本章学习目标：能够根据需要，选择合适的数据类型，建立相关数据表并能够对数据表进行基本管理操作，同时，能够对数据表中的数据进行添加、修改和删除。

5.1 MySQL数据类型

数据表中的每个字段（即每一列）都来自同一个域，属于同一种数据类型。创建数据表之前，需要为表中的每一个字段设置一种数据类型。常见的数据类型包括数字类型、字符串类型、时间日期类型、二进制类型，本节将详细介绍这4种常见的数据类型和其他的一些数据类型。

5.1.1 数字类型

数字类型包括整数类型和数值类型。整数类型按照取值范围从小到大，包括TINYINT、SMALLINT、MEDIUMINT、INT和BIGINT。数值类型包括精确数值型DECIMAL和近似数值型FLOAT、DOUBLE、REAL。表5-1展示了各种数字类型。关键字INT是INTEGER的同义词，关键字DEC是DECIMAL的同义词。DECIMAL(P,S)中，P表示数据长度，S表示小数位数。

在实际应用中，用户可以根据字段的具体取值范围选择适合的整数类型。例如，第1章表1-2学生关系s中的字段"年龄（age）"的数据类型可以设置为INT；表1-4选课关系sc中的字段"成绩（score）"的数据类型可以设置为DECIMAL(5,2)，表示数据长度为5，小数位数为2。FLOAT、DOUBLE和REAL用来存储数据的近似值，当数值的位数太多时，可用它们存取数值的近似值。

表 5-1　数字类型

类型	占用字节	范围（有符号）	范围（无符号）
TINYINT	1字节	(-128,127)	(0,255)
SMALLINT	2字节	(-32768,32767)	(0,65535)
MEDIUMINT	3字节	$(-2^{23},2^{23}-1)$	$(0,2^{24}-1)$
INT	4字节	$(-2^{31},2^{31}-1)$	$(0,2^{32}-1)$
BIGINT	8字节	$(-2^{63},2^{63}-1)$	$(0,2^{64}-1)$
FLOAT	4字节	(-3.402823466E+38,-1.175494351E-38),0,(1.175494351E-38,3.402823466351E+38)	0,(1.175494351E-38,3.402823466E+38)
DOUBLE	8字节	(-1.7976931348623157E+308,-2.2250738585072014E-308),0,(2.2250738585072014E-308,1.7976931348623157E+308)	0,(2.2250738585072014E-308,1.7976931348623157E+308)
REAL	4字节	(-3.402823466E+38,-1.175494351E-38),0,(1.175494351E-38,3.402823466351E+38)	0,(1.175494351E-38,3.402823466E+38)
DECIMAL	对于 DECIMAL(P,S)，如果$P>S$，为$P+2$字节；否则为$S+2$字节	依赖于P和S的值	依赖于P和S的值

5.1.2　字符串类型

字符串类型用于存储字符串数据，包括CHAR、VARCHAR和TEXT。TEXT类型用于表示非二进制字符串，如文章内容、评论等，其可进一步分为TINYTEXT、TEXT、MEDIUMTEXT和LONGTEXT。表5-2展示了字符串类型。

表 5-2　字符串类型

类型	长度	适用数据
CHAR	0～255字符	定长字符串
VARCHAR	0～65535字符	变长字符串
TINYTEXT	0～255字符	短文本字符串
TEXT	0～65535字符	长文本数据
MEDIUMTEXT	0～16777215字符	中等长度文本数据
LONGTEXT	0～4294967295字符	极大文本数据

关于字符串类型的相关说明如下。

（1）CHAR和VARCHAR类型都用来表示字符串数据。CHAR(M)是固定长度字符串，在保存时，若存入字符数小于M，则在右侧填充空格以达到指定的长度，查询时再将空格去掉。因此，CHAR类型存储的数据末尾不能有空格。VARCHAR(M)是可变长度字符串，最大实际长度由最长的行的大小和使用的字符集确定。M表示最大字符数，如CHAR(10)表示可以存储10个字符。在存储或检索过程中不进行大小写转换。

（2）VARCHAR和TEXT类型是变长类型，其存储需求取决于字符串的实际长度。

注意：由于MySQL在建立数据库时指定了字符集，因此不存在NCHAR、NVARCHAR、NTEXT数据类型。

5.1.3 时间日期类型

MySQL中表示时间和日期的数据类型包括TIME、DATE、YEAR、DATETIME和TIMESTAMP。每个时间日期类型除有效值范围外，还包括一个"0"值，当输入不合法的MySQL不能表示的值时，系统使用"0"值进行填充。表5-3显示了每个时间日期类型。

表5-3　时间日期类型

类型	占用字节	范围	格式	说明
TIME	3字节	-838:59:59至838:59:59	HH:MM:SS	时间值
DATE	3字节	1000-01-01至9999-12-31	YYYY-MM-DD	日期值
YEAR	1字节	1901至2155	YYYY	年份值
DATETIME	8字节	1000-01-01 00:00:00至9999-12-31 23:59:59	YYYY-MM-DD HH:MM:SS	混合日期和时间值
TIMESTAMP	4字节	1970-01-01 00:00:00至2038年某一时刻	YYYYMMDDHHMMSS	时间戳

关于时间日期类型的相关说明如下。

（1）YYYY表示年，MM表示月，DD表示日，HH表示小时，MM表示分钟，SS表示秒。

（2）TIME、DATETIME和TIMESTAMP类型可以精确到秒。DATE类型只存储日期，不存储时间。

（3）DATETIME和TIMESTAMP类型既包含日期又包含时间。二者的不同之处除了存储字节和支持范围不同外，DATETIME类型在存储时，按照实际输入的格式存储，和用户所在时区无关；而TIMESTAMP类型中值的存储是以世界标准时间格式保存的，在存储时会按照用户当前时区进行转换，转换成世界标准时间，检索时再转换回当前时区。因此，在查询TIMESTAMP类型数据时，系统会根据用户所在不同时区，显示不同的时间日期值。例如，TIMESTAMP范围中的结束时间是第2147483647秒，于北京时间是2038年1月19日上午11:14:07，而格林尼治时间为2038年1月19日凌晨03:14:07。

5.1.4 二进制类型

存储由"0"和"1"组成的字符串的字段可以定义为二进制类型。MySQL中的二进制类型包括BIT、BINARY、VARBINARY、TINYBLOB、BLOB、MEDIUMBLOB和LONGBLOB。其中，BIT类型以位为单位存储字段值，其他二进制类型以字节为单位存储字段值。表5-4显示了每个二进制类型。

表5-4　二进制类型

类型	范围	说明或适用数据
BIT	1～64位，默认值为1	位字段类型
BINARY	0～255字节	固定长度二进制字符串
VARBINARY	0～255字节	可变长度二进制字符串
TINYBLOB	0～255字节	二进制字符串
BLOB	0～65535字节	二进制形式的长文本数据
MEDIUMBLOB	0～16777215字节	二进制形式的中等长度文本数据
LONGBLOB	0～4294967295字节	二进制形式的极大文本数据

关于二进制类型的相关说明如下。

（1）BIT是位字段类型，如果输入的数据值长度小于设定长度，则在数据值的左边用"0"填充。例如，在数据类型为BIT(3)的字段中添加二进制值"10"，则存储时实际存储"010"。

（2）BINARY是定长的二进制数据类型，VARBINARY是非定长的二进制数据类型。BINARY类型中指定长度后，若数据不足最大长度，则系统在数据右边填充"\0"补齐，以达到指定长度。

（3）BLOB可用于存储可变大小的数据，如图片、音频信息。TINYBLOB、BLOB、MEDIUMBLOB 和 LONGBLOB 4种类型的区别在于可容纳存储范围不同。

对于二进制类型，读者需注意以下事项。

（1）BINARY和VARBINARY类似于CHAR和VARCHAR，但BINARY和VARBINARY包含的是字节字符串而不是字符字符串。

（2）BLOB和字符串类型中的TEXT都可以用来存储长字符串，但其存储方式不同。TEXT以文本方式存储，英文存储区分大小写，而BLOB是以二进制方式存储，不区分大小写。TEXT可以指定字符集，BLOB不用指定字符集。

5.1.5　其他类型

MySQL支持两种复合数据类型ENUM和SET。ENUM类型允许从一个集合中取得一个值，而SET类型允许从一个集合中取得多个值。

1. ENUM 类型

ENUM类型只允许在给定的集合中取一个值，因此，用户可以在处理相互排斥的数据时使用此数据类型。例如，在学生信息表s中学生的性别sex可以设置为"ENUM('男', '女')"。ENUM类型在系统内部用整数表示，并且从1开始用数字做索引。一个ENUM类型最多可以包含65536个元素。

设置为ENUM类型的字段可以从给定集合中取一个值或使用NULL值，若输入其他值，MySQL会在这个字段中插入一个空字符串。如果插入值的大小写与集合中值的大小写不匹配，MySQL会自动将插入值的大小写转换成与集合中大小写一致。

2. SET 类型

SET类型可以从给定集合中取得多个值。若在SET类型字段中插入非给定集合中的值，MySQL会插入一个空字符串。如果插入一个既有合法元素又有非法元素的记录，MySQL将会保留合法的元素，去掉非法的元素。一个SET类型最多可以包含64个元素，且不可能包含两个相同的元素。

5.2　MySQL数据表管理

在MySQL中，用户可以使用MySQL Workbench或SQL语句的数据定义语言（DDL）来实现对数据表的创建、约束定义、修改、删除和查看。

5.2.1　创建数据表

创建数据表就是定义数据表的结构。数据表由行和列组成，创建数据表的过程就是定义数据表中列的过程，即定义字段的过程。我们可以使用MySQL Workbench和SQL语句来创建数据表。

使用 MySQL Workbench创建数据表

1. 使用 MySQL Workbench 创建数据表

我们可以使用可视化工具MySQL Workbench为第4章中创建的teaching数据库创建数据表。

（1）打开MySQL Workbench。在导航区"Navigator"下的"SCHEMAS"区域中可以看到当前的数据库列表，有两种方式可以打开定义数据表结构标签。

第一种方式：右击"SCHEMAS"中要创建新表的数据库"teaching"下的"Tables"，从弹出的快捷菜单中选择"Create Table"命令，如图5-1所示。

第二种方式：双击要创建新表的数据库，设置其为默认数据库，此时数据库名称变黑；然后单击工具栏中的"Create a new table in the active schema in connected server"按钮，如图5-2所示。

图5-1　选择"Create Table"命令

图5-2　使用MySQL Workbench工具栏创建数据表

打开定义数据表结构标签后，界面如图5-3所示，可在此设置表名、字符集、存储引擎等。双击中间区域"Column Name"下的单元格，可进行字段名、字段类型、约束的设置。

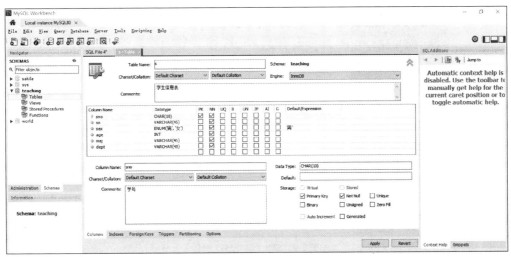

图5-3　定义数据表结构界面

图5-2中部分选项的说明如下。

① "Table Name"，即要创建的表名，最多可有64个字符，如s、sc、c等，不区分大小写，不允许重名，不能使用SQL中的关键字。

② "Charset/Collation"，字符集/校对规则，一般采用默认设置，可根据4.2节中的相关讲解进行选择。

③ "Engine"，存储引擎，一般采用默认设置，可根据4.1节中的相关讲解进行选择。

④ "Comments"，注释表名。

⑤ "Column Name"，表中某个字段名，同一表中不允许有重名的字段。

⑥ "Data Type"，数据类型，定义字段可存放数据的类型。

⑦ "Primary Key"，定义字段是否为主码。

⑧ "Not Null"，定义字段是否非空。

⑨ "Unique"，定义字段是否唯一。

⑩ "Binary"，二进制（比TEXT更大）。

⑪ "Unsigned"，无符号数（非负数）。

⑫ "Zero Fill"，填充0。比如设计字段类型为INT(4)，创建数据表时输入值为1，则系统自动填充为"0001"。

⑬ "Auto Increment"，当插入行时，字段值会自增，只有整型数据类型能够设置。

⑭ "Generated"，基于其他字段的公式生成值的字段。

⑮ "Default/Expression"，表示该字段的默认值（即DEFAULT值）。如果规定了默认值，在向数据表中输入数据时，若没有给该字段输入数据，则系统自动将默认值写入该字段。

注意：这里还可以进行"Indexes"（索引）、"Foreign Keys"（外码）、"Triggers"（触发器）等的设置，单击界面中下侧对应标签进行设置即可。

（2）设置完成后，单击"Apply"按钮，打开SQL脚本审核对话框，如图5-4所示。检查修改对应的SQL语句，若无误，单击"Apply"按钮，执行SQL语句。执行SQL语句对话框如图5-5所示。

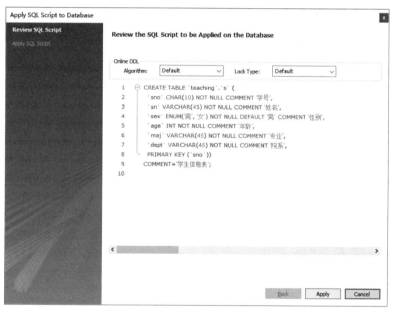

图5-4　SQL脚本审核对话框

（3）单击"Finish"按钮，即完成数据表的创建。

2. 使用 SQL 语句创建数据表

我们可以使用CREATE TABLE语句创建数据表，其基本语法格式如下。

```
CREATE [TEMPORARY] TABLE [IF NOT EXIST] <表名>
[([<字段定义>],…,|[<索引定义>])]
[table_option] [select_statement];
```

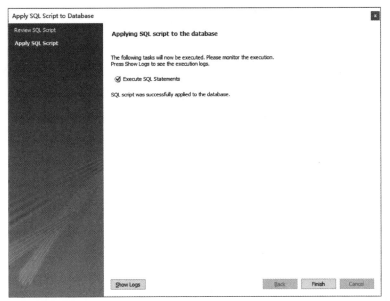

图5-5 执行SQL语句对话框

语法格式说明如下。

（1）TEMPORARY：若使用该关键字，则创建的是临时表。

（2）IF NOT EXIST：用于判断数据库中是否已经存在同名的表，若不存在，则执行CREATE TABLE操作。若数据库中已经存在同名表，创建数据表时会出错，为避免此种情况，可使用IF NOT EXIST进行判断。

（3）<表名>：要创建的表名，最多可有64个字符，如s、sc、c等，不区分大小写，不允许重名，不能使用SQL中的关键字。

（4）<字段定义>的书写格式如下。

```
<字段名> <数据类型> [DEFAULT] [AUTO_INCREMENT] [COMMENT 'String'] [{<列约束>}]
```

上述格式中部分项目说明如下。

① DEFAULT：若某字段设置有默认值，则当该字段未被输入数据时，自动填入设置的默认值。

② AUTO_INCREMENT：设置自增值属性，只有整型数据类型能够设置。

③ COMMENT 'String'：注释字段名。

④ <列约束>：具体定义见5.2.2小节。

（5）<索引定义>：为表中相关字段指定索引。

（6）table_option：表选项，存储引擎、字符集等。

（7）select_statement：定义表的查询语句。

【例5-1】用SQL命令在teaching数据库中建立学生表s。

```
CREATE TABLE 's' (
  'sno' CHAR(10) NOT NULL COMMENT '学号',
  'sn' VARCHAR(45) NOT NULL COMMENT '姓名',
  'sex' ENUM('男','女') NOT NULL DEFAULT '男' COMMENT '性别',
  'age' INT NOT NULL COMMENT '年龄',
  'maj' VARCHAR(45) NOT NULL COMMENT '专业',
  'dep' VARCHAR(45) NOT NULL COMMENT '院系',
  PRIMARY KEY ('sno')
) ENGINE=InnoDB DEFAULT CHARSET=utf8mb4 COLLATE=utf8mb4_0900_ai_ci;
```

执行该语句后，便创建了学生表s。该数据表中含有sno（学号）、sn（姓名）、sex（性别）、age（年龄）、maj（专业）及dept（院系）共6个字段，它们的数据类型和字段长度分别为CHAR(10)、VARCHAR(45)、ENUM('男','女')、INT、VARCHAR(45)及VARCHAR(45)。其中，sex字段的默认值为"'男'"。

同时，在创建数据表时，可以通过语句"ENGINE=存储引擎类型"来设置数据表的存储引擎；通过"DEFAULT CHARSET=字符集类型"来设置数据表的字符集；通过"COLLATE=collation_name"设置校对集，指定排序规则。本例中使用了InnoDB存储引擎和utf8mb4字符集，具体存储引擎类型可参阅4.1节，字符集可参阅4.2节。

5.2.2　定义表的约束

数据的完整性是指保护数据库中数据的正确性、有效性和相容性，防止错误的数据进入数据库造成无效操作。在定义数据表时可以进一步定义与此表有关的完整性约束条件，如主码、空值等约束。当数据库用户对数据库进行操作时，数据库管理系统会自动检测操作是否符合相关完整性约束。

数据表的约束分为列约束和表约束。其中，列约束是对某一个特定字段的约束，包含在字段定义中，直接跟在该字段的其他定义之后，用空格分隔，不必指定字段名；表约束与字段定义相互独立，不包括在字段定义中，通常用于对多个字段一起进行约束，与字段定义用","分隔，定义表约束时必须指定要约束的字段的名称。

约束主要包括NULL/NOT NULL约束（非空约束）、UNIQUE约束（唯一约束）、PRIMARY KEY约束（主码约束）、FOREIGN KEY约束（外码约束）和CHECK约束（检查约束）。

1. NULL/NOT NULL 约束（非空约束）

NULL：允许为空，表示"不知道""不确定"或"没有数据"，其值不是"0"，也不是空白，更不是填入字符串"NULL"。

NOT NULL：不允许为空，表示字段中不允许出现空值。当某一字段一定要输入值才有意义时，可以设置此字段为NOT NULL。

例如，学生表s中的学号（sno），此主码字段唯一标识一条记录，不允许出现空值。

NULL/NOT NULL约束只能用于定义列约束，其语法格式如下。

```
<字段名> <数据类型> [NULL|NOT NULL]
```

【例5-2】建立学生表s_null，其中学号sno设置为NOT NULL约束。

```
CREATE TABLE 's_null' (
  'sno' CHAR(10) NOT NULL COMMENT '学号',
  'sn' VARCHAR(45) COMMENT '姓名',
  'sex' ENUM('男','女') DEFAULT '男' COMMENT '性别',
  'age' INT COMMENT '年龄',
  'maj' VARCHAR(45) COMMENT '专业',
  'dept' VARCHAR(45) COMMENT '院系'
) ENGINE=InnoDB DEFAULT CHARSET=utf8mb4 COLLATE=utf8mb4_0900_ai_ci;
```

为sno字段设置NOT NULL约束后，在s_null表中录入数据时，如果sno为空，系统将给出错误信息。若没有设置NOT NULL约束，则系统默认为NULL。

2. UNIQUE 约束（唯一约束）

UNIQUE约束指所有记录中字段的值不能重复出现，用于保证数据表在某一字段或多个字段的组合上取值必须唯一。定义了UNIQUE约束的字段称为唯一码。唯一码允许为空，但系统为保证其唯一性，最多只允许出现一个NULL值。

UNIQUE既可用于列约束，又可用于表约束。UNIQUE用于定义列约束时，其语法格式如下。

```
<字段名> <数据类型> UNIQUE
```

【例5-3】建立学生表s_unique，其中姓名sn设置为UNIQUE约束。

```
CREATE TABLE 's_unique' (
 'sno' CHAR(10) NOT NULL COMMENT '学号',
 'sn' VARCHAR(45) UNIQUE COMMENT '姓名',
 'sex' ENUM('男','女') DEFAULT '男' COMMENT '性别',
 'age' INT COMMENT '年龄',
 'maj' VARCHAR(45) COMMENT '专业',
 'dept' VARCHAR(45) COMMENT '院系'
) ENGINE=InnoDB DEFAULT CHARSET=utf8mb4 COLLATE=utf8mb4_0900_ai_ci;
```

UNIQUE用于定义表约束时，其语法格式如下。

```
UNIQUE(<字段名>[{,<字段名>}])
```

【例5-4】建立学生表s_unique，定义sn+sex为唯一码，其约束为表约束。

```
CREATE TABLE 's_unique' (
 'sno' CHAR(10) NOT NULL COMMENT '学号',
 'sn' VARCHAR(45) COMMENT '姓名',
 'sex' ENUM('男','女') DEFAULT '男' COMMENT '性别',
 'age' INT COMMENT '年龄',
 'maj' VARCHAR(45) COMMENT '专业',
 'dept' VARCHAR(45) COMMENT '院系',
 UNIQUE ('sn','sex')
) ENGINE=InnoDB DEFAULT CHARSET=utf8mb4 COLLATE=utf8mb4_0900_ai_ci;
```

说明：

（1）一个表中可以允许有多个UNIQUE约束，UNIQUE约束可以定义在多个字段上；

（2）使用UNIQUE约束的字段允许为NULL值；

（3）UNIQUE约束用于强制在指定字段上创建一个UNIQUE索引，默认为非聚集索引。

3. PRIMARY KEY 约束（主码约束）

PRIMARY KEY约束用于定义基本表的主码，起唯一标识作用，保证数据表中记录的唯一性。其值不能为NULL、不能重复，以此来保证实体的完整性。一张表只能有一个PRIMARY KEY约束，且其可以作用于一个字段，也可以作用于多个字段的组合。

使用 MySQL
Workbench 设置
主码约束

PRIMARY KEY既可用于列约束，又可用于表约束。PRIMARY KEY用于定义列约束时，其语法格式如下。

```
<字段名> <数据类型> PRIMARY KEY
```

【例5-5】建立学生表s_primary，定义学号sno为表的主码。

```
CREATE TABLE 's_primary' (
 'sno' CHAR(10) NOT NULL PRIMARY KEY COMMENT '学号',
 'sn' VARCHAR(45) UNIQUE COMMENT '姓名',
 'sex' ENUM('男','女') DEFAULT '男' COMMENT '性别',
 'age' INT COMMENT '年龄',
 'maj' VARCHAR(45) COMMENT '专业',
 'dept' VARCHAR(45) COMMENT '院系'
) ENGINE=InnoDB DEFAULT CHARSET=utf8mb4 COLLATE=utf8mb4_0900_ai_ci;
```

PRIMARY KEY用于定义表约束时，即将某些字段的组合定义为主码时，其语法格式如下。

```
[CONSTRAINT <约束名>] PRIMARY KEY (<字段名>[{,<字段名>}])
```

【例5-6】建立选课表sc_primary，定义学号sno和课程号cno为表的主码。

```
CREATE TABLE 'sc_primary' (
 'sno' CHAR(10) NOT NULL COMMENT '学号',
 'cno' CHAR(10) NOT NULL COMMENT '课程号',
 'score' DECIMAL(5,2) COMMENT '成绩',
 PRIMARY KEY ('sno','cno')
) ENGINE=InnoDB DEFAULT CHARSET=utf8mb4 COLLATE=utf8mb4_0900_ai_ci;
```

说明：PRIMARY KEY约束与UNIQUE约束类似，通过建立唯一索引来保证基本表在主码字段取值的唯一性，但它们之间存在以下区别。

（1）在一个基本表中只能定义一个PRIMARY KEY约束，但可定义多个UNIQUE约束。

（2）对于指定为PRIMARY KEY的一个字段或多个字段的组合，其中任何一个字段都不能出现NULL值，而对于UNIQUE所约束的唯一码，则允许为NULL，但是只能有一个NULL值。

（3）不能为同一个字段或一组字段，既定义UNIQUE约束，又定义PRIMARY KEY约束。

4. FOREIGN KEY 约束（外码约束）

FOREIGN KEY约束用于在两个数据表A和B之间建立连接。指定A表中某一个字段或几个字段作为外码，其取值是B表中某一个主码值或唯一码值，或者取空值。其中，包含外码的表A称为从表，包含外码所引用的主码或唯一码的表B称为主表。通过FOREIGN KEY约束可以保证两表间的参照完整性。其语法格式如下。

```
[CONSTRAINT <约束名>] FOREIGN KEY (<从表A中字段名>[{,<从表A中字段名>}])
REFERENCES <主表B表名> (<主表B中字段名>[{,<主表B中字段名>}])
[ON DELETE {RESTRICT|CASCADE|SET NULL|NO ACTION}]
[ON UPDATE {RESTRICT|CASCADE|SET NULL|NO ACTION}]
```

注意：在主表B表名后面指定的字段名或字段名的组合必须是主表的主码或候选码。

对主表B进行删除（DELETE）或更新（UPDATE）操作时，若从表A中有一个或多个对应匹配行外码，则主表B的删除或更新行为取决于定义从表A的外码时指定的ON DELETE/ON UPDATE子句。上述语法格式中，部分项目的解释如下。

（1）RESTRICT：拒绝对主表B的删除或更新操作。若有一个相关的外码值在主表B中，则不允许删除或更新B表中主要码值。

（2）CASCADE：在主表B中删除或更新时，会自动删除或更新从表A中对应的记录。

（3）SET NULL：在主表B中删除或更新时，将子表中对应的外码值设置为NULL。

（4）NO ACTION：NO ACTION和RESTRICT相同，InnoDB拒绝对主表B的删除或更新操作。

【例5-7】建立选课表sc_foreign，定义学号sno和课程号cno为表的外码。

```
CREATE TABLE 'sc_foreign' (
 'sno' CHAR(10) NOT NULL COMMENT '学号',
 'cno' CHAR(10) NOT NULL COMMENT '课程号',
 'score' DECIMAL(5,2) COMMENT '成绩',
 FOREIGN KEY ('cno') REFERENCES 'c' ('cno'),
 FOREIGN KEY ('sno') REFERENCES 's' ('sno')
) ENGINE=InnoDB DEFAULT CHARSET=utf8mb4 COLLATE=utf8mb4_0900_ai_ci;
```

说明：

（1）主表B必须是数据库中已经存在的数据表，或者是当前正在创建的数据表。如果是后一种情况，则主表B与从表A是同一个表。

（2）必须为主表B定义主码，且主码不能包含空值，但允许在外码中出现空值。

（3）从表A的外码中字段的数目和数据类型，必须和主表B的主码中字段的数目和对应字段的数据类型相同。

注意：FOREIGN KEY约束目前只可以用在使用InnoDB存储引擎创建的数据表中。由其他存储引擎创建的数据表，MySQL服务器能够解析CREATE TABLE语句中的FOREIGN KEY约束子句，但不能使用或保存。

5. CHECK 约束（检查约束）

CHECK约束用来检查数据表中字段值所允许的范围，如月份只能输入整数，而且是限定在1～12的整数。CHECK约束通过限制输入值强制域的完整性，在更新表中数据的时候，系统会检查更新后的数据是否满足CHECK约束中的限定条件。

CHECK既可用于列约束，又可用于表约束，其语法格式如下。

```
CHECK(<条件>)
```

对上述语法格式的相关说明如下。

（1）"条件"用于指定需要检查的限定条件。

（2）MySQL可以使用简单的表达式来实现CHECK约束，也可以使用复杂的表达式作为限定条件，例如在限定条件中加入子查询。子查询详见第6章。

（3）若将CHECK约束子句置于所有字段的定义以及主码约束和外码定义之后，则这种约束也称为CHECK的表约束。这种约束可以同时对表中多个字段设置限定条件。

【例5-8】建立选课表sc_check，定义成绩score的取值范围为0～100。

```
CREATE TABLE 'sc_check' (
  'sno' CHAR(10) NOT NULL,
  'cno' CHAR(10) NOT NULL,
  'score' DECIMAL(5,2) CHECK(score>=0 AND score<=100),
  PRIMARY KEY ('sno','cno')
) ENGINE=InnoDB DEFAULT CHARSET=utf8mb4 COLLATE=utf8mb4_0900_ai_ci;
```

注意：目前的MySQL版本只对CHECK约束进行分析处理，不会报错。

5.2.3 修改数据表

使用
MySQL Workbench
修改数据表

随着应用环境和需求的变化，我们可能要修改数据库中已经存在的数据表。我们可以使用MySQL Workbench和SQL语句修改数据表。

1. 使用 MySQL Workbench 修改数据表

在MySQL Workbench左侧导航窗格的"Schemas"选项卡中，选中相应的数据库，从中找到要修改的数据表，右击该表，从弹出的快捷菜单中选择"Alter Table"菜单项，显示定义数据表结构标签，如图5-3所示，可在此修改表名、字符集、存储引擎等。选中中间区域"Column Name"下的单元格，可进行字段名、字段类型、约束的修改。修改完毕后，单击"Apply"按钮，打开SQL脚本审核对话框，如检查SQL语句无误，则继续单击"Apply"按钮，即可执行相应修改操作，执行完毕后单击"Finish"按钮即可。

注意：在这里还可以进行"Indexes"（索引）、"Foreign Keys"（外码）、"Triggers"（触发器）等的修改，单击图5-3中下侧对应标签进行修改即可。

2. 使用 SQL 语句修改数据表

MySQL使用SQL中的ALTER TABLE语句来修改表名、修改字段数据类型、修改字段名、添加和删除字段、更改表的存储引擎等。

（1）ADD

ADD用于增加新字段和完整性约束，其语法格式如下。

```
ALTER TABLE <表名> ADD [<新字段名> <数据类型>] [<完整性约束定义>] [FIRST|AFTER
已有字段名];
```

其中，"FIRST"为可选项，若使用，则将新添加的字段设置为表的第一个字段；"AFTER"为可选项，若使用，则将新添加的字段添加到指定的"已有字段名"之后。

【例5-9】在学生表s中增加一个班号class_no字段。

```
ALTER TABLE s
ADD class_no VARCHAR(6);
```

【例5-10】在学生表s中，在年龄age字段后增加一个家庭住址address字段。

```
ALTER TABLE s
ADD address NVARCHAR(20) AFTER age;
```

注意：添加多个字段与添加一个字段有所不同，主要表现在以下两个方面。

① 添加多个字段时不能指定位置关系，只能添加在数据表的末尾。

② 添加多个字段时必须用小括号括起来，如例5-11所示。

【例5-11】在学生表s中增加班号class_no和家庭住址address字段。

```
ALTER TABLE s
ADD (class_no VARCHAR(6),address NVARCHAR(20));
```

【例5-12】在学生表s中增加完整性约束定义，使年龄在15～60岁之间。

```
ALTER TABLE s
ADD CONSTRAINT s_chk CHECK(age BETWEEN 15 AND 60);
```

其中，s_chk为用户定义的CHECK约束名。CONSTRAINT s_chk可以省略，若省略，则系统自动为CHECK约束提供一个约束名。

注意：在增加NOT NULL约束时，语法结构不同于其他完整性约束，如下所示。

```
ALTER TABLE <数据表名>
CHANGE [COLUMN] <字段名>
<字段名> <数据类型> NOT NULL;
```

（2）RENAME

RENAME用于修改表名，其语法格式如下。

```
ALTER TABLE <旧表名>
RENAME [TO] <新表名>;
```

【例5-13】把学生表s的名称改为student。

```
ALTER TABLE s
RENAME student;
```

注意：修改表名并不修改数据表结构，因此，修改表名后的数据表结构与修改表名之前一样。

（3）CHANGE

CHANGE用于修改字段名，其语法格式如下。

```
ALTER TABLE <表名>
CHANGE <旧字段名> <新字段名> <新数据类型>;
```

【例5-14】把学生表s中字段名称sn改为sname。

```
ALTER TABLE s
CHANGE sn sname VARCHAR(45);
```

注意：即使不需要修改字段的数据类型，也不能省略"<新数据类型>"，只需把新数据类型设置为与原字段一致即可。

（4）MODIFY

MODIFY可用于修改字段数据类型和字段排序，其语法格式如下。

```
ALTER TABLE <表名>
MODIFY <字段名1> <数据类型> [FIRST|AFTER 字段名2];
```

其中，在修改字段数据类型时，"<数据类型>"指修改后字段的新数据类型。在修改字段排序时，若使用FIRST，则将"字段名1"修改为表的第一个字段；若使用AFTER，则将"字段名1"插入"字段名2"后面。在修改字段排序时，"<数据类型>"不可省略。

【例5-15】把学生表s中姓名sn的数据类型由VARCHAR(45)改为CHAR(30)。

```
ALTER TABLE s
MODIFY sn CHAR(30);
```

【例5-16】把学生表s中的年龄age插到性别sex之前。

```
ALTER TABLE s
MODIFY sex ENUM('男','女') AFTER age;
```

（5）ENGINE

ENGINE用于修改表的存储引擎，其语法格式如下。

```
ALTER TABLE <表名>
ENGINE=<修改后存储引擎名>;
```

【例5-17】把学生表s的存储引擎改为MyISAM。

```
ALTER TABLE s
ENGINE=MyISAM;
```

注意：若被修改表有外码，则存储引擎不能由InnoDB修改为MyISAM，因为MyISAM不支持外码。

（6）DROP

DROP用于删除字段和完整性约束。

① 删除字段的语法格式如下。

```
ALTER TABLE <旧表名>
DROP <字段名>;
```

【例5-18】删除学生表s中新添加的字段class_no和address。

```
ALTER TABLE s
DROP class_no,DROP address;
```

② 删除完整性约束的语法格式如下。

```
ALTER TABLE <表名>
DROP CONSTRAINT <约束名>;
```

【例5-19】删除学生表s中的CHECK约束s_chk。

```
ALTER TABLE s
DROP CONSTRAINT s_chk;
```

删除完整性约束的相关说明如下。

a. 删除主码约束时，由于一个表中只能有一个主码约束，因此不需要指定主码名就可以删除。删除主码约束的语法格式如下。

```
ALTER TABLE <表名>
DROP PRIMARY KEY;
```

b. 删除NOT NULL约束时，语法格式如下。

```
ALTER TABLE <表名>
CHANGE [COLUMN] <字段名> <字段名> <数据类型> NULL;
```

c. 若在定义完整性约束或添加完整性约束时没有指定约束名，可以通过SHOW CREATE TABLE语句查看数据表结构，从而查看约束名，详见5.2.5小节。

5.2.4 删除数据表

若某个表已不再使用，可将其删除。删除后，该表的定义和数据均会被删除。我们可以使用MySQL Workbench和SQL语句删除数据表。

1. 使用 MySQL Workbench 删除数据表

在MySQL Workbench中，右击要删除的表，从弹出的快捷菜单中选择"Drop Table"命令，弹出"Drop Table"对话框，如图5-6所示。单击"Review SQL"，可以查看删除表对应的SQL语句，单击"Drop Now"，即可删除表。

2. 用 SQL 语句删除数据表

在MySQL中，使用SQL中的DROP TABLE语句可以删除一个或多个表，语法格式如下。

```
DROP TABLE [IF EXISTS] <表名>;
```

其中，IF EXISTS为可选项，用于在删除前判断被删除的表

使用 MySQL Workbench 删除数据表

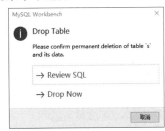

图5-6 "Drop Table" 对话框

是否存在，若不存在，DROP TABLE语句可以顺利执行，但会发出警告。若不加IF EXISTS，且被删除的表不存在，则MySQL会报错。

【例5-20】删除学生表s。

```
DROP TABLE IF EXISTS s;
```

5.2.5　查看数据表

1．查看已创建的数据表

创建好数据表之后，可以通过SHOW TABLES语句查看数据库中已经创建的数据表。其语法格式如下。

```
SHOW TABLES;
```

在MySQL Workbench中，执行"SHOW TABLES；"，结果如图5-7所示。

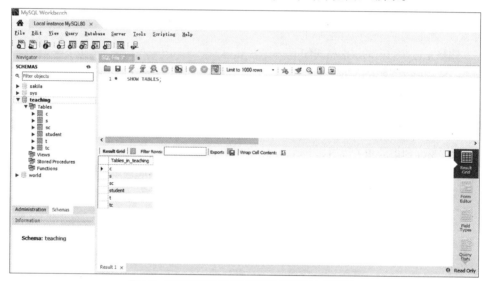

图5-7　使用SHOW TABLES语句查看数据库中数据表

2．查看数据表结构

创建好数据表之后，可以通过MySQL Workbench查看数据表结构，也可以通过SQL中的DESCRIBE（DESC）和SHOW CREATE TABLE语句查看数据表结构。

（1）使用MySQL Workbench查看数据表结构

在MySQL Workbench左侧导航窗格"Schemas"选项卡中，选中相应的数据库，从中找到要查看的数据表，右击该表，从弹出的快捷菜单中选择"Table Inspector"选项，显示"数据库.表名"标签，如图5-8显示的是"teaching.s"，从图中可以看到表的详细信息，如字段、索引、触发器、外码等的详细信息。

使用 MySQL
Workbench 查看
数据表结构

（2）使用DESCRIBE（DESC）和SHOW CREATE TABLE语句查看数据表结构

语法格式分别如下。

```
DESCRIBE/DESC <表名>;
SHOW CREATE TABLE <表名>;
```

通过DESCRIBE（DESC）语句可以查看表的字段信息，通过SHOW CREATE TABLE语句可以查看创建表时的详细语句。

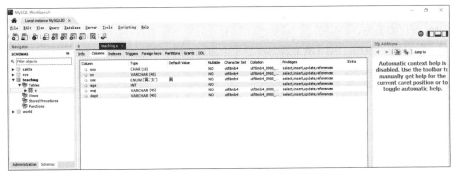

图5-8　使用MySQL Workbench查看数据表结构

【例5-21】分别使用DESCRIBE（DESC）和SHOW CREATE TABLE语句查看学生表s的结构。

① 使用DESCRIBE语句查看学生表s的结构

```
USE teaching;
DESCRIBE s;
```

MySQL Workbench中显示查询结果，如图5-9所示。

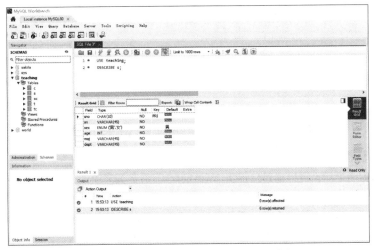

图5-9　使用DESCRIBE语句查看学生表s的结构

② 使用DESC语句查看学生表s的结构

```
USE teaching;
DESC s;
```

MySQL Workbench中显示查询结果，如图5-10所示。

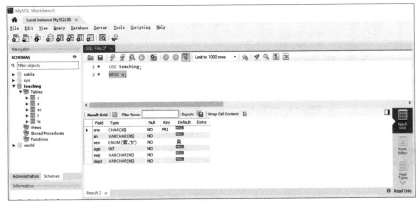

图5-10　使用DESC语句查看学生表s的结构

从图5-9和图5-10可以看出，通过DESCRIBE（DESC）语句可以查看学生表s的字段信息，包括字段名、数据类型、约束等。

③ 使用SHOW CREATE TABLE语句查看学生表s的结构

```
USE teaching;
SHOW CREATE TABLE s;
```

使用SHOW CREATE TABLE语句可以查看学生表s在创建时的详细语句，还可查看存储引擎和字符集等。MySQL Workbench中显示查询结果，如图5-11所示。

图5-11　使用SHOW CREATE TABLE语句查看学生表s的结构

3. 查看数据表中数据

创建好数据表之后，可以通过MySQL Workbench查看数据表中的数据。在MySQL Workbench左侧导航窗格的"Schemas"中，右击要查看数据的表，从弹出的快捷菜单中选择"Select Rows-Limit 1000"（选择前1000行）命令，系统显示数据表中的前1000条记录，如图5-12所示。

注意：我们也可以通过SQL中的SELECT语句来查看数据表中数据，详见第6章。

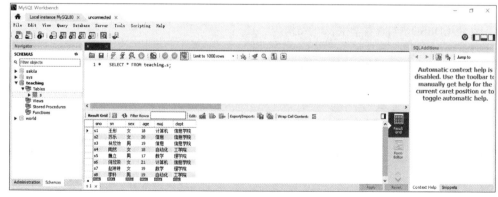

图5-12　使用MySQL Workbench查看数据表中数据

5.3　数据表中数据的操纵

在MySQL中，用户可以使用MySQL Workbench或数据操纵语言（DML）来实现数据表中数据的添加、修改和删除。

5.3.1 向数据表中添加数据

添加数据是把新记录添加到一个已存在的数据表中。我们可以使用MySQL Workbench或SQL中的INSERT/REPLACE语句来实现数据表中数据的添加。

1. 使用 MySQL Workbench 添加数据

我们可以在MySQL Workbench中查看数据表中的数据时添加数据,但这种方式不能应对大量数据的添加。添加数据时,打开待添加数据的数据表,单击鼠标右键,从弹出的快捷菜单中选择"Select Rows-Limit 1000"(选择前1000行)命令,在查询结果中单击空白行,分别向各字段中输入新数据即可,如图5-13所示。输入一个新记录的数据后,系统会自动在最后增加一新的空白行,我们可以继续输入多个新记录。输入完毕后,单击"Apply"按钮即可打开SQL脚本审核对话框,检查无误后单击"Apply"按钮,即可完成数据的添加。

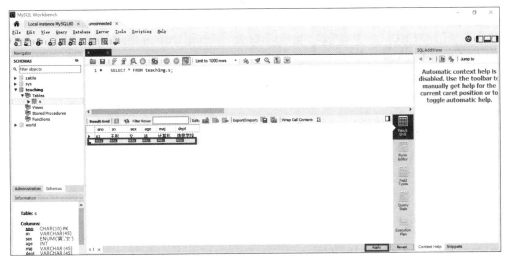

图5-13 使用MySQL Workbench添加数据

2. 使用 SQL 语句添加数据

MySQL使用INSERT/REPLACE语句添加数据,可以添加一条记录的所有数据值,也可以添加一条记录的部分数据值,还可以添加多条记录。

(1)添加一条新记录

在数据表中添加一条新记录的语法格式如下。

```
INSERT|REPLACE INTO <表名>[(<字段名1>[,<字段名2>…])] VALUES(<值>);
```

其中,<表名>是指要添加新记录的表;<字段名n>是可选项,指定待添加数据的字段;VALUES子句指定待添加数据的具体值。字段名的排列顺序不一定要和表定义时的顺序一致,但当指定字段名时,VALUES子句中值的排列顺序必须和指定字段名的排列顺序一致,且个数相等,数据类型一一对应。

【例5-22】分别使用INSERT和REPLACE语句在学生表s中添加一条学生记录(学号为"s9",姓名为"郑冬",性别为"女",年龄为"21",专业为"计算机",院系为"信息学院")。

① 使用INSERT语句添加记录

```
INSERT INTO s(sno,sn,age,sex,maj,dept)
VALUES('s9','郑冬',21,'女','计算机','信息学院');
```

② 使用REPLACE语句添加记录

```
REPLACE INTO s(sno,sn,age,sex,maj,dept)
VALUES('s9','郑冬',21,'女','计算机','信息学院');
```

注意：

① 必须用逗号将各个数据分开，字符型数据要用单引号括起来；

② 如果INTO子句中没有指定字段名，则新添加的记录必须在每个字段上均有值，且VALUES子句中值的排列顺序要和表中各字段的排列顺序一致；

③ 使用REPLACE语句添加记录时，如果要添加的新记录的主码或UNIQUE约束的字段值已存在于表中，则需删除已有记录后再添加新纪录。

（2）添加一条记录的部分数据值

【例5-23】在选课关系表sc中添加一条选课记录('s7', 'c1')。

```
INSERT INTO sc(sno,cno)
VALUES('s7','c1');
```

将VALUES子句中的值按照INTO子句中指定字段名的顺序添加到表中，对于INTO子句中没有出现的字段，新添加的记录在这些字段上将被赋NULL值，如上例中score即被赋NULL值。但在表定义时有NOT NULL约束的字段不能取NULL值，添加记录时必须给其赋值。

（3）添加多条记录

使用INSERT|REPLACE语句可以同时插入多条记录，语法格式如下。

```
INSERT|REPLACE INTO <表名>[(<字段名1>[,<字段名2>…])] VALUES(<值列表1>[,<值列
表2>…]);
```

【例5-24】在选课关系表sc中添加3条选课记录('s8, 'c1')、('s8, 'c2')、('s8, 'c5')。

```
INSERT INTO sc(sno,cno)
VALUES('s8','c1'),
('s8','c2'),
('s8','c5');
```

注意：并非所有DBMS均支持多条记录同时添加操作，实际开发中，建议使用逐条插入语句，这样兼容性更好。

5.3.2　修改数据表中数据

修改数据表中的数据即对数据表中已经存在的数据进行修改。在MySQL中，用户可以使用MySQL Workbench或SQL中的UPDATE语句对表中的一条或多条记录的某些字段值进行修改。

1. 使用 MySQL Workbench 修改数据表中数据

用户可以在MySQL Workbench中查看数据表中数据时修改数据。修改数据时，打开待修改数据的数据表，单击鼠标右键，从弹出的快捷菜单中选择"Select Rows-Limit 1000"（选择前1000行）命令，在打开标签的查询结果中查看表中数据，直接双击要修改的字段，或选中要修改的行，单击"Edit current row"按钮，在修改处直接输入新数据即可，如图5-14所示。修改完毕后，单击"Apply"按钮即可打开SQL脚本审核对话框，检查无误后单击"Apply"按钮，即可完成数据的修改。

2. 使用 SQL 语句修改数据表中数据

使用SQL语句修改数据表中数据的语法格式如下。

```
UPDATE <表名>
SET <字段名>=<表达式>[,<字段名>=<表达式>]…
[WHERE <条件>]
```

其中，<表名>指要修改的表；SET子句给出要修改的字段及其修改后的值；WHERE子句指定待修改的记录应当满足的条件，WHERE子句省略时，修改表中的所有记录。

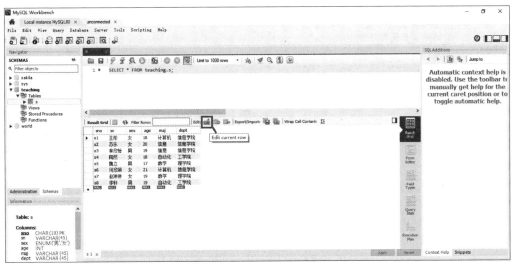

图5-14 使用MySQL Workbench修改数据表中数据

（1）修改一条记录

【例5-25】把刘杨老师转到工学院。

```
UPDATE t
SET dept='工学院'
WHERE tn='刘杨';
```

（2）修改多条记录

【例5-26】把所有学生的年龄增加1岁。

```
UPDATE s
SET age=age+1;
```

说明：用户还可以通过子查询来指定满足更新条件的记录。具体内容可参考第6章。

5.3.3 删除数据表中数据

删除数据表中数据即删除数据表中已经存在的数据。在MySQL中，用户可以通过MySQL Workbench或SQL中的DELETE语句来删除数据表中的一条或多条记录。

1. 使用 MySQL Workbench 删除数据表中数据

用户可以在MySQL Workbench中查看数据表中数据时删除数据。删除数据时，打开待删除数据的数据表，单击鼠标右键，从弹出的快捷菜单中选择"Select Rows-Limit 1000"（选择前1000行）命令，在查询结果中查看表中数据，选中要删除的行，单击"Delete selected rows"按钮即可，如图5-15所示。删除完毕后，单击"Apply"按钮即可打开SQL脚本审核对话框，检查无误后单击"Apply"按钮，即可完成数据的删除。

使用 MySQL Workbench 删除数据

2. 使用 SQL 语句删除数据表中数据

使用SQL语句删除数据表中数据的语法格式如下。

```
DELETE
FROM <表名>
[WHERE <条件>]
```

其中，<表名>指要删除数据的表；WHERE子句指定待删除的记录应当满足的条件，WHERE子句省略时，数据库系统会删除表中的所有记录。

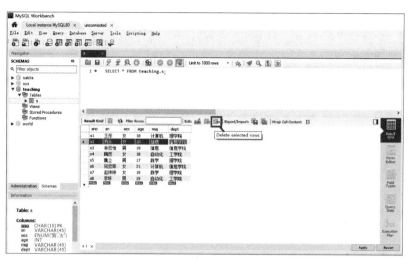

图5-15　使用MySQL Workbench删除数据表中数据

（1）删除一条记录

【例5-27】删除成绩为90.5分的记录。

```
DELETE
FROM sc
WHERE score=90.5;
```

通过WHERE子句可以把分数为90.5分的记录删除。

注意：如果在删除时报错"You are using safe update mode and you tried to update a table without a WHERE that uses a KEY column to disable safe mode, toggle the option in Preferences -> SQL Editor and reconnect."，可以选择MySQL Workbench数据库管理界面中的"Edit→Preference→SQL Editor"，如图5-16所示，取消选中"Safe Updates (rejects UPDATEs and DELETEs with no restrictions)"复选框，然后重新启动MySQL即可。

（2）删除多条记录

【例5-28】删除所有教师的授课记录。

```
DELETE
FROM tc;
```

执行上述语句后，tc表即为一个空表，但其定义仍存在数据字典中。

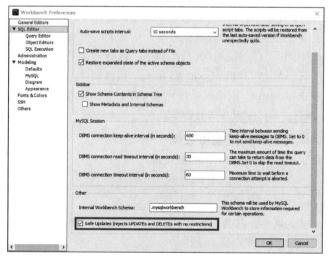

图5-16　删除表设置

删除多条记录可以使用DELETE语句，也可以使用TRUNCATE语句。TRUNCATE语句主要用于清空表数据，其语法格式如下。

```
TRUNCATE [TABLE] <表名>;
```

【例5-29】删除所有教师的授课记录。

```
TRUNCATE TABLE tc;
```

DELETE和TRUNCATE存在以下区别：DELETE TABLE删除内容、不删除定义、不释放空间；TRUNCATE TABLE 删除内容、不删除定义但释放空间。

5.4 小结

本章介绍了MySQL支持的数据类型等基础知识。数据表是数据库存储数据的基本单位，本章主要讲述了MySQL中数据表的基本操作和数据表中的数据操纵。本章通过MySQL Workbench和SQL语句两种方式分别介绍了数据表的创建、修改、删除、查看，以及数据表中数据的添加、修改和删除。

习 题

一、选择题

1. 下列关于数据类型的说法错误的是（　　）。
   A. 数值类型DECIMAL(3,1)，表示数据长度为4
   B. CHAR(M)类型在保存时，若存入字符数小于M，则在右侧填充空格
   C. BIT数据类型以字节为单位存储字段值
   D. ENUM 类型允许从一个集合中取多个值
2. MySQL中修改数据表结构的语句是（　　）。
   A. MODIFY TABLE
   B. MODIFY STRUCTURE
   C. ALTER TABLE
   D. ALTER STRUCTURE
3. 若用如下SQL语句创建表s，则下面选项中，哪个选项中数据可以被插入s表？（　　）

```
CREATE TABLE s
  (sno VARCHAR(6) NOT NULL,
  sn VARCHAR(8) NOT NULL,
  sex CHAR(2),
  age INTEGER;)
```

   A. （'201003018', '李丽', NULL, NULL）
   B. （'201003004', '张明', 男, '20'）
   C. （NULL, '王强', '男', 18）
   D. （'201007125', NULL, '女', 21）
4. 在MySQL中，修改数据表中数据应使用的语句是（　　）。
   A. ALTER
   B. UPDATE
   C. CHANGE
   D. DELETE
5. 创建数据表时，如果给某个字段定义PRIMARY KEY约束，则该字段的数据（　　）。
   A. 不允许有空值
   B. 可以有一个空值
   C. 可以有多个空值
   D. 上述都不对

二、填空题

1. 在MySQL中可以定义＿＿＿＿、＿＿＿＿、＿＿＿＿、＿＿＿＿和＿＿＿＿5种类型的

完整性约束。

    2. 删除数据表使用_____语句，删除数据表中数据使用_____语句。

三、简答题

    1. 在创建数据表结构时，有哪些常见的数据类型？

    2. 如何使用SQL语句创建数据表？

第6章
数据表中的数据查询

数据表中的数据查询可以为用户提供单表和多表的查询服务。本章介绍单关系（表）数据查询、多关系（表）数据查询、子查询和集合运算查询的语法结构及使用方法。

本章学习目标：掌握单关系数据查询结构、常用聚合函数查询、分组查询、查询结果排序和限制查询结果数量；掌握多关系查询结构、内连接查询、外连接查询、交叉连接查询和自连接查询；掌握普通子查询和相关子查询；掌握集合运算查询。

6.1 单关系数据查询

6.1.1 单关系数据查询结构

数据查询是数据库中最常用的操作。SQL提供SELECT语句，用户通过查询操作可得到所需的信息。关系（表）的SELECT语句的一般语法格式如下。

```
SELECT [ALL|DISTINCT] <字段名> [AS 别名][{,<字段名> [AS 别名]}]
FROM <表名或者视图名> [[AS] 表别名]
[WHERE <检索条件>]
[GROUP BY <字段名> [HAVING <条件表达式>]]
[ORDER BY <字段名> [ASC|DESC]]
[LIMIT子句]
```

对上述格式的相关说明如下。

（1）SELECT子句从列的角度进行投影操作，指定要在查询结果中显示的字段名。用户也可以用关键字AS为字段名指定别名（字段名和别名之间的AS也可以省略），这样，别名会代替字段名显示在查询结果中。关键字ALL表示所有元组，关键字DISTINCT表示消除查询结果中的重复元组。

（2）FROM子句指定要查询的表名或视图名，如果有多个表或视图，它们之间用逗号隔开。

（3）WHERE子句从行的角度进行选取操作，其中的检索条件是用来约束元组的，只有满足检索条件的元组才会出现在查询结果中。

（4）GROUP BY子句将查询结果按照其后的<字段名>的值进行分组。

（5）HAVING子句不能单独存在，如果需要的话，它必须在GROUP BY子句之后。这种情况下，只输出在分组查询之后满足HAVING条件的元组。

（6）ORDER BY子句用于对查询结果进行排序，ASC代表升序，DESC代表降序。默认情况下，如果在ORDER BY子句中没有显示指定排序方式，则表示对查询结果按照指定字段名进行升序排序。

（7）LIMIT子句限制查询结果的行数。

6.1.2　无条件查询

无条件查询是指只包含"SELECT…FROM…"的查询，也称作投影查询。投影查询相当于关系代数中的投影运算，需要注意的是，在关系代数中，投影运算之后自动消去重复行；而SQL中必须使用关键字DISTINCT才会消去重复行。

【例6-1】查询数据库teaching中课程表的全部内容。

在课程表c中共有 3列，字段名分别是cno（课程号）、cn（课程名）和ct（课时），本例要求查询课程表c中的全部内容，可以使用以下两种方法。

（1）SELECT后面列出表中的全部字段名

```
SELECT cno,cn,ct
FROM c;
```

本例的SQL代码在DOS窗口或者MySQL Shell窗口中的查询结果如图6-1所示。

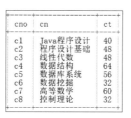

在DOS窗口和MySQL Shell窗口中进行查询

图6-1　例6-1在DOS窗口或者MySQL Shell窗口中的查询结果

注意：本例及后续的许多例子都使用了数据库teaching中的各个基本表，所以，如果是第一次使用该数据库，在执行查询任务之前，需要先执行语句"USE teaching;"。此外，在DOS窗口或者MySQL Shell窗口中，最后一行SQL语句后面的";"不能省略。

在MySQL Workbench窗口中进行查询

本例在MySQL Workbench窗口中的查询结果如图6-2所示。

图6-2　例6-1在MySQL Workbench窗口中的查询结果

注意：在图6-2中，如果在左侧的"Navigator"窗格中双击数据库名"teaching"，则右侧查询窗口中的命令"USE teaching;"可以省略。此外，在MySQL Workbench窗口中，最后一行SQL语句后面的";"可以省略。

为了方便展示，后续的例子将不再提供查询任务在DOS窗口、MySQL Shell窗口和MySQL Workbench窗口中的查询结果。以例6-1为例，只提供表6-1所示的查询结果。

表 6-1 例 6-1 查询结果

cno	cn	ct
c1	Java程序设计	40
c2	程序设计基础	48
c3	线性代数	48
c4	数据结构	64
c5	数据库系统	56
c6	数据挖掘	32
c7	高等数学	60
c8	控制理论	32

此外，我们可以为字段名指定别名，在查询结果中，别名会代替字段名进行显示。示例如下。

```
SELECT cno AS 课程号,cn AS 课程名,ct AS 课时
FROM c;
```

查询结果如表6-2所示。

表 6-2 查询结果

课程号	课程名	课时
c1	Java程序设计	40
c2	程序设计基础	48
c3	线性代数	48
c4	数据结构	64
c5	数据库系统	56
c6	数据挖掘	32
c7	高等数学	60
c8	控制理论	32

（2）用"*"表示表中的全部字段名

```
SELECT *
FROM c;
```

【例6-2】查询讲授课程的教师的教师号。

```
SELECT DISTINCT tno
FROM tc;
```

查询结果如表6-3所示。

表6-3中查询结果去掉了重复元组。如果在查询语句中去掉关键字DISTINCT，如下所示。

```
SELECT tno
FROM tc;
```

这种情况下，查询结果将无法消除重复元组。

【例6-3】查询前3位学生的姓名、学号和专业。

```
SELECT sn,sno,maj
FROM s
LIMIT 3;
```
查询结果如表6-4所示。

表 6-3　例 6-2 查询结果

tno
t1
t2
t3
t4
t5

表 6-4　例 6-3 查询结果

sn	sno	maj
王彤	s1	计算机
苏乐	s2	信息
林欣怡	s3	信息

从本例可以看出，查询结果中字段名的顺序是由SELECT后面所列字段名的顺序决定的，例如，在查询结果中，字段sn在sno之前，这和学生表s中字段的排列顺序是不同的。

此外，LIMIT子句控制查询结果中元组的数量，其详细用法将在6.1.7小节进行介绍。

6.1.3　条件查询

条件查询需使用WHERE子句指定查询条件。查询条件中，字段名与字段名之间，或者字段名与常数之间，通常使用比较运算符连接。常用的比较运算符如表6-5所示。

表 6-5　常用的比较运算符

运算符	含义
=、>、<、>=、<=、!=、<>	比较大小
AND（&&）、OR（‖）、NOT（！）	多重条件
BETWEEN AND、NOT BETWEEN AND	确定范围
IN、NOT IN	确定集合
LIKE、NOT LIKE	字符匹配
IS NULL、IS NOT NULL	空值

1. 比较大小

【例6-4】查询成绩在90分及以上的选课信息。

```
SELECT *
FROM sc
WHERE score>=90;
```
查询结果如表6-6所示。

表 6-6　例 6-4 查询结果

sno	cno	score
s1	c1	90.50
s4	c1	93.00
s7	c7	100.00
s8	c3	96.00

【例6-5】查询职称为"教授"的教师的教师号、姓名和专业。

```
SELECT tno,tn,maj
FROM t
```

```
WHERE prof='教授';
```
查询结果如表6-7所示。

表 6-7　例 6-5 查询结果

tno	tn	maj
t1	刘杨	计算机
t4	赵礼	自动化

2. 多重条件查询

【例6-6】查询专业是"计算机"和"数学"的学生信息。
```
SELECT *
FROM s
WHERE maj='计算机' OR maj='数学';
```
查询结果如表6-8所示。

表 6-8　例 6-6 查询结果

sno	sn	sex	age	maj	dept
s1	王彤	女	18	计算机	信息学院
s5	魏立	男	17	数学	理学院
s6	何欣荣	女	21	计算机	信息学院
s7	赵琳琳	女	19	数学	理学院

上述语句中的逻辑运算符"OR"，也可以用"||"代替，但一般建议使用OR。

【例6-7】查询年龄在30～40岁的教师的教师号、姓名和职称。
```
SELECT tno AS 教师号,tn AS 姓名,prof AS 职称
FROM t
WHERE age>=30 AND age<=40;
```
查询结果如表6-9所示。

表 6-9　例 6-7 查询结果

教师号	姓名	职称
t1	刘杨	教授
t3	顾伟	副教授
t5	赵希希	副教授
t6	张刚	讲师

上述语句中的逻辑运算符"AND"，也可以用"&&"代替，但一般建议使用AND。

【例6-8】查询年龄不在30～40岁的教师的教师号、姓名和职称。
```
SELECT tno AS 教师号,tn AS 姓名,prof AS 职称
FROM t
WHERE NOT (age>=30 AND age<=40);
```
查询结果如表6-10所示。

表 6-10　例 6-8 查询结果

教师号	姓名	职称
t2	石丽	讲师
t4	赵礼	教授

上述语句等价于以下语句。

```
SELECT tno AS 教师号,tn AS 姓名,prof AS 职称
FROM t
WHERE age<30 OR age>40;
```

【例6-9】查询讲授课程号为"c1"或者"c2"且开课日期在2021年9月1日及之后的教师号、课程号和开课日期。

```
SELECT tno,cno,tcdate
FROM tc
WHERE (cno='c1' OR cno='c2') AND tcdate>='2021-09-01';
```

查询结果如表6-11所示。

表 6-11 例 6-9 查询结果

tno	cno	tcdate
t1	c1	2021-09-03
t1	c2	2021-09-04

3. 确定范围

利用"BETWEEN AND"或者"NOT BETWEEN AND"可以查询字段值属于或者不属于指定连续取值区间的元组。

【例6-10】查询课时在30～40课时的课程的课程号、课程名和课时。

```
SELECT cno,cn,ct
FROM c
WHERE ct BETWEEN 30 AND 40;
```

查询结果如表6-12所示。

表 6-12 例 6-10 查询结果

cno	cn	ct
c1	Java程序设计	40
c6	数据挖掘	32
c8	控制理论	32

上述语句等价于以下语句。

```
SELECT cno,cn,ct
FROM c
WHERE ct>=30 AND ct<=40;
```

此外，由于SELECT后面列出的字段名集合为课程表c中的所有字段，所以，字段名集合也可以用"*"代替。

【例6-11】查询课时不在30～40课时的课程的课程号、课程名和课时。

```
SELECT *
FROM c
WHERE ct NOT BETWEEN 30 AND 40;
```

上述语句等价于以下语句。

```
SELECT *
FROM c
WHERE ct<30 OR ct>40;
```

查询结果如表6-13所示。

表6-13 例6-11查询结果

cno	cn	ct
c2	程序设计基础	48
c3	线性代数	48
c4	数据结构	64
c5	数据库系统	56
c7	高等数学	60

4. 确定集合

利用"IN"或者"NOT IN"可以查询字段值属于或者不属于指定集合的元组。

【例6-12】查询课程号为"c4"和"c6"的选课信息，包括学号、课程号和成绩。

```
SELECT sno,cno,score
FROM sc
WHERE cno IN ('c4','c6');
```

查询结果如表6-14所示。

表6-14 例6-12查询结果

sno	cno	score
s2	c4	70.00
s3	c4	85.00
s2	c6	81.50
s4	c6	NULL

上述语句等价于以下语句。

```
SELECT sno,cno,score
FROM sc
WHERE cno='c4' OR cno='c6';
```

此外，由于SELECT后面列出的字段名集合为选课表sc中的所有字段，所以，字段名集合也可以用"*"代替。

【例6-13】查询除课程号"c4"和"c6"之外其他课程的选课信息，包括学号、课程号和成绩。

```
SELECT sno,cno,score
FROM sc
WHERE cno NOT IN ('c4','c6');
```

本例查询结果中不包括cno为"c4"和"c6"的选课记录，即从选课表sc中去掉例6-12的查询结果。

上述语句等价于以下语句。

```
SELECT sno,cno,score
FROM sc
WHERE cno<>'c4' AND cno<>'c6';
```

5. 部分匹配查询

查询时，如果不知道完全精确的值，可以使用LIKE或NOT LIKE进行部分匹配查询（也称模糊查询）。LIKE语句的一般格式如下。

```
<字段名> LIKE <字符串常量>
```

其中，字段名必须为字符型，字符串常量中可以包含通配符。利用通配符，可以进行模糊查询。字符串常量中可以含有的通配符及其功能如表6-15所示。

表 6-15　字符串常量中可以含有的通配符

通配符	功能	实例
%	代表0个或多个字符	'ab%'，"ab"后可接任意字符串
_ （下画线）	代表一个字符	'a_b'，"a"与"b"之间可有一个字符
[ ]	表示在某一范围的字符	[0-9]，0～9之间的字符
[^]	表示不在某一范围的字符	[^0-9]，不在0～9之间的字符

【例6-14】查询课程名中包含"程序"的课程的课程号、课程名和课时。

```
SELECT cno AS 课程号,cn AS 课程名,ct AS 课时
FROM c
WHERE cn LIKE '%程序%';
```

查询结果如表6-16所示。

表 6-16　例 6-14 查询结果

课程号	课程名	课时
c1	Java程序设计	40
c2	程序设计基础	48

【例6-15】查询课程名以"程序"开头的课程的课程号、课程名和课时。

```
SELECT cno AS 课程号,cn AS 课程名,ct AS 课时
FROM c
WHERE cn LIKE '程序%';
```

查询结果如表6-17所示。

表 6-17　例 6-15 查询结果

课程号	课程名	课时
c2	程序设计基础	48

【例6-16】查询课程名不是以"数据"开头的课程信息。

```
SELECT *
FROM c
WHERE cn NOT LIKE '数据%';
```

查询结果如表6-18所示。

表 6-18　例 6-16 查询结果

cno	cn	ct
c1	Java程序设计	40
c2	程序设计基础	48
c3	线性代数	48
c7	高等数学	60
c8	控制理论	32

【例6-17】查询课程名中第二个字符是"据"的课程信息。

```
SELECT *
FROM c
WHERE cn LIKE '_据%';
```

查询结果如表6-19所示。

表 6-19 例 6-17 查询结果

cno	cn	ct
c4	数据结构	64
c5	数据库系统	56
c6	数据挖掘	32

6. 空值查询

某个字段没有值称为具有空值（NULL）。通常没有为一个元组的某个字段输入值时，该字段的值就是空值。空值不同于零和空格，它不占任何存储空间。例如，某些学生选修了课程但没有参加考试，这会造成数据表中有选课记录，但没有考试成绩。考试成绩为空值与考试成绩为0分是不同的。

【例6-18】查询没有考试成绩的选课信息，要求显示学号和课程号。

```
SELECT sno,cno
FROM sc
WHERE score IS NULL;
```

查询结果如表6-20所示。

表 6-20 例 6-18 查询结果

sno	cno
s2	c7
s4	c6

【例6-19】查询有考试成绩的选课信息，要求显示学号和课程号。

```
SELECT sno,cno
FROM sc
WHERE score IS NOT NULL;
```

本例的查询结果是首先对选课表sc的前两列sno和cno进行投影，之后，从中去掉例6-18的查询结果。

6.1.4 聚合函数查询

SQL提供了许多实用的聚合函数，增强了基本查询能力。常用的聚合函数及其功能如表6-21所示。

表 6-21 常用的聚合函数及其功能

函数名称	功能
AVG	按列计算平均值
SUM	按列计算值的总和
MAX	求一列中的最大值
MIN	求一列中的最小值
COUNT	按列值统计个数

【例6-20】查询学号为"s2"的学生的总分和平均分。

```
SELECT SUM(score),AVG(score)
FROM sc
WHERE sno='s2';
```

查询结果如表6-22所示。

表 6-22　例 6-20 查询结果

SUM(score)	AVG(score)
208.50	69.500000

从上述查询结果可以看出，在使用聚合函数进行查询时，查询结果中的字段名是聚合函数的函数名。如果要更清楚地表示查询内容的含义，可以为聚合函数指定别名。示例如下。

```
SELECT SUM(score) AS 总分,AVG(score) AS 平均分
FROM sc
WHERE sno='s2';
```

查询结果如表6-23所示。

表 6-23　查询结果

总分	平均分
208.50	69.500000

请注意，学号为"s2"的学生共选修了4门课程（见表1-4），但是其中1门课程的成绩为空值，聚合函数SUM和AVG对其成绩进行计算时，只考虑了有效成绩，没有将空值计算在内。

【例6-21】查询课程的最高课时、最低课时和最大课时差。

```
SELECT MAX(ct) AS 最高课时,MIN(ct) AS 最低课时,MAX(ct)-MIN(ct) AS 最大课时差
FROM c;
```

查询结果如表6-24所示。

表 6-24　例 6-21 查询结果

最高课时	最低课时	最大课时差
64	32	32

【例6-22】查询学号为"s1"的学生的选课门数。

```
SELECT sno,COUNT(cno) AS 选课门数
FROM sc
WHERE sno='s1';
```

查询结果如表6-25所示。

表 6-25　例 6-22 查询结果

sno	选课门数
s1	2

上述语句中的COUNT(cno)也可以写为COUNT(sno)、COUNT(score)或者COUNT(*)。但是，如果查询学号为"s2"或"s4"的学生的选课门数，由于其选课成绩包含空值，则不能使用COUNT(score)，因为COUNT只对有效成绩进行计数。

【例6-23】查询学生表s中的专业数量。

```
SELECT COUNT(DISTINCT maj) AS 专业数量
FROM s;
```

查询结果如表6-26所示。

注意：上述语句中的关键字DISTINCT不能省略，它的作用是消除重复元组。

【例6-24】查询"信息学院"的教师数量。

```
SELECT dept,COUNT(*) AS 教师数量
FROM t
WHERE dept='信息学院';
```

查询结果如表6-27所示。

上述语句中的COUNT(*)用来统计元组的数量，不消除重复元组，不允许使用DISTINCT关键字。此外，上述语句中的"*"可以用教师表中的任一字段名进行替换。

表6-26 例6-23查询结果

专业数量
4

表6-27 例6-24查询结果

dept	教师数量
信息学院	3

6.1.5 分组查询

GROUP BY子句可以将查询结果按字段列或字段列的组合在行的方向上进行分组，每组在字段列或字段列的组合上具有相同的值。

【例6-25】查询选课表sc中每门课程的课程号及其选课人数。

```
SELECT cno AS 课程号,COUNT(*) AS 选课人数
FROM sc
GROUP BY cno;
```

查询结果如表6-28所示。

表6-28 例6-25查询结果

课程号	选课人数
c1	3
c2	5
c3	2
c4	2
c5	2
c6	2
c7	4

【例6-26】查询选修3门以上（含3门）课程的学生的学号和选课门数。

```
SELECT sno AS 学号,COUNT(*) AS 选课门数
FROM sc
GROUP BY sno
HAVING COUNT(*)>=3;
```

查询结果如表6-29所示。

表6-29 例6-26查询结果

学号	选课门数
s2	4
s3	3
s4	4
s7	3

GROUP BY子句按学号字段sno的值分组，所有具有相同学号的元组为一组，对每一组使用函数COUNT进行计算，统计出每个学生的选课门数。HAVING子句去掉不满足COUNT(*)>=3的组。

当在一个SQL查询中同时使用WHERE子句、GROUP BY子句和HAVING子句时，其顺序是WHERE、GROUP BY和HAVING。WHERE与HAVING子句的根本区别在于作用对象不同。WHERE子句作用于基本表或视图，从中选择满足条件的元组；HAVING子句作用于组，选择满

足条件的组，必须用在GROUP BY子句之后，但GROUP BY子句之后可以没有HAVING子句。

6.1.6　查询结果排序

当需要对查询结果排序时，应该使用ORDER BY子句。排序方式可以指定，DESC为降序，ASC为升序，默认为升序。此外，在一个查询任务中，如果用到ORDER BY子句，该子句一定要放在最后一行。

【例6-27】查询学号为"s2"的学生的选课信息，要求显示学号、课程号和成绩，并且按照成绩的降序排列。

```
SELECT sno,cno,score
FROM sc
WHERE sno='s2'
ORDER BY score DESC;
```

查询结果如表6-30所示。

表 6-30　例 6-27 查询结果

sno	cno	score
s2	c6	81.50
s2	c4	70.00
s2	c5	57.00
s2	c7	NULL

上述语句中，SELECT子句包含了选课表sc中的所有字段，这些字段可以整体用"*"代替。

【例6-28】查询课程信息，并且按照课时的降序排列。

```
SELECT *
FROM c
ORDER BY ct DESC;
```

查询结果如表6-31所示。

表 6-31　例 6-28 查询结果

cno	cn	ct
c4	数据结构	64
c7	高等数学	60
c5	数据库系统	56
c2	程序设计基础	48
c3	线性代数	48
c1	Java程序设计	40
c6	数据挖掘	32
c8	控制理论	32

本例的查询结果中，课程信息按照课时"ct"的降序进行排列；对于相同课时的课程，默认按照课程号"cno"的升序进行排列。

【例6-29】查询课程信息，按照课时的降序排列，课时相同的课程再按照课程名降序排列。

```
SELECT *
FROM c
ORDER BY ct DESC,cn DESC;
```

查询结果如表6-32所示。

表 6-32　例 6-29 查询结果

cno	cn	ct
c4	数据结构	64
c7	高等数学	60
c5	数据库系统	56
c3	线性代数	48
c2	程序设计基础	48
c1	Java程序设计	40
c6	数据挖掘	32
c8	控制理论	32

从表6-32可以看出，课时"ct"是主排序字段，课程名"cn"是次排序字段，首先按照课时降序排列，课时相同的课程再按照课程名降序排列。

6.1.7　限制查询结果数量

LIMIT子句用来限制查询结果的元组数量，其语法格式如下。

```
LIMIT [OFFSET,]row_count|row_count OFFSET offset;
```

其中，OFFSET是非负整型常量，用于指定查询结果的第一行的偏移量，默认为0，表示查询结果的第1行，OFFSET的值为1时，表示查询结果的第2行，以此类推；row_count是非负整型常量，用来指定查询结果的行数，如果row_count的值大于实际查询结果的行数，则返回实际行数；row_count OFFSET后面的offset也是非负整型常量；row_count OFFSET offset表示查询结果从offset+1行开始，返回row_count行。

【例6-30】查询从第2位教师开始的3位教师的教师号、姓名和职称。

```
SELECT tno,tn,prof
FROM t
LIMIT 1,3;
```

查询结果如表6-33所示。

表 6-33　例 6-30 查询结果

tno	tn	prof
t2	石丽	讲师
t3	顾伟	副教授
t4	赵礼	教授

上述语句等价于以下语句。

```
SELECT tno,tn,prof
FROM t
LIMIT 3 OFFSET 1;
```

【例6-31】查询选课表sc中每门课程的课程号及其选课人数，按照选课人数降序排列，并且显示前3行。

```
SELECT cno AS 课程号,COUNT(*) AS 选课人数
FROM sc
GROUP BY cno
ORDER BY 选课人数 DESC
LIMIT 3;
```

查询结果如表6-34所示。

表 6-34　例 6-31 查询结果

课程号	选课人数
c2	5
c7	4
c1	3

上述语句中，LIMIT中的"3"，也可以写作"0,3"或"3 OFFSET 0"。

6.2　多关系数据查询

进行数据查询时，往往需要用多个表中的数据来组合、提炼出所需要的信息。如果一个查询任务需要对多个表进行操作，就称为多关系数据查询。多关系数据查询是通过各个表之间共同字段的关联性来查询数据的，这种字段称为连接字段。多关系数据查询的目的是通过加在连接字段上的条件将多个表连接起来，以便从多个表中查询数据。

6.2.1　多关系查询结构

表的连接方法有以下两种。

（1）表之间满足一定条件的行进行连接时，FROM子句指明进行连接的表名，WHERE子句指明连接的列名及其连接条件。语法格式如下。

```
SELECT [ALL|DISTINCT] [TOP N [PERCENT] [WITH TIES]] <字段名> [AS 别名1][{,
<字段名> [AS 别名2]}]
    FROM <表名1> [[AS] 表1别名][{,<表名2> [[AS] 表2别名,…]}]
    [WHERE <检索条件>]
    [GROUP BY <列名1> [HAVING <条件表达式>]]
    [ORDER BY <列名2> [ASC|DESC]];
```

（2）利用关键字JOIN进行连接。语法格式如下。

```
SELECT [ALL|DISTINCT] [TOP N [PERCENT] [WITH TIES]] 字段名1 [AS 别名1][,字段
名2 [AS 别名2]…]
    FROM 表名1 [[AS] 表1别名] [INNER|[LEFT|RIGHT|FULL|[OUTER]]|CROSS] JOIN 表名2
[[AS] 表2别名]
    ON 条件;
```

相关说明如下。

INNER JOIN称为内连接，用于显示符合条件的记录，此为默认值。

LEFT [OUTER] JOIN称为左（外）连接，用于显示符合条件的记录以及左边表中不符合条件的记录（此时右边表记录会以NULL来显示）。

RIGHT [OUTER] JOIN称为右（外）连接，用于显示符合条件的记录以及右边表中不符合条件的记录（此时左边表记录会以NULL来显示）。

FULL [OUTER] JOIN称为全（外）连接，用于显示符合条件的记录以及左边表和右边表中不符合条件的记录（此时缺乏数据的记录会以NULL来显示）。目前MySQL暂不支持全外连接，但可通过左外连接和右外连接联合实现。

CROSS JOIN称为交叉连接，用于将一个表的每个记录和另一个表的每个记录匹配成新的记录。

当将JOIN关键词放于FROM子句中时，应有关键词ON与之对应，以表明连接的条件。

6.2.2 内连接查询

下面通过一些具体的例子来介绍内连接查询。

【例6-32】查询学号为"s5"的学生的选课信息，要求列出学号、姓名和课程号。

（1）方法1

```
SELECT s.sno,sn,cno
FROM s,sc
WHERE s.sno='s5' AND s.sno=sc.sno;
```

查询结果如表6-35所示。

表6-35 例6-32查询结果

sno	sn	cno
s5	魏立	c2
s5	魏立	c7

上述语句中的学号"sno"需要加上表名前缀，这是因为学生表s和选课表sc中都有学号"sno"，必须用表名前缀来确切说明该字段属于哪个表，以避免二义性。如果字段名是唯一的，例如本例中的学生姓名"sn"和课程号"cno"，就不必加前缀。此外，上述语句中的学号"sno"的表前缀也可以写为选课表sc。

上述语句的执行过程是将学生表s中的学号"sno"和选课表sc中的学号"sno"进行等值连接，同时选取学号为"s5"的行，然后对学号"sno"、学生姓名"sn"和课程号"cno"进行投影操作，即可得到查询结果。

（2）方法2

```
SELECT s.sno,sn,cno
FROM s INNER JOIN sc
ON s.sno=sc.sno AND s.sno='s5';
```

【例6-33】查询所有授课教师的教师号、姓名和讲授的课程名，并且按照教师号升序排列。

（1）方法1

```
SELECT t.tno,tn,cn
FROM t,tc,c
WHERE t.tno=tc.tno AND tc.cno=c.cno
ORDER BY tno;
```

查询结果如表6-36所示。

表6-36 例6-33查询结果

tno	tn	cn
t1	刘杨	Java程序设计
t1	刘杨	程序设计基础
t2	石丽	数据库系统
t2	石丽	数据挖掘
t3	顾伟	程序设计基础
t3	顾伟	数据结构
t4	赵礼	线性代数
t5	赵希希	高等数学
t5	赵希希	控制理论

（2）方法2

```
SELECT t.tno,tn,cn
FROM t INNER JOIN tc INNER JOIN c
ON t.tno=tc.tno AND tc.cno=c.cno
ORDER BY tno;
```

上述语句等价于以下语句。

```
SELECT t.tno,tn,cn
FROM t INNER JOIN tc ON t.tno=tc.tno
        INNER JOIN c ON tc.cno=c.cno
ORDER BY tno;
```

【例6-34】查询选课人数在3人及以上的课程的课程号、课程名和选课人数。

（1）方法1

```
SELECT c.cno,cn,COUNT(sc.sno) AS 选课人数
FROM c,sc
WHERE c.cno=sc.cno
GROUP BY c.cno,cn
HAVING 选课人数>=3;
```

查询结果如表6-37所示。

表6-37　例6-34查询结果

cno	cn	选课人数
c1	Java程序设计	3
c2	程序设计基础	5
c7	高等数学	4

上述语句中，HAVING子句中使用了聚合函数的别名"选课人数"，也可以直接使用聚合函数"COUNT(sc.sno)"。

（2）方法2

```
SELECT c.cno,cn,COUNT(sc.sno) AS 选课人数
FROM c INNER JOIN sc
ON c.cno=sc.cno
GROUP BY c.cno,cn
HAVING COUNT(sc.sno)>=3;
```

6.2.3　外连接查询

在内连接查询中，不满足连接条件的元组不能作为查询结果输出。例如，例6-33的查询结果只包括有授课记录的教师信息，而没有教师号为"t6"的张刚老师信息。而在外连接查询中，参与连接的表有主从之分，以主表的每行数据去匹配从表的数据列。符合连接条件的数据将直接返回到结果集中；对于那些不符合连接条件的列，将被填上NULL值后，再返回到结果集中。

外连接查询分为左外连接查询和右外连接查询两种。以主表所在的方向区分外连接查询，主表在左边，则称为左外连接查询；主表在右边，则称为右外连接查询。

【例6-35】查询所有教师的教师号、姓名和授课程名，并且按照教师号升序排列（没有授课的教师的授课信息显示为空）。

```
SELECT t.tno,tn,cn
FROM t LEFT OUTER JOIN tc ON t.tno=tc.tno
        LEFT OUTER JOIN c ON tc.cno=c.cno
ORDER BY tno;
```

查询结果如表6-38所示。

表6-38　例6-35查询结果

tno	tn	cn
t1	刘杨	Java程序设计
t1	刘杨	程序设计基础
t2	石丽	数据库系统
t2	石丽	数据挖掘
t3	顾伟	程序设计基础
t3	顾伟	数据结构
t4	赵礼	线性代数
t5	赵希希	高等数学
t5	赵希希	控制理论
t6	张刚	NULL

由表6-38可以看出，与例6-33的查询结果相比，本例的查询结果包括所有的教师，没有授课的张刚老师的授课名称显示为空。

【例6-36】查询所有学生的学号、姓名、课程号和成绩（没有选课的学生的选课信息显示为空）。

```
SELECT s.sno,sn,cno,score
FROM s LEFT OUTER JOIN sc
ON sc.sno=s.sno;
```

上述语句用了左外连接查询，其中主表是学生表s，从表是选课表sc。本例中的查询任务也可以用右外连接查询，如下所示。

```
SELECT s.sno,sn,cno,score
FROM sc RIGHT OUTER JOIN s
ON sc.sno=s.sno;
```

查询结果中，除显示选课学生的信息外，还显示未选课的学号为"s6"的学生信息，其选课课程号和成绩为空。

6.2.4　交叉连接查询

交叉连接查询对连接查询的表没有特殊的要求，任何表都可以进行交叉连接查询操作。

【例6-37】对教师表和课程表进行交叉连接查询。

```
SELECT *
FROM t CROSS JOIN c;
```

上述语句是将教师表t中的每一个元组和课程表c的每一个元组匹配生成新的数据行，查询结果的行数是两个表行数的乘积，列数是两个表列数的和。

6.2.5　自连接查询

当一个表与其自身进行连接查询操作时，称为表的自连接查询。

自连接查询

【例6-38】查询课时比"程序设计基础"高的课程的课程号、课程名和课时。

要查询的内容均在同一个课程表c中，可以为课程表c分别取两个别名，一个是x，另一个是y。将y中满足课时比"程序设计基础"高的行与x中的"程序设计基础"课程行连接起来，这实际上是同一课程表c的大于连接。

（1）方法1

```
SELECT x.cno AS 课程号,x.cn AS 课程名,x.ct AS 课时
FROM c AS x,c AS y
WHERE x.ct>y.ct AND y.cn='程序设计基础';
```

（2）方法2

```
SELECT x.cno AS 课程号,x.cn AS 课程名,x.ct AS 课时
FROM c AS x INNER JOIN c AS y
ON x.ct>y.ct AND y.cn='程序设计基础';
```

查询结果如表6-39所示。

表6-39 例6-38查询结果

课程号	课程名	课时
c4	数据结构	64
c5	数据库系统	56
c7	高等数学	60

【例6-39】查询与学生"王彤"专业相同的学生的学号和姓名。

本例的查询任务实际上是同一学生表s的等值连接。

（1）方法1

```
SELECT x.sno,x.sn
FROM s AS x,s AS y
WHERE x.maj=y.maj AND y.sn='王彤';
```

（2）方法2

```
SELECT x.sno,x.sn
FROM s AS x INNER JOIN s AS y
ON x.maj=y.maj AND y.sn='王彤';
```

查询结果如表6-40所示。

表6-40 例6-39查询结果

sno	sn
s1	王彤
s6	何欣荣

6.3 子查询

WHERE子句中包含一个形如SELECT…FROM…WHERE的查询块，此查询块称为子查询或嵌套查询，包含子查询的语句称为父查询或外部查询。嵌套查询可以将一系列简单查询构成复杂查询，增强查询能力。

6.3.1 普通子查询

普通子查询的执行顺序：首先执行子查询，然后把子查询的结果代入父查询的查询条件中。普通子查询只执行一次，而父查询所涉及的所有记录行都与其查询结果进行比较以确定查询结果集合。

1. 返回一个值的普通子查询

当子查询的返回值只有一个时，可以使用比较运算符将父查询和子查询连接起来。

【例6-40】查询比学生"赵琳琳"年龄大的学生的学号、姓名和年龄。

```
SELECT sno,sn,age
FROM s
WHERE age>(SELECT age
          FROM s
          WHERE sn='赵琳琳');
```

查询结果如表6-41所示。

表6-41　例6-40查询结果

sno	sn	age
s2	苏乐	20
s6	何欣荣	21

上述语句相当于将查询分成两个查询块来执行。首先，执行以下子查询。

```
SELECT age
FROM s
WHERE sn='赵琳琳';
```

子查询向父查询返回一个值，即学生"赵琳琳"的年龄"19"，此值被代入父查询的查询条件中。

其次，执行父查询，查询所有年龄大于"19"的学生的学号、姓名和年龄。

本例的查询任务也可以用自连接查询实现，语句如下。

```
SELECT x.sno,x.sn,x.age
FROM s AS x,s AS y
WHERE x.age>y.age AND y.sn='赵琳琳';
```

【例6-41】查询与教师"顾伟"职称不同的教师的教师号、姓名和职称。

```
SELECT tno,tn,prof
FROM t
WHERE prof<>(SELECT prof
             FROM t
             WHERE tn='顾伟');
```

查询结果如表6-42所示。

表6-42　例6-41查询结果

tno	tn	prof
t1	刘杨	教授
t2	石丽	讲师
t4	赵礼	教授
t6	张刚	讲师

本例的查询任务也可以用自连接查询实现，语句如下。

```
SELECT x.tno,x.tn,x.prof
FROM t AS x,t AS y
WHERE x.prof<>y.prof AND y.tn='顾伟';
```

例6-40中的父查询和子查询都源自于同一个基本表，即学生表s。同理，例6-41中的父查询和子查询都源自于教师表t。因此，以上两例可以使用子查询，也可以使用自连接查询。当然，父查询和子查询也可以源于不同的基本表，如例6-42所示。

【例6-42】查询讲授"程序设计基础"课程的教师的教师号，以及该课程的课程号和开课日期。

```
SELECT tno,cno,tcdate
```

```
FROM tc
WHERE cno=(SELECT cno
            FROM c
            WHERE cn='程序设计基础');
```

查询结果如表6-43所示。

表 6-43   例 6-42 查询结果

tno	cno	tcdate
t1	c2	2021-09-04
t3	c2	2021-03-08

本例的查询任务也可以使用内连接查询实现，语句如下。

```
SELECT tno,tc.cno,tcdate
FROM c,tc
WHERE c.cno=tc.cno AND c.cn='程序设计基础';
```

或者

```
SELECT tno,tc.cno,tcdate
FROM c INNER JOIN tc
ON c.cno=tc.cno AND c.cn='程序设计基础';
```

2. 返回一组值的普通子查询

如果子查询的返回值不止一个，而是一个集合时，则不能直接使用比较运算符，可以在比较运算符和子查询之间插入ANY、IN或ALL。

（1）使用ANY

【例6-43】查询学号为"s2"的学生选修的课程的课程号、课程名和课时。

```
SELECT cno,cn,ct
FROM c
WHERE cno=ANY (SELECT cno
                FROM sc
                WHERE sno='s2');
```

查询结果如表6-44所示。

表 6-44   例 6-43 查询结果

cno	cn	ct
c4	数据结构	64
c5	数据库系统	56
c6	数据挖掘	32
c7	高等数学	60

上述语句的执行过程：首先，执行子查询，查询学号为"s2"的学生选修的课程的课程号，返回的课程号为一组值构成的集合{c4,c5,c6,c7}；其次，执行父查询，其中ANY的含义为任意一个。

本例的查询任务也可以使用内连接查询实现，语句如下。

```
SELECT c.cno,cn,ct
FROM c,sc
WHERE c.cno=sc.cno AND sno='s2';
```

或者

```
SELECT c.cno,cn,ct
FROM c INNER JOIN sc
ON c.cno=sc.cno AND sno='s2';
```

【例6-44】查询其他专业中比"计算机"专业某一教师工资高的教师的教师号、姓名、专业和工资。

```
SELECT tno,tn,maj,sal
FROM t
WHERE (sal>ANY (SELECT sal
                FROM t
                WHERE maj='计算机'))
        AND maj<>'计算机';
```

查询结果如表6-45所示。

表 6-45　例 6-44 查询结果

tno	tn	maj	sal
t4	赵礼	自动化	4267.90
t5	赵希希	数学	3332.67

上述语句的执行过程：首先，执行子查询，返回"计算机"专业中所有教师的工资集合{3610.5,3145}；其次，执行父查询，查询所有不是"计算机"专业且工资高于3145元的教师的教师号、姓名、专业和工资。

本例的查询任务也可以用以下语句实现。

```
SELECT tno,tn,maj,sal
FROM t
WHERE (sal>(SELECT MIN(sal)
            FROM t
            WHERE maj='计算机'))
        AND maj<>'计算机';
```

上述语句的执行过程：首先，执行子查询，利用聚合函数MIN找到"计算机"专业中所有教师的最低工资3145元；其次，执行父查询，查询所有不是"计算机"专业且工资高于3145元的教师的教师号、姓名、专业和工资。

此外，由于本例使用的普通子查询中，父查询和子查询源自于同一个基本表，即教师表t，所以本例还可以使用自连接查询，语句如下。

```
SELECT DISTINCT x.tno,x.tn,x.maj,x.sal
FROM t AS x,t AS y
WHERE x.sal>y.sal AND x.maj<>'计算机' AND y.maj='计算机';
```

（2）使用IN

我们可以使用IN代替"=ANY"。

【例6-45】查询学号为"s2"的学生选修的课程的课程号、课程名和课时（使用IN）。

```
SELECT cno,cn,ct
FROM c
WHERE cno IN (SELECT cno
              FROM sc
              WHERE sno='s2');
```

本例的查询任务和例6-43相同，例6-43中的父查询与子查询之间使用了"=ANY"，本例中使用"IN"代替"=ANY"，作用是相同的。

【例6-46】查询学生的学号和姓名，查询条件是学生选修了课程号为"c1"的课程（使用IN）。

```
SELECT sno,sn
FROM s
WHERE sno IN (SELECT sno
              FROM sc
              WHERE cno='c1');
```

查询结果如表6-46所示。

表6-46　例6-46查询结果

sno	sn
s1	王彤
s3	林欣怡
s4	陶然

上述语句中的"IN"也可以用"=ANY"代替。此外，本例的查询任务也可以使用内连接查询实现，这里不再赘述其具体语句。

（3）使用ALL

【例6-47】查询其他专业中比"计算机"专业所有教师工资高的教师的教师号、姓名、专业和工资。

```
SELECT tno,tn,maj,sal
FROM t
WHERE (sal>ALL (SELECT sal
                FROM t
                WHERE maj='计算机'))
       AND maj<>'计算机';
```

查询结果如表6-47所示。

表6-47　例6-47查询结果

tno	tn	maj	sal
t4	赵礼	自动化	4267.90

上述语句的执行过程：首先，执行子查询，返回"计算机"专业中所有教师的工资集合{3610.5,3145}；其次，执行父查询，查询所有不是"计算机"专业且工资高于3610.5元的教师的教师号、姓名、专业和工资。

本例的查询任务也可以用以下语句实现。

```
SELECT tno,tn,maj,sal
FROM t
WHERE (sal>(SELECT MAX(sal)
            FROM t
            WHERE maj='计算机'))
       AND maj<>'计算机';
```

上述语句的执行过程：首先，执行子查询，利用聚合函数MAX找到"计算机"专业中所有教师的最高工资3610.5元；其次，执行父查询，查询所有不是"计算机"专业且工资高于3610.5元的教师的教师号、姓名、专业和工资。

3．用于数据操纵的普通查询

【例6-48】求出各学院教师的平均工资，把结果存放在新表avgsal中。

首先，建立新表avgsal，用来存放学院名称和各个学院的平均工资。

```
USE teaching;
DROP TABLE IF EXISTS 'avgsal';
CREATE TABLE avgsal
  (department VARCHAR(20),
   average SMALLINT);
```

然后，利用子查询求出教师表t中各学院的平均工资，把结果存放在新表avgsal中。

```
INSERT INTO avgsal
SELECT dept,AVG(sal)
```

```
FROM t
GROUP BY dept;
```

执行上述语句之后,可以通过"SELECT * FROM avgsal;"查看新表中的数据。

【例6-49】把教师号为"t1"的教师讲授的课程的课时增加16学时。

```
UPDATE c
SET ct=ct+16
WHERE cno IN (SELECT cno
              FROM tc
              WHERE tno='t1');
```

子查询的作用是得到教师号为"t1"的教师讲授的课程的课程号"c1"和"c2"。

执行上述语句之后,使用"SELECT * FROM c;",即可看到教师号为"t1"的教师讲授的课程的学时在原来学时的基础上增加了16学时。

【例6-50】把所有教师的工资提高到平均工资的1.2倍。

```
UPDATE t
SET sal=(SELECT 1.2*AVG(sal)
         FROM t);
```

子查询的作用是得到所有教师的平均工资的1.2倍。

执行上述语句之后,使用"SELECT * FROM t;",即可看到所有教师的新工资情况。

6.3.2 相关子查询

在6.3.1小节的普通子查询中,子查询的查询条件不涉及父查询中基本表的属性。但是,有些查询任务中,子查询的查询条件需要引用父查询表中的属性值,这类查询称为相关子查询。

相关子查询的原理

相关子查询的执行顺序:首先,选取父查询表中的第一行记录,子查询利用此行中相关的属性值在子查询涉及的基本表中进行查询;然后,父查询根据子查询返回的结果判断父查询表中的此行是否满足查询条件,如果满足条件,则把该行放入父查询的查询结果集合中,重复执行这一过程,直到处理完父查询表中的每一行数据。

由此可以看出,相关子查询的执行次数是由父查询表的行数决定的。

【例6-51】查询学生的学号和姓名,查询条件是学生选修了课程号为"c1"的课程(使用相关子查询)。

本例的查询任务与例6-46相同,例6-46使用了普通子查询,本例使用相关子查询,语句如下。

```
SELECT sno,sn
FROM s
WHERE 'c1' IN (SELECT cno
               FROM sc
               WHERE sno=s.sno);
```

上述语句中"IN"的含义相当于子查询结果中的任何一个值,也可使用"=ANY"代替"IN"。

本例的相关子查询中,子查询的WHERE子句中用到了父查询表(即学生表s)中的属性值。对于学生表s中的每一行(即每个学生记录),都要执行一次子查询,以确定该学生是否选修课程号为"c1"的课程,当"c1"课程是该学生选修的课程时,该学生会被选取到父查询的查询结果中。

【例6-52】查询学生的学号和姓名,查询条件是学生没有选修课程号为"c1"的课程(使用相关子查询)。

```
SELECT sno,sn
FROM s
WHERE 'c1' NOT IN (SELECT cno
                   FROM sc
                   WHERE sno=s.sno);
```

查询结果如表6-48所示。

表6-48　例6-52查询结果

sno	sn
s2	苏乐
s5	魏立
s6	何欣荣
s7	赵琳琳
s8	李轩

上述语句中"NOT IN"的含义为不等于子查询结果中的任何一个值，也可使用"<>ALL"代替"NOT IN"。

本例的相关子查询中，子查询的WHERE子句中用到了父查询表，即学生表s中的属性值。对于学生表s中的每一行（即每个学生记录），都要执行一次子查询，以确定该学生是否选修课程号为"c1"的课程，当"c1"课程不是该学生选修的课程时，该学生会被选取到父查询的查询结果中。

本例也可以使用普通子查询实现，语句如下。

```
SELECT sno,sn
FROM s
WHERE sno NOT IN (SELECT sno
                  FROM sc
                  WHERE cno='c1');
```

此外，使用EXISTS也可以进行相关子查询。EXISTS是表示存在的量词，带有EXISTS的子查询不返回任何实际数据，它只得到逻辑值"真"或"假"。当子查询的查询结果集合为非空时，外层的WHERE子句返回真值，否则返回假值。NOT EXISTS与此相反。

【例6-53】查询学生的学号和姓名，查询条件是学生选修了课程号为"c1"的课程（使用EXISTS）。

本例的查询任务与例6-51相同，查询结果也相同，但是本例使用EXISTS进行相关子查询，语句如下。

```
SELECT sno,sn
FROM s
WHERE EXISTS (SELECT *
              FROM sc
              WHERE sno=s.sno AND cno='c1');
```

上述语句的执行过程是，对于父查询中的每一位学生，在子查询中查询其是否选修了课程号为"c1"的课程，如果有选课记录，说明子查询的结果集合为非空，则父查询中WHERE子句中的EXISTS返回逻辑值"真"，从而该学生的信息会被选取到父查询的结果集合中。对父查询表s中的每一位学生重复上述过程，即可完成查询任务。

【例6-54】查询学生的学号和姓名，查询条件是学生没有选修课程号为"c1"的课程（使用NOT EXISTS）。

本例的查询任务与例6-52相同，查询结果也相同，但是本例使用"NOT EXISTS"进行相关子查询，语句如下。

```
SELECT sno,sn
FROM s
WHERE NOT EXISTS (SELECT *
                     FROM sc
                     WHERE sno=s.sno AND cno='c1');
```

上述语句的执行过程是，对于父查询中的每一位学生，在子查询中查询其是否选修了课程号为"c1"的课程，如果没有选课记录，说明子查询的结果集合为空，则父查询中WHERE子句中的NOT EXISTS返回逻辑值"真"，从而该学生的信息会被选取到父查询的结果集合中。对父查询表s中的每一位学生重复上述过程，即可完成查询任务。

【例6-55】查询教师号为"t2"的教师讲授的课程的课程号、课程名和课时（使用EXISTS）。

```
SELECT cno,cn,ct
FROM c
WHERE EXISTS (SELECT *
                 FROM tc
                 WHERE cno=c.cno AND tno='t2');
```

查询结果如表6-49所示。

表6-49 例6-55查询结果

cno	cn	ct
c5	数据库系统	56
c6	数据挖掘	32

上述语句等价于以下相关子查询。

```
SELECT cno,cn,ct
FROM c
WHERE 't2' IN (SELECT tno
                  FROM tc
                  WHERE cno=c.cno);
```

本例的查询任务也可以使用普通子查询实现，语句如下。

```
SELECT cno,cn,ct
FROM c
WHERE cno IN (SELECT cno
                 FROM tc
                 WHERE tno='t2');
```

本例的查询任务还可以使用内连接查询实现，语句如下。

```
SELECT c.cno,cn,ct
FROM c,tc
WHERE c.cno=tc.cno AND tno='t2';
```

或者

```
SELECT c.cno,cn,ct
FROM c INNER JOIN tc
ON c.cno=tc.cno AND tno='t2';
```

由此可见，对于同样的查询任务，可以从不同角度考虑问题，从而使用不同的查询方法进行实现。在实际查询过程中，读者可以根据需要任意选用。

6.4 集合运算查询

集合运算查询是使用UNION关键字将来自不同查询的数据组合起来，形成一个具有综合信息的查询结果。使用UNION时，系统会自动将重复的数据行剔除。必须注意的是，参加集合运算查询的各子查询，其查询结果的结构应该相同，即各子查询的查询结果中数据的数目和对应的数据类型都必须相同。

【例6-56】查询"计算机"专业的学生信息，再查询"数学"专业的学生信息，将两个查询结果合并成一个结果集。

```
SELECT *
FROM s
WHERE maj='计算机'
UNION
SELECT *
FROM s
WHERE maj='数学';
```

查询结果如表6-50所示。

表 6-50　例 6-56 查询结果

sno	sn	sex	age	maj	dept
s1	王彤	女	18	计算机	信息学院
s6	何欣荣	女	21	计算机	信息学院
s5	魏立	男	17	数学	理学院
s7	赵琳琳	女	19	数学	理学院

上述语句等价于以下语句。

```
SELECT * FROM s
WHERE maj='计算机' OR maj='数学';
```

【例6-57】查询课程号为"c1"的课程的总分和平均分，再查询课程号为"c2"的课程的总分和平均分，将两个查询结果合并成一个结果集。

```
SELECT cno AS 课程号,SUM(score) AS 总分,AVG(score) AS 平均分
FROM sc
WHERE cno='c1'
GROUP BY cno
UNION
SELECT cno AS 课程号,SUM(score) AS 总分,AVG(score) AS 平均分
FROM sc
WHERE cno='c2';
GROUP BY cno;
```

查询结果如表6-51所示。

表 6-51　例 6-57 查询结果

课程号	总分	平均分
c1	258.50	86.166667
c2	391.50	78.300000

上述语句等价于以下语句。

```
SELECT cno AS 课程号,SUM(score) AS 总分,AVG(score) AS 平均分
FROM sc
WHERE cno='c1' OR cno='c2'
GROUP BY cno;
```

6.5　小结

本章详细介绍了数据表中的数据查询操作，包括单关系数据查询、多关系数据查询、子查

询和集合运算查询。通过丰富的查询实例，本章详细讲解了各种查询中SQL语句的使用方法和语法要素。本章的重点是聚合函数查询、分组查询、连接查询和子查询。此外，本章通过实例讲解了同一查询任务会有多种查询方法，读者学习之后可以根据实际情况选择使用。

习　题

一、选择题

1. 在SQL的SELECT语句中，能实现投影操作的是（　　　）。
    A. SELECT　　　　　B. FROM　　　　　C. WHERE　　　　D. GOUP BY
2. 在SQL的SELECT语句中，能实现选取操作的是（　　　）。
    A. SELECT　　　　　B. FROM　　　　　C. WHERE　　　　D. GOUP BY
3. SQL中，下列涉及空值的操作，不正确的是（　　　）。
    A. age IS NULL　　　　　　　　　B. age IS NOT NULL
    C. age=NULL　　　　　　　　　　D. NOT (age IS NULL)
4. SQL中，HAVING子句的位置是（　　　）。
    A. WHERE子句之前　　　　　　　B. WHERE子句之后
    C. GROUP BY子句之前　　　　　　D. GROUP BY子句之后
5. SQL中，ORDER BY子句的位置是（　　　）。
    A. SELECT子句之后　　　　　　　B. WHERE子句之后
    C. 最后一行　　　　　　　　　　D. 任意一行
6. 现有一个查询任务，要求从查询结果的第3行开始，显示3行。以下LIMIT子句，正确的是（　　　）。
    A. LIMIT 0,3;　　　B. LIMIT 1,3;　　　C. LIMIT 2,3;　　　D. LIMIT 3,3;
7. 对于数据库teaching中的课程表c，要求查询课程名"cn"以"系统"结尾的课程，WHERE子句中的条件是（　　　）。
    A. cn LIKE '%系统'　　　　　　　B. cn LIKE '系统%'
    C. cn LIKE '%系统_'　　　　　　D. cn LIKE '_系统%'
8. 对于数据库teaching，查询学号为"s2"的学生选修的课程的课程号、课程名和课时，不能使用（　　　）。
    A. 内连接查询　　　B. 普通子查询　　　C. 相关子查询　　　D. 自连接查询
9. 关于普通子查询，以下说法正确的是（　　　）。
    A. 先执行父查询　　　　　　　　B. 先执行子查询
    C. 父查询和子查询交替执行　　　D. 子查询执行多次
10. 关于相关子查询，以下说法正确的是（　　　）。
    A. 先执行子查询
    B. 子查询的查询条件与父查询中数据表无关
    C. 父查询和子查询交替执行
    D. 子查询执行一次

二、填空题

1. 在查询任务中，可以消除重复元组的关键字是_____。

2. 在查询任务中，限制查询结果的行数使用_____子句。

3. 在查询任务中，为数据表或者表中的字段指定别名的关键字是_____。

4. 对某个数据表进行查询时，如果SELECT子句后面的字段列表是表中的所有列，也可以用_____代替所有列。

5. 进行多关系查询时，数据表之间的联系是通过表的共同字段值来体现的，这种字段称为_____。

6. 相关子查询的执行次数是由父查询表的_____决定的。

7. 如果要求从查询结果的第3行开始，共显示6行内容，LIMIT子句的内容是_____。

8. 使用CROSS JOIN对两个数据表进行交叉连接时，结果集的行数是原来两个数据表行数的_____，结果集的列数是两个数据表列数的_____。

9. 当一个表与其自身进行连接查询操作时，称为表的_____。

10. 集合运算查询是使用_____ 关键字将来自不同查询的数据组合起来，形成一个具有综合信息的查询结果。

三、简答题

1. 简述普通子查询的过程。

2. 简述相关子查询的过程。

3. 简述外连接查询的作用。

4. 对于数据库teaching，写出以下查询任务的SQL语句。

（1）查询学生表s中的所有内容。

（2）查询学生表s中院系（dept）的数量。

（3）查询信息学院的所有女生信息。

（4）查询讲授课程的课程号为"c1"和"c2"的教师的教师号、姓名、职称及课程号。

（5）查询姓"赵"的教师的信息，要求显示教师号、姓名、职称和专业。

（6）查询每位学生的选课信息，要求显示学号和选课数量，并且按照选课数量降序排列。

（7）查询授课教师人数在2人及以上的课程信息，要求显示课程号和授课教师人数。

（8）查询与教师"刘杨"在不同院系的教师的教师号、姓名和院系。

（9）查询选修"程序设计基础"课程的学生的学号、姓名和课程号。

（10）查询课程号为"c2"的课程的选课信息，要求显示课程号、课程名、学号、姓名和成绩。

篇章3
数据库优化和管理

思维导图

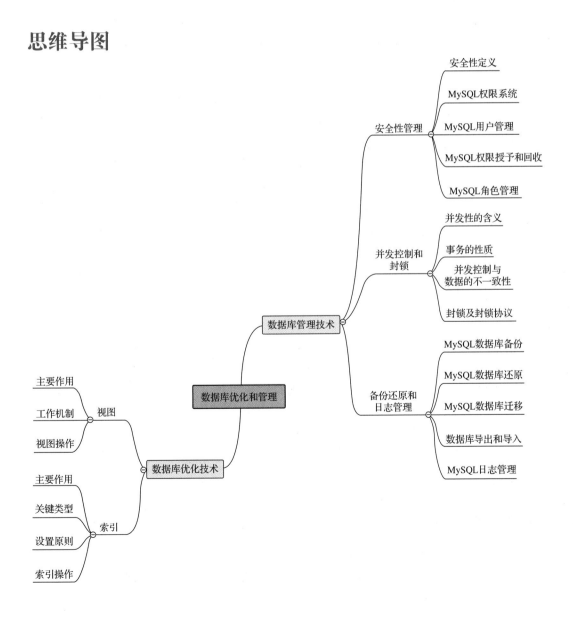

第7章
视图和索引

视图和索引均可用于优化数据库系统。视图在已构建的基本表上定义满足不同业务需要的外模式，以提升查询业务语句的编写效率、隐藏基本表中与业务无关的数据、提高数据的逻辑独立性。索引是在表或视图已有字段上建立的存储结构，该存储结构使MySQL查询引擎在无须遍历全表的情况下，快速定位满足条件的目标记录，提升SQL语句查询速度。本章将重点介绍视图和索引的产生背景、作用、适用场景，以及MySQL视图和索引的管理方法。

本章学习目标：理解视图和索引的概念及适用场景；能够根据数据库查询、管理等需要，建立相关视图并能够对视图进行基本管理操作；学会选择合适的索引类型，构建并操作相关索引。

7.1 视图

7.1.1 视图概述

视图是在一个或多个基本表或视图的基础上，通过查询语句定义的虚拟表。与基本表类似，视图可用于SELECT语句中进行查询。不同之处在于，视图只存储其定义语句，并未存储其数据。当使用视图进行查询时，视图包含的数据才会临时生成。

视图可以理解为与具体业务相关的外模式。以teaching数据库为例，当需要学号（sno）、姓名（sn）、课程号（cno）和选课名称（cn）信息时，我们需要查询3张基本表——学生表（s）、课程表（c）和选课表（sc）。我们可构建视图sc_view，利用学生表（s）、课程表（c）和选课表（sc）中与业务相关的字段，构建一张虚拟表，如图7-1所示。当需要查询上述信息时，我们可直接查询视图sc_view，这提高了查询语句的编写效率，隐藏了与业务无关的字段和数据。

7.1.2 视图的作用

1. 视图提升了数据操作的便携性

视图可定义在多个表上，使用视图时，用户无须了解视图构建细节，只需在视图提供的字段中进行查询即可，这提高了编写相关SQL语句的速度。

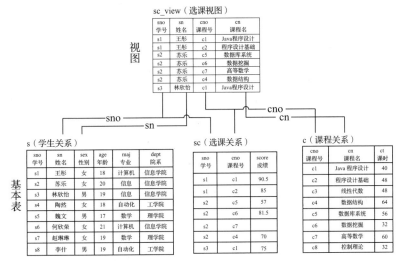

图7-1　视图sc_view与基本表s、c和sc的关系

2. 视图提升了数据的逻辑独立性

利用视图可以在一定程度上将基本表结构与操作该表的业务程序进行逻辑分离。例如，在基本表字段名称改变后，用户只需利用视图将修改的字段重命名为原来程序使用的字段，程序调用视图，好像调用原来的基本表一样，从而实现了数据的逻辑独立性。

3. 视图提升了数据的安全性

使用视图可在表权限基础上，进一步针对视图使用进行授权，这增加了权限授予的层次。同时，通过视图可隐藏表中敏感数据，为数据库用户提供其权限范围可见的数据，实现数据安全。

4. 视图可用于数据集成

在分布式数据库环境下，视图也可以用于数据集成。例如，某单位在不同地区存储了属地业务数据，该单位可使用分布式查询定义视图，定期将不同区域的数据组合起来。

7.1.3　视图的工作机制

视图是虚表，当SQL语句引用视图时，视图才会根据定义动态地产生数据。因此，视图中的内容总是与基本表中数据保持一致，即当基本表中数据发生变化时，相关视图的数据也随之变化。

7.2　MySQL视图管理

7.2.1　创建视图

使用CREATE VIEW语句可在一张或多张基本表或视图上创建视图，其语法格式如下。

```
CREATE [OR REPLACE] [ALGORITHM={UNDEFINED|MERGE|TEMPTABLE}]
[DEFINER={user|CURRENT_USER}]
VIEW 视图名[(视图字段列表)]
AS 查询语句
[WITH [CASCADED|LOCAL] CHECK OPTION];
```

对于上述语法格式，相关说明如下。

（1）使用CREATE VIEW语句创建视图需要具有CREATE VIEW权限及查询语句中涉及列的SELECT权限。

（2）添加OR REPLACE可选参数需要具有DROP权限，使用该参数表明可以在创建视图时替换数据库已有同名视图。

（3）ALGORITHM为可选参数，表示视图的使用方法。其中，UNDEFINED表示由MySQL自行决定使用方法；MERGE表示使用CREATE VIEW语句中的条件与引用该视图的查询语句条件作为整体条件，然后使用视图依赖的基本表直接查询；参数TEMPTABLE表示使用该视图时，先将视图涉及的数据存储在临时表中，然后使用临时表中数据进行视图查询。

（4）DEFINER为可选参数，指明视图的创建者。默认情况下，视图的创建者为当前用户，也可指明其他用户为视图创建者。

（5）视图字段列表为可选的，当省略视图字段时，使用查询语句的字段名称作为视图的字段名称；当给定视图字段时，将重命名查询语句中对应字段。

（6）AS指明视图的定义，其后由一个完整的SELECT语句构成。

（7）WITH CHECK OPTION为可选参数，表示更新、修改和插入视图数据时，只有满足检查条件，操作才会执行。该参数可以添加CASCADED或LOCAL为参数，CASCADED为默认参数。有关WITH CHECK OPTION的详细内容将在7.2.5小节中介绍。

下面分别举例说明在一张或多张基本表和其他视图基础上创建视图的方法。

1. 在一张基本表上创建视图

【例7-1】创建信息学院学生视图s_view。

```
CREATE VIEW s_view
AS SELECT * FROM s
    WHERE dept='信息学院';
```

该例子将学生表s上所有字段作为视图s_view的字段。创建视图后，可使用SELECT语句对视图s_view的数据进行无条件查询，查询视图语句如下，查询结果如表7-1所示。

```
SELECT * FROM s_view;
```

表7-1 s_view 视图查询结果

sno	sn	sex	age	maj	dept
s1	王彤	女	18	计算机	信息学院
s10	韩义	男	19	计算机	信息学院
s2	苏乐	女	20	信息	信息学院
s3	林欣怡	男	19	信息	信息学院
s6	何欣荣	女	21	计算机	信息学院

2. 在多张基本表上创建视图

【例7-2】创建学生选课情况视图s_sc_c_view，视图字段列表为学号sno、姓名sname、课程名cname及成绩score。

```
CREATE VIEW s_sc_c_view(sno,sname,cname,score)
AS SELECT s.sno,sn,cn,score
    FROM s,c,sc
    WHERE s.sno=sc.sno AND sc.cno=c.cno;
```

由于在s表和sc表中均存在学号sno列，因此在SELECT语句中需指定列名来源。另外，由于给定的视图字段列表与SELECT查询的字段不一致，因此在创建视图时，需要对照查询结果，使

创建视图语句的
参数的含义

用视图字段列表依次对查询的字段进行重命名。

下面进一步举例说明限制条件的视图查询。查询视图s_sc_c_view上学号为"s1"的同学分数不低于60分的数据,查询视图语句如下,查询结果如表7-2所示。

```
SELECT * FROM s_sc_c_view
WHERE score>=60 AND sno='s1';
```

表 7-2　s_sc_c_view 视图查询结果

sno	sname	cname	score
s1	王彤	Java程序设计	90.50
s1	王彤	程序设计基础	85.00

3. 在视图上创建视图

【例7-3】在信息学院的学生视图s_view基础上,创建计算机专业学生视图s_maj_view。

```
CREATE VIEW s_maj_view
AS SELECT * FROM s_view
    WHERE maj='计算机';
```

执行上述语句后,视图s_maj_view只包含信息学院计算机专业的学生信息。

4. 视图创建的注意事项

(1)SELECT语句中不能包含系统、用户变量(系统和用户变量内容将在第15章介绍)及处理语句参数,同时,FROM子句中不能包含子查询。

(2)删除视图依赖的基本表后,视图使用会报错,此时可通过"CHECK TABLE 表名"检查基本表状态。

(3)不能为临时表创建视图。

(4)创建视图时,ALGORITHM参数指定视图的使用方法。下面举例说明。

① 创建学生视图s_view_condition,要求年龄大于25岁。

```
CREATE ALGORITHM=MERGE
VIEW s_view_condition
AS SELECT * FROM s WHERE age>25;
```

② 使用s_view_condition进行条件查询,要求年龄小于40岁。

```
SELECT * FROM s_view_condition WHERE age<40;
```

③ 上述查询执行时,将把s_view_condition的条件与查询条件结合,直接对s表进行查询,即实际执行的SQL语句如下。

```
SELECT * FROM s WHERE age>25 AND age<40;
```

(5)如果视图定义和视图查询语句中均包含了ORDER BY语句,则查询结果以视图查询语句中的ORDER BY为准。

(6)如果视图依赖的基本表增加了字段,则视图查询不包括新的字段。

5. 使用 MySQL Workbench 创建视图

在MySQL Workbench中,用户可以在指定默认数据库的基础上,通过SQL脚本编辑器输入并执行创建视图的SQL语句;亦可在"Navigator"窗格"Schemas"选项卡的"SCHEMAS"栏中,右击视图所在数据库的"Views"节点,从快捷菜单中选择"Create View"选项,如图7-2所示。

使用 MySQL Workbench创建、查看、删除视图

将创建视图语句输入右侧DDL后的文本框中,如图7-3所示,"Name"文本框的内容会按照输入语句自动调整。语句检查无误后,单击"Apply"按钮提交语句。

在弹出的提交窗口中，再次确认提交语句及配置参数，单击"Apply"按钮提交执行。单击"Show Logs"按钮显示提交日志，判断执行情况，如图7-4所示。

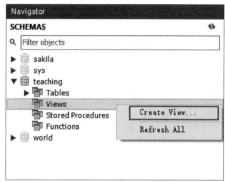

图7-2　在MySQL Workbench中创建视图的菜单

图7-3　在MySQL Workbench中输入创建视图语句

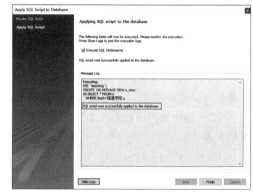

图7-4　在MySQL Workbench中显示视图创建日志

创建视图后，可在"Navigator"窗格"Schemas"选项卡的"SCHEMAS"栏中，展开视图所在的"Views"节点，查看新建的s_view视图；也可右击"Views"节点，选择"Refresh All"选项，刷新显示新创建的视图。

7.2.2　查看视图的定义

使用DESCREBE语句、SHOW语句、系统表和MySQL Workbench等，可查看已创建视图的结构、状态、定义语句等信息。查看视图需要具有SHOW VIEW权限。

1. 使用 DESCRIBE 语句查看视图结构信息

使用DESCRIBE语句可查看视图的结构信息，即视图各组成字段信息，其语法格式如下。

```
DESCRIBE 视图名称;
```

其中，DESCRIBE可以使用缩写DESC。

【例7-4】查看视图s_view的结构信息。

```
DESCRIBE s_view;
```

执行结果如表7-3所示。

表 7-3　例 7-4 执行结果

Field	Type	Null	Key	Default	Extra
sno	CHAR(10)	NO			
sn	VARCHAR(45)	NO			

续表

Field	Type	Null	Key	Default	Extra
sex	ENUM('男','女')	NO		男	
age	INT	NO			
maj	VARCHAR(45)	NO			
dept	VARCHAR(45)	NO			

2. 使用 SHOW TABLE STATUS 语句查看视图状态情况

使用SHOW TABLE STATUS语句可查看视图的名称、创建时间、更新时间、注释等状态信息，其语法格式如下。

```
SHOW TABLE STATUS LIKE '视图名称';
```

【例7-5】查看视图s_view的状态信息。

```
SHOW TABLE STATUS LIKE 's_view';
```

3. 使用 SHOW CREATE VIEW 语句查看视图创建信息

使用SHOW CREATE VIEW语句可以查看视图的名称、创建该视图的SQL语句、视图使用的字符集等创建信息，其语法格式如下。

```
SHOW CREATE VIEW 视图名称;
```

【例7-6】查看视图s_view的创建信息。

```
SHOW CREATE VIEW s_view;
```

注意：使用SHOW CREATE VIEW语句和DESCRIBE语句时，视图名称没有引号；使用SHOW TABLE STATUS LIKE时，视图名称作为字符串匹配条件，需要添加引号。

4. 使用系统表查询视图的元信息

通过MySQL系统表information_schema.VIEWS，可查看指定视图的定义、状态等元信息。

【例7-7】查询视图s_view的元信息。

```
SELECT * FROM information_schema.VIEWS WHERE table_name='s_view';
```

5. 使用 MySQL Workbench 查看视图的定义信息

在MySQL Workbench中，用户可以在指定当前默认数据库的基础上，通过SQL脚本编辑器输入并执行查看视图结构、状态、元信息的SQL语句；亦可在"Navigator"窗格"Schemas"选项卡的"SCHEMAS"栏中，展开视图所在的"Views"节点，右击要查看定义信息的视图名称，从弹出的快捷菜单中选择"Copy to Clipboard"（粘贴到剪切板）选项，然后选择"Create Statement"（创建语句）选项，将视图定义语句粘贴到剪切板上，如图7-5所示，最后使用组合键"Ctrl+V"或右键快捷菜单将视图定义语句粘贴到SQL脚本编辑器中，即可查看该视图的定义。

图7-5　在MySQL Workbench中将视图s_view的定义语句粘贴到剪切板

如果用户希望将视图的定义语句直接发送到当前MySQL Workbench的SQL脚本编辑器中，可在视图的右键快捷菜单中，选择"Send to SQL Editor"选项，然后选择"Create Statement"选项，SQL脚本编辑器会显示视图的定义语句，如图7-6所示。

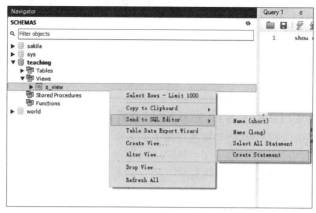

图7-6　在MySQL Workbench中将视图s_view的定义语句发送到SQL脚本编辑器中

SQL脚本编辑器中的定义语句比用户创建视图的语句要复杂，语句中包含了很多参数的默认信息，如图7-7所示。当用户提交CREATE VIEW语句时，MySQL会自动帮助用户对语句从结构、参数、内容等方面进行优化并将优化语句存储在数据库中，方便用户对视图进行查看和修改。初学MySQL数据库，读者可反查定义语句，帮助理解MySQL中语句优化过程及各参数的默认配置。

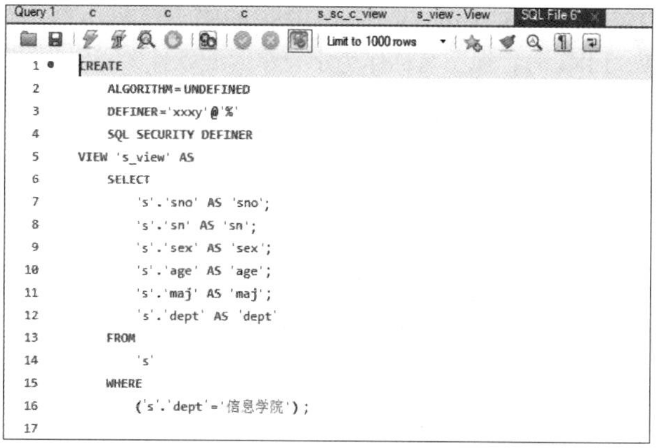

```
 1 ●  CREATE
 2       ALGORITHM = UNDEFINED
 3       DEFINER='xxxy'@'%'
 4       SQL SECURITY DEFINER
 5  VIEW 's_view' AS
 6       SELECT
 7            's'.'sno' AS 'sno';
 8            's'.'sn' AS 'sn';
 9            's'.'sex' AS 'sex';
10            's'.'age' AS 'age';
11            's'.'maj' AS 'maj';
12            's'.'dept' AS 'dept'
13       FROM
14            's'
15       WHERE
16            ('s'.'dept'='信息学院');
17
```

图7-7　在MySQL Workbench中查看s_view的定义信息

7.2.3　修改视图的定义

创建视图后，因视图相关的业务需求发生变化或视图涉及的基本表结构发生变化，需修改视图的定义时，用户可以使用CREATE OR REPLACE VIEW语句、ALTER VIEW语句和MySQL Workbench等来修改视图的定义。

1.　使用 CREATE OR REPLACE VIEW 语句修改视图的定义

使用CREATE OR REPLACE VIEW语句修改视图的语法格式同使用CREATE VIEW语句创建视图类似，读者可参照7.2.1小节内容。但需注意，使用CREATE OR REPLACE VIEW修改视图时，需要检查修改视图名称的正确性，若名称错误，则不会替换原视图，反而会按照错误名称新建视图。

2.　使用 ALTER VIEW 语句修改视图的定义

使用ALTER VIEW语句可以修改已创建视图的定义，其语法格式如下。

```
ALTER [ALGORITHM={UNDEFINED|MERGE|TEMPTABLE}]
[DEFINER={user|CURRENT_USER}]
VIEW  视图名[(视图列表)]
AS  查询语句
[WITH [CASCADED|LOCAL] CHECK OPTION];
```

上述语句的参数定义同CREATE VIEW语句。但需注意，若在ALTER VIEW语句中使用了错误的视图名称，则会导致修改失败。

【例7-8】修改s_view视图，按s_id、s_name和s_maj字段名称显示理学院学生的学号、姓名和专业。

```
ALTER VIEW s_view(s_id,s_name,s_maj)
AS SELECT sno,sn,maj
    FROM s
    WHERE dept='理学院';
```

提交视图修改语句后，使用SELECT语句查看视图s_view定义修改后的结果，如表7-4所示。

表7-4 视图 s_view 定义修改后的结果

s_id	s_name	s_maj
s5	魏立	数学
s7	赵琳琳	数学

3. 使用 MySQL Workbench 修改视图的定义

在MySQL Workbench中，用户可以在指定当前默认数据库的基础上，通过SQL脚本编辑器输入并执行CREATE OR REPLACE VIEW语句或ALTER VIEW语句直接修改视图的定义；亦可在"Navigator"窗格"Schemas"选项卡的"SCHEMAS"栏中，单击视图所在数据库的"Views"节点，右击需要修改的视图名称，从弹出的快捷菜单中选择"Alter View"选项，如图7-8所示。

在MySQL Workbench右侧的SQL脚本编辑器中会出现当前视图的定义语句，修改视图的定义并单击"Apply"按钮即可提交修改后的视图定义，如图7-9所示。

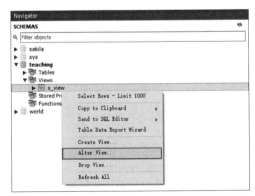

图7-8 在MySQL Workbench中修改视图的菜单选项

图7-9 在MySQL Workbench中修改视图定义语句

7.2.4 删除视图

创建视图后，用户可使用DROP VIEW语句和MySQL Workbench等删除现有视图。

1. 使用 DROP VIEW 语句删除视图

使用DROP VIEW语句可删除一个或多个已有视图，其语法格式如下。

```
DROP VIEW [IF EXISTS] 视图名称1[,…] [RESTRICT|CASCADED];
```

对于上述语法格式，相关说明如下。

（1）如果需要一次性删除多个视图，可以将需要删除的视图名称以逗号分隔。

（2）IF EXISTS为可选参数，可确保即使要删除的视图不存在，提交语句后也不会报错。

（3）RESTRICT为默认参数，表示如果有其他视图依赖当前需要删除视图建立，则不允许删除当前视图。CASCADED参数表示DROP VIEW语句会级联删除其他依赖当前需要删除视图而建立的视图。

【例7-9】删除视图s_view。

```
DROP VIEW s_view;
```

2. 使用 MySQL Workbench 删除视图

在MySQL Workbench中，用户可以在指定当前默认数据库的基础上，通过SQL脚本编辑器输入并执行DROP VIEW语句删除已有视图；亦可在"Navigator"窗格"Schemas"选项卡的"SCHEMAS"栏中，展开视图所在的"Views"节点，右击需要删除的视图名称，从弹出的快捷菜单中选择"Drop View"选项，如图7-10所示。

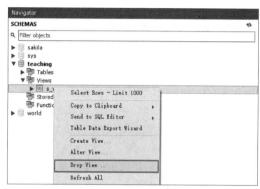

图7-10 在MySQL Workbench中删除视图的菜单选项

7.2.5 更新视图的数据

在某些特殊业务中，需要通过视图对基本表中数据执行增加记录、删除记录和修改记录等更新操作。此时，如果视图提供的字段能够满足更新数据要求，则可以像操纵基本表中数据一样，使用INSERT、UPDATE和DELETE语句对视图引用的基本表数据进行更新。

由于视图是一张由基本表建立的虚表，所以对视图进行数据更新操作将转换成对基本表中数据的更新操作。但需注意，视图的本质是方便查询或保护数据，因此，当对视图进行数据更新操作时，有些情况下是不可能的，如视图依赖于多张基本表。实际中很少使用视图更新数据，但从知识的完整角度出发，本节会介绍使用INSERT、UPDATE和DELETE语句对视图进行数据更新的方法，以及创建视图的WITH CHECK OPTION参数对更新数据的影响。

为便于举例，构建用于更新数据的学生视图s_update_view。

【例7-10】构建用于更新数据的学生视图s_update_view，提供学生表中的所有信息。

```
CREATE VIEW s_update_view
AS SELECT * FROM s;
```

1. 使用 INSERT 语句向视图中插入数据

【例7-11】使用s_update_view视图向学生表s中插入一条学生记录，学生记录中各字段信息为（s10，韩义，男，19，计算机，信息学院）。

```
INSERT INTO s_update_view
VALUES('s10','韩义','男',19,'计算机','信息学院');
```

上述语句相当于执行如下操作。

```
INSERT INTO s
VALUES('s10','韩义','男',19,'计算机','信息学院');
```

2. 使用 UPDATE 语句修改视图中数据

【例7-12】使用s_update_view视图,将学号为s10的学生年龄修改为20岁。

```
UPDATE s_update_view
SET age=20
WHERE sno='s10';
```

上述语句相当于执行如下操作。

```
UPDATE s
SET age=20
WHERE sno='s10';
```

3. 使用DELETE语句删除视图中数据

【例7-13】删除视图s_update_view中学号为s10的数据。

```
DELETE FROM s_update_view
WHERE sno='s10';
```

上述语句相当于执行如下操作。

```
DELETE FROM s
WHERE sno='s10';
```

4. WITH CHECK OPTION 参数对更新视图数据的影响

创建视图时,可以指定WITH CHECK OPTION参数,明确更新视图数据时需进行条件检查,即检查插入或更新的数据是否满足视图创建语句中SELECT语句的条件,如果不满足,则拒绝对视图的更新操作。

【例7-14】构建一个提供工学院学生信息的s_check_view视图,并指定WITH CHECK OPTION参数。

```
CREATE VIEW s_check_view
AS SELECT * FROM s
    WHERE dept='工学院'
WITH CHECK OPTION;
```

尝试使用INSERT语句向s_check_view中插入一条不满足WHERE条件的数据,即非工学院学生信息,各字段信息为(s11,杨青,男,19,计算机,信息学院)。

```
INSERT INTO s_check_view
VALUES('s11','杨青','男',19,'计算机','信息学院');
```

系统会提示"Error Code: 1369. CHECK OPTION failed 'teaching.s_check_view'",表示插入数据违反CHECK OPTION约束。

将上述插入的数据修改为满足视图创建时SELECT条件的数据,即插入一条工学院的学生信息(s11,杨青,男,19,计算机,工学院)。再次使用INSERT语句向视图s_check_view插入数据,系统提示执行成功。

```
INSERT INTO s_check_view
VALUES('s11','杨青','男',19,'计算机','工学院');
```

使用WITH CHECK OPTION参数对更新视图进行检查时,也可以理解为只有插入的数据显示在视图中,才可通过检查;反之,则无法通过检查。使用UPDATE语句更新视图中数据与使用INSERT语句向视图插入数据对数据更新的检查过程相似。

根据上述分析,当创建视图指定了WITH CHECK OPTION参数时,使用DELETE语句只能删除视图中已有的数据,如只能使用DELETE语句删除s_check_view中工学院学生数据,非工学院学生信息无法通过s_check_view删除。

当视图是依赖其他视图创建时，更新视图可将WITH CHECK OPTION设置为LOCAL或CASCADED参数，明确更新数据是否按照依赖的层次进行检查，CASCADED为默认参数。使用LOCAL和CASCADED参数的情况说明如下。

（1）如果当前视图依赖的父视图中具有WITH CHECK OPTION，则无论当前视图是否指定WITH LOCAL CHECK OPTION或WITH CASCADED CHECK OPTION，都将在更新视图时，检查父视图中SELECT的WHERE条件是否满足。

（2）如果当前视图依赖的父视图中设置了WHERE条件，但没有指定WITH CHECK OPTION，且当前视图指定WITH CHECK OPTION，则表明对当前视图更新数据会默认按照CASCADED参数处理，级联检查其依赖的各父视图中SELECT的WHERE条件。

（3）如果当前视图的父视图中设置了WHERE条件，但未指定WITH CHECK OPTION，且当前视图指定WITH LOCAL CHECK OPTION，则表明对当前视图更新数据时只检查当前视图本地的WHERE条件，不会级联检查其依赖的父视图中SELECT的WHERE条件。

5. 更新视图数据的其他注意事项

如果视图只依赖于一张基本表，则可通过视图更新该基本表。如果视图依赖于多张基本表建立，则一次只能修改一张基本表中数据。创建视图时，如果视图定义语句中包含以下结构，则不可更新视图数据。

（1）视图字段列表或查询语句中包含聚合函数。

（2）视图字段列表或查询语句是通过表达式或计算得到的。

（3）视图定义语句中包含DISTINCT关键字或GROUP BY、ORDER BY、HAVING子句。

（4）视图定义的查询语句中使用了集合查询UNION或UNION ALL。

（5）视图的列来自于查询语句中子查询的列。

（6）创建视图时ALGORITHM为TEMPTABLE类型。

（7）视图依赖于其他不可更新视图建立。

总之，视图更新数据的限制较多，原则上尽量不要使用视图更新数据。

7.3　索引

7.3.1　索引的作用

在很多数据库系统中，数据库读取的次数多于数据库写的次数，因此，如何提高数据库读取数据效率是数据库优化的主要工作之一。索引采用键值对的数据结构，可加快检索速度。索引的键由表或视图中一列或多列生成，值存储了键所对应数据的存储位置。如果把数据库看作字典，可以将索引的键看作字典的拼音，值为该拼音所在的第一个汉字的位置，借助拼音检索可以缩小目标汉字查找范围，避免逐页查找。在字典中，人们既可以使用拼音检索，也可以使用偏旁部首检索。因此，在数据库中，用户可以按照检索效率需要，建立多个索引。

实际上，索引是一种以空间代价提高时间效率的方法，它采用预先建立的键值结构，根据查询条件，快速定位目标数据。但需注意，索引一旦创建，将由MySQL自动管理和维护，索引的维护需要消耗计算资源和存储资源，特别是对数据更新时，为确保索引的查询效率，需要更新现有索引结构，故要避免在一个表中创建大量的索引，否则每次更新数据时，系统的整体响应效率将下降。同时，在查询数据时，索引并不是总能生效的，只有查询条件中使用了索引的字段，索引才会生效，用户可在执行查询语句时，通过EXPLAIN分析查询语句是否使用索引。

在系统开发中，如何设计索引，是提高数据库使用效率的关键。

在MySQL中，不同存储引擎使用不同的索引和数据存储方式。MyISAM存储引擎将索引和数据分成2个文件存储，而InnoDB存储引擎将索引和数据放在同一文件中。不同存储引擎的存储策略反映了不同存储引擎查找效率和存储代价存在差异的原因。

与其他数据库管理系统类似，MySQL也使用B-Tree和Hash技术存储索引，其中B-Tree为默认的索引存储技术。不同存储引擎使用的索引存储技术不同，InnoDB和MyISAM存储引擎均支持B-Tree索引，MEMORY存储引擎支持哈希类型索引。

7.3.2　索引类型

我们可以从多种角度对索引进行分类。

索引类型

1. 根据索引特征进行分类

从索引的特征角度可将索引分为普通索引、唯一索引、主键索引、全文索引和空间索引。

（1）普通索引是指创建索引时不附加任何约束和限制条件的索引。普通索引字段是否需要满足唯一性和非空要求由字段本身的完整性约束决定。例如，我们可在教师表中，对教师姓名建立普通索引。普通索引的创建方式如例7-15所示。

（2）唯一索引是指创建索引时，使用了UNIQUE关键字的索引。由于唯一索引涉及的列值必须唯一，因此使用唯一索引比使用普通索引能够获得更快的查询速度，但是如果索引所在列中出现多个重复数据，则不能使用唯一索引。唯一索引允许所在列包含多个NULL值。唯一索引的创建方式如例7-16所示。

（3）主键索引是指建立数据表时依据主键自动建立的索引。该索引要求索引列值唯一且非空。主键索引是在主键创建时自动建立的，很少直接创建主键索引。同时，一个数据表只能有一个主键，因此，一个数据表只能有一个主键索引。但对于其他类型的索引，一个数据表可以根据业务需要建立多个其他类型的索引。

（4）全文索引是指在创建索引时，使用了FULLTEXT关键字的索引。查询数据量较大的字符串类型字段时，使用全文索引可提高查找速度。例如，在一些新闻发布系统中，人们可以对新闻内容字段建立全文索引，以提高新闻内容搜索效率。全文索引适用于字符串类型的字段，如CHAR、VARCHAR和TEXT类型。需注意的是，MySQL 5.6版本后，MyISAM和InnoDB均支持全文索引。MySQL 5.6版本前，只有MyISAM支持全文搜索。全文索引的创建方式如例7-17所示。

（5）空间索引是指在创建索引时，使用了SPATIAL关键字的索引。其适用于GEOMETRY、POINT、POLYGON等空间数据类型的列。目前，只有MyISAM存储引擎支持空间索引且索引字段不能为空值。

2. 根据索引涉及列数进行分类

从索引涉及的列数角度可以将索引分为单列索引和复合索引。

（1）单列索引是指针对某张表或视图上单列创建的索引。结合索引特征分类方法，用户可以创建一个单列的唯一索引，也可以建立一个单列的主键索引。例如，学生表学号字段（sno）既是一个主键索引，也是一个单列索引。

（2）复合索引是指针对某张表或视图上多个列创建的索引。复合索引中列的出现顺序决定了索引的使用方式，只有查询条件中使用了复合索引的第一个字段，复合索引才会生效。例如，对课程表中课程名称和学时2个字段建立复合索引，当查询条件的第一个参数为课程名称时，复合索引才会生效。需注意，复合索引不能跨表建立。

3．根据索引存储方式进行分类

从索引存储技术角度可以将索引分为B-Tree索引和Hash索引。

（1）B-Tree索引是指使用了B-Tree数据结构的索引。B-Tree是一种支持范围查询且查询时间复杂度较低的平衡多叉树结构。目前，多数商业数据库管理系统和开源数据库管理系统均采用B-Tree数据结构存储索引。

（2）Hash索引是指使用了Hash结构的索引。对于单个值查询，Hash索引比B-Tree索引的查询效率要高，但是Hash索引不支持不等式范围查询。MySQL中MEMORY存储引擎使用Hash结构存储索引。

4．根据索引与数据物理存储关系进行分类

从索引与数据物理存储关系角度可将索引分为聚集型索引和非聚集型索引。

（1）聚集型索引指明了数据在物理存储设备上存储的方式。通常使用主码作为聚集型索引。

（2）非聚集型索引是指在聚集型索引基础上，通过额外的列或列集合建立记录的索引。非聚集型索引通常使用主码外的其他常用查询列。例如，对教师姓名建立的普通索引可以看作非聚集型索引。

7.3.3　索引设置原则

建立索引时，需结合业务查询需要，综合索引特征及存储方式，构建适合的索引。索引设置具体原则包括以下几条。

（1）严格限制同一个表或视图上的索引数量。索引增多将会严重影响INSERT、UPDATE和DELETE语句的执行性能。对于表中使用频度较低或者不再使用的索引，需及时删除。

（2）对于重复值较多的列，不建议建立索引。

（3）对排序、分组或者表连接涉及的字段建立索引，可提高数据检索效率。

（4）对视图建立索引可提高使用视图进行检索的效率。

（5）注意唯一索引和全文索引对NULL的处理方式。

7.4　MySQL索引管理

7.4.1　创建索引

用户可以通过4种方式创建索引，分别是使用CREATE INDEX语句为已有表或视图添加索引、创建表时直接附带创建索引、通过ALTER TABLE语句为已有表添加索引和使用MySQL Workbench创建索引。

1．使用 CREATE INDEX 语句创建索引

使用CREATE INDEX语句可为已有表或视图添加索引，其语法格式如下。

```
CREATE [UNIQUE|FULLTEXT|SPATIAL] INDEX 索引名称
ON 表名称(字段名称[(索引字符长度) [ASC|DESC]][,…]);
```

对于上述语法格式，相关说明如下。

（1）UNIQUE | FULLTEXT | SPATIAL为可选参数，用于指明索引类型。UNIQUE参数表示创建唯一索引。FULLTEXT参数表示创建全文索引。SPATIAL参数表示创建空间索引。未选择任何索引类型表明创建普通索引。

（2）ON关键字指明索引针对的表。字段名称[(索引字符长度) [ASC|DESC]]表明索引涉及的列信息，针对数据库中复杂数据类型，如BLOB和TEXT，索引的建立需要消耗存储和计算资源，因此，创建索引时需指明编制索引的字符的长度，权衡索引建立代价，(索引字符长度)为可选参数，表明为字段名的前指定字符编制索引。ASC和DESC为可选参数，表明索引的排序方式，ASC为升序排列，该参数为默认参数，DESC为降序排列。MySQL 8之前的版本，虽然SQL语法上支持升序索引，但实际只支持降序索引。MySQL 8后才真正意义上支持升序索引。

（3）当字段名称[(索引字符长度) [ASC|DESC]]只有一项时，将建立单列索引。当字段名称[(索引字符长度) [ASC|DESC]]有多项时，将建立复合索引。

下面举例说明不同索引的创建方式。

【例7-15】为学生表s的姓名字段（sn）建立普通索引s_name_index，索引针对sn的前6个字符且以降序方式排列。

```
CREATE INDEX s_name_index
ON s(sn(6) DESC);
```

如果上述语句所在数据库引擎非MEMORY，则上述语句实际上创建了一个普通、单列、B-Tree、非聚集型索引。

【例7-16】为课程表c的课程名（cn）和学时（ct）字段建立复合唯一索引c_cn_ct_index。

```
CREATE UNIQUE INDEX c_cn_ct_index
ON c(cn,ct);
```

【例7-17】假设已经在学生表s中增加了TEXT类型的学生基本信息列（info），为info列创建全文索引s_info_index。

```
CREATE FULLTEXT INDEX s_info_index
ON s(info);
```

2. 创建表时直接附带创建索引

使用CREATE TABLE语句创建表时，可附带创建表索引，语法格式如下。

```
CREATE TABLE 表名(
    属性名1 数据类型 [列完整性约束],
    …
    属性名n 数据类型 [列完整性约束],
    [表约束],
    [UNIQUE|FULLTEXT|SPATIAL] INDEX|KEY [索引名1] (字段名称[(索引字符长度)
[ASC|DESC]]),
    …
    [UNIQUE|FULLTEXT|SPATIAL] INDEX|KEY [索引名n] (字段名称[(索引字符长度)
[ASC|DESC]])
);
```

对于上述语法格式，相关说明如下。

（1）在表约束后，可以使用INDEX关键字为表创建索引。上述参数与使用CREATE INDEX语句添加索引时的参数含义相同。

（2）CREATE TABLE语句可一次附带多个索引，不同索引间使用逗号分隔。

（3）CREATE TABLE创建索引时无须提供表名，而使用CREATE INDEX语句创建索引时要指明表名。

【例7-18】创建教室表classroom，要求包含自增主键cid、教室编号crno（非空字符串）、教学楼名称cbn（非空字符串）。创建classroom表时，附加由教室编号crno和教学楼名称cbn构成的普通唯一索引cn_cb_index。

```
CREATE TABLE classroom(
    cid INT AUTO_INCREMENT,
    crno VARCHAR(10) NOT NULL,
```

```
    cbn VARCHAR(10) NOT NULL,
    PRIMARY KEY(cid),
    UNIQUE INDEX cn_cb_index(crno,cbn)
);
```

3. 通过 ALTER TABLE 语句为已有表添加索引

使用ALTER TABLE为已有表添加索引的语法格式如下。

```
ALTER TABLE 表名
ADD [UNIQUE|FULLTEXT|SPATIAL] INDEX|KEY [索引名1] (字段名称[(索引字符长度)
[ASC|DESC]]),
...
ADD [UNIQUE|FULLTEXT|SPATIAL] INDEX|KEY [索引名n] (字段名称[(索引字符长度)
[ASC|DESC]]);
```

说明：

（1）使用ALTER TABLE语句添加索引的参数含义与使用CREATE INDEX语句创建索引的参数含义相同；

（2）可以使用ALTER TABLE语句一次创建多个索引，不同索引间使用逗号分隔。

【例7-19】 为教师表t中的教师姓名tn添加索引tn_index，索引长度为6且使用降序排列。

```
ALTER TABLE t
ADD INDEX tn_index(tn(6) DESC);
```

4. 使用 MySQL Workbench 创建索引

在MySQL Workbench中，用户可以在指定当前默认数据库的基础上，通过SQL脚本编辑器输入并执行CREATE INDEX、CREATE TABLE或ALTER TABLE等SQL语句创建索引；亦可在"Navigator"窗格"Schemas"选项卡的"SCHEMAS"栏中，展开"Tables"节点下索引所在表，右键"Indexes"下的"PRIMARY"节点，从弹出的快捷菜单中，选择"Create Index"选项，如图7-11所示。

使用 MySQL Workbench创建、查看、删除索引

在MySQL Workbench右侧窗口中，选择需要创建索引的列，然后单击"Create Index For Selected Columns"按钮，如图7-12所示。

在弹出窗口中，输入索引名称、索引字段的长度、索引类型、索引算法和并发锁管理策略等信息，如图7-13所示。有关并发锁策略将在第9章中介绍。填写完成后，单击"Create"按钮提交索引创建请求。

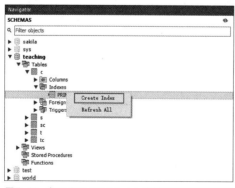

图7-11　在MySQL Workbench中创建索引的菜单选项

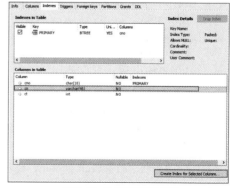

图7-12　选择索引涉及的列

上述方式与使用CREATE INDEX语句创建索引类似。

用户还可以在MySQL Workbench中使用"Alter Table"菜单选项，模拟ALTER TABLE语句执行过程，为表附加索引。右击需要附加索引的表，在弹出的快捷菜单中选择"Alter Table"选

项，如图7-14所示。

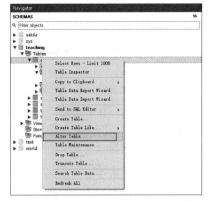

图7-13 填写索引的配置信息　　图7-14 MySQL Workbench中的"Alter Table"菜单选项

在MySQL Workbench的右侧窗口中，选择"Indexs"选项卡。进入"Indexs"选项卡后，首先输入索引名称并选择索引类型，然后指明该索引关联的字段、索引字段长度等信息，如图7-15所示。配置好索引相关参数后，单击"Apply"按钮查看提交到系统的SQL语句。该SQL语句使用了ALTER TABLE格式。

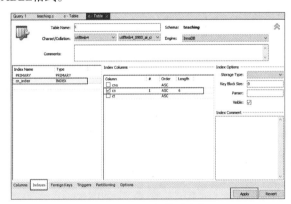

图7-15 配置索引相关参数

7.4.2 查看索引

有时用户需要查看已有表或视图上构建的索引情况，用户可使用SHOW INDEX语句和MySQL Workbench查看索引。

1. 使用 SHOW INDEX 语句查看已有表或视图上的索引信息

使用SHOW INDEX语句查看已有表或视图上的索引信息，语法格式如下。

```
SHOW INDEX FROM 表名 [FROM 数据库名];
```

相关说明如下。

（1）[FROM 数据库名]指明查看索引的位置。如果使用数据库名称，则显示指定数据库下表或视图的索引信息。如果查看当前数据库下表的索引信息，可以省略[FROM 数据库名]。

（2）SHOW INDEX语句的另一种等价形式如下。

```
SHOW INDEX FROM 数据库名.表名;
```

【例7-20】查看当前数据库下学生表s的索引信息。

```
SHOW INDEX FROM s;
```

在SHOW INDEX返回的内容中，Table指明索引所在表，Non-unique指明列值是否唯一（0

表示唯一，1表示不唯一），Key_name为索引名称，Column为索引涉及的列名称，Collation指明索引排序方式（A表示升序排列），Index_type表示索引方法（包括BTREE、FULLTEXT、HASH等）。

2. 使用 MySQL Workbench 查看索引信息

在MySQL Workbench中，用户可以在指定当前默认数据库的基础上，通过SQL脚本编辑器输入并执行SHOW INDEX语句查看索引信息。用户也可在"Navigator"窗格"Schemas"选项卡的"SCHEMAS"栏中，右击"Tables"下索引所在表，从弹出的快捷菜单中，选择"Alter Table"选项，然后打开右侧窗口的"Indexs"选项卡，中间窗格列出了当前表上的索引，选择某一索引，右侧窗格显示该索引的具体定义信息，如图7-16所示。

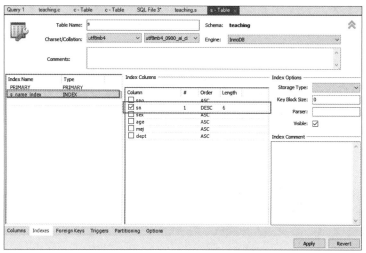

图7-16　在MySQL Workbench中查看索引1

除使用"Alter Table"菜单选项查看索引外，还可直接在左侧窗格中，展开指定表名下的"Indexs"节点，"Indexs"节点下保存了表的索引名称信息，如图7-17所示。

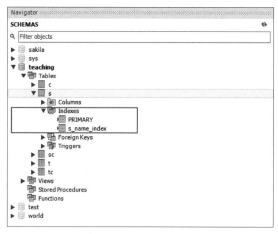

图7-17　在MySQL Workbench中查看索引2

7.4.3　删除索引

索引创建后可按需对索引进行删除。使用ALTER TABLE语句、DROP INDEX语句和MySQL Workbench可删除指定索引。

1. 使用 ALTER TABLE 语句和 DROP INDEX 语句删除指定索引

使用ALTER TABLE语句删除指定索引的语法格式如下。

```
ALTER TABLE 表名
DROP INDEX 索引名;
```

【例7-21】删除当前数据库学生表s上的索引s_name_index。

```
ALTER TABLE s
DROP INDEX s_name_index;
```

使用DROP INDEX语句删除指定索引的语法格式如下。

```
DROP INDEX 索引名 ON 表名;
```

针对例7-21，使用DROP INDEX语句来实现，如下所示。

```
DROP INDEX s_name_index ON s;
```

对于ALTER TABLE和DROP INDEX语句，相关说明如下。

（1）使用ALTER TABLE和DROP INDEX语句删除索引都需要指明索引所在表及索引名称，但是当使用ALTER TABLE语句删除指定表的主键索引时，由于主键索引的唯一性，可无须指定索引名称。例如，使用以下语句可删除学生表s上的主键索引。

```
ALTER TABLE s DROP PRIMARY KEY;
```

（2）如果单列索引或者复合索引依赖的列被删除，则删除的列也会同时从索引中删除。极端情况：如果删除了单列索引或复合索引依赖的所有列，则索引也将被删除。

2. 使用 MySQL Workbench 删除指定索引

在MySQL Workbench中，用户可以在指定当前默认数据库的基础上，通过SQL脚本编辑器输入并执行ALTER TABLE或DROP INDEX等SQL语句删除指定索引。用户也可在"Navigator"窗格"Schemas"选项卡的"SCHEMAS"栏中，右击"Tables"下索引所在表，从弹出的快捷菜单中，选择"Alter Table"选项，然后打开右侧窗口的"Indexes"选项卡，中间窗格列出了当前表上的索引，右击需要删除的索引，在弹出的快捷菜单中单击"Delete Selected"选项即可删除索引，如图7-18所示。

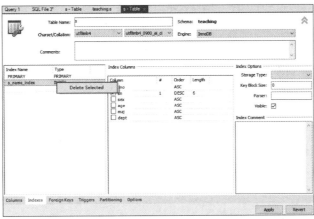

图7-18　在MySQL Workbench中删除指定索引

7.5　小结

本章讲述了视图和索引的概念、作用、设置原则，具体介绍了在MySQL中使用SQL语句和MySQL Workbench创建、修改与删除视图和索引的操作方法。

视图和索引都属于数据库优化技术。视图以虚拟表形式存在，可以提高数据库操作的便捷性、数据的逻辑独立性及数据的安全性。索引采用键值对的存储结构，以B-Tree或Hash结构对数据进行排序，通过空间代价提高数据的检索效率。

原则上视图只用于检索数据，不用于更新视图中的数据。如果用户需要更新视图数据，可在定义视图时配套使用WITH CHECK OPTION参数，限制视图更新数据的检查条件。

索引数量并非越多越好，构建索引需要遵循索引设置原则，并结合业务需要，选择合适的索引类型。

习　题

一、选择题

1. 下列有关视图的描述，错误的是（　　　）。
   A. 视图是一个虚表，没有真实存储数据　　　B. 视图可以提高数据检索效率
   C. 视图可以提高查询语句编写效率　　　　　D. 视图可以用于保护敏感数据
2. 有关更新视图数据，下列说法中正确的是（　　　）。
   A. 可以更新来自多个基本表的视图数据
   B. WITH CHECK OPTION可限制更新数据的检查条件
   C. 更新视图数据时，子视图设置为LOCAL将不检查父视图条件
   D. 包含聚合函数的视图可用于更新数据
3. 下列有关索引的说法，错误的是（　　　）。
   A. 创建主键将自动创建主键聚集型索引
   B. 可以为任何数据类型创建索引
   C. 唯一索引和主键索引采用不同方式处理NULL值
   D. 索引可以提高检索效率，因此，索引数量越多越好

二、填空题

1. 从索引的特征角度，索引分为_____、_____、_____、_____、_____。
2. 创建可提供学生表s中男同学所有信息的视图s_male_view，语句为_____。
3. 删除视图s_male_view的SQL语句为_____。
4. 在课程表c中，为课程名称cn添加普通索引cn_index的SQL语句为_____。
5. 删除当前数据库中课程表c上的索引cn_index的SQL语句为_____。

三、简答题

1. 概述视图的主要作用。
2. 列举索引的分类方法和不同分类方法下索引的分类。
3. 对比分析索引的优势以及使用索引时需要注意的问题。

第8章
数据库安全性管理

在数据库系统运维和管理过程中，为了适应和满足数据服务与共享过程中的安全性需要，DBMS需要防止数据意外丢失、恶意篡改或者泄露等数据安全性问题，确保数据在用户规定的权限范围内被合理使用，这就是数据库的安全性管理。本章将介绍数据库安全性的定义和MySQL的安全机制，重点讲述MySQL用户管理、权限管理和角色管理的操作方法。

本章学习目标：理解数据库安全性的含义及数据库安全性控制方法，能够根据数据库系统业务需求，使用SQL语句或GUI工具实现账户、权限和角色的创建与管理操作。

8.1 数据库安全性概述

8.1.1 数据库安全性的含义

健全国家安全体系就要强化国家安全工作协调机制，强化经济、重大基础设施、网络、数据等安全保障体系建设。数据库安全是数据安全保障体系建设的重要支撑。数据库的安全性是指保护数据库以防止非法使用所造成的数据泄露、更改或破坏。数据库安全性问题主要涉及以下几个方面。

（1）法律、社会和伦理方面的问题，如合法使用用户身份证号、手机号等敏感信息。
（2）物理控制方面的问题，如计算机房是否应该加锁或使用其他方法加以保护等。
（3）政策方面的问题，如安全管理的组织架构及权责关系等。
（4）运行方面的问题，如日志和备份文件管理方法等。
（5）硬件控制方面的问题，如CPU是否提供安全性保护等。
（6）操作系统安全性方面的问题，如操作系统中普通用户和管理员用户的操作权限等。
（7）数据库系统本身的安全性方面的问题，如数据库用户、权限管理等。
本章重点讨论数据库系统本身的安全性问题。

8.1.2 数据库安全性控制的一般方法

数据库安全性控制是保护数据库安全的手段，其目标是尽可能地杜绝所有可能的数据库非法使用。用户非法使用数据库情况包括编写合法的程序绕过DBMS授权机制，进而通过操作系统直接存取、修改或备份有关数据。无论是有意的还是无意的非法数据访问，都应该严格加以控制。为解决数据库数据使用的安全性问题，DBMS将复杂的安全性控制过程划分为多层安全模型。完整的DBMS安全模型包括连接层次、权限层次、操作系统层次、数据层次和日志层次，如图8-1所示。

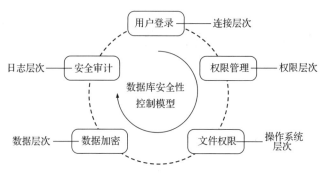

图8-1　数据安全性控制模型

用户登录从连接层次，验证连接用户身份是否合法。权限管理从权限层次，验证合法用户是否具有执行具体操作的权限，如创建表、删除数据等。文件权限从操作系统层次，验证合法用户且具有权限的用户，是否在操作系统权限范围内合理使用文件系统。数据加密，重点验证用户是否绕过DBMS授权机制直接读取数据库中数据。安全审计，重点通过数据库日志信息，及早发现系统漏洞，或当系统出现数据安全性问题时，快速定位问题所在。

实际上，安全问题并不是数据库系统独有的。在其他计算机系统中，有采用分层安全模型来保障系统安全性的。分层安全模型的设计体现了计算机系统解决问题时常用的"分治策略"。

本节将重点讨论与数据库有关的用户标识和鉴定、用户存取权限控制、定义视图、文件加密、安全审计等安全性措施。

1. 用户标识和鉴定

数据库系统只允许合法用户连接数据库并对数据库进行操作。用户标识和鉴定是一种用户身份验证方法，它将用户提供的用户凭证与系统内部记录的合法用户凭证进行核对，核对通过后，才允许使用数据库。常用的用户标识和鉴定方法有以下几种。

（1）使用用户名或用户标识符作为用户的凭证，系统以此来鉴别用户的合法性。如果提供的用户名或用户标识符与系统合法用户名和标识符一致，则可进入下一步的核实。

（2）用户标识符通常是公开或者半公开的，为了加强身份验证的效用，常将用户名（Username）与口令（Password）结合作为用户凭证，以此来判别用户身份的真伪。验证过程为：数据库中存有用户的合法用户名和口令，系统获取用户提供的用户名后，查找该用户名对应的合法口令，将查询到的合法口令与用户提供的口令进行比对，根据比对结果鉴别用户身份。为了加强口令的保密性，用户在终端上的输入隐含式地显示在屏幕上。使用用户名和口令的示例系统如图8-2所示。

图8-2　使用用户名和口令标识用户身份

（3）方法（2）虽简单易行，但若口令过于简单，则容易被窃取或破解，还可附加更复杂的方法。例如，使用其他辅助设备或信息，如手机短信、IP位置信息和口令卡等，协助提升方法（2）的安全性。

（4）解决方法（2）密码简单的手段是提升密码的复杂性，但同时也增加了用户记忆密码的难度。为此，人们采用电子证书将用户身份标识信息保存在U盘等物理设备中。鉴定用户身份时，用户插入U盘，数据库系统通过U盘中存储的电子证书来判断用户身份。

为了获得更强的安全性，人们常将多种用户标识和鉴定方法混合使用。用户标识和鉴定是系统提供的最外层的安全保护措施。有关MySQL用户身份验证的操作方法将在8.2节中介绍。

2. 用户存取权限控制

用户存取权限是指用户对于不同的数据对象（库、表、视图等）允许执行的操作权限。在数据库系统中，每个用户只能访问其有权操作的数据对象。因此，在用户建立用户账号后，系统需要为用户授予合适的权限，确保通过身份验证的合法用户按照其权限约束操作数据库。

在MySQL中，权限控制是分层的，包括超级管理员级别、数据库级别、表级别、存储过程级别等，每个层次都可以配置操作权限。很多MySQL帮助文档将用户身份验证作为用户权限控制的一部分进行介绍。有关MySQL权限管理的操作方法，将在8.4节中介绍。

3. 定义视图

为不同的用户定义相应视图，可以限制各个用户的访问范围。通过视图机制，系统可将需保密的数据对无权存取这些数据的用户隐藏起来。例如，如果限定User1只能对信息学院的学生进行操作，可定义一个"信息学院"的视图，然后对User1仅授权使用该视图。单纯应用视图保障数据安全的控制粒度较粗，在实际应用中，通常将视图机制与权限控制机制结合起来使用。

4. 文件加密

前面介绍的几种数据库安全措施，都是防止非法用户从数据库系统窃取保密数据，不能防止非法用户通过不正常渠道非法访问数据，如绕过DBMS授权机制直接访问DBMS所在操作系统、偷取存储数据的磁盘或在通信线路上窃听数据。

为了防止数据窃取问题，人们可对存储在文件系统上的数据文件进行加密（Data Encryption），基本思想是使用加密算法将原始数据（术语为明文，Plain Text）加密成为不可直接识别的格式（术语为密文，Cipher Text）。加密后的数据文件，即使被非法用户窃取，其也难以在有限时间内恢复数据的明文，从而保障了数据的安全性。

除对数据库文件加密外，还可以对口令等敏感信息进行加密存储，即在数据库中保存口令加密后的密文。加密后的口令并不影响用户身份鉴定，但即使管理员查看数据库，也无法直接查看用户口令的明文，进而确保用户口令的安全性。

5. 安全审计

实际的系统必然存在不同程度的安全漏洞，窃密者总尝试快速找到漏洞并破坏数据的安全性。为此，对于某些高度敏感的关键数据，可以通过数据库日志记录数据库各类操作并施加数据审计，监控数据库操作记录，分析数据库潜在的安全漏洞，或当数据库出现安全问题时，通过安全审计快速定位安全问题。有关日志管理的内容将在第10章介绍。

8.2　MySQL权限系统

8.2.1　MySQL 权限管理

MySQL 权限
管理及相关表

MySQL权限管理包含了用户登录验证和用户权限检查两部分。

1. 用户登录验证

MySQL根据用户提供的用户名、密码（口令）、访问数据库的主机信息（如访问主机的IP地址）等信息，对照mysql.user表中记录，验证用户身份。如果用户提供的信息与mysql.user中记录完全一致，则通过身份验证；否则，将返回Access Denial错误信息。

用户使用客户端程序访问MySQL数据库，客户端程序负责将用户提供的信息发送到MySQL服务器进行验证。

2. 用户权限检查

用户通过登录验证后，MySQL将对用户提交的每项数据库操作进行权限检查，判断用户是否具有足够的权限执行相应操作。

权限检查涉及的mysql.user、mysql.db、mysql.tables_priv、mysql.columns_priv、mysql.procs_priv表构成了MySQL权限分层结构。其中，mysql.user表记录了用户的全局权限，mysql.db表记录了用户对某一数据库的使用权限，mysql.tables_priv、mysql.columns_priv和mysql.procs_priv表记录了用户对某张表、某些字段及存储过程的使用权限。有关存储过程内容，将在第15章介绍，本章重点讨论除mysql.procs_priv表外的其他表。

MySQL使用上述各表验证用户操作权限的过程如下。

首先，查看mysql.user表中用户名所在行是否存在与操作相匹配的全局权限，如果有，允许用户执行当前操作，终止检查；如果没有，表明用户在全局层面不具有该操作权限，但可能在数据库级别、表或字段级别具有权限，因此继续进行深层次权限检查。

其次，查看mysql.db表中用户名所在行是否存在与用户操作相匹配的数据库层级权限，如果有，则允许用户执行当前操作，终止检查；如果没有，则表明用户在数据库层级不具有该操作权限，但在表或字段级别具有权限，继续进行深层次权限检查。早期的MySQL版本中包含了mysql.host表，MySQL 8版本中默认不会生成mysql.host表，只使用mysql.db表完成数据库层面的权限检查。

最后，查看mysql.tables_priv表和mysql.columns_priv表中用户名所在行是否存在与用户操作相匹配的表或字段级权限，如果有，则允许用户执行操作，终止检查；如果没有，则表明用户在表或字段层面不具有权限，拒绝用户操作。

上述权限检查的示意过程如图8-3所示。

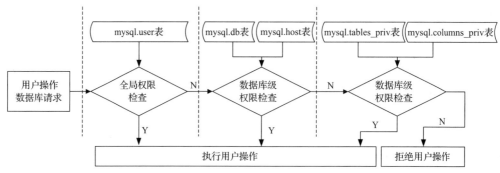

图8-3 MySQL权限检查过程

灵活运用MySQL权限管理机制可以保障数据的安全性，有关MySQL权限管理相关表的结构信息，将在8.2.2小节中介绍。

8.2.2 MySQL 权限管理相关表

1. 全局权限表 mysql.user

mysql.user主要记录4类内容：用户身份验证相关信息、全局权限授予情况、用户安全连接认证配置、数据库资源使用约束。

（1）用户身份验证相关字段

与用户身份验证相关的字段包括User（主码）、Authentication_string和Host（主码）字段。其中，User字段记录了登录用户名称，Host字段记录了登录用户连接数据库时允许的主机IP地址或者名称，Authentication_string字段记录登录用户的口令的密文。MySQL 8默认使用了更为复杂的sha2加密算法，创建用户的方法将在8.3节中介绍。

User和Host字段构成mysql.user表的联合主码，用于区分不同用户。因此，同一个数据库系统中可创建用户名相同但是Host不同的多条记录，这些记录代表不同用户。但是，除特殊需要外，为避免用户名称的二义性，不建议在同一个数据库系统中建立用户名相同但主机信息不同的账号。

（2）全局权限授予相关字段

mysql.user表中以priv结尾、类型为ENUM('Y','N')的字段规定了用户的全局权限（服务器级别的权限）。这些字段取值Y代表拥有权限；N代表没有权限，为默认值。

根据权限操作对象的不同，全局权限字段可划分为一般权限字段和管理权限字段。

一般权限字段主要描述了对所有数据库的查找（SELECT）、修改数据（INSERT、UPDATE、DELETE等）、操作表结构（CREATE、ALTER、DROP）等权限授予情况。

管理权限字段主要描述了服务器管理权限，如关闭服务器（Shutdown_priv）、创建用户（Create_user_priv）、超级权限（References_priv）等。

（3）用户安全连接认证配置字段

用户安全连接认证配置字段描述了用户访问数据库时使用的信道加密手段（ssl_type、ssl_cipher）、用户标识标准（x509_issuer、x509_subject）、用户身份验证插件（plugin、Authentication_string）等信息。

（4）数据库资源使用约束字段

数据库资源使用约束字段用来限制用户对数据库资源的使用，包括每小时最大查询操作数（max_questions）、每小时最大更新操作数（max_updates）、每小时数据库最大连接数（max_connections）、最大并发连接数（max_user_connections）等字段。上述字段使用整数数值，默认值0表示不限制资源使用。

在MySQL中，数据库管理员既可以在mysql.user表中限制用户对数据库资源的使用，也可以修改服务器配置文件或使用SET语句修改系统变量。但需注意，修改mysql.user中数据库资源使用约束字段并不立即生效，只有当用户下次连接数据时，修改的配置才会生效。

2. 数据库级权限表 mysql.db

mysql.db是MySQL数据库级别权限表。mysql.db表中包含两类信息：用户信息和数据库级别授权信息。

（1）用户信息相关字段

用户信息相关字段包括主机字段Host、使用的数据库字段Db和用户名字段User。3个字段构成mysql.Host表的联合主码。Host、Db和User中任何一个字段值的不同，代表了不同的数据库级别权限。

（2）数据库级别授权相关字段

mysql.db表中多个以priv结尾、类型为ENUM('Y','N')的字段决定数据库级别用户操作权限，如查找（SELECT）、修改数据（INSERT、UPDATE、DELETE等）、表操作（CREATE、ALTER、DROP）、存储过程使用（Create_routine_priv、Alter_routine_priv）等。

3. 表级权限表 mysql.tables_priv

mysql.tables_priv表可以对单个表及表中所有字段的使用权限进行设置。mysql.tables_priv表包含3类信息，分别是用户信息、授权信息和表级别权限信息。

（1）用户信息相关字段

用户信息相关字段包括主机字段Host、使用的数据库字段Db、用户名字段User和授权使用的表名称字段Table_name，4个字段构成联合主码。

（2）授权信息相关字段

授权信息相关字段包括授权人字段Grantor和授权时间戳字段Timestamp。其中，Grantor表示最近一次授予该权限的授权人标识。

（3）表级别权限信息相关字段

表级别权限信息相关字段包括Table_priv和Column_priv字段。其中，Table_priv字段使用了集合类型SET('Select','Insert','Update','Delete','Create','Drop','Grant','References','Index','Alter','Create View','Show view','Trigger')，表示用户对表的操作权限。Column_priv字段使用了集合类型SET('Select','Insert','Update','References')，表示用户对表中字段的操作权限。

4. 字段级权限表 mysql.columns_priv

mysql.columns_priv是MySQL字段级别权限表。mysql.columns_priv表包含3类信息，分别是用户信息、授权信息和字段级别具体权限信息。

（1）用户信息相关字段

用户信息相关字段包括主机字段Host、使用的数据库字段Db、用户名字段User、授权使用的表名称字段Table_name、授予使用表中某一字段的字段Column_name，5个字段构成联合主码。

（2）授权信息相关字段

授权信息相关字段只有1个，即授权时间戳字段Timestamp。

（3）字段级别权限信息相关字段

字段级别权限信息相关字段只有1个，即Column_priv字段。Column_priv字段使用了集合类型SET('Select','Insert','Update','References')，表示用户对表中字段的操作权限。

5. 存储过程或函数级权限表 mysql.procs_priv

mysql.procs_priv是MySQL存储过程级别权限表，规定了用户执行、修改和授权存储过程或函数的权限。mysql.procs_priv包含3类信息：用户信息、授权信息、存储过程或函数级别权限信息。

（1）用户信息相关字段

用户信息相关字段包括主机字段Host、使用的数据库字段Db、用户名字段User、授权使用的存储过程或函数名称字段Routine_name、授予使用存储过程或函数类型字段Routine_type。其中，Routine_type使用枚举变量ENUM('FUNCTION','PROCEDURE')标识类型。

（2）授权信息相关字段

授权信息相关字段包括授权人字段Grantor和授权时间戳Timestamp。其中，Grantor表示最近一次授予当前mysql.procs_priv中相关记录表级别权限的授权人标识。

（3）存储过程或函数级别具体权限相关字段

存储过程或函数级别具体权限相关字段只有1个，即Proc_priv字段。Proc_priv字段使用了集合类型SET('Execute','Alter Routine','Grant')。

8.3 MySQL用户管理

安装MySQL时，需建立root用户，该用户为数据库服务器超级管理员，具有全部权限。使用root用户可以创建普通用户。普通用户为实际开发数据库系统时使用的账号。为确保数据库系统的安全性，应避免直接使用root账号，而应根据业务需要，创建普通用户并授予相应权限。

8.3.1　添加用户

在MySQL中，我们可以使用CREATE USER语句、系统表或MySQL Workbench创建普通用户。

1. 使用 CREATE USER 语句创建普通用户

使用CREATE USER语句创建普通用户的语法格式如下。

```
CREATE USER [IF NOT EXISTS] '用户名'[@'主机地址或标识']
[IDENTIFIED [WITH AUTH_PLUGIN] BY '用户口令'|RANDOM PASSWORD]
[WITH resource_option [resource_option] ...]
[password_option];
```

相关说明如下。

（1）IF NOT EXISTS为可选参数，表示如果用户名不存在，则创建用户，否则不执行语句。

（2）使用CREATE USER语句可一次性创建多个用户，不同用户的配置信息使用逗号分隔。

（3）创建用户时，可指定用户访问数据库时允许的主机信息，如主机标识或名称、主机地址或特殊符号，'%'表示任意位置。如果创建用户时不提供主机信息，则MySQL使用默认的'%'填充用户主机信息。

（4）IDENTIFIED子句使用WITH AUTH_PLUGIN指定口令加密策略。通过BY关键字指明口令明文或随机口令RANDOM PASSWORD。MySQL可使用多种口令加密策略，如mysql_native_password、caching_sha2_password等，默认使用caching_sha2_password加密策略。

（5）可选子句[WITH resource_option [resource_option] …]使用resource_option对用户使用数据库资源进行约束，其具体格式如下。

```
MAX_QUERIES_PER_HOUR count
|MAX_UPDATES_PER_HOUR count
|MAX_CONNECTIONS_PER_HOUR count
|MAX_USER_CONNECTIONS count
```

上述参数的含义与mysql.user表内数据库资源使用约束参数含义相同。如果不使用[WITH resource_option [resource_option] …]，则表示不限制用户对数据库资源的使用，即上述参数设置为0。

（6）可选子句[password_option]设定口令策略，包括口令过期策略PASSWORD EXPIRE、恢复历史口令策略PASSWORD HISTORY及失败登录尝试策略FAILED_LOGIN_ATTEMPTS。如果指定[password_option]设定口令策略，则各策略处于禁用状态。password_option的具体格式如下。

```
PASSWORD EXPIRE [DEFAULT|NEVER|INTERVAL N DAY]
|PASSWORD HISTORY {DEFAULT|N}
...
|FAILED_LOGIN_ATTEMPTS N
```

口令策略是保障口令安全性的主要手段。很多应用中，管理员只负责提供使用一次就过期的用户口令。用户登录数据库后，必须修改口令，修改后的口令管理员无法获得。

密码策略是MySQL 8主要的更新内容，读者可参照官方文档了解其他策略的实际含义。

（7）CREATE USER语句还提供了其他参数，如用户锁、用户连接安全策略等信息，读者可根据需要，参考官方文档了解各参数的具体含义。

下面举例说明上述参数的含义。

【例8-1】创建一个只允许在MySQL所在服务器上登录的用户student，密码为student123，其他配置信息保持默认。

```
CREATE USER IF NOT EXISTS 'student'@'localhost'
IDENTIFIED BY 'student123';
```

新建用户会以记录形式添加到mysql.user表中，使用以下命令可查看该用户默认的配置信息。

```
SELECT * FROM mysql.user WHERE User='student';
```

执行上述SELECT语句后，结果显示如图8-4所示。

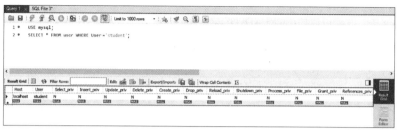

图8-4　从mysql.user表中查看新建用户配置信息

通过查看mysql.user表中信息变化，深入体会使用CREATE USER语句创建用户时，不同配置参数的含义。

【例8-2】创建两个用户，其中teacher1用户允许在任何主机访问服务器，其密码为teacher123，teacher2用户只允许在192.168.1.23地址的机器上访问服务器，其密码为随机密码。

```
CREATE USER 'teacher1'@'%' IDENTIFIED BY 'teacher123',
 'teacher2'@'192.168.1.23' IDENTIFIED BY RANDOM PASSWORD;
```

【例8-3】创建两个均只允许在MySQL所在服务器使用的用户teacher3和teacher4，密码分别是t3123和t4123，用户teacher3使用mysql_native_password密码加密策略，用户teacher4使用caching_sha2_password密码加密策略，两个用户每小时最大允许查询次数为60，同时，历史口令修改5次才可使用。

```
CREATE USER
 'teacher3'@'localhost' IDENTIFIED WITH mysql_native_password BY 't3123',
 'teacher4'@'localhost' IDENTIFIED WITH caching_sha2_password BY 't4123'
WITH MAX_QUERIES_PER_HOUR 60
PASSWORD HISTORY 5;
```

例8-3表明创建用户时，可配置所有用户的服务器资源使用约束和口令过期策略。

【例8-4】创建一个允许在任何主机访问数据库的用户teacher5，密码为空，用户teacher5每小时最多允许查询60次，每小时最多允许更新100次。

```
CREATE USER 'teacher5'
WITH MAX_QUERIES_PER_HOUR 60
    MAX_UPDATES_PER_HOUR 100;
```

上述语句创建teacher5用户时未提供任何口令，表明该用户可无口令访问数据库。注意，无口令用户从数据库管理角度看是不合理的。使用WITH子句可标识各资源使用的约束信息。有关CREATE USER语句的其他说明如下。

（1）使用CREATE USER语句的用户或管理员，必须拥有系统数据库mysql的INSERT权限或全局的CREATE USER权限。

（2）可以创建同名用户，但同名用户必须与不同主机信息进行绑定。

（3）本节所介绍的CREATE USER语句为MySQL 8后版本支持的格式，与MySQL 5版本并不兼容。如果读者使用的是MySQL 5版本，可参照官方文档，调整上述CREATE USER语句中不兼容的部分。

2. 使用系统表创建普通用户

使用CREATE USER语句创建用户将在系统表mysql.user中添加用户信息，因此，如果用户拥有mysql数据库的INSERT权限，也可直接向mysql.user表中添加记录，达到与使用CREATE USER语句创建用户同样的目的。

使用mysql.user表添加用户时，需要配置一些必填字段，主要包括Host、User、Authentication_string、ssl_type、ssl_cipher、x509_issuer、x509_subject等。其中ssl_type、ssl_cipher、x509_issuer、x509_subject参数指明用户使用安全访问协议情况，在生产环境中，建议为用户配置访问的安全协议类型，以提高数据库访问安全性。在学习过程中，读者可以将ssl_type、ssl_cipher、x509_issuer、x509_subject设置为空串，即不使用SSL安全协议。

【例8-5】使用系统表创建用户teacher6，该用户允许在服务器本地登录，用户密码为t6123，访问时不适用安全协议SSL。

```
INSERT INTO mysql.user(Host,User,Authentication_string,ssl_type,ssl_cipher, x509_issuer,x509_ subject)
VALUES('localhost','teacher6',sha('t6123'),'','','','');
```

系统表mysql.user的Authentication_string字段存储了口令加密后的密文，因此，插入数据时，需利用MySQL系统函数sha将口令明文转换为密文。在MySQL 8之前，使用password函数对密码加密，MySQL 8中提供了更为丰富的加密函数，如sha、sha1和sha2等，读者可查阅官方文档，根据需要选择合适的函数。

执行INSERT语句后，需要使用FLUSH PRIVILEGES命令使新创建的teacher6生效，否则需要等待下次服务器重启，加载mysql.user表信息后，teacher6方可使用。

在实际开发过程中，建议采用更为安全的CREATE USER语句创建用户，不建议直接使用INSERT语句向mysql.user表插入数据实现创建用户。

3. 使用 MySQL Workbench 创建普通用户

在MySQL Workbench中，用户可以通过SQL脚本编辑器输入并执行CREATE USER或INSERT INTO mysql.user语句创建普通用户。用户也可在"Navigator"窗格的"Administration"选项卡中，单击"Users and Privileges"选项，如图8-5所示，打开用户管理界面。

使用 MySQL Workbench创建普通用户

在右侧的用户管理窗格中，单击"Add Account"按钮解锁创建新用户的文本输入框，依次在"Login Name""Limit to Hosts Matching""Password"和"Confirm Password"文本框内输入用户名、访问服务器的主机信息、访问口令及访问口令确认信息。输入上述信息后，单击"Apply"按钮提交创建用户请求，如图8-6所示。单击"Revert"按钮可重置创建用户信息。

在用户管理窗格中，"Login"选项卡提供了创建用户的必要信息，其他选项卡提供了创建用户的服务资源访问约束信息（Account Limits）、角色信息（Administrative Roles）、权限授予信息（Schema Privileges）。其中，权限授予信息将在8.4节介绍。上述信息填写完成后，单击"Apply"按钮提交创建请求。

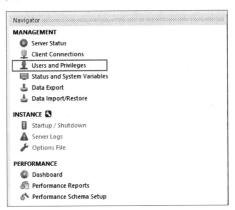

图8-5　MySQL Workbench中"Users and Privileges"选项

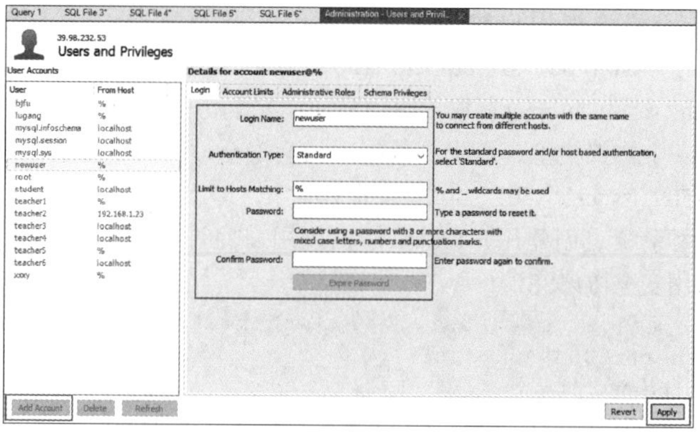

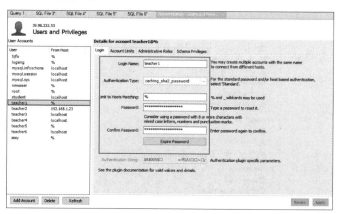

图8-6　使用MySQL Workbench创建用户

8.3.2　查看用户

我们可以使用系统表mysql.user和MySQL Workbench查看已经创建的用户及用户配置信息。

1.　使用系统表查看用户

查询系统表mysql.user，可以获取系统用户信息和全局权限信息。

【例8-6】查看teacher1的用户名、主机信息及每小时最大查询执行次数。

```
SELECT User,Host,max_questions
FROM mysql.user
WHERE User='teacher1';
```

执行结果如表8-1所示。

表 8-1　例 8-6 执行结果

User	Host	max_questions
teacher1	%	0

2.　使用 MySQL Workbench 查看用户

在MySQL Workbench中，用户可以通过SQL脚本编辑器输入并执行SELECT语句查询mysql.user获得用户信息。用户也可在"Navigator"窗格的"Administration"选项卡中，单击"Users and Privileges"选项，如图8-5所示，打开用户管理界面。用户管理界面中列出了用户名列表，单击需查看的用户后，左侧窗口中显示该用户的身份验证信息、服务器资源使用约束信息、角色信息和权限授予情况，如图8-7所示。

图8-7　使用MySQL Workbench查看用户信息

8.3.3 重命名用户

使用RENAME USER语句和MySQL Workbench可以对已有用户进行重命名。

1. 使用 RENAME USER 语句重命名用户

使用RENAME USER语句重命名已有用户的语法格式如下。

```
RENAME USER '原用户信息' TO '新用户信息'[,'原用户信息' TO '新用户信息']…
```

相关说明如下。

（1）可以使用RENAME USER语句一次性为多个已有用户进行重命名，不同用户使用逗号分隔。

（2）使用RENAME USER语句实际上是对mysql.user表操作，因此，用户需要具有mysql数据库的UPDATE权限或服务器级别的CREATE USER权限。

（3）使用'用户名'@'主机信息'的方式重命名用户，该方式不仅可以重命名用户名称，还可以修改用户允许访问服务器的主机信息。

（4）如果重命名的用户为定义视图、存储过程时指定的DEFINER属性值，则MySQL会阻止用户重命名。主要原因是DEFINER属性指定视图和存储过程只能使用定义者的权限执行，重命名用户会导致这些视图和存储过程成为孤立对象。

【例8-7】将已有用户teacher1重命名为teacher10，将主机信息从%修改为localhost。

```
RENAME USER 'teacher1'@'%' TO 'teahcer10'@'localhost';
```

2. 使用 MySQL Workbench 重命名用户

在MySQL Workbench中，用户可以通过SQL脚本编辑器，输入并执行RENAME USER语句，实现重命名已有用户。用户也可在"Navigator"窗格的"Administration"选项卡中，单击"Users and Privileges"选项，如图8-5所示，打开用户管理界面。在用户列表中，选择需要重命名的用户名称，在"Login"选项卡中输入重命名用户信息，修改完成后，单击"Apply"按钮提交修改请求，如图8-8所示。注意：单击用户名称并且修改"Login"选项卡中的信息后，"Apply"按钮才可单击。

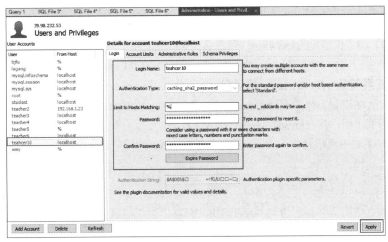

图8-8 使用MySQL Workbench重命名用户

8.3.4 修改用户口令

使用mysqladmin命令、SET语句、ALTER语句、系统表mysql.user和MySQL Workbench可修改用户口令。

1. 使用 mysqladmin 命令修改用户口令

在命令行中，使用mysqladmin命令可修改已有用户口令，语法格式如下。

```
mysqladmin -u 用户名 p password
```

输入上述命令后，命令行提示首先输入原密码，原密码正确输入后，提示输入新密码和确认新密码。

注意：mysqladmin命令位于MySQL服务器安装路径的bin文件夹下，如果在任意文件夹下执行该命令，需将mysqladmin所在bin目录放在环境变量Path下。mysqladmin命令不属于SQL语句，不能直接在Shell、MySQL Workbench等窗口中执行。

2. 使用 SET PASSWORD 语句修改用户口令

使用SET PASSWORD语句修改用户口令的语法格式如下。

```
SET PASSWORD [FOR '用户名'@'主机信息']='新密码';
```

相关说明如下。

（1）与mysqladmin命令不同，SET语句为SQL语句，可在Shell或MySQL Workbench中执行。同时，使用SET语句无须输入原密码，但是要求输入的用户名和主机信息存在于mysql.user表中。

（2）如果给出了[FOR '用户名'@'主机信息']信息，则会修改指定主机信息约束下的用户名对应的口令，如果没有给出[FOR '用户名'@'主机信息']，则修改当前连接数据库用户对应的口令。

（3）在已有教程中，强调使用password('新密码')设定新密码，MySQL 8中已经删除了password函数，用户可直接使用密码明文修改，MySQL会根据密码加密方法，对明文加密后，将密文存储在mysql.user表中对应用户的 Authentication_string中。

【例8-8】将主机信息为localhost、用户名为student的用户口令修改为student123。

```
SET PASSWORD FOR 'student'@'localhost'='student123';
```

3. 使用 ALTER USER 语句修改用户口令

在MySQL 官方文档中，推荐使用ALTER USER语句修改用户口令。ALTER USER语句可用于修改CREATE USER中相关信息，读者可参照官方文档学习。这里仅介绍ALTER USER语句与修改用户口令相关的语法格式，如下所示。

```
ALTER USER '用户名'@'主机信息' IDENTIFIED BY '新密码';
```

【例8-9】将主机信息为localhost、用户名为student的用户口令修改为student123。

```
ALTER USER 'student'@'localhost' IDENTIFIED BY 'student123';
```

4. 使用系统表 mysql.user 修改用户口令

使用UPDATE语句，修改系统表mysql.user中记录的Authentication_string字段可以更新用户密码，该操作要求用户具有mysql.user的UPDATE权限。

【例8-10】将主机信息为localhost、用户名为student的用户口令修改为student123。

```
UPDATE mysql.user
SET Authentication_string=sha('student123')
WHERE User='student' and Host='localhost';
```

使用UPDATE语句理论上可以修改mysql.user表中用户的身份验证信息、数据库访问资源控制信息及服务器级别授权信息等，但通常不这么做，而是使用ALTER语句以更为安全的方式修改用户信息。

5. 使用 MySQL Workbench 修改用户口令

在MySQL Workbench中，通过SQL脚本编辑器输入并执行SET语句或ALTER USER语句，可实现修改用户口令。用户也可在"Navigator"窗格的"Administration"选项卡中，单击"Users and Privileges"选项，如

使用 MySQL Workbench修改用户口令

图8-5所示，打开用户管理界面。在用户列表中，选择需要修改的用户名称，在右侧先后在"Password"和"Confirm Password"文本框内输入新密码和确认新密码，单击"Apply"按钮提交修改申请，如图8-9所示。注意：输入的新密码如果和确认密码不一致，系统将会提示错误。

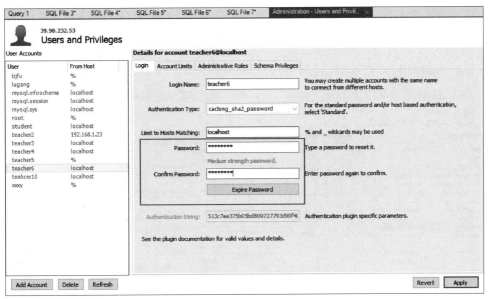

图8-9　使用MySQL Workbench修改用户口令

8.3.5　删除用户

当不需要某一用户时，可以删除用户信息，以提高系统安全性。在MySQL中，可以使用DROP USER语句、系统表mysql.user和MySQL Workbench来删除用户。

1. 使用 DROP USER 语句删除用户

使用DROP USER语句删除用户的语法格式如下。

```
DROP USER '用户名'@'主机信息'[,'用户名'@'主机信息']…
```

相关说明如下。

（1）使用DROP USER可以一次删除多个用户信息，不同用户信息使用逗号分隔。

（2）DROP USER语句将对mysql.user表进行操作，因此，使用DROP USER语句需要具有全局的CREATE USER权限或者mysql系统数据库的DELETE权限。

（3）删除用户并不会删除用户创建的库、表、视图等存储对象，但是如果删除的用户，在定义视图、存储过程时，被指定为视图或存储过程的DEFINER属性，则表明这些视图、存储过程只能使用定义者的权限执行，删除用户会导致这些视图和存储过程成为孤立对象，MySQL会阻止删除用户。

【例8-11】删除主机信息为localhost、用户名为student的用户。

```
DROP USER 'student'@'localhost;
```

2. 使用系统表 mysql.user 删除用户

使用DELETE语句，删除系统表mysql.user中记录，可实现用户删除操作。该操作要求用户具有mysql.user表的DELETE权限。

【例8-12】删除主机信息为localhost、用户名为student的用户。

```
DELETE FROM mysql.user
WHERE User='student' AND Host='localhost';
```

不建议使用DELETE语句直接删除用户信息，建议使用DROP USER语句以更为安全的方式删除用户信息。

3. 使用 MySQL Workbench 删除用户

在MySQL Workbench中，通过SQL脚本编辑器输入并执行DROP USER语句，可实现删除用户。用户也可在"Navigator"窗格的"Administration"选项卡中，单击"Users and Privileges"选项，如图8-5所示，打开用户管理界面。在用户列表中，选择需要删除的用户名称，单击"Delete"按钮删除用户，如图8-10所示。

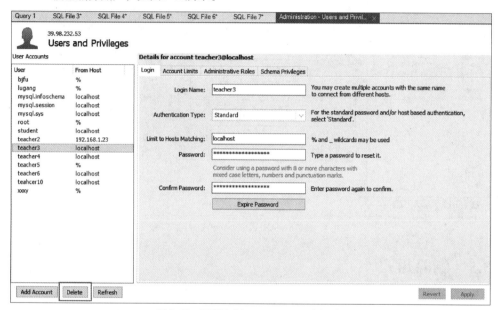

图8-10　使用MySQL Workbench删除用户

8.4　MySQL权限授予和回收

8.4.1　MySQL 常见权限

在MySQL中，用户可以使用SHOW PREVILEGES语句查看当前数据库支持的权限名称（PRIVILEGE）、权限使用的环境（CONTEXT）及权限的注释信息（COMMENT）。MySQL常见权限归纳如下。

（1）管理权限。与MySQL服务器管理相关的权限，包括创建用户（CREATE USER）、查看所有数据库名称（SHOW DATABASES）、关闭数据库服务器（SHUT DOWN）、再授权（GRANT）等CONTEXT标注为Server Admin的权限。管理权限属于全局权限，不能授权给特定数据库或者表等对象。

（2）数据库权限。操作数据库及数据库中所有对象的权限，包括创建数据库（CREATE）、创建存储过程（CREATE ROUTINE）、创建临时表（CREATE TEMPORARY TABLES）、删除数据表（DROP）、再授权（GRANT）等CONTEXT标注为Databases的权限。

（3）数据库对象权限。操作数据表、视图、索引等数据库中特定对象的权限，包括修改数据表（ALTER）、创建数据表或索引（CREATE）、插入数据（INSERT）、删除数据（DELETE）、查询数据（SELECT）、创建视图（CREATE VIEW）、再授权（GRANT）等

CONTEXT标注为Tables的权限。

（4）函数或存储过程权限。操作函数和存储过程的权限，包括修改函数和存储过程（ALTER ROUTINE）、执行函数和存储过程（EXECUTE）等CONTEXT标注为Functions和Procedures的权限。

在上述权限中，有些权限是复用的，如CREATE权限，针对不同授权对象时，可表达授予或回收不同对象的创建权限。在MySQL中，ALL [PRIVILEGE]代表了全部权限。

8.4.2　权限授予

新建用户没有任何使用权限，需被授权后，才可操作数据库中的对象。在MySQL中，对已有用户进行授权可通过GRANT语句和MySQL Workbench来实现。

1. 使用 GRANT 语句授予权限

使用GRANT语句授予权限的语法格式如下。

```
GRANT 权限名称[(字段列表)][,权限名称[(字段列表)]]…
ON 授权级别及对象
TO '用户名'@'主机信息'[,'用户名'@'主机信息']…
[WITH GRANT OPTION];
```

相关说明如下。

（1）可以一次性将多个权限授予用户，不同权限名称使用逗号分隔。其中，权限名称可依据业务需要，从8.4.1小节介绍的权限中选取。如果指定字段列表信息，则表明当前权限属于列（字段）级别权限。可以一次授予多列列级别权限，不同列使用逗号分隔。

（2）ON子句用于指明授权级别及对象，常见形式包括：*.*为服务器级别权限（全局权限），表示当前权限适用于当前服务器下所有数据库中所有表，授予服务器级别权限将修改mysql.user表中记录；db_name.*为数据库级别权限，表示当前权限适用于db_name下所有数据库对象，授予数据库级别权限将修改mysql.db表中记录；db_name.table_name为表或列级别权限，表明当前权限适用于db_name.table_name，或者在指定字段列表时，权限适用于db_name.table_name上的具体字段，授予表级别权限将修改mysql.tables_priv表中记录，授予列级别权限将修改mysql.columns_priv表中记录；db_name.routine_name为存储过程级别权限，表明当前权限适用于db_name下的存储过程routine_name，授予存储过程级别权限将修改mysql.routines_priv表中记录。上述中的table_name既可以是表名也可以是视图名称。

（3）TO子句用于指明授予的用户，使用TO子句可以将权限授予多个用户。

（4）WITH GRANT OPTION为可选参数，使用该参数表明授权后的用户可以将当前权限继续授予其他用户。

（5）在MySQL 5.7中，使用WITH语句可以限制用户访问数据库资源，如每小时执行查询次数或每小时连接数据库次数等。在MySQL 8中，GRANT语句无法限制用户使用数据库资源情况。如果需要限制服务器资源的使用，可以使用CREATE USER或ALTER USER语句来实现。

（6）使用GRANT语句需要具有GRANT OPTION权限且具有授权权限的操作权限。

下面举例说明上述参数的含义。

【例8-13】为teacher10用户授予数据库服务器的所有使用权限（ALL），并允许权限由teacher10授予其他用户。

```
GRANT ALL
ON *.* TO 'teacher10'@'localhost'
WITH GRANT OPTION;
```

执行上述语句后，可查看mysql.user表中各字段变化，理解服务器级别权限授予情况。由于MySQL服务器在启动时，会在内存中加载mysql.user、mysql.db、mysql.tables_priv和mysql.

columns_priv等表的信息，修改这些表并不会重新加载权限，因此对用户授权后，如果需要授权直接生效，可使用FLUSH PRIVILEGE语句将修改后的权限重新加载到内存中，确保修改后的权限即时生效。

【例8-14】为teacher6用户授予数据库服务器级别的查找、插入和更新数据权限（SELECT、INSERT、UPDATE），并且不允许二次授权。

```
GRANT SELECT,INSERT,UPDATE
ON *.* TO 'teacher6'@'localhost';
```

【例8-15】为teacher4用户授予teaching数据库上对象的查找、创建数据表和插入数据权限（SELECT、CREATE、INSERT），并且不允许权限由teacher4授予其他用户。

```
GRANT SELECT,CREATE,INSERT
ON teaching.* TO 'teacher4'@'localhost';
```

执行上述语句后，查看mysql.user表，可发现有关授权的字段仍标注为N，再查看mysql.db表，可发现有关授权的字段已经标注为Y。上述过程可帮助读者理解数据库级别权限授予情况。

【例8-16】为teacher3用户赋予teaching数据库上教师表t的查找、插入、更新和删除数据权限（SELECT、INSERT、UPDATE、DELETE），并且不允许权限由teacher3授予其他用户。

```
GRANT SELECT,INSERT,UPDATE,DELETE
ON teaching.t TO 'teacher3'@'localhost';
```

执行上述语句后，查看mysql.user表，可发现有关授权的字段仍标注为N，再查看mysql.db表，会发现没有用户名为teacher3的记录，最后查看mysql.tables_priv表中用户名为teacher3的记录，会发现有关授权字段已经标注为Y。上述过程可帮助读者理解表级别权限授予过程。

【例8-17】为teacher2用户赋予teaching数据库中教师表t上tno字段和tn字段的查找数据权限（SELECT），并且不允许权限由teacher2授予其他用户。

```
GRANT SELECT(tno,tn)
ON teaching.t TO 'teacher2'@'192.168.1.23';
```

执行上述语句后，依次查看mysql.user表、mysql.db表、mysql.tables_priv表和mysql.columns_priv表中用户名为teahcer2的记录，理解字段级别权限授予过程。

对于GRANT语句，读者需注意以下事项。

（1）在MySQL 8之前，可以使用GRANT语句为不存在的用户授予权限，并在授权时指定用户的用户信息和口令，系统会自动创建用户并完成授权。MySQL 8不允许为不存在的用户授权，所以无法使用GRANT语句达到授权的同时创建用户的目的，必须先创建用户，然后才能授权。

使用MySQL Workbench授予及回收权限

（2）对于字段级别权限，由于只能对字段进行查询、插入和更新操作，所以字段级别权限只支持SELECT、INSERT和UPDATE权限。

（3）使用GRANT语句授予不同级别的权限，将在相应的权限表中，创建或修改相应记录。

2. 使用 MySQL Workbench 授予权限

在MySQL Workbench中，有两种方法可用于为用户授权。第一种方法是通过SQL脚本编辑器输入并执行GRANT语句为用户授权。第二种方法是在"Navigator"窗格的"Administration"选项卡中，单击"Users and Privileges"选项，如图8-5所示，打开用户管理界面。在"User Accounts"窗格中，选择需要授权的用户。在右侧窗格中，选择"Schema Privileges"选项卡进入授权界面，如图8-11所示。单击"Add Entry"按钮，设置授权级别。选择"ALL Schema"选项，表示授予服务器级别权限，如图8-12所示。选择"Selected schema"选项，从下拉列表中选择数据库，表示授予数据库级别的权限，如图8-13所示。选择授权级别后，单击"OK"按钮确认。然后，从"Object Rights""DDL Rights"和"Other Rights"栏中选择要授予用户的权

限，也可以使用"Select "ALL""按钮快速选择所有权限，如图8-14所示。选择权限后，单击
"Apply"按钮提交授权操作。

图 8-11　使用MySQL Workbench为用户授权　　图 8-12　在MySQL Workbench中指定授予服务器级别权限

图 8-13　在MySQL Workbench中指定授予数据库级别权限　　图 8-14　使用MySQL Workbench为用户授予具体权限

MySQL Workbench中没有提供授予数据表、字段、存储过程和函数级别权限的操作界面。
如果需要授予上述级别权限，读者可使用GRANT语句。

8.4.3　权限查看

对于已有用户，可以使用SHOW GRANTS语句和MySQL Workbench查看权限授予情况。

1. 使用 SHOW GRANTS 语句查看权限授予情况

执行SHOW GRANTS语句需要具有mysql系统数据库的SELECT权限。SHOW GRANTS语句
的语法格式如下。

```
SHOW GRANTS FOR '用户名'@'主机信息';
```

【例8-18】查看localhost主机上student用户的权限授予情况。

```
SHOW GRANTS FOR 'student'@'localhost';
```

如果要查看当前用户的权限授予情况，可以使用以下语句。

```
SHOW GRANTS FOR CURRENT_USER;
```

2. 使用 MySQL Workbench 查看权限授予情况

在MySQL Workbench中，有两种方法可用于查看用户权限授予情况。第一种方法是通过
SQL脚本编辑器输入并执行SHOW GRANTS语句以查看用户权限授予情况。第二种方法是在
"Navigator"窗格的"Administration"选项卡中，单击"Users and Privileges"选项，如图8-5所
示，打开用户管理界面。在"User Accounts"窗格中，选择需要查看授权情况的用户。在右侧
窗格中，可通过"Schema Privileges"选项卡查看权限授予情况，如图8-15所示。

读者需注意的是，在MySQL Workbench中，只能查看数据库级别的权限授予情况。

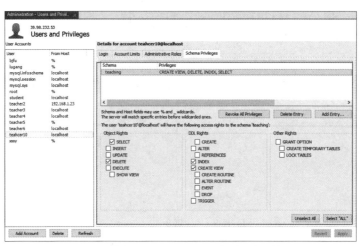

图8-15　使用MySQL Workbench查看权限授予情况

8.4.4　权限回收

权限回收，可使用REVOKE语句和MySQL Workbench来实现。

1. 使用 REVOKE 语句回收权限

使用REVOKE语句回收权限的语法格式如下。

```
REVOKE 权限名称[(字段列表)][,权限名称[(字段列表)]]…
ON 回收权限级别及对象
FROM '用户名'@'主机信息'[,'用户名'@'主机信息']…;
```

相关说明如下。

（1）通过权限名称描述需要回收的权限，可以使用REVOKE语句一次性回收用户多个已经授予的权限，不同的权限通过逗号分隔。如果指定字段列表信息，则表明当前回收的权限属于字段级别权限，列来源的表由回收权限级别和对象参数决定。

（2）回收权限级次及对象参数同GRANT语句授权时使用的级别和对象。

（3）通过'用户名'@'主机信息'指定回收权限的用户信息，可以使用REVOKE语句一次性回收多个用户权限，不同用户信息使用逗号分隔。

（4）使用REVOKE语句需要具有GRANT OPTION权限且具有回收权限的操作权限。

【例8-19】回收localhost主机上teacher10用户对数据库中对象的DELETE权限和SELECT权限。

```
REVOKE SELECT,DELETE
ON teaching.*
FROM 'teacher10'@'localhost';
```

如果回收时指定了并未授予用户的权限，系统将提示错误。为防止上述错误产生，可先通过SHOW GRANTS语句查看用户权限，然后再使用REVOKE语句回收权限。

2. 使用 MySQL Workbench 回收权限

在MySQL Workbench中，有两种方法可用于回收权限。第一种方法是通过SQL脚本编辑器输入并执行REVOKE语句回收权限。第二种方法是在"Navigator"窗格的"Administration"选项卡中，单击"Users and Privileges"选项，如图8-5所示，打开用户管理界面。在"User Accounts"窗格中，选择需要回收权限的用户。然后在右侧窗格中通过"Schema Privileges"选项卡查看权限授予记录，将需要回收权限的复选框置空，单击"Apply"按钮提交，如图8-16所示。

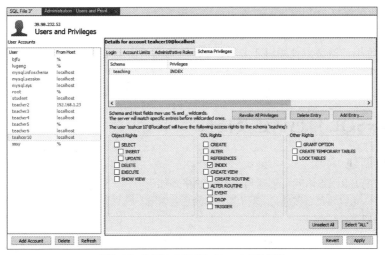

图8-16　使用MySQL Workbench回收权限

8.4.5　权限转移

权限转移是指用户将拥有的权限授予其他用户。使用GRANT语句中的WITH GRANT OPTION参数表明允许权限转移。

【例8-20】为localhost上teacher3用户授予teaching.t上SELECT和UPDATE权限，并允许teacher3用户将上述权限转移给其他用户。

```
GRANT SELECT,UPDATE
ON teaching.t
TO 'teacher3'@'localhost'
WITH GRANT OPTION;
```

执行上述语句后，可通过tables_priv表中Table_priv列信息，或者通过SHOW GRANTS语句，查看权限授予情况。

8.5　MySQL角色管理

8.5.1　MySQL角色管理概述

1. 角色与用户的关系

角色（Role）是对权限集中管理的一种机制，通常根据特定需要，将一系列权限集中在一起构成角色。因此，不同的角色就代表了不同的权限集合。

使用角色可以更加方便和自然地为用户授予权限。例如，系统中包含多个权限相同的用户，使用GRANT语句为每个用户授权步骤重复且不便于权限的集中管理。如果为这些权限建立一个角色，并将角色直接赋予这些用户，则操作上更为简单，角色权限变化时也无须一一修改每个用户的权限。因此，角色可以方便管理员对用户权限的集中管理。

MySQL 8及后续版本，允许使用角色授权。一个用户可以分配多个角色，一个角色也可以分配给多个用户，即用户和角色间是多对多的关系。

2. MySQL角色的生命周期

（1）创建角色。使用CREATE ROLE语句可以创建角色。

（2）为角色授权。使用GRANT语句将权限授予角色。

（3）将角色分配给用户。使用GRANT语句将角色分配给用户，分配语法与授权语法类似。

（4）角色用户激活。使用SET DEFAULT语句激活用户角色。默认用户角色处于非激活状态。

（5）角色撤销。使用REVOKE语句撤销用户已分配的角色，撤销角色与撤销权限语法类似。

8.5.2 MySQL 角色创建及授权

1. 角色创建

使用CREATE ROLE语句可创建角色，语法格式如下。

```
CREATE ROLE '角色名称'@'主机信息'[,'角色名称'@'主机信息']…;
```

相关说明如下。

（1）可以一次性使用CREATE ROLE语句创建多个角色。

（2）使用CREATE ROLE语句需要具有全局CREATE ROLE权限或CREATE USER权限。

（3）如果使用主机信息，则约束该角色的使用主机。如果不提供主机信息，则表明主机信息为'%'，即在任意主机上均可使用该角色。

【例8-21】创建可在任意主机上使用的教师角色teacher和管理员角色administrator。

```
CREATE ROLE 'teacher','administrator';
```

【例8-22】创建可在本地主机上使用的开发者角色developer。

```
CREATE ROLE 'developer'@'localhost';
```

2. 为角色授权

使用GRANT语句将角色包含的权限赋予角色。

【例8-23】为管理员角色administrator授予服务器级别全局权限。

```
GRANT ALL PREVILEGE ON *.* TO administrator;
```

使用GRANT语句将权限授予角色的语法格式与使用该语句将权限授予用户的语法格式类似。

【例8-24】为教师角色teacher授予teaching.sc表级别的查找SELECT、插入数据INSERT、更新数据UPDATE和删除数据DELETE权限。

```
GRANT SELECT,INSERT,UPDATE,DELETE
ON teaching.sc
TO 'teacher';
```

8.5.3 MySQL 角色分配及激活

1. 为用户分配角色

下面举例说明使用GRANT语句为用户分配角色的方法。

【例8-25】为用户teacher2分配teacher角色。

```
GRANT 'teacher' TO 'teacher2';
```

使用GRANT语句为用户分配角色的语法格式与使用该语句为用户授权的语法格式类似，也可以一次性将角色分配给多个用户，不同用户使用逗号分隔。

【例8-26】为用户teacher3和teacher4分配teacher角色。

```
GRANT 'teacher' TO 'teacher3','teacher4';
```

2. 角色激活

使用SET DEFAULT ROLE语句可使角色生效。

【例8-27】使用户teacher2上的teacher角色生效。

```
SET DEFAULT ROLE 'teacher' TO 'teacher2';
```

使用SET DEFAULT ROLE语句可一次性使用户的多个角色生效。如果需让用户的全部角色生效，可直接使用SET DEFAULT ROLE ALL。

【例8-28】使用户teacher3上的所有角色生效。

```
SET DEFAULT ROLE ALL TO 'teacher3';
```

如果使用SET DEFAULT ROLE语句时，不指明TO子句，则表示修改当前用户的默认角色。角色切换在诸多业务场景中较为常见，如在研究生管理系统中，老师既可以是导师角色，具有操作导师相关表的权限，同时也可以是教师角色，具有操作课程表的权限。

8.5.4 MySQL 角色查看

使用SELECT语句查询CURRENT_ROLE函数可获得当前用户的生效角色。

【例8-29】查询当前用户生效的角色。

```
SELECT CURRENT_ROLE();
```

8.5.5 MySQL 角色撤销

使用REVOKE语句可以回收已经分配给各用户的角色，回收后用户不再具有角色拥有的权限。举例如下。

【例8-30】回收用户teacher2的角色teacher。

```
REVOKE 'teacher2' FROM 'teacher';
```

使用REVOKE语句可以一次性回收多个角色，不同角色使用逗号分隔。

除使用REVOKE语句回收用户角色外，如果系统因业务需要无须再使用某一角色，可直接使用DROP ROLE语句删除角色，达到回收角色的目的。举例如下。

【例8-31】删除角色teacher。

```
DROP ROLE 'teacher';
```

8.6 小结

本章介绍了数据库安全性的相关概念、控制方法及MySQL权限管理系统原理，并具体讲述了在MySQL中使用SQL语句和MySQL Workbench进行用户、权限、角色管理的操作方法。

数据库安全性管理属于数据库设计和运维的相关技术。MySQL采用登录验证和权限检查模式确保数据库的安全性。其中，权限检查使用权限管理机制明确用户是否具备操作权限。MySQL使用分层权限管理机制，从高到低的权限层次分别为服务器、数据库、表、列和层次，高层次权限覆盖低层次权限。在实际数据库系统开发和运维管理中，数据库管理员应为用户授予合适层级上的权限集合。MySQL 8增加了角色的概念。角色是针对特定需要而形成的权限集合，角色的使用与权限类似，但默认情况下，角色处于非激活状态，用户需激活角色方可使用。

习　题

一、选择题

1. 在MySQL中，使用（　　　）语句为用户授权。

A．REVOKE　　　　B．GRANT　　　　C．INSERT　　　　D．CREATE

2. 下列有关MySQL权限管理的说法，错误的是（　　　）。

    A. MySQL使用mysql.user、mysql.db、mysql.tables_priv、mysql.columns_priv表管理用户权限

    B. MySQL上mysql.user表的权限将覆盖mysql.db表的权限

    C. 为用户授予字段级别权限将修改mysql.columns_priv表信息

    D. MySQL在mysql.user表的Authentication_string中存储明文密码信息

3. 下列有关MySQL角色的说法，错误的是（　　　）。

    A. 角色是权限的集合   B. 可以为一个用户授予多个角色

    C. MySQL角色授予用户后立即生效   D. 删除角色可用于回收用户的角色

二、填空题

1. MySQL 权限管理的级别包括_____、_____、_____、_____、_____。

2. 创建一个允许在本地访问数据库的用户user1且口令为123456的语句为_____。

3. 使用SET语句将位于本地的user1口令修改为654321的语句为_____。

4. 为本地用户user1授予全局SELECT和UPDATE权限的语句为_____。

5. 创建role1角色并为role1角色授予teaching数据库的SELECT权限的语句为_____。

三、简答题

1. 简述MySQL修改用户口令的方法。

2. 简述MySQL角色的生命周期。

3. MySQL权限管理的关键表有哪些？

第9章
数据库并发控制与封锁

事务与锁是实现数据库管理系统中数据一致性与并发性的保障。事务可以是一条语句，也可以是由多个SQL语句共同组成的一个逻辑单元，以完成较为复杂的数据操作。当多个用户的事务同时并发操作数据库时，会出现相互干扰，使数据库发生错误。因此，数据库系统需要通过适当的并发控制技术来保证数据的一致性。在MySQL数据库中，事务是数据库应用程序的基本逻辑操作单元，封锁机制是用于实现并发控制的主要技术。

本章学习目标：理解事务的概念、事务的ACID特性和事务的隔离级别；明确事务并发操作会导致的数据不一致现象，并能够区别4种不一致现象；了解锁的类型，理解封锁机制与封锁协议，并能够将封锁协议与4种数据不一致性问题对应。

9.1 数据库并发性的含义

数据库最大的特点是数据共享，允许同一时间多个用户根据自己的需要来操作数据库。每个用户在存取数据库中的数据时，可能是串行执行，即每个时刻只有一个用户程序运行，也可能是多个用户并行地存取数据库。串行执行意味着一个用户在运行程序时，其他用户程序必须等到这个用户程序结束才能对数据库进行存取，这样如果一个用户程序涉及大量数据的输入、输出操作，那么数据库系统的大部分时间将处于闲置状态。为了充分提高系统的执行效率，最大限度地利用数据库，多个用户并行执行更具有价值，这就是数据库的并发性。

并发性提高了数据库的运行效率，但也带来了很多意想不到的后果，比如某个用户在修改一个数据，此时另一个用户也有可能正在删除这一数据，这就造成了数据的不一致性。为了解决此类问题，数据库系统提供了并发控制机制。数据库的并发性及并发控制机制是衡量数据库系统性能的重要标准。

9.2 事务及其性质

9.2.1 事务的概念

事务是实现数据库中数据一致性的重要技术。数据库事务由一系列数据库访问、更新操作组成，这些操作要么全部执行，要么全部不执行，是一个不可分割的逻辑工作单元。例如在银行转账业务的处理过程中，客户A1要向客户A2转账，那么客户A1的账户account1转出金额，客户A2的账户account2转入金额，这两个操作需要被当作一个整体，要么都执行，要么都不执行，否则银行数据库中的数据不一致将会给客户带来损失。数据库事务是构成单一逻辑工作单元的操作集合，对其概念的理解需要注意以下几点。

（1）事务中包含的操作可以是一个，也可以是多个，但这些操作必须构成一个逻辑上的整体。

（2）构成事务的所有操作，要么全都对数据库产生影响，要么全都不产生影响，即不管事务是否执行成功，用户看到的数据总能保持一致性。

（3）事务执行的结果是使数据库从一种一致性状态转变到另一种一致性状态。

（4）以上所述在数据库出现故障或并发事务存在的情况下仍然成立。

MySQL支持4种事务模式：自动提交事务、显式事务、隐式事务和适合多服务器系统的分布式事务。其中显式事务和隐式事务属于用户定义的事务。在MySQL中，对事务的管理操作包括启动、结束和回滚等，常用的语法格式如下。

```
START TRANSACTION
COMMIT
ROLLBACK;
```

其中，START TRANSACTION表示事务启动；COMMIT语句提交所执行的所有操作，标志一个事务的结束；ROLLBACK语句是回滚语句，当事务运行过程中发生故障时，事务不能继续执行，此时回滚事务所做的修改，并结束当前这个事务。

9.2.2　事务的性质

构成一个逻辑工作单元的一系列操作称为事务，但并非任意的对数据库的操作序列都是数据库事务。如果操作序列被称为事务，那么其必须具备4个属性，即原子性、一致性、隔离性和持久性，这4个属性通常称为事务的ACID特性。

1. 原子性

原子性（Atomicity）意指事务中的所有操作作为一个整体，像原子一样不可分割。事务中的所有语句必须全部成功执行才可认为整个事务执行成功。如果事务失败，那么它执行过的部分也要取消，数据库将返回到该事务开始执行前的状态。即事务的操作如果成功就必须完全应用到数据库，如果操作失败则不能对数据库产生任何影响。

2. 一致性

一致性（Consistency）指数据库始终保持一致性，事务的执行结果必须使数据库从一个一致性状态到另一个一致性状态。例如，在银行转账事务中，客户A1和客户A2在转账之前的总金额为2000元，那么无论是A1向A2转账，还是A2向A1转账，在转账结束之后，客户A1和客户A2的总金额仍然应该为2000元，这就是事务的一致性。

3. 隔离性

隔离性（Isolation）指并发执行的事务之间不会相互影响。比如多个用户同时向一个账户转账，那么最后的结果应该和他们按先后次序转账的结果一样。即一个事务内部的操作及使用的数据对并发的其他事务是隔离的。并发控制就是为了保证事务间的隔离性。

转账事务中ACID特性的体现

4. 持久性

持久性（Durability）指一个事务一旦被提交了，那么对数据库中数据的改变就是永久性的，即便是在数据库系统遇到故障的情况下也不会丢失提交事务的操作。

事务的ACID特性保障了数据库的一致性。以客户A1向客户A2转账事务来具体分析这4个性质，银行转账需要以下6个操作：

（1）读取账户account1的余额；

（2）从账户account1中转出相应金额；

（3）把结果写回account1中；

（4）读取账户account2的余额；

（5）向账户account2中转入相应金额；

（6）把结果写回account2中。

事务的原子性保证上述6个操作要么都执行，要么都不执行，一旦在执行某一操作的过程中发生故障，就需要执行回滚操作，撤销前述操作，以回滚到执行事务之前的状态。

事务的一致性保证了在执行事务之前和执行之后，account1和account2的总金额保持一致，同时还能保证账户的余额不会变成负数等。

事务的隔离性保证了在转账过程中，只要事务还没有提交（COMMIT），那么在查询account1和account2账户的时候，两个账户里的金额都不会发生变化。同时也可以保证，如果存在另一个事务执行了账户account3向account2转账的操作，那么当两个事务都执行结束的时候，结果应与两个事务分别执行的结果一致，即账户account2中转入的金额应该是account1转给account2的金额加上account3转给account2的金额。

持久性保证了一旦转账成功，那么两个账户里的金额就会写入数据库做持久化保存。

在MySQL环境中，将上面的例子用SQL语句来表达，账户account1向账户account2转账，转账金额为R。

```
USE bankaccount;
-- 开启事务
START TRANSACTION;
-- 查询账户信息
SELECT * FROM account;
-- 读取账户account1的余额
SELECT R FROM account WHERE id="account1";
-- 从账户account1中转出相应金额
UPDATE account SET R=R-100 WHERE id="account1";
-- 把结果写回account1中
UPDATE account SET datetime=NOW() WHERE id="account1";
-- 读取账户account2的余额
SELECT R FROM account WHERE id="account2";
-- 从账户account2中转出相应金额
UPDATE account SET R=R+100 WHERE id="account2";
-- 把结果写回account2中
UPDATE account SET datetime=NOW() WHERE id="account2";
-- 提交
COMMIT;
```

从START TRANSACTION开启事务到COMMIT提交，中间的系列操作集合称为事务。

9.3　并发控制与数据的不一致性

多个用户并发地访问同一个数据资源时，即同一个数据库系统中有多个事务并发运行，如果不加以适当控制，可能会存储不正确的数据，产生数据的不一致性问题。数据库管理系统的并发控制就是为了合理调度并发事务，避免并发事务之间的互相干扰造成数据的不一致性。

【例9-1】并发取款操作。假设存款余额R=1000（单元：元），事务T₁取走存款100元，事务T₂取走存款200元。如果正常操作，即事务T₁执行完毕再执行事务T₂，存款余额更新后应该是700元。但是如果按照以下顺序操作，则会有不同的结果，如图9-1所示。

（1）事务T₁读取存款余额R=1000。

（2）事务T₂读取存款余额R=1000。

（3）事务T₁取走存款100元，修改存款余额R=R-100=900，把R=900写回数据库。

（4）事务T₂取走存款200元，修改存款余额R=R-200=800，把R=800写回数据库。

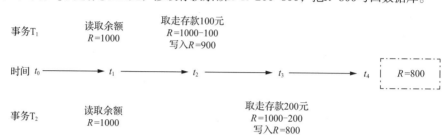

图9-1　并发取款操作导致的数据不一致性问题示意图

两个事务共取走存款300元，但结果是数据库中的存款却只少了200元。产生这种错误结果的原因是事务T₁和事务T₂并发操作。数据库的并发操作导致的数据不一致性主要有丢失更新、读取脏数据、不可重复读和幻象读。

9.3.1　丢失更新

例9-1中，事务T₁和T₂读入同一数据，并发执行修改操作时，T₂把T₁对数据的已修改结果覆盖，导致这些修改好像丢失了一样，从而造成了数据的不一致，这种并发性问题称为丢失更新（Lost Update）。在图9-1中，数据库中R的初值是1000。事务T₁包含3个操作：读入R的初值（SELECT R），计算存款余额（R=R-100），更新R（UPDATE R）。事务T₂也包含3个操作：读入R，计算存款余额（R=R-200），更新R。由于T₁和T₂按图9-1所示并发执行，R的值是800，R本应该为700却得到了800，并发操作不加控制得到了错误的结果，原因在于在t₄时刻丢失了T₁对数据库的更新操作。

9.3.2　读取脏数据

读取脏数据（Dirty Read）是指一个事务读取了另一个事务未提交的数据。如一个事务正在多次修改某个数据，在这个修改过程中，事务还未提交修改，这时一个并发的事务来访问该数据，就会造成两个事务得到的数据不一致，称为读取脏数据，也称为"脏读"。下面以表9-1中的例子进行分析。

表 9-1　读取脏数据

时间	事务T₁	数据库中R的值	事务T₂
t_0		1000	
t_1	SELECT R		
t_2	R=R-100		
t_3	UPDATE R		

续表

时间	事务T$_1$	数据库中R的值	事务T$_2$
t$_4$		900	SELECT R
t$_5$	ROLLBACK		
t$_6$		1000	

事务T$_1$在t$_3$时刻对数据库中的R进行了修改，但尚未提交（COMMIT），在t$_4$时刻，事务T$_2$读取了T$_1$尚未提交的数据900，而之后事务T$_1$回滚（ROLLBACK）操作后，数据库中R的值恢复为1000，此时事务T$_2$依然在使用读出的900，和数据库中R的值不一致。造成不一致的原因在于，事务T$_2$在t$_4$时刻读取了事务T$_1$尚未执行提交操作的结果，事务T$_2$读取的是"脏数据"。

9.3.3　不可重复读

不可重复读（Unrepeatable Read）是指一个事务对同一数据的读取结果前后不一致，这是由于在两次查询期间该数据被另一个事务修改并提交了。当其中一个事务需要校验或再确认数据时，出现再读数据与之前读的数据值不相同，这种情况就称为不可重复读。下面以表9-2中的例子进行分析。

表9-2　不可重复读

时间	事务T$_1$	数据库中R的值	事务T$_2$
t$_0$		1000	
t$_1$	SELECT R		
t$_2$			SELECT R
t$_3$	R=R-100		
t$_4$	UPDATE R		
t$_5$		900	
t$_6$			R=R-200
t$_7$			UPDATE R
t$_8$		800	
t$_9$	SELECT R		

事务T$_1$在t$_1$时刻读取了R的值，并在t$_3$时刻对其进行了修改，修改后的值为900，但当其再次读取（t$_9$时刻）R的值进行核验时，R的值已被事务T$_2$修改，变成了800。事务T$_1$在对R的两次读取间隔中，事务T$_2$修改了R并且提交，导致两次读取的值不相同，即发生了不可重复读。

读取脏数据和不可重复读的区别在于，前者读取的是事务未提交的脏数据，而后者读取的是事务已经提交的数据。

9.3.4　幻象读

幻象读（Phantom Read）指当用相同的条件查询记录时，记录个数忽多忽少，给人一种"幻象"的感觉。原因在于在两次查询间隔中，有并发的事务在对相同的表做插入或删除操作。下面以表9-3中的例子进行分析。

表9-3　幻象读

时间	事务T$_1$	数据表的记录数	事务T$_2$
t$_0$		3	

续表

时间	事务T$_1$	数据表的记录数	事务T$_2$
t_1	SELECT (R<1000)		
t_2			WRITE (R=800)
t_3			COMMIT
t_4		4	
t_5	SELECT (R<1000)		

数据表中存储了3条R值小于1000的记录，事务T$_1$第一次根据R<1000的条件查询时，得到了3条记录，之后事务T$_2$插入了一条R=800的记录，当事务T$_1$再次根据R<1000的条件查询时，却得到了4条记录。事务T$_1$在时刻t_1和t_5以相同的条件查询，得到的结果不相同，由于事务T$_2$的插入操作，事务T$_1$的第二次读显示有一条记录不存在于原始读中，这种现象即为幻象读。

幻象读和不可重复读都是读取了另一个事务已经提交的数据，这点与读取脏数据不同。但二者的区别在于，前者是针对不确定的多行数据而言的，而后者是针对确定的某一行数据而言的，因而幻象读通常出现在带有查询条件的范围查询中。

9.4 事务的隔离级别

产生上述4种数据不一致性问题的主要原因是并发的事务操作破坏了事务的隔离性。为了防止数据库的并发操作导致丢失更新、读取脏数据、不可重复读和幻象读等问题，SQL标准定义了4种隔离级别：读取未提交的数据（READ UNCOMMITTED）、读取提交的数据（READ COMMITTED）、可重复读（REPEATABLE RETAD）及串行化（SERIALIZABLE）。4种隔离级别从低至高。事务的隔离级别越低，可能出现的并发异常越多。MySQL数据库支持所有的隔离级别，查询当前事务隔离级别的语句如下。

```
SELECT @@TRANSACTION_ISOLATION;
```

设置当前事务的隔离级别有以下两种方式。

```
SET [GLOBAL|SESSION] TRANSACTION ISOLATION LEVEL 隔离级别名称;
SET TRANSACTION_ISOLATION='隔离级别名称';
```

其中，GLOBAL表示设置的隔离级别适用于所有的用户；SESSION表示设置的隔离级别只适用于当前运行的会话和连接。

9.4.1 读取未提交的数据

读取未提交的数据（READ UNCOMMITTED）是最低事务隔离级别。该级别下的事务可以读取另一个未提交事务的数据，该级别很少用于实际应用。设置该隔离级别的语法格式如下。

```
SET [GLOBAL|SESSION] TRANSACTION ISOLATION LEVEL READ UNCOMMITTED;
```

【例9-2】设置事务T$_1$的隔离级别为读取未提交的数据。事务T$_2$向余额增加存款100元，在T$_2$尚未提交结果时，事务T$_1$读取余额。

事务T$_1$：

```
-- 设置T1的隔离级别
SET SESSION TRANSACTION ISOLATION LEVEL READ UNCOMMITTED;
-- 开启事务
START TRANSACTION;
-- 第一次查询，之后转到事务T2
SELECT * FROM account;
```

第一次查询结果如表9-4所示。

表 9-4　第一次查询结果

id	R
account3	900
account1	500
account2	900

```
-- 第二次查询，发现两次结果不一致，读取了事务T2未提交的数据，发生了脏读
SELECT * FROM account;
```
第二次查询结果如表9-5所示。

表 9-5　第二次查询结果

id	R
account1	600
account2	900
account3	900

事务T_2:
```
-- 开启事务
START TRANSACTION;
-- 不提交，转到事务T1
UPDATE account SET R=R+100 WHERE id=" account1" ;
```
　　读取未提交的数据（READ UNCOMMITTED）的隔离级别最低，无法避免读取脏数据、不可重复读和幻象读。由于该隔离级别允许事务读取其他事务尚未提交的数据进行计算等，所以如果那些未提交的数据被回滚，那么将导致混乱的数据变化。

9.4.2　读取提交的数据

　　读取提交的数据（READ COMMITTED）比上一级别稍高，该级别下的事务只能读取其他事务已经提交的数据，满足了隔离性的简单定义，但不可避免不可重复读问题的出现。设置该级别的语法格式如下。
```
SET [GLOBAL|SESSION] TRANSACTION ISOLATION LEVEL READ COMMITTED;
```
　　【例9-3】设置事务T_1的隔离级别为读取提交的数据READ COMMITTED。事务T_1和事务T_2同时读取账户余额；紧接着事务T_2向账户存入100元不提交，然后事务T_1再次读取账户余额，发现账户未发生改变，不读取未提交的数据；之后事务T_2提交，最后事务T_1第三次读取账户余额，发现账户多了100元，于是读取事务T_2提交的数据。

事务T_1:
```
-- 设置T1的隔离级别
SET SESSION TRANSACTION ISOLATION LEVEL READ COMMITTED;
-- 开启事务
START TRANSACTION;
-- 第一次查询，之后转到事务T2
SELECT * FROM account;
```
第一次查询结果如表9-6所示。

表 9-6　第一次查询结果

id	R
account1	500

续表

id	R
account2	900
account3	900

```
-- 第二次查询，结果和第一次查询一样，没有读取事务T2未提交的数据，之后转到事务T2
SELECT * FROM account;
```
第二次查询结果如表9-7所示。

表9-7　第二次查询结果

id	R
account1	500
account2	900
account3	900

```
-- 第三次查询，发现账户余额多了100元，于是读取了事务T2提交的数据，和前两次读取的余额是
```
不同的结果（不可重复读）
```
SELECT * FROM account;
```
第三次查询结果如表9-8所示。

表9-8　第三次查询结果

id	R
account1	600
account2	900
account3	900

事务T_2：
```
-- 开启事务
START TRANSACTION;
-- 不提交，转到事务T1
UPDATE account SET R=R+100 WHERE id="account1";
-- 提交，转到事务T1
COMMIT;
```
当把事务的隔离级别设置为READ COMMITTED时，可以避免读取脏数据，但不可避免不可重复读和幻象读。

9.4.3　可重复读

可重复读（REPEATABLE READ）是MySQL默认的隔离级别，该级别可确保同一事务内执行相同的查询语句时，读取的结果是一致的。设置该隔离级别的语法格式如下。
```
SET [GLOBAL|SESSION] TRANSACTION ISOLATION LEVEL REPEATABLE READ;
```
【例9-4】设置事务T_1的隔离级别为可重复读。事务T_1读取表中的数据，之后事务T_2更新account并提交，然后T_1读取表中的数据。

事务T_1：
```
-- 设置T1的隔离级别
SET SESSION TRANSACTION ISOLATION LEVEL REPEATABLE READ;
-- 开启事务
START TRANSACTION;
-- 第一次查询，之后转到事务T2
SELECT * FROM account;
```

第一次查询结果如表9-9所示。

表 9-9　第一次查询结果

id	R
account1	500
account2	900
account3	900

```
-- 第二次查询，两次读取的余额是相同的结果，避免了不可重复读
SELECT * FROM account;
```
第二次查询结果如表9-10所示。

表 9-10　第二次查询结果

id	R
account1	500
account2	900
account3	900

事务T_2：
```
-- 开启事务
START TRANSACTION;
-- 修改账户中的余额
UPDATE account SET R=R+100 WHERE id="account1";
-- 事务T2读取结果，余额发生了变化，修改成功
SELECT * FROM account;
```
事务T_2读取的结果如表9-11所示。

表 9-11　事务 T_2 读取的结果

id	R
account1	600
account2	900
account3	900

```
-- 提交，转到事务T1
commit;
```
由于设置了事务T_1的隔离级别为可重复读，所以在事务T_2修改数据后，事务T_2查询到的结果是金额已修改为了600，但在事务T_1中两次查询到的金额均为500，结果一致。可重复读隔离级别有效避免了不可重复读的问题，但仅是针对同行数据而言的，如果事务T_2对多行数据进行增加，那么将会出现幻象读的问题。

9.4.4　串行化

串行化（SERIALIZABLE）的隔离级别最高，其通过强制事务排序，使事务之间不可能相互冲突。设置该隔离级别的语法格式如下。
```
SET [GLOBAL|SESSION] TRANSACTION ISOLATION LEVEL SERIALIZABLE;
```
该隔离级别下，用户之间一个接一个顺序地执行当前事务，从而解决幻象读问题，但是可能导致大量的等待现象（具体引发的问题将在9.5.4小节介绍）。

隔离级别与能够避免的事务并发异常问题如表9-12所示。

表 9-12　隔离级别与能够避免的事务并发异常问题

隔离级别	丢失更新	读取脏数据	不可重复读	幻象读
读取未提交的数据 （READ UNCOMMITTED）				
读取提交的数据 （READ COMMITTED）		√		
可重复读（REPEATABLE READ）	√	√	√	
串行化（SERIALIZABLE）	√	√	√	√

隔离级别的选择对每个应用程序来说是没有标准答案的，需要基于不同的事务选择不同的级别。事务隔离性的实现通常依赖于并发控制技术，按照其对可能重读的操作采取的不同策略可以分为乐观并发控制和悲观并发控制两大类。

（1）乐观并发控制：对于并发执行可能冲突的操作，假定其不会真的冲突，允许并发执行，直到真正发生冲突时才去解决冲突，比如让事务回滚。

（2）悲观并发控制：对于并发执行可能冲突的操作，假定其必定发生冲突，通过让事务等待（锁）或者中止（时间戳排序）的方式让并行的操作串行执行。

本书着重对锁进行介绍。

9.5　封锁及封锁协议

当用户对数据库并发访问时，为了确保事务完整性、数据库一致性，需要对其进行锁定（封锁）。封锁可以防止用户读取正在由其他用户修改的数据，并可以防止多个用户同时更改相同数据。封锁是一种用来防止多个事务同时访问数据而产生问题的机制。事务T在对某个数据对象（如表、记录等）操作之前，先向系统发出请求，对其加锁。加锁后事务T对该数据对象就有了一定的控制，在事务T释放它的锁之前，其他事务不能更新该数据对象。

9.5.1　封锁粒度

封锁的数据库对象的大小称为封锁粒度。对数据库对象的封锁需要消耗资源，锁的各种操作（包括获取锁、释放锁及检查锁状态）都会增加系统开销。因此，封锁时应尽量只锁定修改的那部分数据，而不是所有的资源。锁定的数据量越少，发生锁争用的可能性就越小，系统的并发程度就越高。实际使用时，需要综合考虑锁开销和并发程度，对系统的锁开销与并发程度进行权衡，选择合适的封锁粒度。

MySQL提供了两种封锁粒度：表级锁和行级锁。不同的存储引擎支持不同的封锁粒度，例如，MyISAM和MEMORY存储引擎采用的是表级锁（TABLE-LEVEL LOCKING）；BDB存储引擎采用的是页面锁（PAGE-LEVEL LOCKING），也支持表级锁；InnoDB存储引擎既支持行级锁（ROW-LEVEL LOCKING），也支持表级锁，但在默认情况下采用行级锁。

（1）表级锁：整个表被锁定。其他事务不能向表中插入记录，甚至读取数据也受到限制。其特点是开销小，加锁快；不会出现死锁。缺点是封锁粒度大，发生锁冲突的概率最高，并发程度最低。

（2）行级锁：只有正在使用的行是锁定的，表中的其他行对于其他事务都是可用的。在多用户的环境中，行级锁降低了线程间的冲突，可以使多个用户同时从一个相同表读数据甚至写数据。其特点是开销大，加锁慢；会出现死锁。优点是封锁粒度最小，发生锁冲突的概率最低，并发程度也最高。

行级锁和表级锁在使用时要根据具体应用进行选择，无法笼统地说哪种更好。

9.5.2 封锁类型

封锁分为排它锁和共享锁两种。排它锁，简称X锁，又称独占锁或写锁；共享锁，简称S锁，又称读锁。对于X锁和S锁有以下两个规定。

（1）一个事务对数据对象A加了X锁，那么该事务可以对A进行读和写，但其加锁期间其他事务不能对A加任何锁，直到X锁释放。

（2）一个事务对数据对象A加了S锁，那么该事务可以对A进行读操作，但不能进行写操作，同时在其加锁期间其他事务能对A加S锁，但不能加X锁，直到S锁释放。

封锁和解锁的语法格式如下。

```
LOCK TABLES tbl_name {READ|WRITE},[tbl_name {READ|WRITE},…]
UNLOCK TABLES;
```

【例9-5】事务T_1获得对数据表account的排它锁权限，事务T_2尝试读取数据表中的数据。

事务T_1：

```
SELECT * FROM account;
-- 为数据表account加上排它锁，转向事务T2
LOCK TABLES account WRITE;
```

事务T_2：

```
-- 事务T2读取数据受阻
SELECT * FROM account;
SELECT * FROM account LIMIT 0.1000;
```

在T_1为数据表account加上排它锁之后，事务T_2执行读取操作，此时并没有显示结果，而是等待T_1释放锁权限。排它锁确保不会同时对同一资源进行多重更新。

【例9-6】在事务T_1获得对数据表account的共享锁权限的情况下：事务T_2尝试读取、修改数据表中的数据；事务T_2尝试对数据表继续添加共享锁；事务T_2尝试对数据表继续添加排它锁。

事务T_1：

```
-- 为数据表account添加共享锁
LOCK TABLES account READ;
SELECT * FROM account;
```

查询结果如表9-13所示。

表9-13 事务 T_1 查询结果

id	R
account1	500
account2	900
account3	900

```
-- 修改account中的数据，执行不成功，转向事务T2
UPDATE account SET R=800 WHERE id="account1";
 Emor Code:1099.Table'account'was locked with a READ lock and can't be
updated
-- 解锁
UNLOCK TABLES;
```

事务T_2：

```
-- 查询表中的数据，返回结果，可以读取
SELECT * FROM account;
```

查询结果如表9-14所示。

表 9-14 事务 T$_2$ 查询结果

id	R
account1	500
account2	900
account3	900

```
-- 修改表中的数据，执行不成功
UPDATE account SET R=600 WHERE id="account2";
-- 为数据表添加排它锁，执行不成功
LOCK TABLES account WRITE;
-- 为数据表添加共享锁，执行成功
LOCK TABLES account READ;
```

事务T$_1$为数据表account添加共享锁之后，事务T$_1$可以对表account进行读取操作，但不能进行写操作；同时事务T$_2$可以对数据表account继续添加共享锁和进行读取操作，但不能对其进行写操作，更不能添加排它锁。

共享锁允许并发事务读取同一个资源。资源上存在共享锁时，任何其他事务都不能修改数据。除非将事务隔离级别设置为可重复读或更高级别，或者在事务生存周期内用锁定提示保留共享锁，这样一旦读取数据，资源上的共享锁便被立即释放。

9.5.3 封锁协议

封锁可以保证合理地进行并发控制，保证数据的一致性。在封锁时，人们还需要约定一些规则，例如何时申请封锁、申请何种锁、持锁时间、何时释放等，这些规则被称为封锁协议（Locking Protocol）。对封锁方式规定不同的规则，就形成了各种不同的封锁协议。9.3节所讲述过的并发操作会引发的丢失更新、脏读、不可重复读和幻象读等数据不一致性问题，可以通过封锁协议进行解决。

三级封锁协议
的定义

1. 一级封锁协议

事务T在修改数据R时必须先对其加X锁，直到事务结束才能释放锁。

利用一级封锁协议可以解决图9-1所示的丢失更新问题，如图9-2所示，事务T$_1$在对R进行修改之前先对R加X锁，当T$_2$再请求对R加X锁时被拒绝，T$_2$只能等待T$_1$释放R上的X锁后再对R加X锁，这时它读到的R已经是T$_1$更新过的值900。这样就避免了丢失T$_1$的更新。

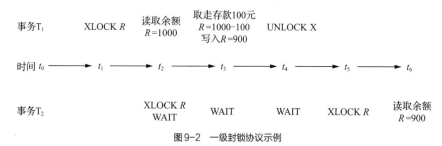

图9-2 一级封锁协议示例

一级封锁协议有以下特点。

（1）在修改数据时对其加了X锁，不允许其他事务同时对数据进行修改，所以可以解决丢失更新问题。

数据库原理及应用教程（MySQL版）（微课版）

（2）事务结束包括正常结束（COMMIT）和非正常结束（ROLLBACK），所以一级封锁协议还能保证事务T是可恢复的。

（3）在一级封锁协议中，如果仅仅是读数据不对其进行修改，是不需要加锁的，所以不能保证可重复读和不读脏数据。

2．二级封锁协议

二级封锁协议是在一级封锁协议的基础上，另外加上事务T在读取数据R之前必须先对其加S锁，读完后释放S锁。利用二级封锁协议可以解决表9-1中读取脏数据的问题，如表9-15所示。事务T_1在对R进行修改之前，先对R加X锁，修改其值后写回磁盘。这时T_2请求在R上加S锁，因为T_1已在R上加了X锁，所以T_2只能等待。T_1因某种原因被撤销，R恢复为原值1000，T_1释放R上的X锁后，T_2对R加S锁，读R=1000。这就避免了T_2读脏数据。

表 9-15 二级封锁协议示例

时间	事务T_1	数据库中R的值	事务T_2
t_0	XLOCK R	1000	
t_1	FIND R		
t_2	R=R-100		
t_3	UPDATE R		
t_4		900	SLOCK R
t_5	ROLLBACK		WAIT
t_6	UNLOCK X	1000	SLOCK R
t_7			FIND R
t_8			UNLOCK S

二级封锁协议具有以下特点。

（1）防止了丢失更新，还可以进一步防止读脏数据。

（2）由于读完数据后即可释放S锁，所以不能保证可重复读。

3．三级封锁协议

三级封锁协议是在一级封锁协议的基础上，加上事务T在读取数据R之前必须先对其加S锁，读完后并不释放S锁，而直到事务T结束才释放。利用三级封锁协议可以解决表9-2和表9-3中的不可重复读及幻象读问题，如表9-16所示。事务T_1在读R之前，先对R加S锁，这样其他事务只能再对R加S锁，而不能加X锁，即其他事务只能读R，而不能修改它们。所以当T_2为修改R而申请对R加X锁时被拒绝，只能等待T_1释放R上的锁。T_1为验算再读R，这时读出的R仍然是原来读出的数值，即可重复读。T_1结束才释放R上的S锁，这时T_2才能对R加X锁。

表 9-16 三级封锁协议示例

时间	事务T_1	数据库中R的值	事务T_2
t_0		1000	
t_1	SLOCK R		
t_2	FIND R		
t_3			XLOCK R
t_4	COMMIT		WAIT
t_5	UNLOCK S		WAIT
t_6			XLOCK R

续表

时间	事务T$_1$	数据库中R的值	事务T$_2$
t_7			FIND R
t_8			R=R-200
t_9			UPDATE R
t_{10}		800	UNLOCK X

通过三级封锁协议可以防止丢失更新和不读脏数据，还可以进一步防止不可重复读。

不同级别的封锁协议的主要区别在于什么操作需要申请封锁，以及何时释放。封锁协议有效解决了并发操作导致的数据不一致性问题，但若封锁机制使用不当，则可能引发新的问题，即死锁与活锁。

9.5.4 死锁与活锁

1. 死锁

死锁（Dead Lock）是指两个或更多的事务同时处于等待状态，每个事务都在等待其中另一个事务解除封锁，它才能继续执行下去，结果造成任何一个事务都无法继续执行。例如事务T$_1$和T$_2$都需要更改学生成绩，T$_1$首先封锁了学生表，接下来需要封锁成绩表；而此时事务T$_2$首先封锁了成绩表，其需要封锁学生表，二者在互相等待中无法前进，即造成了死锁，如表9-17所示。

表 9-17 死锁示例

时间	事务T$_1$	事务T$_2$
t_0	封锁学生表	
t_1		封锁成绩表
t_2	要求封锁成绩表，等待	
t_3		要求封锁学生表，等待
t_4	等待	等待

（1）产生死锁的必要条件

死锁产生的必要条件包括以下4个。

① 互斥条件：事务在某一时间内独占资源，其他事务无法对资源进行操作。

② 请求与保持条件：事务因请求资源而阻塞时，对已获得的资源保持不放，导致该事务与其他事务都无法继续执行。

③ 不剥夺条件：事务在获得资源后，如若事务没有解锁，则其他事务不能强行剥夺。

④ 循环等待条件：多个事务之间形成一种头尾相接的循环等待资源关系，互相牵制。

（2）避免死锁的常用方法

① 不同的事务同时并发存取多个表时，应尽量约定以相同的顺序访问各表，这样可以降低产生死锁的概率。通常称这种方法为顺序加锁法。

② 事务如需要更新记录，应该直接申请足够级别的锁，即排它锁，而不应先申请共享锁。因为当事务申请排它锁时，如果数据已经被其他事务加上共享锁，那么可能造成锁冲突，甚至死锁。

③ 同一事务的执行如果需要多个数据对象，可以对这些数据对象一次性全部加锁，避免出现"请求与保持"，通常称这种方法为一次加锁法。一次加锁法程序流程图如图9-3所示。

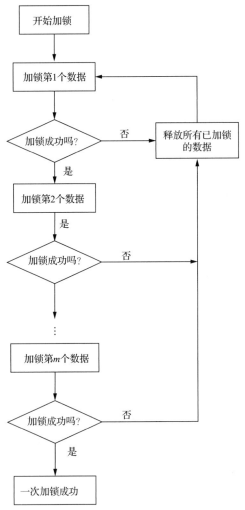

图9-3　一次加锁法程序流程图

表9-17所示的死锁例子，如采用一次加锁法，事务T_1在开始执行时，可以一次性对成绩表和学生表加锁，待事务T_1执行完毕释放锁之后，事务T_2方可继续对成绩表与学生表进行更新操作。表9-17所示的死锁，如采用顺序加锁法，约定成绩表和学生表同属某一事务操作的对象时，需先对成绩表添加锁，再对学生表加锁，这样就可以避免"请求与保持"现象的出现。

（3）死锁的诊断与解除

死锁造成了多个事务互相等待无法继续执行。判断死锁通常采用超时法和等待图法。

当两个事务互相等待的时间超过设置的某一阈值时，则判断形成了死锁。此时对其中一个事务进行回滚，则另一个等待的事务就能继续进行。超时机制简单，方便操作，但如果回滚的事务操作相对较多，且比较重要，那么采用这种方法就不太合适了，因为回滚此事务相对于其他事务所占的时间可能会更多。

相比超时法，等待图法是一种更为主动的死锁检测方法。在等待图中，如果事务T_1等待事务T_2所占用的资源，那么则由T_1向T_2画一箭头；若事务T_2等待事务T_1所占用的资源，那么则由T_2向T_1画一箭头，此时事务T_1、T_2互相等待造成了回路，由此可判断发生了死锁，如图9-4所示。该方法中，在每个事务请求锁并发生等待时都需要判断是否存在回路，如果存在则有死锁，选择回滚操作最少的事务来破坏回路，从而解除死锁。等待图法不仅适用于两个事务之间发生死锁，对于多个事务之间发生死锁也适用。

图9-4　等待图

2. 活锁

活锁（Live Lock）是指由于其他事务的封锁操作使某个事务永远处于等待状态，得不到继续操作的机会。如图9-5所示，事务T_2对数据加锁之后，事务T_1请求封锁，于是T_1等待。在事务T_2释放锁之后，T_3对数据封锁，于是T_2继续等待。接着事务T_3释放锁，此时事务T_4对数据加锁，事务T_2继续等待……从而产生了活锁。

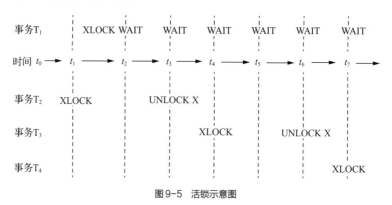

图9-5　活锁示意图

避免活锁的方法就是采用先来先服务的策略，按照请求封锁的次序让事务进行排队。

9.6　小结

本章讲述了事务、并发控制、封锁与封锁协议的基本概念，介绍了事务并发操作会导致的4种数据不一致性问题，说明了避免数据不一致可以采取的封锁类型及封锁协议。

事务是指一系列操作的集合，具有原子性、一致性、隔离性和持久性的特点。

事务并发操作如果不加控制，则会导致丢失更新、读取脏数据、不可重复读和幻象读等问题出现，这些问题的出现从根本上说是违背了事务的隔离性。事务的隔离级别由低到高分别为读取未提交的数据、读取提交的数据、可重复读和串行化。

为了确保数据的一致性，需要对数据进行封锁，封锁的粒度可以是行，也可以是表。封锁类型分为共享锁和排它锁。何时封锁、何时解锁等规则的不同形成了三级封锁协议。

习　　题

一、选择题

1. 用户定义的一系列数据库更新操作，这些操作要么都执行，要么都不执行，是一个不可分割的逻辑工作单元，这体现了事务的（　　　）。

    A. 原子性　　　　　B. 一致性　　　　C. 隔离性　　　D. 持久性

2. 事务的隔离级别中，（　　）可以解决幻象读问题。

    A. READ UNCOMMITTED　　　　　B. READ COMMITTED

    C. REPEATABLE READ　　　　　　D. SERIALIZABLE

3. MySQL的事务不具有的特征是（　　）。

    A. 原子性　　　　　B. 隔离性　　　　C. 一致性　　　D. 共享性

4. 死锁发生的原因是（　　）。

    A. 并发控制　　　　B. 服务器故障　　　C. 数据错误　　　D. 操作失误

5. 若事务T₁对数据A已加排它锁，那么其他事务对数据A（　　）。

    A. 加共享锁成功，加排它锁失败　　　B. 加排它锁成功，加共享锁失败

    C. 加共享锁、排它锁都成功　　　　　D. 加共享锁、排它锁都失败

二、填空题

1. MySQL默认的事务隔离级别是_____。

2. MySQL提供了两种粒度的封锁：_____和_____。

3. 在事务等待图中，如果两个事务形成一个循环，那么就会出现_____现象。

三、简答题

1. 简述事务并发操作可能产生的影响，分别描述产生的原因。

2. 说明死锁产生的原因及解除方法。

3. 简述三级封锁协议的含义及它们分别可以避免什么问题。

第10章
数据库备份还原和日志管理

对一个企业或者公司来说，数据库中包含非常重要的信息。虽然数据库系统已经采取了系列措施来防止数据库的安全性和完整性遭到破坏，保证并发事务的正确执行，但数据库依然无法被保证绝对不受破坏。当数据文件发生损坏、数据库服务器出现故障、计算机硬件毁坏或者数据被误删时，数据库中的数据有可能全部或者部分丢失，因此，人们需要一种有效的方案来解决上述问题。数据库备份还原是对数据库进行备份，在数据丢失或者出现错误的情况下，利用数据库备份可以将数据库还原到某一正确状态下的版本。日志管理是对所有的操作进行记录，留下痕迹，以便数据库的备份与还原工作有据可循。此外，数据表之间的数据导出和导入技术，也为数据库提供了可靠的备份功能。

本章学习目标：了解数据库备份和数据库还原的基本概念，能够使用工具和在MySQL中使用命令进行数据库备份和数据库还原；了解日志的作用及日志的不同类型，能够使用语句进行日志的管理与查看。

10.1　备份和还原

10.1.1　备份还原概述

数据库备份还原是为了防止数据的丢失，或者在数据出现不满足一致性、完整性的时候，能够根据之前某一状态的数据库副本（数据库备份），将数据还原到这一状态之下的版本。数据库备份就是将数据库中的数据以及保证数据库系统正常运行的有关信息保存起来，以备数据库还原时使用。数据库还原是指加载数据库备份到系统中的进程。数据库备份还原是在本地服务器上进行的操作。

1. 数据库备份的分类

从备份的内容角度，数据库备份可分为物理备份和逻辑备份。物理备份和还原操作都比较简单，能够跨MySQL版本，还原速度快。逻辑备份与还原操作都需要MySQL服务器进程参与。

（1）物理备份：对数据库操作系统的物理文件（如数据文件、日志文件

数据库备份的
分类

等）的备份，直接复制数据库文件进行备份。物理备份本质上就是文件的移动，恢复速度更快。

（2）逻辑备份：使用软件技术对数据库逻辑件（如表等数据库对象）的备份。逻辑备份导出的文件格式一般与原数据库的文件格式不同，只是原数据库中数据内容的一个映像。

从备份时服务器是否在线的角度，数据库备份可分为冷备份、温备份和热备份。

（1）冷备份（Cold Backup）指关闭数据库进行备份，能够较好地保证数据库的完整性。

（2）温备份（Warm Backup）指在数据库运行状态中进行操作，但仅支持读请求，不允许写请求。

（3）热备份（Hot Backup）指在数据库运行状态中进行操作，此备份方式依赖于数据库的日志文件。

从数据库的备份范围角度，数据库备份可分为完整备份、差异备份和增量备份。

（1）完整备份（Full Backup）：包含数据库中的全部数据文件和日志文件信息，也称为完全备份、海量备份或全库备份。由于完整备份需要对整个数据库进行备份，它需要花费更多的时间和空间，因此一般需要停止数据库服务器的工作，或者在用户访问量较少的时间段进行此项操作。完整备份是任何备份策略中都要完成的第一种备份类型，如果没有执行完整备份，就无法执行差异备份和增量备份。

（2）差异备份（Differential Backup）：只备份那些自上次完整备份之后被修改过的文件。它比完整备份小，优点是存储和还原速度快。备份的频率取决于数据的更新频率。需要注意的是，差异备份不能单独使用，要借助完整备份，所以它的前提是进行至少一次完整备份。

（3）增量备份（Incremental Backup）：只针对那些自上次完整备份或者增量备份后被修改过的文件。增量备份不能单独使用，要借助完整备份，备份的频率取决于数据的更新频率。

2. 备份内容和备份时间

（1）备份内容：一个正常运行的数据库系统中，除用户数据库外，还有维护系统正常运行的系统数据库。因此，在备份数据库时，需要同时备份用户数据库和系统数据库，以保证系统还原能够正常操作。通常需要备份的数据包括数据、日志、代码、服务器配置文件等。

（2）备份时间：不同类型的数据库对备份的要求是不同的，对于系统数据库，一般在修改之后立即做备份比较合适。用户数据库发生变化的频率比系统数据库要高，所以不能采用立即备份的方式。对于用户数据库，一般采用周期性备份的方法，备份的频率与数据更改频率和用户能够允许的数据丢失量有关。

3. 数据库还原及其注意事项

数据库还原（也称为数据库恢复）是与数据库备份相对应的系统维护和管理操作，当数据库出现故障时，将备份的数据库加载到系统，从而使数据库恢复到备份时的正确状态。系统进行数据库还原操作时，需要注意以下事项：

（1）要还原的数据库是否存在；

（2）数据库文件是否兼容；

（3）数据库采用了哪种备份类型。

10.1.2　备份和还原的方法

1. 数据库备份和还原需要考虑的要素

数据库备份和数据库还原是两个互为一体的操作。数据库备份是为了完整、正确地进行数据库还原，数据库还原的基础是数据库备份。在进行数据库备份和还原时需要综合考虑用户需求、数据库特点，从而制订符合应用场景的数据库备份和还原策略。具体需要考虑以下要素：

（1）用户可以容忍丢失多长时间的数据；

（2）还原数据需要在多长时间内完成；

（3）数据库还原的时候是否需要持续提供服务；

（4）数据的更改频率；

（5）需要还原的数据量及数据内容（整个库、多个表或者单个表）。

2. MySQL 数据库备份工具

MySQL支持使用工具进行数据库备份，这里着重对以下5种工具进行介绍。

（1）mysqldump：逻辑备份工具，适用于所有的存储引擎，支持温备份、完全备份、增量备份、差异备份。对于InnoDB存储引擎，musqldump还支持热备份。在Linux和UNIX环境下，用户可以使用crontab自动运行mysqldump命令；在Windows环境下，用户可以使用Windows任务调度程序自动运行mysqldump命令。

（2）cp、tar等归档复制工具：物理备份工具，适用于所有的存储引擎，支持冷备份、完全备份、增量备份、差异备份。

（3）lvm2snapshot：借助文件系统管理工具进行备份。

（4）mysqlhotcopy：仅支持MyISAM存储引擎。mysqlhotcopy是一个Perl脚本。

（5）Xtrabackup：InnoDB/XtraDB热备份工具，支持完全备份、增量备份。

3. 备份和还原策略

在进行数据库备份时，用户可以考虑以下策略。

（1）定期备份，周期应当根据应用数据库系统可以承受的恢复时间来确定。定期备份的时间应当在系统负载最低的时候进行。定期备份之后，同样需要定期做恢复测试，了解备份的正确可靠性，确保备份是有意义的、可恢复的。

（2）根据系统需要来确定是否采用增量备份。增量备份所花的时间少，对系统负载的压力也小，缺点是恢复的时候需要加载之前所有的备份数据，恢复时间较长。

（3）在MySQL中打开log-bin选项，在做完整还原或者基于时间点的还原的时候都需要BINLOG。

（4）异地备份。

数据库还原通常采用以下两种策略：完全+增量+二进制日志；完全+差异+二进制日志。（注：二进制日志的概念见10.6节）。

10.2　MySQL数据库备份

为了保证数据的安全，数据库管理员应定期对数据库进行备份。备份需要遵循两个简单原则：一是要尽早并且经常备份；二是不要只备份到同一磁盘的同一文件中，要在不同位置保存多个副本，以确保备份安全。

10.2.1　使用 mysqldump 命令备份

mysqldump命令是MySQL提供的一个非常有用的数据库备份工具。执行mysqldump命令，可以将数据库备份成一个文本文件，此文件中包含多个CREATE和INSERT语句，使用这些语句可以重新创建和插入数据。mysqldump命令的基本语法格式如下。

```
mysqldump -u username -h host -p[password] databasename [tablename…]> filename.
sql
```

使用mysqldump命令默认导出的.sql文件中不仅包含表数据，还包含导出数据库中所有数据表的结构信息。上述语法格式中各参数的含义如下。

（1）username表示用户名称。

（2）host表示登录用户的主机名称，如果是本地主机登录，此项可忽略。

（3）password为登录密码，–p选项与密码之间不能有空格。

（4）databasename为需要备份的数据库，可以指定多个需要备份的数据库。

（5）tablename指需要备份的数据表，可以指定多个需要备份的表；若省略该参数，则表示备份整个数据库。

（6）符号">"告诉mysqldump将备份数据表的定义和数据写入备份文件。

（7）filename.sql为备份文件的名称，可以指定路径，如果不带绝对路径，默认保存在bin目录下。

mysqldump命令中各参数的完整含义可以通过运行帮助命令mysqldump-help获得。使用mysqldump命令备份数据库时，直接在DOS命令行窗口中执行该命令即可，无须登录MySQL数据库。用户也可以在MySQL安装目录下的bin子目录中找到mysqldump.exe，然后运行mysqldump.exe即可。

下面以前面章节所创建的teaching数据库为例来说明对数据库的备份操作。

1. 备份数据表

使用mysqldump命令可以备份表中的部分数据、备份单个表，也可以备份多个表，甚至可以备份数据库中所有的表。

【例10-1】使用mysqldump命令将数据库teaching中的所有表备份到D盘。

```
mysqldump -h localhost -u root -p teaching>d:/teachingall_backup_20210301.sql
```

注意：如果在命令提示符窗口出现"mysqldump不是内部或外部命令，也不是可运行的程序"的提示，则需要修改环境变量为mysqldump.exe所在的路径，通常为C:\Program Files\MySQL\MySQL Server 8.0\bin。

执行命令之后，D盘会出现"teachingall_backup_20210301.sql"文件。

用记事本打开.sql文件可以查看备份文件信息，如图10-1所示。

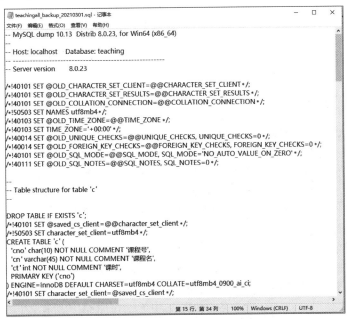

图10-1　使用记事本查看备份文件信息

在打开的文件中，可以看到mysqldump的版本号、MySQL的版本号、备份的数据库名称。除此之外，还有一些语句和注释信息等。注释信息中，以"--"开头的语句是SQL的注释语句，以"/*!"开头、以"*/"结尾的语句是可执行的MySQL注释语句。这些语句可以被MySQL执行，但在其他数据库管理系统中将被作为注释忽略。

【例10-2】使用mysqldump命令将数据库teaching中的s表备份到D盘。

```
mysqldump -u root -p teaching s>d:/teaching_s_backup_20210301.sql
```

执行命令，结果如图10-2所示。

图10-2　在命令提示符窗口运行mysqldump命令进行数据表的备份

【例10-3】使用mysqldump命令将数据库teaching中的s表和c表备份到D盘。

```
mysqldump -u root -p teaching s c>d:/teaching_s_c_backup_20210301.sql
```

在命令提示符窗口输入上述命令之后，按"Enter"键即可执行该命令。生成的.sql文件中包含了创建数据表s和c的全部语句及数据。

【例10-4】使用mysqldump命令将数据库teaching中表s的结构备份到D盘。

```
mysqldump -u root -p --opt --no-data teaching s>d:/teaching_s_structure.sql
```

2. 备份数据库

使用mysqldump命令既可以备份单个数据库，也可以备份多个数据库，甚至可以备份所有数据库。

【例10-5】使用mysqldump命令将数据库teaching备份到D盘。

```
mysqldump -u root -p --databases teaching>d:/teaching_backup_20210301.sql
```

上述语句执行成功后，在D盘会生成一个名为"teaching_backup_20210301.sql"的文件，该文件就是数据库的备份文件，其包含了创建数据库teaching及其内部数据表的全部SQL语句，以及数据库中的所有数据。

【例10-6】使用mysqldump命令备份数据库teaching和bankaccount。

```
mysqldump -u root -p --databases teaching bankaccount>d:/teachingandbankaccount_back_20210301.sql
```

其中，--databases参数之后至少需要指定一个数据库的名称，两个以上数据库名称之间需要用空格隔开。

【例10-7】使用mysqldump命令备份所有数据库。

```
mysqldump -u root -p --all-databases>d:/all_back_20210301.sql
```

使用--all-databases参数备份所有数据库之后，文件中包含了CREATE DATABASES语句和USE语句，在进行数据库还原时，不需要创建并指定要操作的数据库。

【例10-8】使用mysqldump命令备份数据库teaching的结构到D盘。

```
mysqldump -u root -p --opt --no-data teaching>d:/teaching_structure.sql
```

【例10-9】使用mysqldump命令备份数据库teaching的数据到D盘。

```
mysqldump -u root -p --opt --no-create-info teaching>d:/teaching_data.sql
```

3. 备份单表中的部分数据

有时一个表的数据量很大，用户只需其中的部分数据，这时用户可以使用mysqldump命令中的--where选项来完成单表中部分数据的备份。

【例10-10】使用mysqldump命令备份数据表s中年龄小于18岁的所有学生的信息。

```
mysqldump -u root -p teaching s --where="age<18"
```

10.2.2 使用工具备份

1. 在 MySQL Workbench 中备份

使用MySQL Workbench进行数据库备份时，在"Navigator"窗格中选择"Administration"选项卡，如图10-3所示，然后单击"Data Export"选项即可实现。

图10-3 在MySQL Workbench中进行数据库备份的界面

在"Administration-Data Export"窗口选择需要备份的数据库及存储路径，单击"Start Export"，待窗口出现"Export Completed"提示即表示备份成功，此时在相关文件夹中可看到导出的.sql文件。

2. 使用 mysqlhotcopy 工具备份

使用mysqlhotcopy工具需要安装Perl数据库接口包，MySQL官方网站提供了接口包的下载接口。mysqlhotcopy使用LOCK TABLES、FLUSH TABLES和cp来对数据库进行快速备份。mysqlhotcopy在UNIX系统中运行，只能运行在数据库目录所在的机器上，并且只能备份MyISAM类型的表。使用mysqlhotcopy进行备份的语法格式如下。

```
mysqlhotcopy db_name_1,…,db_name_n /path/to/new_directory
```

其中，db_name_1,…,db_name_n为需要备份的数据库的名称；/path/to/new_directory指定备份文件目录。

【例10-11】使用mysqlhotcopy备份teaching数据库到D盘。

```
mysqlhotcopy -u root -p teaching d:/
```

mysqlhotcopy工具的工作原理：先将需要备份的数据库加上一个读操作锁，然后用FLUSH TABLES将内存中的数据写回到硬盘上的数据库中，最后把需要备份的数据库文件复制到目标目录。在执行mysqlhotcopy前，必须确定可以被访问备份的表文件具有哪些表的SELECT权限、RELOAD权限（以便能够执行FLUSH TABLES）和LOCK TABLES权限。

3. 使用 SQLyog 工具进行备份

SQLyog是一个快速、简洁的开源图形化管理MySQL数据库的工具，使用SQLyog工具进行数据库备份，首先需要下载安装SQLyog工具。

启动SQLyog工具，输入正确的MySQL数据库的用户名、密码、主机地址、数据库和端口号等信息，然后单击"连接"按钮，如图10-4所示，成功登录MySQL。

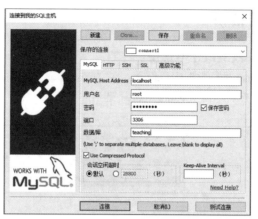

图 10-4　使用 SQLyog 工具登录数据库界面

连接之后，找到需要备份的数据库，右击该数据库，在弹出的快捷菜单中选择"备份/导出"→"备份数据库，转储到SQL"，如图10-5所示。

图 10-5　使用 SQLyog 工具进行数据库备份的快捷菜单

弹出"SQL转储"对话框，在该对话框中可以设置导出内容、导出路径等，需要注意的是，路径需要包含文件及其后缀名.sql，其他选项保持默认设置，单击"导出"按钮，如图10-6所示。

图 10-6　SQLyog 工具的"SQL 转储"对话框

导出完成后，进度条变为绿色，"SQL转储"对话框下方出现"完成"按钮，如图10-7所示，单击"完成"按钮，这时文件夹中出现了在导出路径中所设置的.sql文件，导出成功。

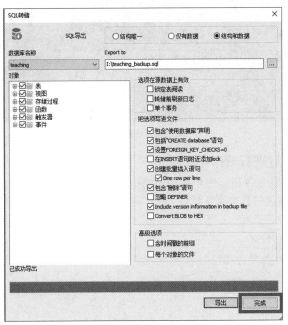

图10-7　SQLyog工具备份成功界面

10.3　MySQL数据库还原

数据库还原就是让数据库根据备份的数据恢复到备份时的状态，也称为数据库恢复。当数据丢失或意外破坏时，用户可以通过数据库还原功能将数据库还原，尽量减少数据丢失或意外破坏造成的损失。

10.3.1　使用命令进行数据库还原

1. 未登录服务器使用命令还原数据库

备份的.sql文件中包含CREATE、INSERT语句，使用mysql命令可以直接执行文件中的这些语句，从而使数据库还原。数据库还原的语法格式如下。

```
mysqldump -u username -p [databasename]<filename.sql
```

各参数的含义如下。

（1）username是执行backup.sql中语句的用户的用户名。

（2）-p表示输入用户密码。

（3）databasename是要还原的数据库的名称。

如果filename.sql是包含创建数据库语句的文件，那么在执行时不需要指定数据库。

【例10-12】使用mysqldump命令和备份文件teaching_backup_20210301.sql还原备份的teaching数据库。

```
mysqldump -u root -p teachingback<d:/teaching_backup_20210301.sql
```

命令执行结果如图10-8所示。

命令执行之后，用户可以登录MySQL WorkBench查看数据库还原结果。

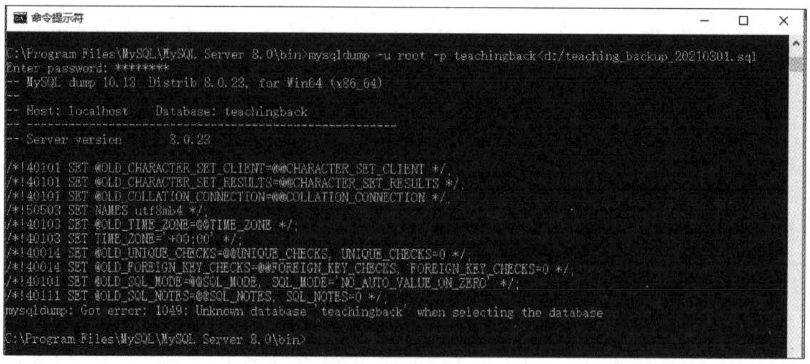

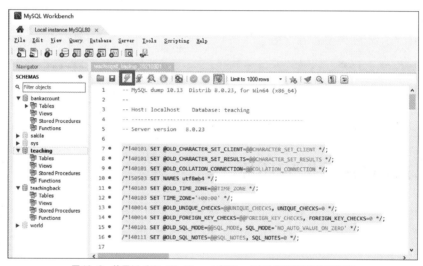

图 10-8 数据库还原命令执行结果

2. 登录服务器后进行数据库还原

用户登录MySQL服务器后，可以利用MySQL Workbench直接打开.sql文件，如图10-9所示，单击"执行"按钮进行数据库还原。

图 10-9 使用MySQL Workbench打开.sql文件直接进行数据库还原

10.3.2 使用工具进行数据库还原

1. 在 MySQL Workbench 中进行数据库还原

使用MySQL Workbench进行数据库还原时，在"Navigator"窗格中选择"Administration"选项卡（见图10-3），然后单击"Data Import/Restore"选项即可实现。单击"Data Import/Restore"选项后，在弹出的"Import Progress"窗口中选择10.2.2小节设置的存储导出文件的文件夹，单击"Start Import"，待出现"Import Completed"提示时，即表示数据库还原成功。

2. 使用 SQLyog 工具进行数据库还原

SQLyog工具支持.sql文件的导入，导入的文件中如果包含创建数据库语句，则需要先将其中存在的数据库删除，然后再执行导入操作。右击需要导入数据的数据库，在弹出的快捷菜单中选择"导入"→"执行SQL脚本"，如图10-10所示。

弹出"从一个文件执行查询"对话框，选择需要导入的文件，单击"执行"按钮就可以完成数据的导入操作，如图10-11所示。

执行完成之后，单击"完成"按钮即可。

图10-10　使用SQLyog工具进行数据库备份文件导入

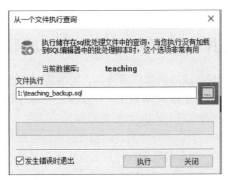

图10-11　使用SQLyog工具完成数据导入

10.4　MySQL数据库迁移

数据库迁移是指将数据库从一个系统移动到另一个系统上。通常在以下3种情况下需要进行数据库迁移：

（1）安装新的数据库服务器；

（2）MySQL版本更新；

（3）数据库管理系统发生变更。

如果是（1）和（2）中情况，则进行的是MySQL同类型数据库迁移，在10.4.1小节中将予以介绍；如果是（3）中情况，则需要进行的是不同类型数据库之间的迁移，在10.4.2小节中将予以介绍。

10.4.1　MySQL同类型数据库迁移

1. 版本一致的MySQL之间数据库迁移

MySQL中的数据库和数据表分别对应文件系统中的目录和目录之下的文件。在Linux环境中数据库文件的存放目录一般为/var/lib/mysql。Windows环境中数据库文件的存放目录视安装路径而定，一般为installpath/mysql/data。在数据库迁移之前，先将MySQL服务停止，然后复制数据库目录。在迁移到新的计算机时，首先创建好一个数据库（数据库名称可以不同），然后将备份出来的文件复制到对应的MySQL数据库目录中，即可完成数据库的迁移。但是，只有数据库、表都是MyISAM类型的，才能使用这种方法。

注意：使用这一方法需要新旧MySQL版本一致，否则可能会出现错误。

2. 不同版本的 MySQL 之间数据库迁移

不同版本的MySQL之间数据库迁移，需要经过备份原数据库-卸载原数据库-安装新数据库-在新数据库中还原备份的数据库数据一系列操作。

通常高版本的MySQL会兼容低版本的MySQL，因此，数据库可以直接从低版本的MySQL迁移到高版本的MySQL中。在进行具体操作时，需要关注不同版本的MySQL之间的默认字符集问题，MySQL 4.x使用latin1作为默认字符集，MySQL 5.x使用utf8作为默认字符集。如果数据库有中文数据，需要对默认字符集进行更改。高版本的MySQL数据库很难迁移到低版本的MySQL中，因为高版本的MySQL可能有一些新的特性，而这些特性是低版本的MySQL所不具备的，所以在进行数据库迁移时要特别注意。

最常用的办法是使用mysqldump命令来进行备份，详见10.2.1小节，然后再使用命令将其还原到目标MySQL数据库中。

10.4.2 MySQL 和其他数据库管理系统间的数据库迁移

MySQL和其他数据库管理系统间的数据库迁移，包括从MySQL迁移到Oracle、SQL Server等，也包括从Oracle、SQL Server迁移到MySQL。在迁移之前需要了解不同数据库的架构，以及它们之间的差异。此外，不同数据库中相同类型的数据的关键字可能不同，例如MySQL中的日期字段分为DATE和TIME两种，而Oracle中的日期字段只有DATE一种。不同数据库厂商没有完全按照SQL标准来设计数据库，会造成数据库使用的SQL语句之间存在差异。例如，Oracle数据库软件使用的是PL/SQL语言，SQL Server使用的是T-SQL语言，这就造成了Oracle、MySQL和SQL Server是不兼容的。

进行数据库迁移时可以使用一些工具，例如，在Windows环境下可以使用MyODBC工具来实现MySQL和SQL Server之间的数据库迁移，使用MySQL官方提供的工具MySQL Migration Toolkit也可以在不同的数据库管理系统间进行数据库迁移。

10.5 数据库导出和导入

MySQL数据库中的表可以导出成文本文件、.xls文件、.xml文件或者.html文件。相应地，这些文件也可以导入MySQL数据库中。

10.5.1 使用 SQL 语句导出和导入文件

MySQL允许用户使用SELECT…INTO OUTFILE语句把数据表数据导出到一个文本文件中进行备份，并允许用户使用LOAD DATA…INFILE语句来恢复先前备份的数据。使用这两个语句导出和导入时不包含表的结构，如果表结构损坏，则需要先恢复表结构。

1. 使用语句导出文件

使用SELECT…INTO OUTFILE语句导出文本文件时只能导出到数据库服务器上，并且导出文件不能进行覆盖（导出文件名称不能已经存在）。其具体语法格式如下。

```
SELECT …INTO OUTFILE filename [OPTIONS];
```

语句的前半部分是一个普通的SELECT语句，通过这个SELECT语句来查询所需要的数据；后半部分则是负责导出数据的。其中，filename参数指明导出的文件名称（包含文件路径），

OPTIONS是可选参数选项，包含FIELDS子句和LINES子句，可能的取值可以通过查询帮助文件获得。

【例10-13】使用SELECT…INTO OUTFILE语句导出teaching数据库中s表的记录。使用FIELDS子句和LINES子句，要求字段之间用","隔开，字符型数据用双引号括起来。

```
SELECT * FROM teaching.s INTO OUTFILE 'd:/teaching_s.txt'
FIELDS
    TERMINATED BY '\,'
    OPTIONALLY ENCLOSED BY '\" ';
```

多个FIELDS子句排列在一起时，后面的FIELDS必须省略。运行上述语句，返回结果如图10-12所示。

Error Code: 1290. The MySQL server is running with the --secure-file-priv option so it cannot execute this statement

图10-12　返回结果

这是由于secure-file-priv会指定文件夹作为导出文件存放的地址，我们可以先使用"SHOW VARIABLES LIKE '%secure%';"语句查找导出文件的存放地址，查找结果如图10-13所示。

Variable_name	Value
▶ require_secure_transport	OFF
secure_file_priv	C:\ProgramData\MySQL\MySQL Server 8.0\Uploads\

图10-13　查找结果

将文件目录修改为查找结果所显示的目录即可执行成功。

```
SELECT * FROM teaching.s INTO OUTFILE 'C:/ProgramData/MySQL/MySQL Server
8.0/Uploads/teaching_s.txt'
FIELDS
    TERMINATED BY '\,'
    OPTIONALLY ENCLOSED BY '\" ';
```

语句执行成功之后，我们可以在对应文件夹下看到导出的文件，将其打开即可看到导出文件中的数据，如图10-14所示。

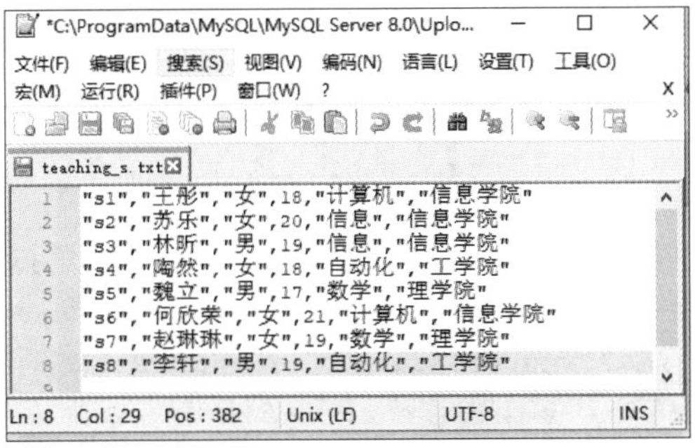

图10-14　使用语句导出文件

【例10-14】使用SELECT…INTO OUTFILE语句导出teaching数据库中的s表为.xls和.xml文件。

```
SELECT * FROM teaching.s INTO OUTFILE 'C:/ProgramData/MySQL/MySQL Server
8.0/Uploads/teaching_s.xls';
SELECT * FROM teaching.s INTO OUTFILE 'C:/ProgramData/MySQL/MySQL Server
8.0/Uploads/teaching_s.xml';
```

导出的文件可以为.txt、.xls、.doc、.xml等文件，通常以.txt文件呈现。导出的文件中包含了纯数据，不存在建表信息。

2. 使用语句导入文本文件

在MySQL中，LOAD DATA…INFILE语句用于高速地从一个文本文件中读取行，并写入一个表中。文件名称必须为一个字符串。LOAD DATA…INFILE语句与SELECT…INTO OUTFILE语句是一对功能相反的语句。其中，SELECT…INTO OUTFILE语句的作用是将表中的数据备份到文件中，LOAD DATA…INFILE的作用是从文件中将数据恢复到表中。LOAD DATA…INFILE语句的语法格式如下。

```
LOAD DATA [LOW_PRIORITY|CONCURRENT] [LOCAL] INFILE 'file_name.txt'
    [REPLACE|IGNORE]
    INTO TABLE tbl_name;
```

各参数的含义如下。

（1）LOW_PRIORITY：该参数适用于表锁存储引擎，比如MyISAM、MEMORY和MERGE，在写入过程中如果有客户端程序读表，写入将会延后，直至没有任何客户端程序读表再继续写入。

（2）CONCURRENT：使用该参数，允许在写入过程中其他客户端程序读取表内容。

（3）LOCAL：影响数据文件定位和错误处理。只有当mysql-server和mysql-client同时在配置中指定允许使用时，LOCAL才会生效。如果mysql的local_infile系统变量设置为disabled，LOCAL关键字将不会生效。

（4）REPLACE|IGNORE：控制对现有记录的唯一键的重复值进行处理。如果指定了REPLACE，新行将代替有相同的唯一键值的现有行。如果指定了IGNORE，则跳过唯一键具有重复值的现有行进行输入。如果不指定任何一个选项，当出现重复值时，将会报错，而且自此之后的文本文件中剩余部分将会被忽略。

（5）file_name.txt：导出的包含存储路径的文件名称。

（6）tbl_name：该表必须在数据库中已经存在，表结构与导入文件的数据行一致。

【例10-15】使用LOAD DATA…INFILE语句将'd:/teaching_s.txt'导入teaching数据库中的s表。

```
LOAD DATA INFILE 'C:/ProgramData/MySQL/MySQL Server 8.0/Uploads/teaching_
s.txt' INTO TABLE teaching.s
FIELDS TERMINATED BY '\,'
OPTIONALLY ENCLOSED BY '\"'
LINES TERMINATED BY '\r\n';
```

如果只导入一个表的部分列，可以采用如下语句。

```
LOAD DATA LOCAL INFILE 'C:/ProgramData/MySQL/MySQL Server 8.0/Uploads/teaching_
s.txt' INTO TABLE teaching.s(sno,sn);
```

如果该表已经存在于数据库，为避免报错或者主键冲突，可以用REPLACE INTO TABLE子句直接将数据进行替换。

```
LOAD DATA INFILE 'C:/ProgramData/MySQL/MySQL Server 8.0/Uploads/teaching_
s.txt' REPLACE INTO TABLE teaching.s;
```

如果表结构已被破坏，使用LOAD DATA INFILE语句恢复数据时，需要先恢复表结构。

10.5.2 使用命令导出和导入文件

MySQL通常使用mysqldump命令导出和导入文件，这在本章的前半部分已经说明。使用mysqldump命令导出文件的方法与步骤详见10.2.1小节，使用mysqldump命令导入文件的方法与步骤详见10.3.1小节。

10.6 MySQL日志管理

日志是MySQL数据库的重要组成部分，数据库运行期间的所有操作均记录在日志文件中。

例如，一个名为bfu的用户登录到MySQL服务器，日志文件中就会记录这个用户的登录时间、执行的操作等。再例如，MySQL服务在某个时间出现异常，异常信息会被记录到日志文件中。当数据遭到破坏发生丢失时，我们可以通过日志文件来查询出错原因，并且可以通过日志文件进行数据还原。对MySQL的管理工作而言，这些日志文件是不可缺少的。

10.6.1　日志的类型

MySQL有不同类型的日志文件，包括错误日志、二进制日志、通用查询日志及慢查询日志。除了二进制日志外，其他日志都是文本文件。

日志的类型

（1）错误日志：记录MySQL服务器启动和停止过程中的信息、服务器在运行过程中发生的故障和异常情况的相关信息、事件调度器运行一个事件时产生的信息、在从服务器上启动服务器进程时产生的信息等。

（2）二进制日志：记录所有用户对数据库的操作（除SELECT语句之外）。当数据库发生意外时，通过此文件可以查看一定时间段内用户所做的操作，结合数据库备份技术即可实现数据库还原。二进制日志包含数据库备份后进行的所有更新，因此，在数据库发生故障时，利用二进制日志能够最大可能地更新数据库。

（3）通用查询日志：也称为通用日志，记录了用户的所有操作，包括对数据库的增加、删除、修改、查询等信息，在并发操作量大的环境下会产生大量的信息，从而导致不必要的磁盘I/O，进而影响MySQL的性能。

（4）慢查询日志：记录查询时长超过指定时间的查询语句。

日志文件通常存储在MySQL数据库的数据库目录下。默认情况下，MySQL数据库只启动了错误日志功能，其他类型日志都需要数据库管理员进行设置。但是，启动各种类型的日志功能都会降低MySQL数据库的执行速度，因此，数据库管理员需要综合考虑时间开销和日志的作用，来确定是否开启日志功能。

10.6.2　日志的作用

MySQL日志用来记录MySQL数据库的运行情况、用户操作和错误信息等。日志具有以下作用。

（1）如果MySQL数据库系统意外停止服务，数据库管理员可以通过错误日志查看出现错误的原因。

（2）数据库管理员可以通过二进制日志文件查看用户执行了哪些操作，从而根据二进制日志文件的记录来修复数据库。

（3）数据库管理员可以通过慢查询日志找出执行时间较长、执行效率较低的语句，从而对数据库查询操作进行优化。

10.6.3　错误日志管理

1. 启用错误日志

错误日志功能在默认情况下是开启的，并且不能被禁止。通过修改my.ini文件中的log-err和log-warnings可以配置错误日志信息，其中log-err定义是否启用错误日志功能和错误日志的存储位置，log-warnings定义是否将警告信息定义至错误日志中。错误日志默认以hostname.err为文件名，其中hostname为主机名。错误日志的存储位置可以通过log-error选项来设置，在my.ini文件中进行修改的语法格式如下。

```
--log-error=[path/[filename]]
```

其中，path为日志文件所在的目录路径，filename为日志文件名。修改配置项后，需要重启MySQL服务才能生效。

2. 查看错误日志

如果MySQL服务出现故障，数据库管理员可以在错误日志中查找原因。错误日志是以文本文件的形式存储的，可以直接使用普通文本工具打开查看。数据库管理员也可以通过SHOW命令查看错误日志文件所在的目录及文件名信息。

```
SHOW VARIABLES LIKE '%log_error%';
```

查询结果如表10-1所示。

表 10-1　查询结果

# Variable_name	Value
binlog_error_action	ABORT_SERVER
log_error	.\DESKTOP-6R6HANK.err
log_error_services	log_filter_internal; log_sink_internal
log_error_suppression_list	
log_error_verbosity	2

从表10-1可看出，本书作者的计算机中，错误日志的文件名为"DESKTOP-6R6HANK.err"，用文本工具打开错误日志文件，可以看到错误日志记录了系统的一些错误和警告信息，如图10-15所示。

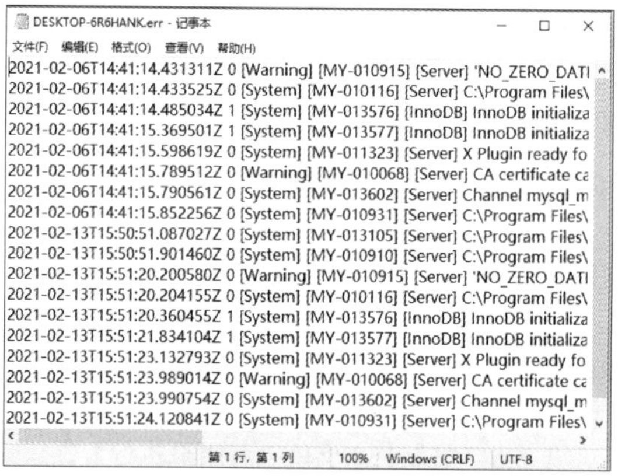

图 10-15　查看错误日志

3. 删除错误日志

数据库管理员可以删除早期的错误日志，这样可以保证MySQL服务器上的硬盘空间。在MySQL数据库中，数据库管理员可以使用mysqladmin命令来开启新的错误日志。mysqladmin命令的语法格式如下。

```
mysqladmin -u root -p flush -logs
```

执行命令后，数据库系统会自动创建一个新的错误日志。旧的错误日志仍然保留，只是已经更名为filename.err-old。

在客户端登录MySQL数据库后，可以执行下面的flush logs语句。

```
flush logs;
```

对于早期的错误日志，数据库管理员查看这些错误日志的可能性不大，因此，当不再需要这些文件时，数据库管理员可以通过SHOW命令查看错误日志文件所在的位置，然后删除即可。

10.6.4 二进制日志管理

二进制日志是MySQL中最重要的日志，记录了除SELECT语句之外所有的DDL，也称为变更日志。二进制日志包含两类文件：一是二进制日志索引文件，文件名后缀为.index，该文件用于记录所有的二进制文件；二是二进制日志文件，文件名后缀为.00000*，该文件记录了数据库所有的DDL和DML语句。使用二进制日志的主要目的是最大可能地恢复数据，因为二进制日志包含备份后进行的所有更新。默认情况下，MySQL是不开启二进制日志功能的。

1. 开启二进制日志

二进制日志开启后，所有对数据库的操作均会被记录到二进制日志文件中，所以长时间开启之后，二进制日志文件会变得很大，占用大量磁盘空间。查看二进制日志是否开启的命令如下。

```
SHOW VARIABLES LIKE 'log_bin';
```

通过my.ini文件中的log-bin选项可以开启二进制日志，具体语法格式如下。

```
log-bin [=path/[filename]]
expire_logs_days=10
max_binlog_size=100M
```

其中，log-bin定义开启二进制日志，path表示日志文件所在的目录路径，filename为日志文件的文件名，文件全名如filename.000001或者filename.000002等，每次重启MySQL服务后，都会生成一个新的二进制日志文件，这些日志文件的number（如000001）会不断递增；expire_logs_days定义定期清除过期日志的时间、二进制日志自动删除的天数，默认值是0，表示"没有自动删除"；max_binlog_size用于对单个文件的大小进行限制，如果二进制日志写入的内容大小超出给定值，日志就会发生滚动，也就是关闭当前文件，重新打开一个新的日志文件（文件大小默认值是1GB，设置时不能将该值设置为小于4096B或大于1GB）。

在my.ini文件中配置完成之后，启动MySQL服务进程，即可启动二进制日志。二进制日志默认存储在数据库的数据目录下，默认的文件名为hostname-bin.number，其中hostname表示主机名。

2. 查看二进制日志

使用SHOW命令可以查看二进制日志是否开启，如果结果为ON，则表明开启了二进制日志，如图10-16所示。

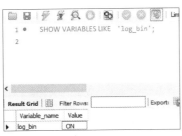

图10-16　查看二进制日志是否开启

使用show binary logs可以查看目前有哪些二进制日志文件。由于log-bin是以binary方式存取的，所以不能直接在Windows下查看，但可以通过MySQL提供的mysqlbinlog工具查看。

```
mysqlbinlog --no-defaults C:\ProgramData\MySQL\MySQL Server 8.0\Data\
DESKTOP-TKC62RP-bin.000005
```

命令执行窗口如图10-17所示。

数据库管理员也可以通过SHOW命令查看用户对数据库的操作，如下所示。

```
SHOW BINLOG EVENTS in 'DESKTOP-TKC62RP-bin.000005';
```

执行上述命令，结果如表10-2所示。

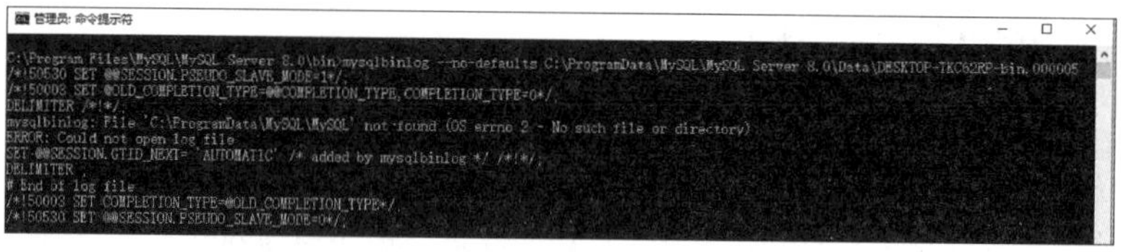

图 10-17　使用 mysqlbinlog 命令查看二进制日志文件

表 10-2　命令执行结果

Log_name	Pos	Event_type	Server_id	End_log_pos	Info
DESKTOP-TKC62RP-bin.000005	4	Format_desc	1	125	Server ver: 8.0.23, Binlog ver: 4
DESKTOP-TKC62RP-bin.000005	125	Previous_gtids	1	156	
DESKTOP-TKC62RP-bin.000005	156	Stop	1	179	

通过二进制日志文件的内容可以看出对数据库操作的记录，这给数据库管理员对数据库进行管理或数据库恢复提供了依据。如果数据库管理员想查看SELECT查询过程，可以使用查询日志。

3．删除二进制日志文件

二进制日志文件记录了大量的内容，如果很长时间不清理，将会对存储空间造成浪费。二进制日志文件不能直接删除，如果使用rm删除可能会导致数据库崩溃，通常使用purge命令删除。使用purge命令删除日志的语法格式如下。

```
purge {binary|master} logs {to 'og_name'|before datetime_expr};
```

此外，数据库管理员可以使用reset master删除所有的二进制日志文件。使用reset master删除所有二进制日志文件之后，MySQL将会重新创建二进制日志文件，新的二进制日志文件重新从000001开始编号。

【例10-16】删除指定编号000004前的所有日志。

```
purge master logs to 'DESKTOP-TKC62RP-bin.000004';
```

上述命令执行完毕后通过SHOW命令查看二进制日志文件，可以看到，DESKTOP-TKC62RP- bin.000004之前的日志文件已经被删除，如表10-3所示。

表 10-3　例 10-16 的结果。

Log_name	File_size	Encrypted
DESKTOP-TKC62RP-bin.000004	179	No
DESKTOP-TKC62RP-bin.000005	179	No
DESKTOP-TKC62RP-bin.000006	179	No
DESKTOP-TKC62RP-bin.000007	179	No
DESKTOP-TKC62RP-bin.000008	179	No
DESKTOP-TKC62RP-bin.000009	179	No
DESKTOP-TKC62RP-bin.000010	179	No
DESKTOP-TKC62RP-bin.000011	179	No
DESKTOP-TKC62RP-bin.000012	156	No
DESKTOP-TKC62RP-bin.000013	15861	No

【例10-17】删除指定时间2021-03-04 11:30:00之前产生的所有日志。

```
purge master logs before '2021-03-01 11:30:00';
```
上述命令执行完成之后，2021-03-04 11:30:00之前创建的所有二进制日志将被删除。

4. 使用二进制日志还原数据库

如果数据库遭到意外损坏，首先应该使用最近的备份文件来还原数据库。但在最近一次备份之后，数据库可能还进行过一些更新，这可以使用二进制日志来还原。在数据库意外丢失数据时，数据库管理员可以使用mysqlbinlog工具从由指定时间点开始（例如最后一次备份）直到现在或另一个指定时间点的日志中恢复数据。数据库管理员首先需要获得当前二进制日志文件的路径和文件名，一般可以从配置文件中找到路径。使用mysqlbinlog还原数据库的命令如下。

```
mysqlbinlog [option] filename | mysql -u user -p password
```
option是一些可选的选项，其中比较重要的参数是--start-date、--stop-date和--start-position、--stop-position。--start-date、--stop-date指定数据库恢复的起始时间点和结束时间点；--start-position、--stop-position指定恢复数据库的开始位置和结束位置。filename是日志文件名。

【例10-18】使用mysqlbinlog恢复数据库到2021年3月10日10:00:00的状态。

```
mysqlbinlog -stop-date=" 2021-03-10 10:00:00" C:\ProgramData\MySQL\MySQL Server
8.0\Data\DESKTOP-TKC62RP-bin.000005 | mysql -u root -p
```
该命令执行成功后，系统会根据.000005日志文件恢复2021年3月10日10:00:00以前的所有操作。使用mysqlbinlog命令进行还原操作时，必须是编号小的先还原，比如.000001必须在.000002之前还原。

10.6.5 慢查询日志管理

慢查询日志记录了执行时间超过特定时长的查询，即记录所有执行时间超过最大SQL执行时间（long_query_time）或未使用索引的语句。分析这些语句执行时间超过特定时长的原因，可以优化MySQL的管理。

1. 启用慢查询日志

慢查询日志在MySQL中默认是关闭的，可以通过配置文件my.ini或者my.cnf中的slow_query_log选项打开。开启慢查询日志的语法格式如下。

```
slow_query_log_file[=path/[filename]]
long_query_time=n;
```
其中，path为日志文件所在的目录路径，如果不指定目录和文件，默认存储在数据目录中，文件为hostname-slow.log，hostname是MySQL服务器的主机名。long_query_time选项指定时间阈值，如果某条查询语句的查询时间超过了这个值，那么查询过程将会被记录到慢查询日志文件中，参数"n"是时间值，单位是秒，如果不设置long_query_time选项，默认时间是10秒。

另外，数据库管理员还可使用命令行开启慢查询日志，具体设置命令如下。

```
SET GLOBAL slow_query_log=on;
SET GLOBAL slow_launch_time=1;
```
设置完成之后，可以通过show命令查看设置情况。

```
SHOW VARIABLES LIKE 'slow_%';
```
查询结果如图10-18所示。

2. 查看慢查询日志

执行时间超过指定时间的查询语句会被记录到慢查询日志中。如果数据库管理员想知道哪些查询语句的执行效率低，那么其可以从慢查询日志中获得想要的信息。通过前面的设置，我们可以看到在默认文件夹下生成了一个名为DESKTOP-TKC62RP-slow.log的慢查询日志文件，我们可以使用记事本来查看该文件，如图10-19所示。

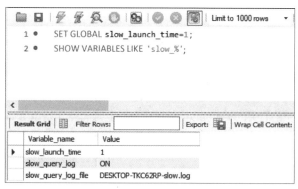

图10-18　查看慢查询日志开启情况

```
DESKTOP-TKC62RP-slow.log
  1  C:\Program Files\MySQL\MySQL Server 8.0\bin\mysqld.exe,Version: 8.0.23 (MySQL Community Server - GPL).
     started with:
  2  TCP Port: 0,Named Pipe: MySQL
  3  Time                 Id Command      Argument
  4  C:\Program Files\MySQL\MySQL Server 8.0\bin\mysqld.exe,Version: 8.0.23 (MySQL Community Server - GPL).
     started with:
  5  TCP Port: 3306, Named Pipe: MySQL
  6  Time                 Id Command      Argument
  7  # Time: 2021-01-28T07:28:33.750535Z
  8  # User@Host: root[root] @ localhost [127.0.0.1]  Id:    16
  9  # Query_time: 16.951285  Lock_time: 0.000148 Rows_sent: 0  Rows_examined: 0
 10  use sakila;
 11  SET timestamp=1611818896;
 12  --
 13  -- View structure for view 'customer_list'
 14  --
 15
 16  CREATE VIEW customer_list
 17  AS
 18  SELECT cu.customer_id AS ID,CONCAT(cu.first_name,_utf8' ',cu.last_name) AS name,a.address AS address,
     a.postal_code AS 'zip code',
 19      a.phone AS phone,city.city AS city,country.country AS country,IF(cu.active,_utf8'active',_utf8'')
         AS notes,cu.store_id AS SID
 20  FROM customer AS cu JOIN address AS a ON cu.address_id=a.address_id JOIN city ON a.city_id=city.city_id
 21      JOIN country ON city.country_id=country.country_id
 22  # Time: 2021-01-28T07:28:53.949724Z
 23  # User@Host: root[root]@localhost [127.0.0.1]  Id: 16
 24  # Query_time: 20.174228  Lock_time: 0.000227 Rows_sent: 0  Rows_examined: 0
 25  SET timestamp=1611818913;
 26  --
 27  -- View structure for view 'film_list'
 28  --
 29
 30  CREATE VIEW film_list
```

图10-19　查看慢查询日志

该文件记录了慢查询日志发生的时间、连接用户、IP、执行时间、锁定时间、最终发送行数、总计扫描行数、SQL语句等相关信息。如果只需要查询某些变量，可以通过下面的语句进行查看。

```
-- 查看慢查询定义的时间值
SHOW GLOBAL VARIABLES LIKE 'long_query_time';
-- 查看慢查询日志相关变量
SHOW GLOBAL VARIABLES LIKE '%slow_query_log%';
```

当查询时间大于所设置的long_query_time时，可通过mysqldumpslow工具进行汇总、排序，以便找出耗时最高、请求次数最多的慢查询日志。

3．删除慢查询日志

当需要删除慢查询日志时，通常通过以下语句来重置慢查询日志文件。

```
SET GLOBAL slow_query_log=0;
```

重置后需要生成一个新的慢查询日志文件。

```
SET GLOBAL slow_query_log=1;
```

数据库管理员也可以使用mysqladmin命令来删除，具体的语法格式如下。

```
mysqladmin -u root -p flush-logs
```

执行该命令后，新的慢查询日志会直接覆盖旧的慢查询日志，不需要再手动删除。数据库管理员也可以手动删除慢查询日志，删除之后需要重新启动MySQL服务，重启之后就会生成新的慢查询日志。

10.6.6 通用日志管理

通用日志也称为通用查询日志，在并发操作多的环境下会产生大量的信息，从而导致不必要的磁盘I/O，影响MySQL的性能。通用日志记录用户的所有操作，包括启动和关闭MySQL服务、更新语句、查询语句等。

1. 开启通用日志

通用日志默认是关闭的，可以通过修改my.ini文件的log选项来开启。修改的语法格式如下。

```
log[=path/[filename]]
```

其中，path用来指定日志存放的位置，filename定义日志文件名，默认以主机名hostname作为文件名，日志文件存放在MySQL数据库的数据文件夹下。

登录MySQL服务器后，也可以用语句来启动通用日志，开启通用日志的语法格式如下。

```
SET GLOBAL general_log=on/1;
```

通过SHOW语句可以查看通用日志的开启情况。

```
SHOW VARIABLES LIKE 'general%';
```

如果开启成功，我们将会在语句执行结果中看到general_log的值为ON。

需要停止通用日志时，只需要把my.ini文件中的general_log设置为0，然后重新启动MySQL服务即可。

2. 查看通用日志

通用日志以文本文件的形式存储，在Windows操作系统中可以使用文本编辑器进行查看，在Linux操作系统中可以使用Vim工具或者gedit工具进行查看。通过SHOW命令显示通用日志文件所在的位置和文件名之后，打开日志文件，即可查看日志文件的内容。

3. 删除通用日志

如果数据库的使用非常频繁，那么通用日志将会占用非常大的磁盘空间。数据库管理员可以删除很长时间之前的通用日志，以保证MySQL服务器上的硬盘空间。在MySQL数据库中，数据库管理员可以使用mysqladmin命令来开启新的通用日志，新的通用日志会直接覆盖旧的通用日志，不需要再手动删除。命令的语法格式如下。

```
mysqladmin -u root -p flush -logs
```

数据库管理员也可以在登录MySQL服务器之后，输入以下语句来删除通用日志。

```
flush logs;
```

如果希望备份旧的通用日志，那么必须先将旧的日志文件复制出来或者改名，然后再执行上面的命令。除了上述方法，数据库管理员还可以手动删除通用日志。删除之后需要重新启动MySQL服务，重启之后就会生成新的通用日志。

删除通用日志和慢查询日志使用的是同一个命令，所以在使用时一定要注意，一旦执行这个命令，那么通用日志和慢查询日志都将只存在新的日志文件中。

10.7 小结

数据库的备份和还原是MySQL运行维护的重要工作内容。数据库备份还原是为了防止数据丢失，或者在数据出现不满足一致性、完整性的时候，能够根据之前某一状态的数据库副本（数据库备份），将数据库还原到这一状态之下的版本。在MySQL中，用户可以使用命令或工具来对数据库进行备份和还原。

本章还介绍了数据库迁移和导入导出的方法，以保证在数据库服务器更新或者数据库管理系统发生变更时能够最大化地将原来的数据库迁移到新的数据库服务器或新的数据库系统中。

日志是MySQL数据库的重要组成部分，数据库运行期间的所有操作均记录在日志文件中。使用日志可以查看用户对数据库进行的所有操作，也可以帮助进行数据库还原和数据库优化。MySQL中的日志分为错误日志、二进制日志、通用日志和慢查询日志4种，其中二进制日志的查询方法与其他日志不同，读者需要特别注意。开启日志需要消耗一定的存储空间，也会影响MySQL的性能，对于早期的日志文件要注意及时删除。

习 题

一、选择题

1. MySQL日志文件的类型包括错误日志、通用日志、二进制日志和（　　）。
   A. 慢查询日志　　　　B. 索引日志　　　　C. 权限日志　　　　D. 文本日志
2. 还原数据库时，首先要进行（　　）操作。
   A. 创建数据表备份　　　　　　　　　B. 创建完整数据库备份
   C. 创建冷备份　　　　　　　　　　　D. 删除最近事务日志备份
3. 按备份时服务器是否在线进行划分，数据库备份不包括（　　）。
   A. 热备份　　　　　B. 完全备份　　　　C. 冷备份　　　　D. 温备份
4. 以下关于二进制日志文件的叙述中，错误的是（　　）。
   A. 使用二进制日志文件能够监视用户对数据库的所有操作
   B. 二进制日志文件记录所有对数据库的更新操作
   C. 启用二进制日志文件，会使系统性能有所降低
   D. 启用二进制日志文件，会浪费一定的存储空间
5. 使用MySQL时，想要实时记录数据库中所有修改、插入和删除操作，需要启用（　　）。
   A. 二进制日志　　　B. 通用日志　　　C. 错误日志　　　D. 慢查询日志
6. （　　）备份是在某一次完整备份的基础上，只备份其后数据的变化。
   A. 比较　　　　　　B. 检查　　　　　C. 增量　　　　　D. 二次
7. MySQL的日志在默认情况下，只启动了（　　）的功能。
   A. 二进制日志　　　B. 错误日志　　　C. 通用日志　　　D. 慢查询日志

二、简答题

1. 在MySQL中，为什么要进行数据库备份与数据库还原？
2. 进行数据库还原时应该注意哪些问题？
3. 开启二进制日志有哪些好处？

篇章4
数据库设计

思维导图

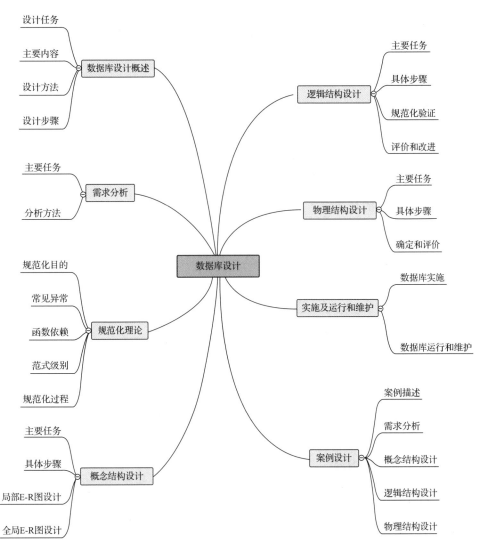

第11章
数据库设计概述及需求分析

数据库设计是数据库系统设计与开发的关键性工作。本章将介绍数据库设计的主要任务、特点、方法和设计步骤。同时，基于全篇案例——"电子商务系统中的销售业务管理和采购业务管理"，重点介绍需求分析方法论及案例的需求分析过程。

本章学习目标：理解数据库设计的基本任务和内容，掌握数据库设计的主要步骤、步骤间的关系，能够针对具体业务开展需求分析工作。

11.1　数据库设计概述

11.1.1　数据库设计的任务和内容

1. 数据库设计的任务

数据库设计是指对于给定的业务描述和应用环境，通过合理的数据分析、设计和组织方法，综合DBMS特性及系统支撑环境特性，构造最为适合的数据库模式，建立数据库及其应用系统，使之能可靠、有效地满足用户的信息处理要求。数据库设计的任务如图11-1所示。

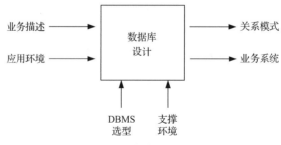

图 11-1　数据库设计的任务

2. 数据库设计的内容

数据库设计的内容包括数据库的结构设计和数据库的行为设计。

（1）数据库的结构设计

数据库的结构设计是指根据给定的应用环境，进行数据库的子模式或模式的设计。它包括数据库的概念设计、逻辑设计和物理设计。数据库模式包含了整个数据库系统的库表结构，一经构建后，若需求未发生重大变化，通常是不容易改变的，所以数据库的结构设计又称为静态模型设计。

（2）数据库的行为设计

数据库的行为设计主要是指数据库用户的行为和动作设计，这些行为和动作需要通过应用程序实现，所以数据库的行为设计也可以看作应用程序或业务逻辑的设计。用户的行为一般是根据业务的变化对数据库中数据进行增加、修改、删除，所以数据库的行为设计是动态的，行为设计又称为动态模型设计。

11.1.2 数据库设计方法

在具体实施数据库设计时，常用的数据库设计方法有直观设计法、规范设计法和计算机辅助设计法。

1. 直观设计法

直观设计法也称为手工试凑法，这种方法直接根据业务需要给出数据库的关系模式，依赖于设计者的经验和技巧。由于缺乏科学理论和工程原则的支持，设计质量很难保证，常常在数据库运行一段时间后因各种问题，如字段缺失、关系冗余等问题，需要对数据库进行修改，从而增加了系统维护的代价。因此，直接设计法并不适用于现代大型或复杂数据库系统的设计。

2. 规范设计法

规范设计法包括E-R模型方法、范式理论方法和视图方法。

（1）E-R模型方法

E-R模型方法是由陈品山（P.P.S.Chen）于1976年提出的，其基本思想是在需求分析的基础上，用易于表达的Entity（实体）-Relationship（联系）图构造一个反映现实世界各类数据项关系的概念模式，然后运用转化规则，将概念模式转换成关系模式。

（2）范式理论方法

范式理论方法是一种结构化设计方法，其基本思想是在需求分析的基础上，确定数据库模型中全部属性间的函数依赖关系，然后运用范式理论，构建满足规范化要求的关系模式的集合。

（3）视图方法

视图方法先收集重点业务涉及的各功能点，通过系统原型设计等方式，构建各功能点相关的数据视图，然后将这些数据视图看作数据库系统的外模式，通过分解和合并视图的手段，形成数据库关系模式。

3. 计算机辅助设计法

计算机辅助设计法是指在数据库设计过程中使用数据库辅助设计工具，辅助设计人员高效、规范化地完成数据库设计。常用的数据库辅助设计工具包括Sybase公司的PowerDesigner、Premium公司的Navicat、Oracle公司的MySQL Workbench等。

现代数据库设计方法是上述设计方法相互融合的产物，达到更为高效、规范化的数据库设计目标。图11-2描述了一种混合多种设计方法的现代数据库设计过程。

通过E-R模型方法设计数据库，然后使用范式理论方法对设计的结果进行分析和验证，最后通过视图方法核验设计结果是否完整覆盖所有功能点。各设计步骤在计算机辅助设计工具（如PowerDesigner、Navicat、MySQL Workbench等）上进行，以达到多人协作、高效、规范化开发的目的。

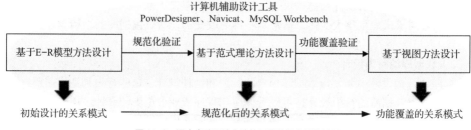

图11-2　混合多种设计方法的现代数据库设计过程

11.2　数据库设计各阶段的主要工作

数据库设计各阶段与数据库结构设计和行为设计的关系如图11-3所示。各阶段及其主要工作介绍如下。

数据库设计各阶段的主要工作

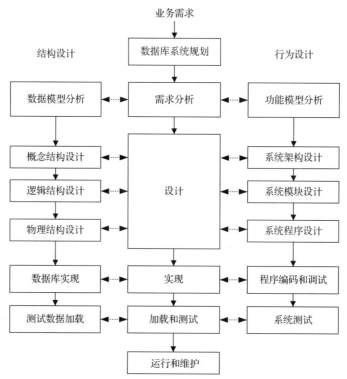

图11-3　数据库设计的全过程

1.　数据库系统规划阶段

结合业务需求，对数据库系统进行可行性分析和规划，判断是否有必要分析、设计和开发该数据库系统。

2.　需求分析阶段

综合运用面向过程或面向对象分析方法，收集与业务相关的数据资源和业务描述，使用数据流图或用例图等工具，抽象满足业务需求的数据模型（数据项）和功能模型。其中，数据模型用于数据库结构设计，功能模型用于数据库行为设计。为避免因遗漏业务和需求导致反复回溯修改需求分析结果等问题，在该阶段需进行多轮验证，以降低回溯修改成本。

3．设计阶段

根据需求分析阶段的数据模型和功能模型，获取满足业务需求的数据库结构和程序结构。其中，数据库结构设计先后通过概念结构设计、逻辑结构设计和物理结构设计步骤，设计满足业务的功能性需求和非功能性需求的关系模型或其他数据模型。数据库行为设计通过系统架构设计、系统模块设计等过程，设计系统架构、功能模块组成及模块间调用接口。

4．实现阶段

根据设计结果，完成数据库和程序实现工作。数据库实现主要完成数据库管理系统选型工作，以及数据库、表、视图、用户、角色、权限、存储过程等内容的创建工作。程序实现主要指使用选定的程序设计语言、框架开发操作数据库的应用程序和界面等。

5．加载和测试阶段

实现数据库和程序后，通过数据加载、软件测试等手段，测试实现内容是否满足需求分析要求。

6．运行和维护阶段

将数据库系统部署在指定环境下，对数据库系统进行持续性的监控和维护。必要时，结合新的业务需求，对数据库结构和应用程序进行优化或重构。

上述每个阶段都要对产生的文档进行评价，分析该阶段产生的设计结果是否满足系统业务的功能性和非功能性需求。如果设计结果不符合，则需修改，以求最后实现的数据库能够准确和客观地反映现实世界中业务的执行过程。

在各阶段中，数据库结构设计和行为设计是紧密结合的，二者相互参照和相互补充。结构设计为行为设计提供数据模型，行为设计将用户相关操作转换为数据模型的增加、修改、删除和查找操作。

在数据库结构设计过程中，数据库系统规划阶段主要完成项目的可行性论证，该阶段与使用系统的用户环境、业务场景及市场需求等密切相关。有关系统可行性分析和规划等内容，读者可参考软件项目管理类教材或资料。

本篇以数据库结构设计为重点，展示结构设计各阶段的实施过程，有关数据库行为设计的内容，读者可参考软件工程类教材或资料。

11.3 数据库设计案例概述及关键业务描述

为便于读者更为清晰、系统地掌握数据库设计方法，本篇将结合电子商务系统中常见的销售和采购业务，展示数据库设计各阶段的实施方法。本节将对贯穿本篇的案例进行概述，并对其关键业务进行描述。

11.3.1 案例概述

电子商务系统是目前使用最为广泛的一类数据库系统，其关键业务所涉及的数据库设计方案涵盖常规数据库系统的各设计环节，学习和实践电子商务系统关键业务的数据库设计过程，对开展其他领域的数据库系统设计工作具有借鉴意义。

综合案例的学习成本、实际应用价值及教材篇幅等原因，本书选取电子商务系统中销售和采购业务作为案例，删减电子商务系统中其他复杂业务，形成适用于本篇教学的数据库设计案例。

11.3.2 案例关键业务描述

某公司因业务需要自行开发一套电子商务系统。作为系统设计人员，在重点调研了商品采购和销售部门后，获取如下业务需求信息。

1. 商品采购部的业务描述

商品采购部门由专人记录从供应商采购各类商品的信息，并将采购信息记录在台账中。采购信息的台账中包含每次采购的商品编号、商品名称、类别、单价（采购时）、生产厂家、入库时间、商品概述、商品的缩略图、供应商和供货数量。

商品编号为唯一标识每一件商品的11位字符串。

商品类别包括图书、手机和计算机等。在目前的业务中，公司采用了多归类方法，即建议一个商品可属于多个类别，比如，一部手机既可以是手机类别，也可以是数码产品类别，这样分类便于提高商品查找的命中率。

商品的缩略图为JPG或PNG格式的图片。

生产厂家根据商品类型表达的含义略有差异，如果是图书类商品，则生产厂家表示出版社；如果是其他类型的商品，生产厂家即为实际生产机构。

商品的详细信息通常为500个中文字符以内的文字描述。

商品供应商信息包含了供应商的名称、电话和电子邮箱。一件商品可以由多个供应商供应。

商品的供货数量标识每次采购商品时的供货数量。

某一次商品采购的台账示例如图11-4所示。

商品编号：	1100****112
商品名称：	数据库原理及应用教程（第4版）
商品类别：	图书/ 教材
商品单价：	4*.5 元
生产厂家：	人民邮电出版社
入库时间：	2020-2-11 11:15:25
商品概述：	全面系统讲解了数据库技术的基本原理和应用，全书共7章。
供应商：	****供货公司 186****8965 186****8965@***.com
供货数量：	100册

图11-4　商品采购台账示例

2. 商品销售部的业务描述

商品销售部由专人记录每次商品销售的订单情况，并将订单信息记录在台账中。每条销售记录由3部分内容构成，分别是订单的基本信息、物流信息和订单中商品信息。

订单的基本信息包括订单编号、提交时间、状态和总计金额。其中，订单编号为17位数字，前8位为当前日期，后9位为按订单提交顺序生成的编码，该编号能够唯一标识每一条订单记录；订单提交时间精确到秒；订单状态包括"已提交""已发货""已完成"等。

订单的物流信息包括联系人（收货人）、性别、快递地址、手机、电子邮箱、使用的物流信息。需注意，在待实现的系统中，收货人可以与实际下单用户不同，实际下单用户必须是可以登录系统的合法用户，而收货人信息不受此限制。同时，系统用户可以存储多条收货人信息，便于后续下单快速选取。

订单中商品信息包括编号、名称、数量、单价（销售）。上述信息的取值约束可参考商品管理部门记录的商品信息。

某一次商品销售订单的台账示例如图11-5所示。

订单号：20200410140000001		提交时间：2020-4-10 17:03:28

联系人：李**	性别：女	
快递地址：北京市海淀区成府路***号，100083		手机：138****2876
电子邮箱：li*****@***.com		
物流信息：565********	中国邮政快递	

编号	名称	数量	单价
1100****112	数据库原理及应用教程（第4版）	5	4*.5
2120****109	联想笔记本电脑E14	2	55**.6
	订单总计：112***.3元		订单状态：已完成

图11-5　商品销售订单的台账示例

销售部门销售前需检查采购的库存信息，发货后需修改采购的库存信息。采购部门根据商品库存信息和市场需要，对库存紧缺商品进行采购。

实际销售过程还需考虑支付方式、会员积分抵扣费用、商品活动打折等诸多情况，本案例并未考虑，读者在熟练掌握销售部门现有业务的数据库实现基础上，可进一步结合实际业务需要，开展扩展性数据库设计工作。

3. 系统合法用户管理业务

作为在线运行的电子商务系统，需保存合法用户的登录信息，方便对合法用户的身份核对后提供相应服务。合法用户的登录信息包括登录名、密码、电子邮箱、角色、手机等信息。其中，角色可标识用户是一般消费者还是相关部门的管理人员。

在一些中大规模数据库系统中，系统合法用户还需保存其他重要信息，如用户的登录IP地址、用户的密码保护策略、用户的激活状态等信息。读者可在本案例基础上进行扩展。

11.4　需求分析的任务和方法论

需求分析是数据库设计的重要节点，其结果是否准确将直接影响到后面各个阶段的设计，并影响到设计结果是否实用且满足用户需求。经验表明，潜藏在需求分析中的不正确结果，直到测试阶段才可能发现，纠正该错误要付出很大代价。因此，系统设计人员需要高度重视系统的需求分析工作。

11.4.1 需求分析的任务

从数据库设计的角度来看，需求分析的任务是：对使用系统的组织、部门或企业相关用户进行调查，收集业务或原系统的相关信息，抽象新建系统的数据字典、角色和功能，确定新建系统的实现边界，编写需求规格说明书。

具体地说，需求分析阶段的任务包括下述3项。

1. 调查分析用户活动

该过程对相关用户的业务或旧系统进行分析，收集业务相关原始资料，明确未来系统开发的需求目标，确定这个目标的功能域和数据域。具体做法如下。

（1）调查业务或新系统相关的组织机构，包括该组织的部门组成、各部门的职责和任务等。

（2）调查业务的线下实施方式或旧系统的业务流程，包括业务涉及的用户角色、业务执行概要、业务的输入输出文件、表格和其他类型数据、业务间交互方式等。

2. 转换业务需求，确定系统边界

在熟悉业务活动的基础上，使用规范化分析方法，与用户共同明确对新系统的功能性需求、信息需求、非功能性需求等各类需求。

（1）功能性需求是指为实现某一业务系统所需提供的功能。不同业务分解得到的功能可以共享，如采购和销售业务都需要查询商品库存功能，因此，两个业务在实现时刻共享该功能。分解后的功能还可用于抽象功能所涉及的信息需求和非功能性需求等。

（2）信息需求是指各类功能所包含的输入、输出数据。大部分输入、输出数据是有结构的，可以看作由数据项构成的数据结构，如登录功能需要用户名、密码等数据项。有些输入和输出的数据为图像、文本文件等非结构的形式。在信息需求中，重点关注有结构的输入、输出数据，汇总输入、输出数据中包含的所有数据项，明确业务实现所需的全域数据，为后续设计工作奠定基础。

（3）非功能性需求指用户在使用系统功能时所需的响应时间、安全性、可靠性、相关界面易用性、数据可恢复性等方面要求。相同功能在不同系统中的非功能性需求可能不同，如网银或在线交易系统对用户身份验证功能的可靠性要求显著高于一般业务系统的用户身份验证功能。因此，针对业务需求，系统设计人员有必要精准地分析系统各功能的非功能性需求。

在收集各种需求数据后，对调查结果进行初步分析，确定新系统的边界，确定哪些功能由计算机完成或将来准备让计算机完成，哪些活动由人工完成。由计算机完成的功能就是新系统应该实现的功能。涉及新旧系统版本迭代或与其他业务系统交互的情况时，系统设计人员还需界定新旧系统的迁移方式或不同系统的数据交互方法。

3. 编写需求分析规格说明书

系统需求分析阶段的最后是编写系统需求分析规格说明书。编写需求分析规格说明书是一个不断反复、逐步深入和逐步完善的过程，需求分析规格说明书应包括以下内容。

（1）系统概况，包括系统的目标、范围、背景和现状。

（2）系统的原理和技术及对原系统的改善。

（3）系统需实现的业务。

（4）系统实现业务的角色、功能和信息需求。

（5）系统的非功能性需求。

（6）系统的预期技术方案及方案的可行性（可选）。

（7）系统开发的规划和绩效要求等。

完成系统需求分析规格说明书后，系统设计人员可在项目单位的领导下组织有关技术专家进行评审，对需求分析结果开展再审查，审查通过后由项目方和开发方领导签字认可。

随需求分析规格说明书，系统设计人员还需提供下列附件。

（1）需求调研原始数据，包括会议纪要、录音、图片、业务相关文件、数据和台账等。

（2）组织机构图、组织之间联系图和各机构功能业务一览图。

（3）系统需求分析规格说明书中图表源文件。

（4）专家论证意见。

通过专家论证、用户认可和修改后的系统需求分析规格说明书是设计者和用户一致确认的权威性文件，为今后各阶段设计工作提供依据。

11.4.2　需求分析的方法论

从方法论的角度，系统设计人员可通过自顶向下和自底向上两种方法开展需求分析工作，如图11-6所示。

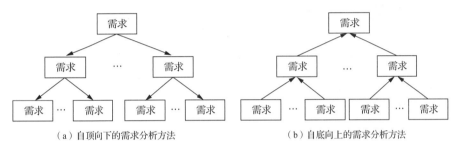

图11-6　需求分析的方法

1.　自顶向下的需求分析方法

自顶向下的需求分析方法又称自上而下的需求分析方法，它采用逐层分解的方式，将已知宏观业务的需求按业务的执行部门、涉及岗位或角色等，划分为相对具体的子业务需求，如果子业务需求还可细分，则再次执行分解方法，直到分解到基本功能点为止。为避免分解后的需求过于琐碎，如果分解后的需求达到了便于实现、可供复用等要求，即可停止需求的分解过程。

自顶向下的需求分析方法与人类理解陌生事物的思考过程类似，人类更习惯于将一个陌生的事务进行视觉或者语言上的分解，分解到熟悉或者更容易理解及记忆的层面。因此，在业务场景或业务需求较为陌生或过于复杂的情况下，适合采用自顶向下的需求分析方法。

假设某公司计划开发一个电子商务系统，经过调研和分析，发现该电子商务系统需要重点实现商品的采购和商品的销售业务，于是电子商务这一业务需求被分解为商品采购业务和商品销售业务，商品采购业务和商品销售业务还可进行再分解，直到分解为较为实现、易于共享的功能为止。

许多需求分析工具，如数据流图等，都使用了自顶向下的分析策略，运用逐层分解方法，获得业务相关的数据项或数据结构。

2.　自底向上的需求分析方法

自底向上的需求分析方法又称自下而上的需求分析方法，它采用逐层组合的方式，将已知业务需求按业务间协同原则，构成更为复杂或者更为宏观的业务需求，如果构成的新业务需求不满足目标业务需求，还将进一步组合现有业务需求，直到组合后的业务需求满足目标需求为止。

自底向上的需求分析方法与人类迁移学习或深入理解熟知事物的过程类似，均是从几个比较熟悉的概念或组件出发，经过组合，形成更为复杂的原理或事物。自底向上的需求分析方法强调对已有知识和组件的复用，在数据库设计人员子系统业务开发经验丰富或已经具有相关业务系统的情况下，适合使用自底向上的需求分析方法。

假设数据库设计人员已经设计了多个电子商务系统，并具有了一定数量可复用的商品采购和商品销售子系统，当面对新系统时，数据库设计人员只需结合新、旧系统的业务差异，对现有组件进行加工和复用，即可形成新系统的需求分析结果。

3. 混合需求分析方法

在实际数据库设计过程中，自顶向下的需求分析方法容易产生需求过度分解或需求分解不够细致等问题，而自底向上的需求分析方法容易产生需求组合结果与目标需求存在偏差等问题，因此，通常将两种需求分析方法结合形成更为灵活的混合需求分析方法。

混合需求分析方法首先运用自顶向下的需求分析方法分解较为宏观的业务需求，在分解到一定层次后，为避免出现需求分析不够细致或过度等问题，数据库设计人员可结合已经掌握的其他相关业务系统或具体业务执行细节等资料，开展自底向上的需求分析，最后达到自顶向下分解的业务需求与自底向上组合的业务需求一致。

11.5 案例的需求分析

数据流图是一种常用的自顶向下需求分析工具。本节将通过数据流图分析业务中数据的流动形式，并获得业务相关的数据字典。

11.5.1 数据流图

使用自顶向下的需求分析方法时，任何一个数据库系统都可抽象为图11-7所示的数据流图。

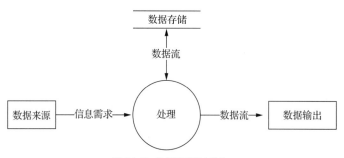

图11-7 数据流图基本结构

在数据流图中，用命名的箭头表示数据流，用圆圈表示处理，用平行线或不封闭的矩形表示存储结构，用封闭的矩形表示数据来源和数据输出。图11-8是一个简单的数据流图示例。

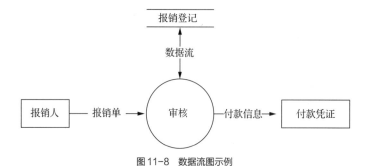

图11-8 数据流图示例

数据流图表达了数据和处理过程的关系，强调业务执行过程中使用数据和产生数据的过程，其目标是获得业务的处理逻辑和业务涉及的数据资源。业务的处理逻辑可作为数据库行为设计的依据，通常采用跨职能流程图来描述。业务涉及的数据资源可作为数据库结构设计的依据，通常采用数据字典（由数据项组成）来描述。

数据流图通常是分层表示和抽象业务的。一个简单的系统可用一张数据流图来表示。当系统业务比较复杂时，可运用自顶向下的需求分析方法，通过分层数据流图描述不同层次的业务需求。

11.5.2　数据字典

数据字典是对系统中数据资源结构和处理过程的详细描述，是各类数据结构和属性的清单。它与数据流图互为注释。在需求分析阶段，数据字典通常包含以下5部分内容。

1. 数据项

数据项是数据的最小单位，其具体内容包括数据项名、含义说明、别名、类型、长度、取值范围、与其他数据项的关系。

其中，取值范围、与其他数据项的关系这两项内容定义了完整性约束条件，是设计数据检验功能的依据。例如，商品的名称可作为描述商品的数据项，依据具体的业务需求，可分析它的类型、长度、取值范围以及与其他描述商品的数据项的关系。

2. 数据结构

数据结构是有意义的数据项集合。其内容包括数据结构名、组成的数据项。

例如，商品可以作为商品采购业务的数据结构，它包含了商品名称等数据项。

3. 数据流

数据流表示业务执行过程中数据在系统内传输的路径。其内容包括数据流名、说明、流出过程、流入过程。其中，流入过程说明该数据由什么过程而来，流出过程说明该数据传输到什么过程。

例如，商品采购业务中，数据流的名称为商品采购，流入过程是将供应商提供的某个商品采购信息保存到商品库存表中。

4. 数据存储

数据存储是指处理过程中数据的存放场所，通常为数据库、文件或其他业务处理过程。

例如，商品库存台账为线下进行商品采购业务的数据的存放场所。

5. 处理过程

处理过程通常描述了数据的处理逻辑。处理过程包括处理过程名、说明、输入（数据流）、输出（数据流）和处理（简要说明）。

数据流图和数据字典为需求分析阶段形成的主要内容，这些内容将作为数据库结构设计的基础。

11.5.3　案例的需求分析

本节将通过数据流图分析11.3节所述的案例业务，然后根据数据流图，抽象各业务所涉及的数据字典。

1. 顶层数据流图

围绕案例，通过自顶向下的需求分析方法绘制描述待开发系统的顶层数据流图，如图11-9所示。

案例需求分析
过程

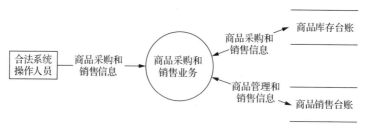

图11-9　案例的顶层数据流图

顶层数据流图表现了最为宏观的系统操作源（合法系统操作人员）、系统信息流（商品采购和销售信息）、系统信息处理过程（商品采购和销售业务）、系统信息的处理结果（商品库存台账和销售台账）。

顶层数据流图可以有效界定系统的边界，明确需要逐层分解的关键业务和各业务操作数据后的必要存储信息。

2. 0层数据流图

顶层数据流图提供的数据存储结构与现实业务中使用的数据台账类似。这些台账往往具有数据冗余（如商品编号）、数据不规范（如物流信息由多项信息组成）等问题，数据库设计人员无法直接从这些台账结构中抽象出有效的数据字典。数据库设计人员还需进一步使用自顶向下的需求分析方法，细化顶层数据流图中出现的数据源、数据流、数据处理过程及数据处理结果。

对图11-9所示的顶层数据流图进行分解，形成0层数据流图，如图11-10所示。在0层数据流图中，合法系统操作人员根据业务执行主体和权限差异，被分解为合法商品采购人员和合法商品销售人员。商品采购和销售业务被分解为商品采购业务和商品销售业务。根据分解后的业务之间的关系，建立商品库存台账和商品销售业务在商品查询和结果反馈之间的数据流关系。

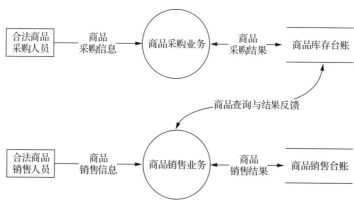

图11-10　案例的0层数据流图

3. 1层数据流图

0层数据流图中提供的商品库存台账和商品销售台账与0层数据流图中的台账信息没有本质差异，仍然存在数据冗余和数据不规范等问题，同时，现实世界中的合法采购人员在新开发的系统中需要经过登录并通过身份认证才可确定其权限，为此，对0层数据流图中的数据源、数据流、数据处理和存储结构进一步分解，得到案例的1层数据流图，如图11-11所示。

与0层数据流图相比，1层数据流图中涉及的数据处理业务、数据流和存储结构要复杂和丰富得多。需要注意的是，相对复杂的1层数据流图并非从0层数据流图直接分解绘制得到的，而是在0层数据流图基础上，递归地采用自顶向下的业务分析方法，将业务分解为各类功能和数据结构得到的。具体过程如下。

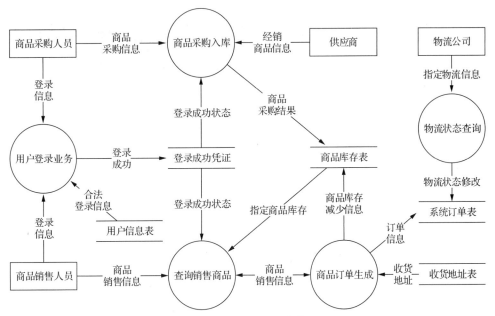

图 11-11　案例的1层数据流图

首先，为判断0层数据流图中的各类数据源的合法性，需在新开发的系统中提供用户登录业务，结合系统中已经保存的合法用户信息表，验证用户提供信息的正确性。对于通过登录验证的合法用户，用户登录业务将输出登录成功凭证，供后续业务执行时查询和参考。

其次，对于商品采购业务，结合实际采购过程，需参考供应商提供的商品信息进行采购，采购后将采购结果存储在商品库存表中。因此，商品采购业务可分解为商品采购入库业务（功能），商品库存台账可分解为供应商提供的经销商品信息和采购确认后的商品库存信息。

再次，对于商品销售业务，结合实际销售过程，需从商品库存中，查询库存情况，在库存满足销售数量的前提下，根据收货地址和物流信息生成商品订单，同时，减少商品库存数量。因此，商品销售业务可分解为查询销售商品和商品订单生成两个业务（功能），商品销售台账可分解为收货地址表和系统订单表两个存储结构。

经过上述分解后，1层数据流图中产生的各类存储结构比顶层数据流图和0层数据流图更方便业务的操作，此时，可基于1层数据流图中的存储结构，抽象出有效的数据字典。

需要注意的是，数据流图的抽象层次并没有严格的要求，如案例中的1层数据流图，还可以进一步分解为2层数据流图。同时，数据流图中存储结构的分解也是与业务分解同向同行的。分解业务粒度不同，可能得到的存储结构也不相同。总之，数据流图的目标是更好地理解业务与操作数据的关系，从而更好地抽象出所需的数据字典，抽象后的数据字典还需要进一步经过专家论证，审核是否能够充分支撑所有业务的运行。

4. 案例的数据字典

下面重点分析案例的数据字典包含哪些数据结构和数据项，有关数据流、存储和处理过程的内容，读者可参照前文介绍，结合案例业务，在实际进行需求分析规格说明书撰写时补充完成。

根据案例的1层数据流图，案例的数据结构和数据项如表11-1所示。

表 11-1　案例的数据结构和数据项

数据结构名称	数据项内容
用户信息	登录用户名、登录用户密码、电子邮箱等
登录凭证	用户名、登录时间等

续表

数据结构名称	数据项内容
商品库存	商品编号、名称、类别、生产厂家、入库时间、概述、库存量、供应商信息等
系统订单	订单编号、提交时间、订单总计、订单状态、销售商品、物流信息等
收货地址	联系人、性别、快递地址、手机、电子邮箱等

观察表11-1发现，虽然经过多次数据流图的分解操作，分解后的数据项仍然存在冗余和不规范等问题，主要问题如下。

（1）结构冗余问题：登录凭证信息只为其他业务执行时确保操作者的身份，其是否有必要保存在数据库中？

（2）数据项冗余问题：商品库存中库存量信息和系统订单中订单总计均可通过每次采购的商品数量及订单中商品销售情况计算得到，这类可以根据已有信息计算得到的信息是否有必要再存储到数据库中？

（3）数据结构和数据项规范化问题：商品库存中供应商信息和系统订单中物流信息可进一步细分为其他的数据项，这类信息是否需进一步分解成不可再分的数据项？

（4）数据项命名问题：系统订单表中的物流信息和收货地址表中的物流信息名称相同，但包含的内容是不同的，对于这类同名异义的数据项该如何处理？

上述问题对于有经验的数据库设计人员，往往能够在需求分析阶段予以快速解决。但通常情况下，数据库设计人员面对的业务是自己不熟悉的，而且数据库设计经验仍需不断提升，因此，数据库设计人员需注意，数据库设计的目的是通过分工明确的设计步骤，在每一阶段重点解决数据库设计的一个核心问题，并非在一个阶段中解决所有问题。需求分析阶段的核心是系统边界是否清晰以及边界内业务所涉及的数据结构和数据项是否完整。有关数据的冗余问题、数据的规范问题及数据的命名冲突问题，数据库设计人员还可在后续的数据库设计步骤中，通过相关方法和工具识别并予以解决。

11.6　小结

本章讲述了数据库设计的主要任务及数据库设计各阶段的主要内容；介绍了贯穿于本篇的数据库设计案例；讲解了需求分析的任务、方法论，重点给出了使用数据流图开展案例需求分析的步骤和注意事项。

数据库设计的任务是根据给定的业务研制相应的数据库结构，基于"反复探寻，逐步求精"的设计原则，采用数据库系统规划阶段、需求分析阶段、设计阶段、实现阶段、加载和测试阶段、运行和维护阶段共6个阶段，实现对数据库的结构设计和行为设计。其中结构设计和行为设计是同向同行、相互辅助的。

需求分析的目标是明确系统的业务边界及业务所涉及的数据字典，可采用自顶向下和自底向上的方法进行分析。数据流图是一种典型的自顶向下需求分析方法，它借助"逐层分解"的方法将宏观的业务需求分解为便于抽象的数据结构或数据项。

习　题

一、选择题

1. 下列有关数据库结构设计和行为设计的描述，错误的是（　　　）。

A. 数据库结构设计是静态模型设计

B. 数据库结构设计是对数据库操纵程序的设计

C. 数据库行为设计是动态模型设计

D. 数据库行为设计是针对用户行为的设计

2. 下列有关数据库6个设计阶段的说法，正确的是（　　　）。

A. 需求分析阶段主要确定系统是否可行

B. 设计阶段主要进行概念结构设计和逻辑结构设计

C. 加载和测试阶段需要明确数据库管理系统

D. 运行和维护阶段可能需要根据业务重新设计数据库

3. 有关需求分析工作，下列说法错误的是（　　　）。

A. 现有需求分析方法可分为自顶向下和自底向上两种

B. 需求分析的目标是明确系统边界

C. 可采用数据流图完成数据分析，数据流图的分解越细致越好

D. 需求分析的结果是需求规格说明书，在说明书中需要明确数据字典等信息

二、填空题

1. 数据库设计的原则为＿＿＿＿和＿＿＿＿。

2. 数据库设计的6个阶段为＿＿＿＿、＿＿＿＿、＿＿＿＿、＿＿＿＿、＿＿＿＿、＿＿＿＿。

3. 数据流图的组成要素包括＿＿＿＿、＿＿＿＿、＿＿＿＿、＿＿＿＿。

4. 需求分析产出的主要文档为＿＿＿＿。

5. 数据库规划设计阶段的主要工作为＿＿＿＿。

三、简答题

1. 概述自底向上分析方法适合的分析场景。

2. 概述数据流图分层的方法。

3. 描述需求分析的主要目标。

第12章
关系模式的规范化理论

需求分析后如何将抽象的数据项表示为不存在冗余和异常问题的合理关系模式，是数据库设计面对的主要问题。关系模式的规范化理论可解决上述问题，它通过数据项间的函数依赖关系，科学地构建合理的关系模式。

本章学习目标：理解不规范的关系模式存在的异常问题，掌握函数依赖表示方法，理解第一范式、第二范式和第三范式的定义，并能够构建满足指定范式级别的关系模式。

12.1 规范化的内容和常见异常问题

12.1.1 规范化的内容

关系数据库系统设计的核心是关系型数据库设计，而关系型数据库设计的关键是设计关系型数据库的模式。关系型数据库模式的设计主要包括以下内容：数据库中应包括多少个关系模式、每一个关系模式应该包括哪些属性、如何将这些相互关联的关系模式组建成一个完整的关系型数据库等。为构建满足业务需要、不存在异常问题的关系模式，需要在关系模式的规范化理论（简称"关系模式规范化"）的指导下进行关系型数据库的设计工作。

关系模式的规范化理论最早由关系数据库的创始人埃德加·考特于1970年在其文章《大型共享数据库数据的关系模型》中提出，后经许多专家学者的研究和发展，形成了一套关系数据库设计的理论。

关系数据库的规范化理论以属性间的函数依赖关系为基础，按照范式（Normal Form，NF）级别定义了第一范式（First Normal Form，1NF）、第二范式（Second Normal Form，2NF）、第三范式（Third Normal Form，3NF）、BC范式（BC Normal Form，BCNF）和第四范式（Fourth Normal Form，4NF）等。数据库设计人员可根据范式级别，分析现有关系模式的规范化程度，并对不满足规范化级别的关系模式采取模式分解等方法提升关系模式的规范化程度。数据库规范化理论的主要内容如图12-1所示。

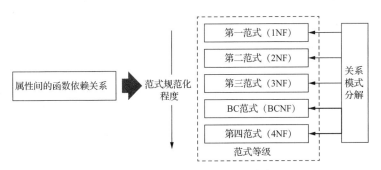

图12-1 数据库规范化理论的主要内容

12.1.2 不合理的关系模式存在的异常问题

如果不使用关系模式规范化理论，随意进行数据库设计，将导致哪些问题？下面以教学管理数据库为例分析这些问题。

不合理关系模式
存在的异常问题

假设教学管理数据库的关系模式为SCD（SNo，SN，Age，Dept，MN，CNo，Score），其中，SNo表示学生学号，SN表示学生姓名，Age表示学生年龄，Dept表示学生所在的系别，MN表示系主任姓名，CNo表示课程号，Score表示成绩。根据实际情况，SCD中的这些数据具有如下语义规定：

（1）一个系有若干名学生，但一名学生只属于一个系；

（2）一个系只有一名系主任，但一名系主任可以同时兼任几个系的系主任；

（3）一名学生可以选修多门课程，每门课程可被若干名学生选修；

（4）每名学生学习的课程有一个成绩，但不一定立即给出。

在SCD中填入一部分实际数据，如图12-2所示。

SNo	SN	Age	Dept	MN	CNo	Score
S1	赵亦	17	计算机	刘伟	C1	90
S1	赵亦	17	计算机	刘伟	C2	85
S2	钱尔	18	信息	王平	C5	57
S2	钱尔	18	信息	王平	C6	80
S2	钱尔	18	信息	王平	C7	
S2	钱尔	18	信息	王平	C4	70
S3	孙珊	20	信息	王平	C1	75
S3	孙珊	20	信息	王平	C2	70
S3	孙珊	20	信息	王平	C4	85
S4	李思	21	自动化	刘伟	C1	93

图12-2 填入实际数据后的SCD

在SCD中，（SNo，CNo）属性组合能唯一标识每一条记录，同时（SNo，CNo）满足属性数量最少的要求，所以（SNo，CNo）是关系模式SCD的主码。

使用SCD建立教学管理数据库，会出现以下问题。

1. 数据冗余

每个系名和系主任姓名的存储次数等于该系学生人数乘以每个学生选修的课程门数，同时学生的姓名、年龄也都要重复存储多次。数据的冗余度很大，浪费了存储空间。

2. 插入异常

SCD中（SNo，CNo）是主码，当某个新系尚无学生时，SNo和CNo均无值，即使现实中系别存在系名和系主任，但根据实体完整性约束，数据插入要求主码不为空，所以无法插入现实世界中存在的系别信息。

同理，当新同学尚未选课时，主码（SNo，CNo）不能部分为空，也不能进行插入数据操作，出现插入异常问题。

3. 删除异常

当某系学生全部毕业而没有招生时，要删除全部学生的记录，这时系名、系主任也随之删除，而现实中这个系可能依然存在，但在数据库中却无法找到该系的信息。

4. 更新异常

如果某学生改名，则该学生的所有记录都要逐一修改SN的值；又如某系更换系主任，则属于该系的学生记录都要修改MN的内容，稍有不慎，就有可能漏改某些记录，这就会造成数据的不一致性，破坏了数据的完整性。

产生上述问题的原因是关系模式SCD中"包罗万象"，既包含了学生信息，又包含了学生选课和院系的信息，此时，称SCD为包含了所有数据的泛关系。泛关系的优势在于查询方便，不需要跨表连接，但在维护数据时，泛关系将描述各类内容的数据混杂在一起，导致上述异常的产生。

我们可通过关系模式的分解方法，将泛关系模式按其描述实体划分为子关系模式，解决各类异常问题。例如，泛关系模式SCD包含了学生、学生选课和课程实体的信息，按照实体分解SCD为学生关系S（SNo，SN，Age，Dept）、选课关系SC（SNo，CNo，Score）和系关系D（Dept，MN）3个子关系模式，注意分解后各子关系模式如何关联，如图12-3所示。

S

SNo	SN	Age	Dept
S1	赵亦	17	计算机
S2	钱尔	18	信息
S3	孙珊	20	信息
S4	李思	21	自动化

D

Dept	MN
计算机	刘伟
信息	王平
自动化	刘伟

SC

SNo	CNo	Score
S1	C1	90
S1	C2	85
S2	C5	57
S2	C6	80
S2	C7	
S2	C4	70
S3	C1	75
S3	C2	70
S3	C4	85
S4	C1	93

图12-3 分解后的关系模式

关系模式分解后，实现了学生信息、院系信息和学生选课信息的分离，即S中存储学生基本信息，与所选课程及系主任无关；D中存储院系的有关信息，与学生无关；SC中存储学生选课的信息，与学生及系别的有关信息无关。

与SCD相比，分解后的关系模式，数据的冗余度明显降低。分解后的关系模式解决了数据插入异常的问题：当新插入一个系时，只需要在关系D中添加一条记录即可；当某个学生尚未选课时，只需要在关系S中添加一条学生记录即可，而与选课关系无关。分解后的关系模式解决了删除异常的问题：当一个系的学生全部毕业时，只需要在S中删除该系的全部学生记录，而关系D中有关该系的信息仍然保留。分解后的关系模式解决了更新异常的问题：由于数据冗余度降低，数据没有重复存储，因此，分解后的关系模式不会引起更新异常。

经过上述分析，分解后的关系模式是规范的关系模式。由此可见，规范的关系模式应该具备以下4个条件。

（1）尽可能少的数据冗余（允许外键冗余）。

（2）没有插入异常。

（3）没有删除异常。

（4）没有更新异常。

规范的关系模式并非最适合的设计方案，有时适度的数据冗余会提高查询效率。但是，一个最为适合的数据库设计方案，仍需在关系规范化理论的指导下，减少各类异常，设计符合业务、性能等多方面需求的折中设计方案。

12.2 函数依赖

12.2.1 函数依赖的定义

关系规范化理论采用函数依赖描述数据项（属性）的依赖关系。函数依赖（Functional Dependency，FD）是一种从语义上描述属性间依赖关系的手段。

例如，在关系模式SCD中，SNo与SN、Age和Dept之间都有一种逻辑依赖关系，即一个SNo只对应一个学生，而一个学生只能属于一个系，因此，当SNo的值确定之后，该学生的SN、Age、Dept的值也随之被确定了。

这类似于变量间的函数关系。设单值函数$Y=F(X)$，自变量X的值可以唯一决定函数值Y。同理，我们可以说SNo的值唯一决定函数（SN，Age，Dept）的值，或者说（SN，Age，Dept）函数依赖于SNo。

下面给出函数依赖的形式化定义。

定义12.1 设关系模式$R(U,F)$，U是属性全集，F是由U上函数依赖所构成的集合，X和Y是U的子集，如果对于$R(U)$的任意一个可能的关系r，对于X的每一个具体值，Y都有唯一的具体值与之对应，则称X决定函数Y，或Y函数依赖于X，记作$X \rightarrow Y$。我们称X为决定因素，Y为依赖因素。当Y不函数依赖于X时，记作$X \nrightarrow Y$。当$X \rightarrow Y$且$Y \rightarrow X$时，记作$X \leftrightarrow Y$。

下面我们通过12.1节中的例子来理解定义12.1。根据定义12.1中U和F的定义，U和F的组成如下。

$$U=\{SNo，SN，Age，Dept，MN，CNo，Score\}$$

$$F=\{SNo \rightarrow SN，SNo \rightarrow Age，SNo \rightarrow Dept，（SNo，CNo）\rightarrow Score\}$$

以F中的最后一个函数依赖（SNo，CNo）$\rightarrow$Score为例说明。该函数依赖依据定义12.1可理解为：一名学生拥有多门选修课程的成绩，即一个SNo与多个Score的值对应，因此，通过SNo不能唯一地确定Score，即Score不函数依赖于SNo，从而有SNo$\nrightarrow$Score；同理有CNo$\nrightarrow$Score。但是Score可以被（SNo，CNo）所组成的属性集唯一地确定，所以该函数依赖可表示为（SNo，CNo）$\rightarrow$Score。

有关函数依赖，需强调以下3项内容。

（1）函数依赖是在业务定义下的语义概念

函数依赖实际上是对现实世界中事物性质间相关性的一种断言，当业务发生变化时，导致抽象的函数依赖发生变化。例如，对于关系模式S，当业务表明学生不存在重名的情况时，可以得到如下函数依赖：SN$\rightarrow$Age，SN$\rightarrow$Dept。

（2）函数依赖与属性之间的联系类型有关

① 在一个关系模式中，如果属性X与Y有$1:1$联系，则存在函数依赖$X{\rightarrow}Y$和$Y{\rightarrow}X$，即$X{\leftrightarrow}Y$。例如，当学生无重名时，SNo↔SN。

② 如果属性X与Y有$n:1$联系，则只存在函数依赖$X{\rightarrow}Y$。例如，SNo与Age、Dept之间均为$n:1$联系，所以有SNo→Age、SNo→Dept。

③ 如果属性X与Y有$m:n$联系，则X与Y之间不存在任何函数依赖关系。例如，一个学生可以选修多门课程，一门课程又可以被多个学生选修，所以SNo与CNo之间不存在函数依赖关系。

因此，属性间的联系类型可用于分析和验证函数依赖关系。

（3）函数依赖关系的存在与时间无关

函数依赖是指关系中的所有元组应该满足的约束条件，而不是指关系中某个或某些元组所满足的约束条件。关系中的元组增加、删除或更新后都不能破坏这种函数依赖。因此，我们必须根据语义来确定属性之间的函数依赖，而不能单凭某一时刻关系中的实际数据值来判断。例如，对于关系模式S，假设没有给出无重名的学生这种语义规定，则即使当前关系中没有重名的记录，也只能存在函数依赖SNo→SN，而不能存在函数依赖SN→SNo，因为如果新增加一个重名的学生，函数依赖SN→SNo必然不成立，所以函数依赖关系的存在与时间无关。

12.2.2 函数依赖的类型

函数依赖可依据决定因素与被决定因素的关系，分为完全函数依赖（Full Functional Dependency）和部分函数依赖（Partial Functional Dependency）。函数依赖也可以根据其是否是通过传递性得到的，分为传递函数依赖（Transitive Functional Dependency）和非传递函数依赖。

函数依赖的类型

1. 完全函数依赖和部分函数依赖

定义12.2 设有关系模式$R(U)$，U是属性全集，X和Y是U的子集，如果$X{\rightarrow}Y$，并且对于X的任何一个真子集X'，都有$X'{\nrightarrow}Y$，则称Y完全函数依赖于X，记作$X\xrightarrow{\ f\ }Y$。如果对于X的某个真子集X'，有$X'{\rightarrow}Y$，则称Y部分函数依赖于X，记作$X\xrightarrow{\ p\ }Y$。

例如，在12.1节的SCD中，对于函数依赖（SNo，CNo）→Score，因SNo↛Score且CNo↛Score，所以有（SNo，CNo）$\xrightarrow{\ f\ }$Score。而对于函数依赖SNo→Age，如果在决定因素SNo中增加属性CNo，也能够唯一决定Age，所以（SNo，CNo）$\xrightarrow{\ p\ }$Age。

根据定义12.2，只有当决定因素X是组合属性时，讨论部分函数依赖才有意义，当决定因素是单属性时，则只可能是完全函数依赖。例如，在关系模式S（SNo，SN，Age，Dept）中，决定因素为单属性SNo，不存在部分函数依赖。

2. 传递函数依赖和非传递函数依赖

定义12.3 设有关系模式$R(U)$，U是属性全集，X、Y、Z是U的子集，若$X{\rightarrow}Y$，但$Y{\nrightarrow}X$，而$Y{\rightarrow}Z$（$Y{\notsubseteq}X$且$Z{\notsubseteq}Y$），则称Z对X传递函数依赖，记作$X\xrightarrow{\ t\ }Z$。如果$Y{\rightarrow}X$，则$X{\leftrightarrow}Y$，这时称Z对X直接函数依赖，而不是传递函数依赖。这种情况即非传递函数依赖。

例如，在关系模式SCD中，学生学号确定后可以唯一确定学生所在院系，即SNo→Dept，但Dept↛SNo，同时，当院系确定后可唯一确定该院系的系主任，即Dept→MN，因此，按照函数依赖的决定关系，上述函数依赖SNo→Dept和Dept→MN满足传递性，即有SNo$\xrightarrow{\ t\ }$MN。

根据定义12.3，在学生不存在重名的情况下，有SNo→SN、SN→Sno、SNo↔SN、SN→Dept，这时Dept对SNo是直接函数依赖，而不是传递函数依赖。

根据上述完全函数依赖、部分函数依赖、传递函数依赖和非传递函数依赖的定义，我们可将函数依赖依据图12-4分为4类。在进行范式等级定义时，如果定义要求函数依赖为完全函数依赖，则表明对函数依赖的传递性没有限制，既可以是完全、传递函数依赖，也可以是完全、非传递函数依赖。

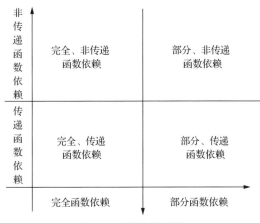

图12-4　函数依赖的分类

12.2.3　案例的函数依赖分析

下面我们根据表11-1中所列举的数据结构和数据项，结合案例业务描述，以商品库存表（关系）中部分关键属性为例，分析数据项（属性间）的函数依赖关系。

商品库存（商品编号，名称，类别，生产厂家，入库时间，概述，库存量，供应商信息）。

根据数据项之间的语义关系，商品编号能够唯一决定每件入库商品的基本信息、入库时间信息和供应商信息。因此，商品库存关系模式包含的函数依赖集合F如下所示。

$F=\{$商品编号→{名称，类别，生产厂家，入库时间，概述，库存量，供应商信息}}

根据上述函数依赖，当商品编号确定时，可以唯一确定该商品的名称、类别、生产厂家、概述、库存量和供应商信息等。因此，我们可进一步将函数依赖集合的右侧进行分解，将其分解为单属性的多个函数依赖。分解后的函数依赖集合F如下所示。

$F=\{$商品编号→名称，商品编号→类别，商品编号→生产厂家，商品编号→入库时间，

　　　　商品编号→概述，商品编号→库存量，商品编号→供应商信息}

逐一分析上述函数依赖，其中，商品编号→供应商信息的右侧不是单属性，按照属性原子化的要求，将供应商信息按业务台账的样例数据展开，即商品编号→{供应商编号，供应商名称，供应商联系方式}。仔细分析该函数依赖发现，商品编号虽然能够唯一决定供应商编号，但商品编号与供应商名称和供应商联系方式为传递函数依赖关系，即满足业务语义的函数依赖为：商品编号→供应商编号，供应商编号→供应商名称，供应商编号→供应商联系方式。

通过上述分析，商品库存关系的函数依赖集合F如下所示。

$F=\{$商品编号→名称，商品编号→类别，商品编号→生产厂家，商品编号→入库时间，

　　　商品编号→概述，商品编号→库存量，商品编号→供应商编号，供应商编号→

　　　　　供应商名称，供应商编号→供应商联系方式}

通过上述方法，我们可以抽象出案例中其他关系模式的函数依赖，鉴于篇幅原因不再赘述，请读者自行训练并掌握函数依赖的抽象方法。

12.3　范式

12.3.1　范式的提出

关系模式的分解是解决关系模式异常的主要手段，如何衡量分解后模式的好坏？利用范式理论可回答该问题。

从1971年起，埃德加·考特相继提出了第一范式（1NF）、第二范式（2NF）和第三范式（3NF）。1974年，埃德加·考特和博伊斯（Boyce）共同提出了一个新的范式的概念，即BC范式（BCNF）。1976年，费金（Fagin）提出了第四范式（4NF）。此后，人们又提出了第五范式（5NF）。各个范式之间的联系可以表示为5NF ⊂ 4NF ⊂ BCNF ⊂ 3NF ⊂ 2NF ⊂ 1NF，如图12-5所示。

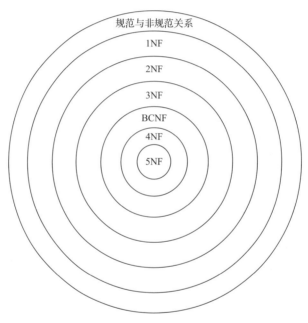

图12-5　各范式间的关系

12.3.2　第一范式

1. 第一范式的定义

第一范式（1NF）是关系模式的最基本规范形式，它要求关系模式中每个属性都是不可再分的原子项。第一范式的标准定义如下。

定义12.4　如果关系模式R所有的属性均为原子属性，即每个属性都是不可再分的，则称R属于第一范式，记作$R \in 1NF$。

1NF是关系模式应具备的最基本条件，只有满足1NF的关系模式才称为规范化关系模式，1NF的关系模式是后续更高级别规范化的基础，这也是它之所以称为"第一"的原因。

2. 第一范式的规范化方法

在设计数据库时，第一范式的实施步骤是将关系模式中所有的属性原子化。

需注意，初学规范化理论，我们强调1NF是关系数据库规范化设计的基础，目的是让读者在开展数据库设计时，确保属性尽量原子化，培养关系规范化设计的基本素养。但是在实际进行数据库设计时，综合考虑查询效率等原因，我们会让部分属性呈现非原子化的情况，如商品的物流信息等。读者在实际进行数据库设计时，还是应尽量遵守1NF的要求，仅当具备丰富的数据库经验后，再考虑属性原子化的成本问题。

3. 第一范式的缺点

一个关系模式仅仅属于第一范式是不够的。12.1节中给出的泛关系模式SCD属于第一范式，但它存在数据冗余、插入异常、删除异常和更新异常等问题。下面我们来分析SCD中的函数依赖关系。

$$（SNo，CNo）\xrightarrow{f} Score$$
$$SNo \rightarrow SN \quad （SNo，CNo）\xrightarrow{p} SN$$
$$SNo \rightarrow Age \quad （SNo，CNo）\xrightarrow{p} Age$$
$$SNo \rightarrow Dept \quad （SNo，CNo）\xrightarrow{p} Dept$$
$$Dept \rightarrow MN \quad SNo \xrightarrow{t} MN$$

为方便分析，我们使用函数依赖图整体表示SCD中的函数依赖关系。在函数依赖图中，使用矩形框表示属性，使用箭头表示函数依赖的决定关系，箭头上标注函数依赖的类型，如图12-6所示。

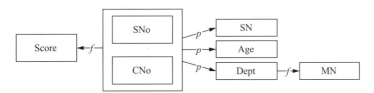

图12-6 泛关系模式SCD中的函数依赖图

根据图12-6，泛关系模式SCD中既存在完全函数依赖，又存在部分函数依赖和传递函数依赖。由于关系模式中存在各类函数依赖，导致数据操作中出现了种种问题。为解决这些问题，我们还需要进一步分解关系模式，减少过于复杂的函数依赖关系。

12.3.3 第二范式

1. 第二范式的定义

第二范式（2NF）是在第一范式基础上构建的范式，其标准定义如下。

定义12.5 如果关系模式$R \in 1NF$，且每个非主属性都完全函数依赖于R的主码，则称R属于第二范式，记作$R \in 2NF$。如果数据库模式中每个关系模式都是2NF，则称这个数据库模式为2NF的数据库模式。

在泛关系模式SCD中，SNo、CNo为主属性，Age、Dept、SN、MN和Score均为非主属性，按图12-6进行分析，存在非主属性对主码的部分函数依赖，所以$SCD \notin 2NF$。将SCD按照图12-7分解为2个关系模式SD和SC。SD的主码为SNo，主码是单属性，不可能存在部分函数依赖。SC中，$（SNo，CNo）\xrightarrow{f} Score$。分解后的关系模式SD和SC消除了非主属性对主码的部分函数依赖，SD和SC均属于2NF。

按照2NF的定义，当关系模式不存在非主属性时，关系模式属于2NF。例如，在关系模式TC（T，C）中，一个教师可以讲授多门课程，一门课程可以被多个教师讲授，T和C两个属性的组合（T，C）是主码，T、C都是主属性，而没有非主属性，所以也就不可能存在非主属性对主码的部分函数依赖，因此$TC \in 2NF$。

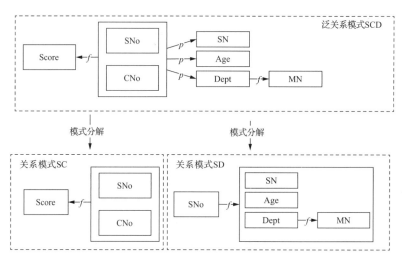

图12-7　泛关系模式SCD分解为满足第二范式的关系模式SD和SC

经以上分析，我们可以得到以下两个结论。

（1）从1NF关系中消除非主属性对主码的部分函数依赖，是获得2NF的关键步骤。

（2）如果R的主码为单属性，或R的全体属性均为主属性，则$R \in 2NF$。

2. 第二范式的规范化方法

基于关系模式"一事一地"原则，从满足第一范式的关系模式中，将部分函数依赖的决定属性和被决定属性提取出来，形成不存在部分函数依赖的子关系模式集合，分解后的每一个关系模式只描述一个实体或者实体间的联系。

下面以关系模式SCD为例说明第二范式的规范化过程。

将SCD（SNo，SN，Age，Dept，MN，CNo，Score）规范为2NF。由（SNo，CNo）$\xrightarrow{P}$ {SN，Age，Dept，MN}，（SNo，CNo）$\xrightarrow{f}$Score，可以判断，（SNo，CNo）$\xrightarrow{P}$ {SN，Age，Dept，MN}为部分函数依赖，不满足第二范式要求，我们将该部分函数依赖中决定因素SNo和被决定因素提取出来，得SNo$\xrightarrow{f}$ {SN，Age，Dept，MN}，从而形成两个关系模式SD和SC，如图12-8所示。

SD

SNo	SN	Age	Dept	MN
S1	赵亦	17	计算机	刘伟
S2	钱尔	18	信息	王平
S3	孙珊	20	信息	王平
S4	李思	21	自动化	刘伟

SC

SNo	CNo	Score
S1	C1	90
S1	C2	85
S2	C5	57
S2	C6	80
S2	C7	
S2	C4	70
S3	C1	75
S3	C2	70
S3	C4	85
S4	C1	93

图12-8　关系模式SD和SC

按照"一事一地"原则，SNo$\xrightarrow{f}$ {SN，Age，Dept，MN}描述了关系模式SD，（SNo，CNo）$\xrightarrow{f}$Score描述了关系模式SC。

经上述关系模式分解后，SD的主码为SNo，SC的主码为（SNo，CNo），其他出现在两个关系模式中的属性均为非主属性，且非主属性在对应的关系模式中对主码均是完全函数依赖。因此，SD∈2NF，SC∈2NF。

第一范式的关系模式经过投影分解转换成第二范式的关系模式后，消除了一些数据冗余。分析图12-8中SD和SC中的数据，可以看出，它们存储的冗余度比关系模式SCD有了较大幅度的降低。学生的姓名、年龄不需要重复存储多次。这样便可在一定程度上避免数据更新所造成的数据不一致性问题。同时，由于把学生的基本信息与选课信息分开存储，则学生基本信息因没有选课而不能插入的问题得到了解决，插入异常问题得到了改善。同样，如果某个学生不再选修C1课程，只在选课关系SC中删除该学生选修C1的记录即可，SD中有关该学生的信息不受任何影响，这解决了部分删除异常问题。因此，分解后的关系模式SD和SC在性能上比SCD有了显著提高。

3. 第二范式的缺点

第二范式的关系模式解决了第一范式中存在的一些问题，但在进行数据操作时，仍然存在下面一些问题。以分解后满足第二范式的关系模式SD为例，分析如下。

（1）数据冗余。如每个系名和系主任的名字存储的次数等于该系的学生人数。

（2）插入异常。如当一个新系没有招生时，有关该系的信息无法插入。

（3）删除异常。如某系学生全部毕业而没有招生时，删除全部学生的记录也随之删除了该系的有关信息。

（4）更新异常。如更换系主任时，仍需改动较多的学生记录。

存在上述问题的原因：在SD中存在非主属性对主码的传递函数依赖。分析SD中的函数依赖发现，在函数依赖SNo $\xrightarrow{\quad}$ MN中，非主属性MN对主码SNo传递函数依赖，导致出现了数据冗余、插入异常、删除异常、更新异常等问题。为此，我们还需要对关系模式SD进一步进行模式分解，消除传递函数依赖所产生的异常问题。

12.3.4 第三范式

1. 第三范式的定义

第三范式（3NF）是在第二范式的基础上构建的范式，其标准定义如下。

定义12.6 如果关系模式$R \in$ 2NF，且每个非主属性都非传递函数依赖于R的主码，则称R属于第三范式，记作$R \in$ 3NF。

前面由关系模式SCD分解而得到的SD（SNo，SN，Age，Dept，MN）和SC（SNo，CNo，Score），它们都属于第二范式。在SC中，主码为（SNo，CNo），非主属性为Score，函数依赖为（SNo，CNo）→Score，非主属性Score非传递函数依赖于主码（SNo，CNo），因此，SC∈3NF。但在SD中，主码为SNo，非主属性Dept和MN与主码SNo间存在函数依赖SNo→Dept和Dept→MN，即SNo $\xrightarrow{\quad}$ MN。由此可见，非主属性MN与主码SNo间存在传递函数依赖，所以SD∉3NF。

2. 第三范式的规范化方法

将第二范式关系模式中存在的传递函数依赖提取出来，确保每个关系模式不存在非主属性对主码的传递函数依赖，然后遵循"一事一地"原则，让一个关系只描述一个实体或者实体间的联系。下面以关系模式SD为例说明第三范式的规范化过程。

通过语义分析可知，关系模式SD中包含的函数依赖SNo $\xrightarrow{\quad}$ MN不满足第三范式要求，将传递、函数依赖进行拆分，拆分为完全、非传递函数依赖，即SNo $\xrightarrow{\quad}$ Dept，Dept $\xrightarrow{\quad}$ MN。结合"一事一地"原则，关系模式SD中描述了两个实体，其中一个是学生实体，其属性有SNo、SN、Age、Dept；另一个是系别的实体，其属性有Dept和MN。按照分解后获得的函数依赖

Dept —↗→ MN，分解SD形成两个关系模式，分别是学生关系模式S（SNo，SN，Age，Dept）和系别关系模式D（Dept，MN），如图12-9所示。

由图12-9可以看出，分解为第三范式后，函数依赖关系变得更加简单，既没有非主属性对主码的部分函数依赖，也没有非主属性对主码的传递函数依赖，解决了第二范式中存在的问题。

S

SNo	SN	Age	Dept
S1	赵亦	17	计算机
S2	钱尔	18	信息
S3	孙珊	20	信息
S4	李思	21	自动化

D

Dept	MN
计算机	刘伟
信息	王平
自动化	刘伟

图12-9　关系模式SD分解为满足第三范式的关系模式S和D

（1）数据冗余降低了。如系主任的姓名存储的次数与该系的学生人数无关，只在D中存储一次。

（2）不存在插入异常。如当一个新系没有学生时，该系的信息可以直接插入D中，而与S无关。

（3）不存在删除异常。当要删除某系的全部学生而仍然保留该系的有关信息时，可以只删除S中的相关学生记录，而不影响D中的数据。

（4）不存在更新异常。如更换系主任时，只需要修改D中一个相应元组的MN属性值，不会出现数据不一致性问题。

3. 第三范式的缺点

在将泛关系模式SCD规范到第三范式后，泛关系模式SCD所存在的数据冗余、插入异常、删除异常和修改异常问题已经全部消失。但第二范式和第三范式均针对非主属性和主属性之间的函数依赖关系，并未考虑主属性与主码的函数依赖关系或主属性之间的函数依赖关系。如果发生了这种函数依赖，仍有可能存在数据冗余、插入异常、删除异常和修改异常。举例说明：设有关系模式SNC（SNo，SN，CNo，Score），其中SNo代表学号，SN代表学生姓名并假设没有重名，CNo代表课程号，Score代表成绩。可以判定，SNC有两个候选码（SNo，CNo）和（SN，CNo），其函数依赖如下。

$$SNo \leftrightarrow SN$$
$$（SNo，CNo）\rightarrow Score$$
$$（SN，CNo）\rightarrow Score$$

在SNC中，主属性为{SNo，SN，CNo}，非主属性为Score，如果选择（SNo，CNo）为主码，则唯一的非主属性Score对主码不存在部分函数依赖，也不存在传递函数依赖，所以SNC ∈ 3NF。但是，因为SNo ↔ SN，存在主属性对主码的部分函数依赖（SNo，CNo）—↗→ SN，造成SNC中存在较大的数据冗余，即学生姓名的出现次数等于该学生所选的课程数，同时，当更改某个学生的姓名时，必须搜索出该姓名的每个学生记录，并对其姓名逐一修改，这样容易造成数据不一致性问题。

为解决第三范式中主属性与主码之间的部分函数依赖问题，需消除第三范式中存在的主属性对主码的函数依赖关系，将第三范式进一步规范化到BCNF。

实际上，BCNF只出现在主码为属性集的情况下。在关系模式中，当出现主属性与主码的函数依赖关系时，可以将该函数依赖涉及的主属性从现有关系模式中分解出来，构建新的关系模式，如将SNC分解为关系模式SS（SNo，SN）（用于描述学生实体）和关系模式SC（SNo，CNo，Score）（用于描述学生与课程的联系），分解后的关系模式不存在主属性对主码的部分函数依赖。

有关BCNF的内容，读者可以参阅相关资料。

12.3.5 关系模式的规范化过程

本书重点介绍了1NF、2NF、3NF（对于其他类型的范式，本书不再详细介绍）。一个低一级范式的关系模式，通过模式分解转化为若干个高一级范式的关系模式的集合，这种分解过程称为关系模式的规范化。关系模式的规范化过程就是逐步消除关系模式中不合适的函数依赖的过程。

1. 关系模式规范化的原则

在满足属性原子化的基础上，规范化的基本原则就是遵循"一事一地"的原则，即一个关系模式只描述一个实体或者实体间的联系。若多于一个实体，就把它"分离"出来。

2. 关系模式规范化的步骤

在满足属性原子化的基础上，规范化的步骤就是对原关系进行模式分解，消除非主属性与主属性之间的部分函数依赖和传递函数依赖，消除主属性与主码之间的部分函数依赖。关系模式规范化的基本步骤如图12-10所示。

关系模式规范化步骤

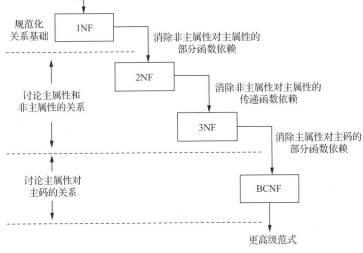

图12-10 关系模式规范化的基本步骤

（1）检查泛关系模式中各属性，将不满足原子性要求的属性分解为原子属性，形成满足1NF的关系模式。

（2）分析所有满足1NF关系模式的主码与主属性，查验每个关系模式中非主属性和主码的函数依赖关系，如果存在非主属性对主码的部分函数依赖，则分解该关系模式，消除关系模式中非主属性对主码的部分函数依赖，将1NF关系模式转换成2NF关系模式。

（3）分析所有满足2NF的关系模式，查验每个关系模式中非主属性和主码的函数依赖关系，如果存在非主属性对主码的传递函数依赖，则分解该关系模式，消除关系模式中非主属性对主码的部分函数依赖，将2NF关系模式转换成3NF关系模式。

（4）分析所有满足第三范式的关系模式，查验每个关系模式中主属性和主码的函数依赖关系，如果存在主属性对主码的部分函数依赖，则分解该关系模式，消除关系模式中主属性对主码的部分函数依赖，将3NF关系模式转换成BCNF关系模式。

一般情况下，没有数据冗余、插入异常、更新异常和删除异常的数据库设计可称为合适的数据库设计。但是进行关系模式分解时，要综合考虑分解后关系模式的查询效率和存储代价，视实际情况而定。对于那些只需查找而不要求插入、删除等操作的数据库系统，不宜过度分解，否则当对系统进行整体查询时，需要更多的表连接操作，这有可能得不偿失。

在实际应用中，最有价值的是3NF和BCNF，在进行关系模式的规范化时，通常分解到3NF就足够了。

12.3.6　关系模式的规范化的要求

关系模式的规范化过程是通过对关系模式的分解来实现的，但是模式分解的方式不是唯一的，不同的分解会得到不同的关系模式。在这些分解方法中，只有能够保证分解后的关系模式与原关系模式等价的方法才是有意义的。所谓等价的关系模式，即模式分解过程保持分解前后的函数依赖和具有无损连接分解。

无损连接分解是指分解后的关系模式经过自然连接后形成的关系模式，与分解前的关系模式具有相同的信息量。对图12-8中的关系模式SD和SC进行分析发现，两个关系模式自然连接后与分解前的关系模式SCD表达的信息量相同，即分解没有丢失任何信息，满足分解的无损连接要求。

保持函数依赖是指分解后关系模式的所有函数依赖与分解前关系模式的函数依赖等价。这里的等价性需要依赖于规范化理论的Armstrong公理。Armstrong公理内容较为复杂，我们可以以更为直观的方式理解：不要将一个完全、非传递的函数依赖中出现的决定因素和被决定因素分解到不同关系模式中，例如不要把SCD中决定因素SNo和被决定因素SN、Age等分解到不同的关系模式中，这样就可保证分解后的关系模式的函数依赖与分解前关系模式的函数依赖等价。函数依赖的蕴含以及Armstrong公理等内容涉及一套完整、复杂的推理理论和体系，感兴趣的读者可参考相关资料进行学习。

需要注意的是，无损连接性和函数依赖保持性是两个相互独立的标准。具有无损连接性的分解不一定具有函数依赖保持性。同样，具有函数依赖保持性的分解也不一定具有无损连接性。

12.4　小结

本章讲述了关系操作的常见异常和关系规范化主要内容；介绍了函数依赖的定义和类型；重点讲解了第一范式、第二范式、第三范式这3类主流范式的定义和关系，以及各类范式转化的原则、步骤和注意事项。

不合理的关系模式主要存在数据冗余、插入异常、删除异常和更新异常。发生上述异常的原因是关系模式中描述了过多的事物，我们可采用关系模式分解方法，将不合理的关系模式转换为规范的关系模式。

函数依赖为关系模式分解提供分析工具，它从关系模式所表示的业务语义出发，以形式化方式展示各属性之间的逻辑语义依赖关系。常见的函数依赖包括完全函数依赖、部分函数依赖和传递函数依赖。

基于"一事一地"的原则，借助函数依赖和关系规范化理论，我们可将关系模式分解为满足第一范式、第二范式、第三范式和BCNF要求的关系模式。关系模式分解需保证分解过程既具有无损连接性又保持函数依赖，通常分解到第三范式或BCNF就足够了。

习　题

一、选择题

1.　在关系模式R中，函数依赖$X \rightarrow Y$的语义是（　　　　）。

A. 在R的某一关系中，若两个元组的X值相等，则Y值也相等

B. 在R的每一关系中，若两个元组的X值相等，则Y值也相等

C. 在R的某一关系中，Y值应与X值相等

D. 在R的每一关系中，Y值应与X值相等

2. 设有关系模式R（X，Y，Z，W）与它的函数依赖集合F={XY→Z，W→X}，则R的主码为（　　）。

　　A.（X，Y）　　　　B.（X，W）　　　　C.（Y，Z）　　　　D.（Y，W）

3. 设计性能较优的关系模式称为规范化，规范化主要的理论依据是（　　）。

　　A. 关系规范化理论　　B. 关系运算理论　　C. 关系代数理论　　D. 数理逻辑

4. 规范化过程主要为克服数据库逻辑结构中的插入异常、删除异常及（　　）。

　　A. 数据不一致性　　　B. 结构不合理　　　C. 冗余度大　　　D. 数据丢失

5. 若关系R的候选码都是由单属性构成的，则R的最高范式必定为（　　）。

　　A. 1NF　　　　　　　B. 2NF　　　　　　　C. 3NF　　　　　　D. 无法确定

二、填空题

1. 消除了非主属性对主码的部分函数依赖的关系模式，称为_____模式；消除了非主属性对主码的传递函数依赖的关系模式，称为_____模式；消除了每一属性对主码的传递函数依赖的关系模式，称为_____模式。

2. 设有关系模式R（A，B，C，D），函数依赖集合F={(A,B)→(C,D)，A→D}，则R的候选码是_____，它属于_____范式的关系模式。

3. 在关系模式R（A，B，C，D）中，有函数依赖集合F={B→C，C→D，D→A}，则R能够达到_____。

4. 1NF、2NF、3NF之间，相互是一种_____关系。

5. 在关系数据库的规范化理论中，在执行"分解"时，必须遵守的规范化规则是保持原有的函数依赖关系和_____。

三、简答题

1. 解释下列术语的含义：函数依赖、部分函数依赖、完全函数依赖、传递函数依赖。

2. 为什么要有关系模式分解？关系模式分解要遵守什么准则？

3. 设有关系模式R，如图12-11所示。R属于第几范式？如何将R规范化为3NF？写出规范化步骤。

职工号	职工姓名	年龄	性别	单位号	单位名称
E1	ZHAO	20	F	D3	CCC
E2	QIAN	25	M	D1	AAA
E3	SEN	38	M	D3	CCC
E4	LI	25	F	D3	CCC

图12-11 关系模式R

4. 关系模式R（课程名，教师名，教师地址），它属于第几范式？该关系模式是否存在删除异常？如何将它规范化为高一级的范式。

第13章
数据库概念结构设计和逻辑结构设计

数据库概念结构设计和逻辑结构设计是在需求分析基础上，分析数据结构、数据项之间的语义关系，然后绘制全局E-R图，再通过关系模式转化规则，将E-R图转换为关系模式。转换后的关系模式可使用规范化理论进行验证和优化。

本章学习目标：学习本章后，读者应理解概念结构设计和逻辑结构设计的主要工作，掌握使用E-R模型绘制局部E-R图并整合形成全局E-R图的方法，能够运用关系模式转化规则，将全局E-R图转换为关系模式并进行关系模式的评价和改进工作。

13.1　概念结构设计

13.1.1　概念结构设计的主要任务和必要性

1. 主要任务

在需求分析阶段，经调研人员充分调查并形成用户需求（数据结构和数据项）后，设计人员还需要将用户需求转换为信息世界的模型结构，以方便在计算机世界中刻画用户的需求。

概念结构设计的主要任务：将需求分析得到的用户需求（数据结构和数据项），抽象为描述数据结构、数据项之间关系的抽象模型，该抽象模型称为概念模型。

在概念结构设计过程中，数据库设计人员只需专注于分析数据结构、数据项之间的语义关系，形成抽象的E-R模型，无须关心DBMS选型或有关数据存储工作。

2. 必要性

早期数据库设计不包含概念结构设计，数据库设计人员在需求分析工作完成后，直接开展逻辑结构设计和物理结构设计，这导致在这一阶段既需要考虑DBMS的存储、效率等特性，又要分析数据结构和数据项之间的关系，设计内容繁多，设计过程复杂，设计结果的评价难度高，设计过程控制效率低。为简化该阶段的工作，埃德加·考特在需求分析和逻辑结构设计之间增加了概念结构设计阶段，并引入E-R图用于描述概念结构设计的结果——概念模型。这样做主要有以下两个优点。

（1）从数据库设计人员角度，将概念结构设计从逻辑结构设计中分离出来后，各阶段的任务相对单一化。对于概念模型，数据库设计人员只需根据抽象的数据结构和数据项，分析其语义关联性，无须关心DBMS选型或有关数据存储工作。

（2）从业务操作人员角度，概念模型不含具体的DBMS的技术细节，这使设计结果更容易为用户所理解，便于数据库设计人员与用户交流并确认模型的正确性。

13.1.2　概念模型的 E-R 表示方式

E-R模型（Entity Relationship Model）是广泛应用于数据库设计工作中的一种概念模型，它利用E-R图来表示数据结构（实体型）之间的联系和数据结构（实体型）与数据项（属性）之间的联系。

E-R图的基本成分包括实体型、属性和联系，它们的表示方式如下。

（1）实体型：用矩形框表示，框内标注实体名称，如图13-1（a）所示。

（2）属性：用椭圆形框表示，框内标注属性名称，如图13-1（b）所示。一般用无向边将属性与相应的实体相连。

（3）联系：联系用菱形框表示，框内标注联系名称，如图13-1（c）所示。一般用无向边将联系与有关实体相连，同时在无向边旁标上联系的类型，即$1:1$、$1:n$或$m:n$。

（a）实体型　　　　（b）属性　　　　（c）联系
图13-1　E-R图的3种基本成分及其表示方法

实体之间的联系有一对一（$1:1$）、一对多（$1:n$）和多对多（$m:n$）3种类型。例如，一个学生只能有一个学号（$1:1$），一个系有多个学生（$1:n$），学生选修课程（$m:n$）。

现实业务的复杂性导致实体联系的复杂性，根据参与实体数量，可将E-R图上实体间的联系归结为图13-2所示的3种基本形式。

①两个实体型之间的联系，如图13-2（a）所示。

②两个以上实体型之间的联系，如图13-2（b）所示。

③同一实体型内部各实体之间的联系，例如一个部门内的职工有领导与被领导的联系，即某一职工（干部）领导若干名职工，而一个职工（普通员工）仅被另外一个职工直接领导，这就构成了实体型内部的一对多的联系，如图13-2（c）所示。

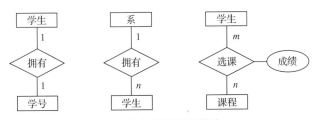

（a）两个实体型之间的联系

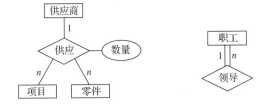

（b）两个以上实体型之间的联系　　　（c）同一实体型内部的联系

图13-2　实体及其联系图

需要注意的是，因为联系本身也是一种实体型，所以联系也可以有属性。如果一个联系具有属性，则这些联系也要用无向边与其属性连接起来。例如，学生选修的课程有相应的成绩。这里的"成绩"既不是学生的属性，也不是课程的属性，只能是学生选修课程的联系的属性，如图13-2（a）所示。

概念模型的
E-R图表示

E-R图的基本思想就是分别用矩形框、椭圆形框和菱形框表示实体型、属性和联系，使用无向边将属性与其相应的实体连接起来，并将联系和有关实体相连接，注明联系类型。图13-2所示为几个E-R图的例子，这几个例子省略了实体的属性。图13-3所示为一个描述学生与课程联系的完整的E-R图。

图13-3　学生与课程联系的完整的E-R图

在绘制E-R图时，常见的错误是没有遵循E-R图设计规范。需注意的是，属性可以与实体连接、可以与联系连接，但两个属性不能直接相连。同时，实体与实体之间也不能直接相连，必须通过联系连接在一起。此外，$1:n$的联系需要根据业务分析哪个实体是1端，哪个实体是n端。

除使用图13-1中方法表示E-R图外，还可采用其他方式进行绘制。例如：使用UML类图中类的方法表示实体，使用类间的联系表示实体的联系；在联系类型中给出补充，标注联系的强制实施情况；补充实体间的继承关系。上述E-R图的绘制标准和扩展方式均是在熟悉基本E-R图绘制的基础上，方便经验丰富的设计人员更为深入地从面向对象设计角度考虑数据库设计，为后续围绕数据库设计结果开展面向对象程序设计服务。读者初次学习数据库设计时，还需先掌握基本E-R图的绘制方法，然后补充学习行业中常见的其他E-R图绘制方法。

13.1.3　概念结构设计的步骤

基于E-R图的概念结构设计主要包括局部E-R图设计和全局E-R图设计，如图13-4所示。

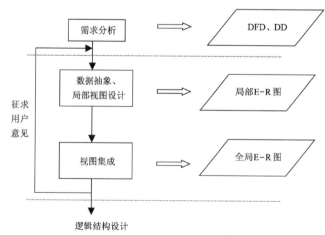

图13-4　基于E-R图的概念结构设计步骤

（1）局部E-R图设计。根据需求分析获得的数据结构和数据项，基于不同业务线，完成局部E-R图设计。

（2）全局E-R图设计。集成各局部E-R图，形成全局E-R图。

13.1.4 局部 E-R 图设计

建立局部E-R模型，就是根据待开发系统的需求分析结果，按系统使用部门、角色或关键业务线，对系统建模过程进行划分，使用E-R图描述每个划分中包含的实体、属性和联系，并绘制相应的局部E-R图，以描述实体的属性、实体与实体间的联系及联系类型。

1. 局部 E-R 图的划分依据

局部E-R图设计的基础是待开发系统的划分，主要划分方式有以下几种。

（1）按关键业务线进行划分，如教学管理系统包含教师授课业务、学生选课业务、学生评教业务等核心业务线，可依据这些业务线绘制相应的局部E-R图。

（2）按系统使用部门进行划分，如企业管理系统包含人力资源管理、销售管理、物料管理等，每个管理环节由对应部门负责，可依据不同部门绘制相应的局部E-R图。

（3）按照角色划分，如各类评价系统的使用者包括奖项申报人员、评奖管理人员和评价专家等角色，依据不同角色可绘制相应的局部E-R图。

在面对一些复杂业务系统时，如企业级全域型业务管理系统，数据库设计人员可综合运用2～3种方法对业务进行划分，形成实体规模或业务难度相当的局部业务，以便于绘制局部E-R图。

2. 局部 E-R 图中实体和属性的区分依据

局部E-R图绘制的关键就是正确区分实体和属性。实体和属性之间在形式上并无可以明显区分的界限，通常是按照现实世界中事物的自然划分来定义实体和属性的，例如，需求分析的数据结构往往可表示为实体，描述数据结构的数据项可表示为属性。

在区分或发现实体、属性时，常用两种方法：分类（Classification）和聚集（Aggregation）。

（1）分类。分类定义某一类概念作为现实世界中一组对象的类型，将一组具有某些共同特性和行为的对象抽象为一个实体。对象和实体之间是"is member of"的关系。例如，在教学管理数据库中，"赵亦"是一名学生，这表示"赵亦"是学生中的一员，她具有学生们共同的特性和行为。

（2）聚集。聚集定义某一类型的组成成分，将对象类型的组成成分抽象为实体的属性。组成成分与对象类型之间是"is part of"的关系。例如，学号、姓名、性别、年龄和系别等可以抽象为学生实体的属性，其中学号是标识学生实体的主码。

3. 局部 E-R 图中实体和属性的设计粒度

在进行具体设计时，实体和属性是相对而言的，数据库设计人员往往要根据实际情况进行调整。调整时遵循以下原则。

（1）实体具有描述信息，而属性没有。即属性必须是不可分的数据项，不能再由另一些属性组成。

（2）属性不能与其他实体具有联系，联系只能发生在实体之间。

例如，学生是一个实体，学号、姓名、性别、年龄和系别等是学生实体的属性。这时，系别只表示学生属于哪个系，不涉及系的具体情况，换句话说，没有需要进一步描述的特性，即是不可分的数据项，则根据原则（1），系别可以作为学生实体的属性。但如果考虑一个系的系主任、学生人数、教师人数、办公地点等，则系别应作为一个实体，如图13-5所示。

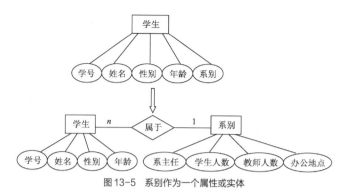

图13-5　系别作为一个属性或实体

又如，职称为教师实体的属性，但在涉及住房分配时，由于分房与职称有关，即职称与住房实体之间有联系，则根据原则（2），职称应作为一个实体，如图13-6所示。

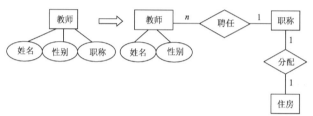

图13-6　职称作为一个属性或实体

此外，数据库设计人员可能会遇到这样的情况，即同一数据项可能由于环境和要求的不同，有时作为属性，有时则作为实体，此时必须根据实际情况而定。一般情况下，凡能作为属性对待的，应尽量作为属性，以简化E-R图的处理。

形成局部E-R模型后，数据库设计人员应该将其反馈给用户，进一步征求用户意见，以求改进和完善，使之如实地反映现实世界情况。需要注意的是，图13-5所示的数据库设计方法仅用于数据库设计的教学环节。在实际数据库环境中，数据库并不会存储学生的年龄信息，仅会存储学生的出生日期。原因在于年龄每年都会递增，为保障数据库的真实性，必须每年对数据库中所有学生的年龄进行递增操作，这对大型数据库系统来说是不现实的。通常数据库中仅会存储反映学生年龄的静态信息，即出生日期，然后在需要年龄的时候，通过系统当前时间和数据库中存储的出生日期做差获得学生当前的年龄。

13.1.5　案例的局部 E-R 图设计

1. 案例局部 E-R 图确定依据

根据案例业务描述，可分别构建面向商品采购和销售业务的局部E-R图。

2. 商品采购的实体、属性、实体联系分析及局部 E-R 图

（1）实体分析

根据需求分析结果，与商品采购相关的数据结构包括用户、登录凭证和商品库存。运用分类分析方法，商品采购业务涉及的实体为采购用户实体、采购商品实体、商品分类实体和供应商实体。

未将登录凭证信息作为实体的原因：用户的登录信息只存在于服务器内存中，数据库仅记录用户最近一次登录的时间，对登录后的状态并不存储，因此，可将最近一次登录信息作为属性存储在采购用户实体中，即采购用户实体中的上次登录时间。

案例中采购业务的 E-R 图表示

从采购商品实体中分解出商品分类实体的原因：对于案例中提供的《数据库原理及应用教程》，其既属于图书分类也属于教材分类，此时商品的分类不是原子属性，可能由1个或多个分类属性构成。根据关系规范化中属性原子化要求，可将分类单独作为实体，构建分类与采购商品间实体联系，表达采购商品与分类间的关系。

从采购商品实体中分解出供应商实体的原因：根据案例中提供的采购台账，供应商包含了供应商的单位名称、电话和电子邮箱等信息，其本身也是由多个属性构成的复合属性，因此，需将供应商从采购商品实体中分解出来，再通过采购商品实体和供应商实体的联系描述商品供货情况。

（2）属性分析

运用聚集分析方法，分析需求分析获取的属性是否正确且完整。

采购用户实体：采购用户实体中包含用户登录相关属性（用户编号、登录用户名、用户密码、电子邮箱）。按实体完整性要求，需补充用户编号属性作为主码。在某些应用中，由于登录用户名不重复且为必填项，所以也可使用登录用户名作为主码。因数据安全和审计需要，需补充登录状态属性（注册时间、上次登录时间）。在大多数系统中，还可进一步补充用户显示名称、用户缩略图、用户出生日期等其他信息，为降低实际业务繁杂属性对案例理解的影响，本案例仅在采购用户实体中考虑有关用户的登录和登录状态属性。

采购商品实体：采购商品实体中包含商品相关属性（商品编号、商品名、生产厂家、入库时间、概述、缩略图）。为简单起见，本案例并未考虑一个商品由多个厂商生产的情况。同时，需求分析得到的库存数可依据商品采购和销售情况计算得到，为避免数据库冗余存储并未保留。

商品分类实体：商品分类实体中包含分类相关属性（分类编号、分类名称、分类概述）。按实体完整性要求，补充分类编号属性作为主码。在一些应用中，需记录建立分类的用户信息，本次设计并未考虑。

供应商实体：供应商实体属性有供应商编号、供应商名称、联系方式、电子邮箱。按实体完整性需要，补充供应商编号属性作为主码。

（3）实体联系分析

根据案例描述，本案例只需将每次采购信息记录在系统中，并不考虑哪个采购人员从哪家供应商采购商品的信息，因此，只需分析采购商品实体、商品分类实体和供应商实体之间的关系。

采购商品实体和商品分类实体之间：$m:n$联系。一个商品可以属于多个分类，一个分类可以被多个商品使用。

采购商品实体和供应商实体之间：$m:n$联系。一个供应商可以供应多个商品，一个商品可以由多个供应商供应。在每次采购过程中，会产生供应时间、单价、数量等属性。

经过上述分析，商品采购业务相关的实体、属性和联系总结如表13-1和表13-2所示。

表 13-1　商品采购业务相关实体和属性

实体名称	属性名称
采购用户	用户编号、登录用户名、用户密码、电子邮箱、注册时间、上次登录时间
采购商品	商品编号、商品名、生产厂家、入库时间、概述、缩略图
商品分类	分类编号、分类名称、分类概述
供应商	供应商编号、供应商名称、联系方式、电子邮箱

表 13-2　商品采购业务相关实体的联系

实体名称	实体名称	联系类型	产生非主属性
采购商品	商品分类	$m:n$	无
采购商品	供应商	$m:n$	供应时间、供应单价、供应数量

（4）商品采购业务局部E-R图

根据商品采购业务的实体、属性和实体间联系，绘制描述该局部业务的E-R图，如图13-7所示。

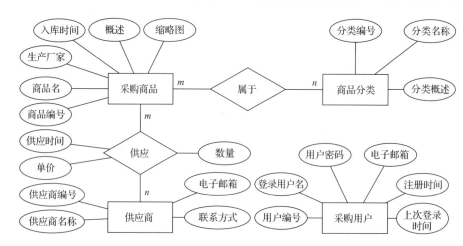

图13-7 商品采购业务局部E-R图

3. 商品销售的实体、属性和实体联系分析及局部E-R图

（1）实体分析

根据需求分析结果，与商品销售相关的数据结构包括用户、商品、订单和地址。运用分类分析方法，商品销售业务涉及的实体为销售用户实体、销售商品实体、订单实体、地址实体、物流实体。

从地址实体中分解出物流实体的原因：根据案例中提供的销售台账，物流信息中包含了物流单号和物流承运商名称等信息，其本身为复合属性，不满足属性原子化要求，因此，需将物流从地址实体中分解出来，再通过物流实体和地址实体的联系描述商品的物流情况。

（2）属性分析

运用聚集分析方法，分析需求分析获取的属性是否正确且完整。

销售用户实体：同采购用户实体类似，销售用户实体中包含登录相关属性（用户编号、登录名、登录密码、电子邮箱、用户权限）、登录状态属性（注册时间、上次登录时间）。

案例中销售业务的E-R图表示

销售商品实体：同采购商品实体类似，销售商品实体中包含采购商品相关属性（编号、名称）。

订单实体：订单实体中包含订单相关信息属性（订单编号、提交时间、订单状态）。订单商品信息不是一个原子属性，可建立订单实体和商品采购实体间的管理关系，表达订单包含的采购商品信息。

地址实体：地址实体包含订单接收人相关属性（地址编号、联系人、性别、手机、电子邮箱）和接收地址相关属性（国家、省、市县、街道）。为保证地址的实体完整性，补充地址编号作为地址实体的主码。注意，在实际的数据库系统开发中，将地址信息拆分可便于统计不同区域的销售情况，不进行地址拆分虽然违反关系模式规范化中属性原子化的要求，但并不影响系统的运行。读者可结合实际业务需要考虑是否拆分地址属性。

物流实体：物流实体包含了物流编号、物流公司名称、物流公司电话和快递单号属性。按照实体完整性要求，补充物流编号作为地址实体的主码。

（3）实体联系分析

销售商品实体与订单实体之间：$m:n$联系。一个商品可以在多个订单中出现，一个订单中可以包含多个商品。在每次销售过程中，产生单价和数量属性。

订单实体和地址实体之间：1∶n联系。一个订单只能有一个快递收件地址，一个快递收件地址可以给多个订单复用。

地址实体与销售用户实体之间：n∶1联系。一个销售用户可以有多个收件人地址，一个收件人地址只能被一个销售用户使用。

订单实体与物流实体之间：1∶n联系。一个订单可能与一个或多个物流信息对应，一个物流信息只对应一个订单。

经过上述分析，商品销售业务相关的实体、属性和联系总结如表13-3和表13-4所示。

表 13-3　商品销售业务相关实体和属性

实体名称	属性名称
销售用户	用户编号、登录名、登录密码、电子邮箱、用户权限、注册时间、上次登录时间
销售商品	编号、名称
订单	订单编号、提交时间、订单状态
地址	地址编号、联系人、性别、手机、电子邮箱、国家、省、市县、街道
物流	物流编号、物流公司名称、物流公司电话、快递单号

表 13-4　商品采购业务相关实体的联系

实体名称	实体名称	联系类型	产生非主属性
销售商品	订单	$m∶n$	销售单价、数量
订单	地址	$1∶n$	无
地址	销售用户	$n∶1$	无
订单	物流	$1∶n$	无

（4）商品销售业务局部E-R图

根据商品销售业务的实体、属性和实体间联系，绘制描述该局部业务的E-R图，如图13-8所示。

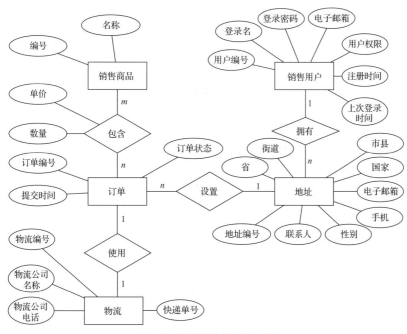

图13-8　商品销售业务局部E-R图

13.1.6 全局E-R图设计

1. 全局E-R图的集成方法

集成各局部E-R图，即可形成全局E-R图。局部E-R图的集成方法有以下2种。

（1）多元集成法：一次性将多个局部E-R图合并为一个全局E-R图，如图13-9（a）所示。

（2）二元集成法：首先集成两个重要的局部E-R图，以后用累加的方法逐步将一个新的E-R图集成进来，如图13-9（b）所示。

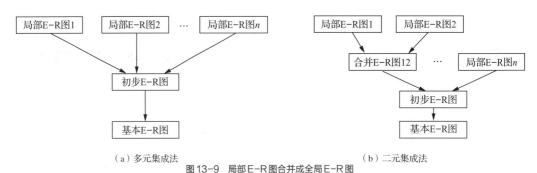

（a）多元集成法　　　　　　　　　　　　（b）二元集成法

图13-9　局部E-R图合并成全局E-R图

对于复杂的业务系统，一般采用二元集成法。对于简单的业务系统，可以采用多元集成法。

2. 全局E-R图的集成步骤

无论使用哪一种集成方法，局部E-R图集成均分成两个步骤，如图13-10所示。

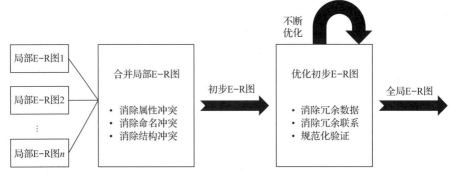

图13-10　全局E-R图集成的步骤

（1）合并

合并局部E-R图，消除局部E-R图之间的冲突，生成初步E-R图。

这个步骤将所有的局部E-R图集成为全局概念结构。全局概念结构不仅要支持所有的局部E-R模型，且必须合理地表示一个完整的、一致的数据库概念结构。

由于各个局部E-R图通常由不同的设计人员并发设计，因此各局部E-R图在集成时不可避免地会出现许多不一致的现象，称为冲突。集成局部E-R图的关键就是合理消除各局部E-R图中的冲突。

① 属性冲突

属性冲突又分为属性值域冲突和属性的取值单位冲突。

● 属性值域冲突，即属性值的类型、取值范围或取值集合不同。例如学号，有些部门将其定义为数值型，而有些部门将其定义为字符型。

● 属性的取值单位冲突。例如零件的质量，有的以千克为单位，有的以克为单位。

● 属性冲突属于用户业务上的约定，必须与用户协商后解决。

② 命名冲突

命名冲突可能发生在实体名、属性名或联系名之间，一般表现为同名异义或异名同义。

● 同名异义，即同一名称的对象在不同的部门中具有不同的意义。例如，"单位"在某些部门表示人员所在的部门，而在某些部门可能表示物品的质量、长度等属性。

● 异名同义，即同一意义的对象在不同的部门中具有不同的名称。例如，对于"房间"这个名称，在教学管理部门中对应为教室，而在后勤管理部门中对应为学生宿舍。

命名冲突的解决方法与属性冲突相同，也需要与用户协商、讨论后予以解决。

③ 结构冲突

结构冲突包括以下3种情况。

● 同一对象在不同应用中有不同的抽象，可能为实体，也可能为属性。例如，教师的职称在某一局部应用中被当作实体，而在另一局部应用中被当作属性。

这类冲突在解决时，就是使同一对象在不同应用中具有相同的抽象，或把实体转换为属性，或把属性转换为实体。

● 同一实体在不同应用中属性组成不同，可能是属性个数或属性次序不同。

解决办法是合并后实体的属性组成为各局部E-R图中同名实体属性的并集，然后再适当调整属性的次序。

● 同一联系在不同应用中呈现不同的类型。例如，E1与E2在某一应用中可能是一对一联系，而在另一应用中可能是一对多或多对多联系，也可能在E1、E2、E3三者之间有联系。

这种情况应该根据应用的语义对实体联系的类型进行综合或调整。

（2）优化

消除不必要的冗余，经规范化验证，生成全局E-R图。

冗余是指冗余的数据和实体之间冗余的联系。冗余的数据是指可由基本的数据导出的数据，冗余的联系是指可由其他的联系导出的联系。在上面消除冲突合并后得到的初步E-R图中，可能存在冗余的数据或冗余的联系。冗余的存在容易破坏数据库的完整性，给数据库的维护增加困难，应该消除。

通过合并和优化过程所获得的最终E-R模型代表了用户的全部业务要求，沟通"要求"和"设计"，是成功建立数据库的关键。因此，用户和数据库设计人员必须对这一模型反复讨论，在用户确认这一模型已正确无误后，才能进入下一阶段的设计工作。

13.1.7 案例的全局 E-R 图设计

在商品采购业务和商品销售业务局部E-R图的基础上，通过局部E-R图集成方法，形成全局E-R图。

首先，这两个局部E-R图中存在命名冲突。异名同义的情况：商品采购业务局部E-R图中的实体"采购商品"与商品销售业务局部E-R图中的实体"销售商品"，都是指库存中"商品"，合并后统一改为"商品"，这样属性"商品名"和"名称"即可统一为"商品名称"。同名异义的情况：商品采购业务局部E-R图内供应关系上"单价"和商品销售业务局部E-R图内包含关系上"单价"，表示不同含义，前者是采购时的入库单价，后者是销售时的销售单价，为避免歧义，将商品采购业务局部E-R图内供应关系上"单价"修改为"入库单价"，将商品销售业务局部E-R图内包含关系上"单价"修改为"销售单价"，同理，将商品采购业务局部E-R图内供应关系上"数量"修改为"入库数量"，将商品销售业务局部E-R图内包含关系上"数量"修改为"销售数量"。

其次，这两个局部E-R图中还存在结构冲突。经异名同义规则修改实体名称后，商品销售业务中实体"商品"和商品采购业务中实体"销售商品"在两个不同应用中的属性组成不同，合并后这两个实体的属性组成为原来局部E-R图中的同名实体属性的并集，消去表示同样含义的属性。

解决上述冲突后，合并两个局部E-R图，生成图13-11所示的初步E-R图。

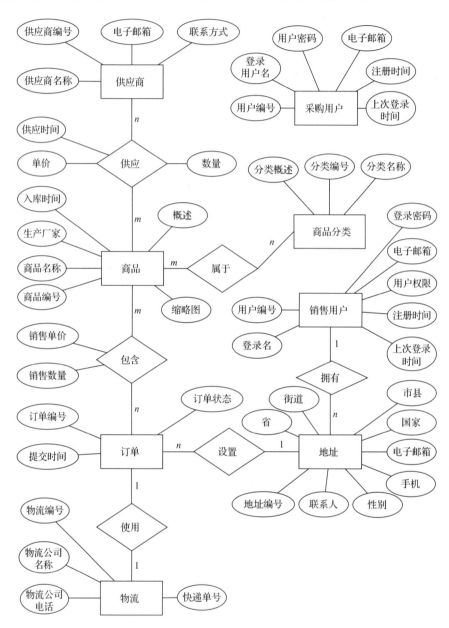

图13-11　案例数据库设计的初步E-R图

再次对初步E-R图进行优化，消除冗余数据。在图13-11所示的初步E-R图中，"采购用户"实体与"销售用户"实体仅差一个属性"用户权限"，从消除冗余数据的角度，可以将两个实体整合成统一的"用户"实体，在"用户"实体中，通过"用户权限"属性区分当前用户是销售用户还是采购用户。整合形成"用户"实体的另一优势在于提高了系统的可扩展性，当后续系统中包含其他类型用户时，可增减"用户权限"属性内的标识数字，从数据库层面支持系统业务的扩展需要。

　　最后，图13-11所示的初步E-R图在消除冗余"采购用户"实体后，便得到基本E-R图，如图13-12所示。

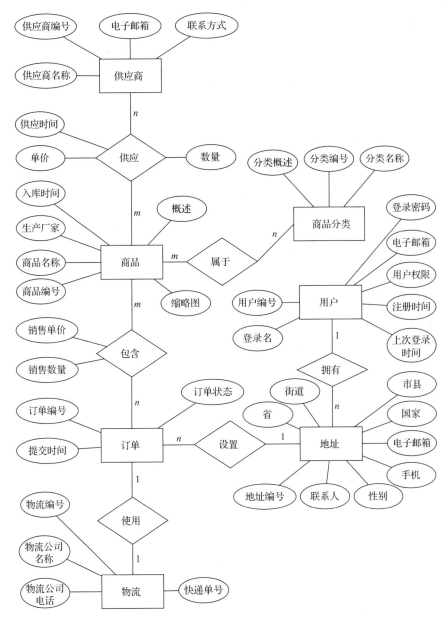

图13-12　案例数据库设计的基本E-R图

　　分析图13-12所示的基本E-R图，我们还可进一步从消除冗余数据的角度，优化实体和联系，如"物流"实体中，相同物流公司的名称和电话冗余出现，可以将物流公司单独抽象为实体并将该实体与现有"物流"信息关联，现有"物流"实体仅保留快递单号即可。上述优化工作需与系统具体需求相关，读者可根据具体业务需要完成基本E-R图优化工作。

　　在实际E-R图优化时，并不是所有冗余信息都要消除，有时候系统为了提高运行效率，会将部分信息冗余，以提高数据的查询效率。例如，"订单"实体中可包含冗余的"订单总价"

属性，以方便后续按月统计订单销售情况。同时，为提高系统的存储效率，当对省、市县、街道等订单地址信息不单独处理时，可以将"地址"实体的省、市县、街道等信息整合为地址信息，该设计结果虽然不满足关系规范化理论，但在实际数据库设计中也是允许的。

13.2　逻辑结构设计

13.2.1　逻辑结构设计的任务和步骤

概念结构设计阶段得到的E-R图是描述业务的抽象模型，它独立于任何数据模型（网状模型、层次模型和关系模型），同时也独立于任何一个具体的DBMS。为了建立用户所要求的数据库，数据库设计人员需要把概念结构模型转换为某个具体的DBMS所支持的数据模型。

数据库逻辑结构设计的任务是将概念结构模型转换成特定DBMS所支持的数据模型。由此便进入了"实现设计"阶段，在这一阶段，数据库设计人员需要考虑具体的DBMS的性能、具体的数据模型的特点。

E-R图所表示的概念结构模型可以转换成任何一种具体的DBMS所支持的数据模型，如网状模型、层次模型和关系模型。这里只讨论关系数据库的逻辑结构设计问题，所以重点介绍如何将E-R图转换为关系模型。

关系数据库的逻辑结构设计分为以下3步，如图13-13所示。

步骤1：初始关系模式设计，将基本E-R图按照关系模式转换规则转换为初始关系模式。

步骤2：关系模式规范化，利用规范化理论判断初始关系模式是否满足BCNF。

步骤3：模式的评价与改进，对规范化后的关系模型对照需求进行评价。

上述设计完成后，进入数据库的物理结构设计阶段。

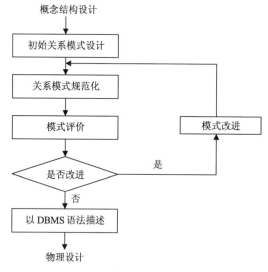

图13-13　关系数据库的逻辑结构设计

13.2.2　初始关系模式转换原则和具体做法

1. 转换原则

将E-R图转换为关系模式时需遵循以下原则。

E-R图到关系
模式的转换规则

实体转换原则：将每一个实体转换为一个关系模式，实体的名称为关系模式的名称，实体的属性是关系的属性，实体的码就是关系的主码。

关系转换原则：将每一个联系转换为一个关系模式，联系的名称为关系模式的名称，联系的属性是关系的属性，与联系相关联的所有实体的码，加入联系所转换成的关系模式中，然后根据联系类型决定关系的码。

（1）如果为1∶1联系，则联系关联的每个实体的主码都可以是关系的候选码，根据业务需要，任选某一候选码作为主码即可。例如：班级和班主任两个实体间的属于联系，该属于联系的主码既可以是班级实体的主码，也可以是班主任实体的主码。

（2）如果为1∶n联系，则联系关联的n端实体的主码是关系的主码。例如：学生和院系两个实体的属于联系，该属于联系的主码为学生实体的主码。

（3）如果为m∶n联系，则联系关联的每个实体的主码的组合形成关系的主码。例如：学生和课程两个实体的选修联系，该选修联系的主码是由学生实体的主码和课程实体的主码构成的联合主码。

2. 具体做法及注意事项

根据关系模式转化原则，将基本E-R图转换为关系模式时，具体做法及特殊情况如下。

（1）根据实体转换原则，将E-R图中每一个实体转换为一个关系模式集合中的关系，注意不要丢失实体的属性。转换后，标注关系的主码。

（2）根据联系转换原则，把每一个联系转换为关系模式，注意联系转换为关系模式的主码选择方式，同时，确保不要丢失联系的任何属性。转换后，标注关系的主码。

（3）特殊情况的处理。3个或3个以上实体间的多元联系在转换为关系模式时，与该多元联系相连的各实体的主码及联系本身的属性均转换成为关系的属性，转换后所得到的关系的主码为各实体主码的组合。

图13-14表示供应商、项目和零件3个实体之间的多对多联系，如果已知3个实体的主码分别为"供应商号""项目号"与"零件号"，则它们之间的联系"供应"可转换为以下关系模式：供应（<u>供应商号，项目号，零件号</u>，数量）。其中，供应商号、项目号、零件号构成联合主码。

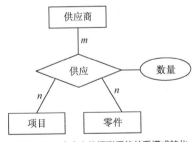

图13-14 多个实体间联系的关系模式转化

13.2.3 关系模式规范化

应用第12章介绍的规范化理论对上述转化的关系模式的逻辑模式进行初步优化，减少乃至消除关系模式中存在的各种异常，改善关系的完整性、一致性和存储效率。

关系模式规范化过程可分为两个步骤：确定范式级别和实施规范化处理。

（1）确定范式级别。逐一列出关系模式上的函数依赖关系，考察各关系上主码和非主属性之间是否存在部分函数依赖、传递函数依赖，以及主码和主属性之间是否存在部分函数依赖，然后按照范式等级定义，确定每个关系模式的范式级别。

（2）实施规范化处理。利用第12章的规范化理论，逐一判断各关系模式的范式级别是否满足规范要求，一般至少需要满足3NF或BCNF级别。然后，通过关系模式分解等方法，将不满足范式级别的关系模式进行转化，形成均满足范式等级要求的关系模式集合。

13.2.4 关系模式的评价和改进

为了进一步提高数据库应用系统的性能，数据库设计人员还应该对规范化后的关系模式进行评价和改进。

1. 模式评价

模式评价的目的是检查所设计的数据库模式是否满足用户的业务需求（含功能性需求和非功能性需求），从而确定加以改进的部分。模式评价包括功能评价和性能评价。

（1）功能评价

功能评价指对照需求分析，检查规范化后的关系模式集合是否支持用户所有的业务需求。关系模式必须包含用户可能访问的所有属性。在涉及多个关系模式的应用中，应确保连接后不丢失信息。如果发现有的业务不被支持，或不完全被支持，如遗漏属性，则应进行关系模式的改进。发生这种问题的原因可能存在于逻辑结构设计阶段，也可能存在于系统需求分析或概念结构设计阶段。是哪个阶段导致出现问题就返回哪个阶段去改进，因此，数据库设计人员有可能需要对前两个阶段再次进行评审，以解决存在的问题。

在功能评价过程中，数据库设计人员可能会发现冗余的关系模式或属性，这时应对它们加以区分，搞清楚它们是为未来发展预留的，还是某种错误造成的。如果属于错误造成的，应进行改正；如果这种冗余来源于前两个设计阶段，则也要返回改进，并重新进行评审。

（2）性能评价

对于目前得到的关系模式，由于缺乏物理结构设计所提供的存取效率量化标准和评价手段，所以关系模式的性能评价是比较困难的，只能采用估计的方式，按照预期的逻辑记录的存取数、传送量及物理结构设计算法的模型，估算关系模式的性能。同时，数据库设计人员可根据模式改进中关系模式合并方法，减少关系模式的数量，提高关系模式的性能。

根据模式评价的结果，对已生成的关系模式进行改进。如果因为系统需求分析、概念结构设计的疏漏导致某些应用不能得到支持，则应该增加新的关系模式或属性。如果因为性能考虑而要求改进，则可采用合并或分解模式的方法。

2. 模式合并

如果有若干个关系模式具有相同的主码，并且对这些关系模式的处理主要是查询操作，而且经常是多关系的连接查询，那么可对这些关系模式进行合并，减少关系连接数量，提高查询效率。

通常应对相同主码的关系模式尽量执行模式合并操作，对于1∶1类型联系转换的关系模式，可与主码相同的关系模式进行合并；对于1∶n类型联系转换的关系模式，可与n端关系模式进行合并。例如，将学生与院系两个实体间的属于联系与学生关系模式合并。

注意，并不是所有主码相同的关系模式都适合执行合并操作。例如，在很多系统中，用户登录信息和用户基本信息存储在两个关系中，这两个关系都采用用户编号作为主码，主码虽然相同，但登录验证的查询频率更高，因此，用户登录信息关系和用户基本信息关系不应进行合并。

3. 模式分解

为了提高数据操作的效率和存储空间的利用率，最常用和最重要的模式优化方法就是分解。根据应用的不同要求，数据库设计人员可以对关系模式进行水平分解或垂直分解。

（1）水平分解

水平分解是把关系的元组分为若干个子集合，将分解后的每个子集合定义为一个子关系。对于经常进行大量数据的分类条件查询的关系，可进行水平分解，这样可以减少应用系统每次查询需要访问的记录数，从而提高了查询性能。

例如，有学生关系（学号，姓名，类别，…），其中类别包括大专生、本科生和研究生。如果多数查询一次只涉及其中的一类学生，就应该把整个学生关系水平分解为大专生、本科生和研究生3个关系。

在一些记录通话记录的大型系统中，通常按照通话记录的年限对记录通话信息的关系进行水平分解，并将分解出的关系放在不同存取效率的服务器上，对于离当前时间较近的通话记录，通常是查询热点，会放置在存取性能较高的服务器上，其他通话记录放在性能较低的服务器上，这样可以最大化利用服务器性能差异达到最优服务效果。

（2）垂直分解

垂直分解是把关系模式的属性分解为若干个子集合，形成若干个子关系模式，每个子关系模式的主码为原关系模式的主码。垂直分解的原则是把经常一起使用的属性分解出来，形成一个子关系模式。

例如，有教师关系（教师号，姓名，性别，年龄，职称，工资，岗位津贴，住址，电话），如果经常查询的仅是前6项，而后3项很少使用，则可以将教师关系进行垂直分解，得到以下两个教师关系。

教师关系1（教师号，姓名，性别，年龄，职称，工资）

教师关系2（教师号，岗位津贴，住址，电话）

这样便减少了查询的数据传送量，提高了查询速度。

垂直分解可以提高某些事务的效率，但也有可能使另一些事务不得不执行连接操作，从而降低了效率。因此，是否要进行垂直分解要看分解后的所有事务的总效率是否得到了提高。垂直分解要保证分解后的关系具有无损连接性和函数依赖保持性。

经过多次的模式评价、模式合并和模式分解之后，最终的关系模式得以确定。

13.2.5　案例的逻辑结构设计

将概念结构设计得到的基本E-R图，首先进行初始关系模式的设计，然后对关系模式进行规范化处理，最后进行模式的评价和改进。

1. 案例的初始关系模式设计

首先，采用实体转化原则，对图13-12所示的基本E-R图中7个实体进行关系模式转化，转化成下面的7个关系模式，每个关系模式使用属性下画线标注主码。

供应商（<u>供应商编号</u>，供应商名称，电子邮箱，联系方式）

商品（<u>商品编号</u>，商品名称，生产厂家，入库时间，概述，缩略图）

商品分类（<u>分类编号</u>，分类名称，分类概述）

订单（<u>订单编号</u>，提交时间，订单状态）

物流（<u>物流编号</u>，物流公司名称，物流公司电话，快递单号）

地址（<u>地址编号</u>，联系人，性别，手机，电子邮箱，国家，省，市县，街道）

用户（<u>用户编号</u>，登录名，登录密码，电子邮箱，用户权限，注册时间，上次登录时间）

然后，采用联系转化原则，根据图13-12所示的基本E-R图中联系类型，将图中6个联系分别转化成关系模式，每个关系模式使用属性下画线标注主码。

$m:n$类型联系转化成的3个关系模式分别如下。

供应（<u>供应商编号，商品编号</u>，供应时间，单价，数量）

属于（<u>分类编号，商品编号</u>）

包含（<u>订单编号，商品编号</u>，销售单价，销售数量）

$1:n$类型联系转化成的3个关系模式分别如下。

拥有（<u>地址编号</u>，用户编号）

设置（<u>订单编号</u>，地址编号）

使用（<u>物流编号</u>，订单编号）

案例的关系模式
转化

2. 案例的初始关系模式的规范化

逐一对初始关系模式按照规范化理论，分析关系模式上的函数依赖关系，明确范式级别。经分析，7个实体转化成的关系模式和6个联系转化成的关系模式均为3NF，确保了属性原子化要求，不存在非主属性对主码的部分函数依赖和传递函数依赖。

在实际应用中，3NF和BCNF的数据库设计已经满足大部分数据库系统的设计要求，仅在一些特殊的情况下，需要继续对模式进行规范化处理，将3NF和BCNF转换为更高级别的范式。

3. 案例的关系模式的评价和改进

（1）模式合并

对关系模式进行合并处理，合并具有相同主码的关系模式。一般关系模式的合并主要出现在$1:n$类型和$1:1$类型的联系与对应实体的关系模式上。其中，$1:1$类型联系通常会考虑垂直分解，从而将一个实体划分为两个实体，因此，模式合并时重点考虑$1:n$类型联系与对应实体的关系模式。

在案例的关系模式中，"拥有"关系模式与"地址"关系模式具有相同的主码——地址编号，可以将"拥有"关系模式中的"用户编号"添加到"地址"关系模式中，形成新的"地址"关系模式，使用波浪线标注"地址"关系模式中外键，删除"拥有"关系模式。新的"地址"关系模式如下。

地址（<u>地址编号</u>，联系人，性别，手机，电子邮箱，国家，省，市县，街道，<u>用户编号</u>）

同理，"设置"关系模式与"订单"关系模式具有相同的主码——订单编号，使用模式合并方法，生成新的"订单"关系模式，删除"设置"关系模式。新的"订单"关系模式如下。

订单（<u>订单编号</u>，提交时间，订单状态，<u>地址编号</u>）

同理，"物流"关系模式与"使用"关系模式具有相同的主码——物流编号，使用模式合并方法，生成新的"物流"关系模式，删除"使用"关系模式。新的"物流"关系模式如下。

物流（<u>物流编号</u>，物流公司名称，物流公司电话，快递单号，<u>订单编号</u>）

（2）模式分解

在系统实际运行时，订单"包含"关系和商品"供应"关系的数据量较大，在短时间内将积累大量的数据，从运行效率角度考虑，可以采用水平分解的方法，按照固定时间周期，将最近1年或3个月内的数据存储在算力较高的服务器上，将剩余的历史数据放在算力较低的服务器上，确保近期订单的查询效率较高，差异化地使用好不同性能的服务器。鉴于篇幅，本案例不再考虑其他模式分解场景，读者可根据实际业务需求，深入对照性能、硬件等需要，对关系模式进行水平分解和垂直分解。

4. 案例的关系模式

经过初始关系模式转换、关系模式规范化及关系模式的评价和改进，案例最终的10个关系模式如下。

供应商（<u>供应商编号</u>，供应商名称，电子邮箱，联系方式）

商品（<u>商品编号</u>，商品名称，生产厂家，入库时间，概述，缩略图）

商品分类（<u>分类编号</u>，分类名称，分类概述）

订单（<u>订单编号</u>，提交时间，订单状态，<u>地址编号</u>）

物流（<u>物流编号</u>，物流公司名称，物流公司电话，快递单号，<u>订单编号</u>）

地址（<u>地址编号</u>，联系人，性别，手机，电子邮箱，国家，省，市县，街道，<u>用户编号</u>）

用户（<u>用户编号</u>，登录名，登录密码，电子邮箱，用户权限，注册时间，上次登录时间）

供应（<u>供应商编号，商品编号</u>，供应时间，单价，数量）

属于（<u>分类编号，商品编号</u>）

包含（<u>订单编号，商品编号</u>，销售单价，销售数量）

13.3 小结

本章讲述了数据库概念结构设计和逻辑结构设计的方法，重点介绍了概念结构设计中局部E-R图和全局E-R图的绘制方法、E-R图转换为关系模式的规则、关系模式评价和改进的方法。

数据库概念结构设计以需求分析获得的数据字典为基础，首先结合局部业务需要，按照分类和聚集方法绘制局部E-R图，然后通过E-R图集成方法，合并形成初步E-R图，再通过消除冗余和规范化验证方法，获得描述系统整体业务的全局（基本）E-R图。

数据库逻辑结构设计以全局（基本）E-R图为基础，首先通过关系模式转换规则，将E-R图中的实体和联系转换为关系模式，然后利用规范化理论分析和验证各关系模式的范式级别，最后利用模式合并和分解方法，优化关系模式，并进一步回溯业务需求，判断模式是否需要进一步改进。

习 题

一、选择题

1. E-R图的基本成分不包含（　　　）。

　　A. 实体　　　　　　B. 属性　　　　　　C. 元组　　　　　　D. 联系

2. 当局部E-R图合并成全局E-R图时可能出现冲突，不属于合并冲突的是（　　　）。

　　A. 属性冲突　　　　B. 语法冲突　　　　C. 结构冲突　　　　D. 命名冲突

3. 从E-R模型向关系模型转换，一个$m:n$联系转换为关系模式时，该关系模式的主码是（　　　）。

　　A. m端实体的主码　　　　　　　　　　B. n端实体的主码

　　C. m端实体主码与n端实体主码的组合　　D. 重新选取其他属性

4. 概念结构设计的主要目标是产生数据库的概念结构，该结构主要反映（　　　）。

　　A. 应用程序员的编程需求　　　　　　　B. DBA的管理信息需求

　　C. 数据库系统的维护需求　　　　　　　D. 企业组织的信息需求

5. 在数据库设计中，用E-R图来描述信息结构但不涉及信息在计算机中的表示，它是数据库设计的（　　　）阶段。

　　A. 需求分析　　　　B. 概念设计　　　　C. 逻辑设计　　　　D. 物理设计

6. 将一个一对多关系转换为一个独立模式时，应取（　　　）为主码。

A. 一个实体型的主码　　　　　　　　B. 多端实体型的主码

C. 两个实体型的主码属性组合　　　　D. 联系型的全部属性

7. 在E-R模型中，如果有3个不同的实体集、3个$m:n$联系，根据E-R模型转换为关系模型的规则，转换后共有（　　　）个关系模式。

A. 4　　　　　　　　B. 5　　　　　　　　C. 6　　　　　　　　D. 7

二、填空题

1. _____是数据库设计的起点，为以后的具体设计做准备。

2. _____就是将需求分析得到的用户需求抽象为信息结构，即概念模型。

3. 合并局部E-R图时可能会发生3种冲突，它们是_____、_____和_____。

4. 将E-R图向关系模型进行转换是_____阶段的任务。

5. 模式分解包括_____和_____。

三、设计题

1. 一个图书管理系统中有如下信息。

图书：书号、书名、数量、位置。

借书人：借书证号、姓名、单位。

出版社：出版社名、邮编、地址、电话、E-mail。

约定：任何人可以借多种书，任何一种书可以被多个人借，借书和还书时，要登记相应的借书日期和还书日期；一个出版社可以出版多种书籍，同一本书仅为一个出版社所出版，出版社名具有唯一性。

根据以上情况，完成如下设计。

（1）设计该系统的E-R图。

（2）将E-R图转换为关系模式。

（3）指出转换后的每个关系模式的主码。

2. 经过需求分析可知，某医院病房计算机管理系统中需要管理以下信息。

科室：科室名、科室地址、科室电话、医生姓名。

病房：病房号、床位号、所属科室。

医生：工作证号、姓名、性别、出生日期、联系电话、职称、所属科室名。

病人：病历号、姓名、性别、出生日期、诊断记录、主管医生、病房号。

其中，一个科室有多个病房、多名医生；一个病房只属于一个科室；一个医生只属于一个科室，但可负责多个病人的诊治；一个病人的主管医生只有一个。

根据以上需求分析情况，完成以下各题。

（1）画出该计算机管理系统中有关信息的E-R图。

（2）将该E-R图转换为对应的关系模式。

（3）指出转换以后的各关系模式的范式等级和对应的候选码。

3. 排课是教学环节中的重要过程，该过程包括以下实体。

课程实体：course（cid, cname, chour, ctype）。其中，cid唯一标识每一门课程，cname为课程名，chour为课程学时，ctype为课程类别（0表示选修课，1表示必修课）。

教室实体：classroom（crid, crname, crbuilding）。其中，crid用于标识每一个教室，crbuilding为教室的楼宇，crname为教室的名称。

教师实体：teacher（tid, tname）。其中，tid唯一标识每一名教师，tname为教师姓名。

各实体的关系：每一个教师可以教授多门课程，一门课程可以被多个教师教授，一个教室可以承载多门课程，一门课程可以被安排在多个教室中。当课程被安排在指定教室时，需指明安排的日期（cdata）以及当天的第几节课程（carrange）。

请根据上述需求，完成以下各题。

（1）设计该系统的E-R图。

（2）将E-R图转换成关系模式，并指出主码。

（3）根据关系模式，使用SQL创建课程实体，要求SQL语句中包含主码约束和非空约束，各属性的类型及长度自选。

4．图书管理系统是一类常见的信息管理系统。分析图书管理系统后，初步获得的实体信息如下。

图书：book（bookid，bookname，num）。其中，bookid用于标识每一本图书，bookname为图书名称，num为图书数量。

借阅用户：bookuser（tid，username，age）。其中，tid用于标识每一个借书用户，username为借书用户姓名，age为借书用户年龄。

图书实体与借阅用户实体间的关系：借阅用户可以借阅多本图书，同时，一本图书可以被多个借阅用户借阅。借阅过程产生借书日期（borrow_time）和还书日期（return_time）等属性。

请根据上述需求，完成以下各题。

（1）设计该系统的E-R图。

（2）将E-R图转换成关系模式，并指出主码。

（3）根据关系模式，使用SQL语句创建借书用户实体，要求SQL语句中包含主码约束和非空约束。

第14章
数据库物理结构设计、实施和运行维护

数据库逻辑结构设计完成之后，就进入数据库物理结构设计阶段，在这个阶段将确定数据库物理结构，并对其进行评价。初步评价完成后，就进入数据库实施阶段，其中包括确定数据库结构、数据加载、编制应用程序与调试、数据库试运行等步骤。数据库系统投入正式运行，标志着数据库运行和维护阶段的开始。本章将着重介绍数据库物理结构设计的任务和内容、数据库实施步骤，以及数据库运行和维护阶段需要完成的任务。

本章学习目标：理解数据库物理结构设计阶段的任务，能够在概念结构设计的基础上进行合理的物理结构设计；了解数据库实施及运行和维护的主要工作。

14.1　数据库物理结构设计

14.1.1　数据库物理结构设计的任务和步骤

数据库的物理结构设计是在数据库逻辑结构基础之上，利用数据库管理系统提供的方法、技术，以较优的存储结构、数据存储路径、合理的数据存储位置及存储分配，设计出一个高效的、可实现的物理数据库结构。物理结构设计是为了有效地实现逻辑模式，确定所采取的存储策略。此阶段是以逻辑设计的结果作为输入，结合具体DBMS的特点与存储设备特性进行设计，选定数据库在物理设备上的存储结构和存取方法。

数据库物理结构设计通常分为以下两步。

（1）确定物理结构，即确定数据库的存取方法和存储结构。

（2）评价物理结构，评价的重点是时间和空间效率。

14.1.2　数据库物理结构设计的内容和方法

数据库物理结构设计得好，可以使各事务的响应时间短、存储空间利用率高、事务吞吐量大。在设计数据库时，首先要对经常用到的查询和对数据进行更新的事务进行详细分析，获得物理结构设计所需的各种参数。

对于数据查询，需要着重分析以下几方面的信息。

（1）查询所涉及的关系。

（2）查询条件所涉及的属性。

（3）连接条件所涉及的属性。

（4）查询列表中涉及的属性。

对于更新数据的事务，需要着重分析以下几方面的信息。

（1）更新所涉及的关系。

（2）每个关系上的更新条件所涉及的属性。

（3）更新操作所涉及的属性。

在数据库上运行的操作和事务是不断变化的，因此，数据库设计人员需要根据这些操作的变化不断调整数据库的物理结构，以获得最佳的数据库性能。

其次，要充分了解所使用的DBMS的内部特征，特别是系统提供的存取方法和存储结构。关于此方面，数据库设计人员需要做好以下工作。

（1）充分了解DBMS的特点，例如存储结构和存储方法、DBMS所能提供的物理环境等。

（2）充分了解应用环境，特别是应用的处理频率和响应时间要求。

（3）熟悉外存设备的特性，例如设备的I/O特性等。

在对上述关键信息和参数进行充分了解及确定之后，数据库设计人员就可以开始进行物理结构设计了。通常情况下，关系数据库的物理结构设计工作内容主要包括以下几方面。

（1）确定数据的存储结构：影响数据结构的因素主要包括存取时间、存储空间利用率和维护代价。在设计时应当根据实际情况对这3个方面综合考虑，例如利用DBMS的索引功能等，力争选择一个最优的方案。

（2）设计合适的存取路径：主要指确定如何建立索引。例如，确定应该在哪些关系模式上建立索引、在哪些列上可以建立索引、建立多少个索引合适、是否建立聚集索引等。

（3）确定数据的存放位置：为了提高系统的存取效率，应将数据分为易变部分和稳定部分、经常存取部分和不常存取部分，确定哪些存放在高速存储器上、哪些存放在低速存储器上。

（4）确定系统配置：数据库设计人员和DBA在进行数据存储时要考虑物理优化的问题，这就需要重新设置系统配置的参数，如同时使用数据库的用户数、同时打开的数据库对象数、缓冲区的大小及个数、时间片的大小、填充因子等，这些参数将直接影响存取时间和存储空间的分配。

14.1.3 确定物理结构

1. 存储记录结构的设计

在物理结构中，数据的基本存取单位是存储记录。有了逻辑记录结构以后，就可以设计存储记录结构，一个存储记录可以和一个或多个逻辑记录相对应。存储记录结构包括记录的组成、数据项的类型和长度，以及逻辑记录到存储记录的映射。某一类型的所有存储记录的集合称为"文件"，文件的存储记录可以是定长的，也可以是变长的。

文件组织或文件结构是组成文件的存储记录的表示法。文件结构应该表示文件格式、逻辑次序、物理次序、存取路径和物理设备的分配。物理数据库就是指数据库中实际存储记录的格式、逻辑次序、物理次序、存取路径和物理设备的分配。

决定存储结构的主要因素包括存取时间、存储空间和维护代价3个方面。在进行存储记录结构设计时，数据库设计人员应当根据实际情况对这3个方面进行综合权衡。一般DBMS也提供一定的灵活性可供选择，包括聚集和索引。

（1）聚集。聚集就是为了提高查询速度，把在一个（或一组）属性上具有相同值的元组集中地存放在一个物理块中。如果存放不下，可以存放在相邻的物理块中。其中，这个（或这组）属性称为聚集码。

聚集有以下两个作用。

① 使用聚集以后，聚集码相同的元组集中在一起了，因而聚集值不必在每个元组中重复存储，只要在一个元组中存储一次即可，从而节省了存储空间。

② 聚集功能可以大大提高按聚集码进行查询的效率。例如，要查询学生关系中计算机系的学生名单，假设计算机系有300名学生。在极端情况下，这些学生的记录会分布在300个不同的物理块中，这时如果要查询计算机系的学生，就需要做300次I/O操作，这将影响系统查询的性能。如果按照系别建立聚集，使同一个系的学生记录集中存放，则每做一次I/O操作，就可以获得多个满足查询条件的记录，从而显著地减少了存取磁盘的次数。

（2）索引。存储记录是属性值的集合，主码可以唯一确定一个记录，而其他属性的一个具体值不能唯一确定一个记录。在主码上应该建立唯一索引，这样不但可以提高查询速度，还能避免主码重复值的输入，确保了数据的完整性。

在数据库中，用户存取的最小单位是属性。如果对某些非主属性的检索很频繁，可以考虑建立这些属性的索引文件。索引文件对存储记录重新进行内部连接，从逻辑上改变了记录的存储位置，从而改变了存取数据的入口点。关系中数据越多，索引的优越性也就越明显。

建立多个索引文件可以缩短存取时间，但是这也增加了索引文件所占用的存储空间及维护的开销。如果查询多，并且对查询的性能要求比较高，则可以考虑多建一些索引；如果数据更改多，并且对更改的效率要求比较高，则应该考虑少建一些索引。因此，索引的建立应该根据实际需要综合考虑。

2. 存取方法的确定

存取方法是为存储在物理设备上的数据提供存储和检索能力的方法。一个存取方法包括存储结构和检索结构两个部分。存储结构限定了可能存取的路径和存储记录；检索结构定义了每个应用的存取路径，但不涉及存储结构的设计和设备分配。

存储记录是属性的集合，属性是数据项类型，可用作主码或候选码。主码唯一地确定了一个记录。辅助码是用于记录索引的属性，可能并不唯一确定某一个记录。

存取路径的设计分为主存取路径的设计与辅存取路径的设计。主存取路径与初始记录的装入有关，通常是用主码来检索的。首先利用这种方法设计各个文件，使其能最有效地处理主要的应用。一个物理数据库很可能有几套主存取路径。辅存取路径是通过辅助码的索引对存储记录重新进行内部连接，从而改变存取数据的入口点。用辅助索引可以缩短存取时间，但增加了存储空间和索引维护的开销。设计人员应根据具体情况做出权衡。

3. 数据存放位置的确定

为了提高系统性能，人们应该根据应用情况将数据的易变部分、稳定部分、经常存取部分和存取频率较低部分分开存放。

例如，目前许多计算机都有多个磁盘，人们可以将表和索引分别存放在不同的磁盘上，在查询时，由于两个磁盘驱动器并行工作，因此提高了物理读写的速度。在多用户环境下，人们可以将日志文件和数据库对象（表、索引等）存放在不同的磁盘上，以加快存取速度。另外，数据库的数据备份、日志文件备份等，只在数据库发生故障进行恢复时才使用，而且数据量很大，因此，人们可以将其存放在磁盘上，以改进整个系统的性能。

4. 系统配置的确定

DBMS产品一般提供了一些系统配置变量、存储分配参数，供数据库设计人员和DBA对数据库进行物理优化。系统为这些变量设定了初始值，但是这些值不一定适合每一种应用环境，在物理结构设计阶段，数据库设计人员要根据实际情况重新对这些变量赋值，以满足新的要求。

系统配置变量和存储分配参数很多，例如，同时使用数据库的用户数、同时打开的数据库对象数、内存分配参数、缓冲区分配参数（使用的缓冲区长度、个数）、存储分配参数、数据库的大小、时间片的大小、锁的数目等，这些参数值影响存取时间和存储空间的分配。在进行物理结构设计时，数据库设计人员要根据应用环境确定这些参数值，以使系统的性能达到最优。

物理结构设计过程中对系统配置变量的调整只是初步的，在系统运行时还需要根据实际运行情况做进一步的参数调整，以改进系统性能。

14.1.4　评价物理结构

物理结构设计过程中，数据库设计人员要对时间效率、空间效率、维护代价和各种用户要求进行权衡，形成多种方案，对这些方案围绕上述指标进行定量估算，分析其优缺点，并进行权衡、比较，选择出一个较合理的物理结构。

评价物理结构依赖于具体的DBMS，主要考虑操作开销，即为使用户获得及时、准确的数据所需的开销和计算机资源的开销，具体可分为以下几类。

（1）查询和响应时间

响应时间是从查询开始到查询结果开始显示之间所经历的时间。一个好的设计可以减少CPU时间和I/O时间。

（2）更新事务的开销

更新事务的开销主要是修改索引、重写物理块或文件及写校验等方面的开销。

（3）生成报告的开销

生成报告的开销主要包括索引、重组、排序和结果显示的开销。

（4）主存储空间的开销

主存储空间包括程序和数据所占用的空间。对数据库设计人员来说，一般可以对缓冲区进行适当的控制，如缓冲区个数和大小。

（5）辅助存储空间的开销

辅助存储空间分为数据块和索引块两种，数据库设计人员可以控制索引块的大小、索引块的充满度等。

14.1.5　案例的物理结构设计

针对逻辑结构设计得到的关系模式，分析字段可以选择的数据类型，对存储记录结构进行设计。经过逻辑结构设计之后最终形成了10个关系模式，这里以关系模式供应商、关系模式商品和关系模式供应为例进行详细分析与设计，其他关系模式的存储记录结构仅给出结果作为参考。

1.　供应商的存储记录结构设计

关系模式供应商的主码为供应商编号，以供应商所在地对供应商进行区分，前2位表示供应商所在省（直辖市）编号，如"01"表示北京，"02"表示天津，以此类推；如果某地的供应商最多为1000个，则供应商编号可以选择字符型，由5位构成，如"01000"表示位于北京的序号为1的供应商。供应商名称和电子邮箱的长短不一，可以选择可变长度字符类型；联系方式通常为11位（固定电话加区号或者手机号），所以这里设计其为字符型，由11位构成。同时，为了方便在MySQL中对字段和表进行操作，将表名称、字段名称设计为英文描述，供应商表的结构如表14-1所示。

表 14-1   供应商表（Supplier）的结构

字段名	字段描述	数据类型	完整性约束
supid	供应商编号	CHAR (5)	主码
supname	供应商名称	VARCHAR (40)	非空
email	电子邮箱	VARCHAR (40)	
telephone	联系方式	CHAR (11)	

2. 商品的存储记录结构设计

关系模式商品的主码是商品编号，设计商品编号为字符型，由11位构成。商品名称、生产厂家和概述的长短不一，可以选择可变长度字符类型，但是概述比前二者要求的长度要长一些。入库时间精确到秒，可以选择为日期时间型。缩略图是一种区别于前述属性的类型，在MySQL中通常用两种方式来存储：一是将图片转换成二进制数据流存入数据库；二是将图片上传至服务器，数据库只存放图片的路径。由于第一种方式在调用时数据库的负担较大，在图片很多的情况下，显然不适用，因此这里选择以路径的方式来对缩略图进行存储。商品表的结构如表14-2所示。

表 14-2   商品表（Commodity）的结构

字段名	字段描述	数据类型	完整性约束
commodityid	商品编号	CHAR(11)	主码
commodityname	商品名称	VARCHAR(40)	非空
manufacturer	生产厂家	VARCHAR(40)	
storagetime	入库时间	DATETIME	
summary	概述	VARCHAR(500)	
thumbnail	缩略图	VARCHAR(100)	

3. 供应的存储记录结构设计

关系模式供应的主码由供应商编号和商品编号共同组成，二者的数据类型及长度同供应商表和商品表。供应时间可以选择日期型，单价为货币型，此处选择DECIMAL(9,2)，可以存储的范围是-9999999.99～9999999.99。数量可以选择数值型，此处以整型为例。供应表的结构如表14-3所示。

表 14-3   供应表（Supply）的结构

字段名	字段描述	数据类型	完整性约束
supid	供应商编号	CHAR(5)	主码
commodityid	商品编号	CHAR(11)	主码
supplytime	供应时间	DATE	非空
supplyprice	单价	DECIMAL(9,2)	非空
supplynumber	数量	INT	非空

4. 其他表的存储记录结构设计

对每个关系模式中的属性进行详细分析之后，结合实际情况，可以确定其他7个关系模式的存储记录结构，分别如表14-4至表14-10所示。

表 14-4　商品分类表（Type）的结构

字段名	字段描述	数据类型	完整性约束
typeid	分类编号	CHAR(2)	主码
typename	分类名称	CHAR(10)	非空
typedetail	分类概述	VARCHAR(50)	

表 14-5　订单表（Order）的结构

字段名	字段描述	数据类型	完整性约束
orderid	订单编号	CHAR(17)	主码
committime	提交时间	DATETIME	非空
orderstate	订单状态	CHAR(6)	非空
addressid	地址编号	CHAR(10)	外码

表 14-6　物流表（Logistics）的结构

字段名	字段描述	数据类型	完整性约束
logisticsid	物流编号	CHAR(3)	主码
logisticsname	物流公司名称	CHAR(10)	非空
logisticstelephone	物流公司电话	CHAR(11)	
expressid	快递单号	CHAR(14)	非空
orderid	订单编号	CHAR(17)	外码

表 14-7　地址表（Address）的结构

字段名	字段描述	数据类型	完整性约束
addressid	地址编号	CHAR(10)	主码
person	联系人	CHAR(4)	非空
sex	性别	CHAR(2)	
telephone	手机	CHAR(11)	非空
email	电子邮箱	VARCHAR(40)	
country	国家	CHAR(10)	
province	省	CHAR(10)	
city	市县	CHAR(10)	
street	街道	CHAR(20)	
customerid	用户编号	INT(11)	外码

表 14-8　用户表（Customer）的结构

字段名	字段描述	数据类型	完整性约束
customerid	用户编号	INT(11)	自增主码
cusname	登录名	CHAR(20)	非空
cuspassword	登录密码	CHAR(10)	非空
cusemail	电子邮箱	VARCHAR(40)	
cusauthority	用户权限	TINYINT	取值为1和2，1表示采购用户，2表示销售用户
registime	注册时间	DATETIME	
logtime	上次登录时间	DATETIME	

表 14-9　属于表（Classification）的结构

字段名	字段描述	数据类型	完整性约束
typeid	分类编号	CHAR(2)	主码
commodityid	商品编号	CHAR(11)	主码

表 14-10　包含表（Contain）的结构

字段名	字段描述	数据类型	完整性约束
orderid	订单编号	CHAR(17)	主码
commodityid	商品编号	CHAR(11)	主码
saleprice	销售单价	DECIMAL(9,2)	
salenumber	销售数量	INT	

14.2　数据库实施及运行和维护

14.2.1　数据库实施

对数据库的物理结构设计进行初步评价之后，就可以进行数据库实施了。数据库实施是指根据逻辑结构设计和物理结构设计的结果，在计算机上建立起实际的数据库结构、装入数据、进行测试和试运行的过程。数据库实施主要包括建立数据库结构、装入数据、应用程序编码与调试、数据库试运行和整理文档等工作。

1. 建立数据库结构

DBMS提供的数据定义语言（DDL）可以定义数据库结构。我们可使用前面第5章所讲的CREATE TABLE语句定义所需的基本表，使用第7章所讲的CREATE VIEW语句定义视图。此外，建立数据库结构还包括创建索引、存储过程等。

对案例的数据表使用DDL进行创建，这里以创建供应商表、商品表和供应表为例，其他表的创建语句不再赘述。

（1）创建供应商表

```
CREATE TABLE 'Supplier' (
 'supid' char(5) NOT NULL COMMENT '供应商编号',
 'supname' varchar(40) NOT NULL COMMENT '供应商名称',
 'email' VARCHAR(40) COMMENT '电子邮箱',
 'telephone' CHAR(11) COMMENT '联系方式',
 PRIMARY KEY ('supid') );
```

（2）为供应商表建立索引

```
CREATE INDEX Supplier_supid on Supplier(supid);
```

（3）创建商品表

```
CREATE TABLE 'Commodity' (
 'commodityid' CHAR(11) NOT NULL COMMENT '商品编号',
 'commodityname' VARCHAR(40) NOT NULL COMMENT '商品名称',
 'manufacturer' VARCHAR(40) COMMENT '生产厂家',
 'storagetime' DATETIME COMMENT '入库时间',
 'summary' VARCHAR(500) COMMENT '概述',
 'thumbnail' VARCHAR(100) COMMENT '缩略图',
 PRIMARY KEY ('commodityid') );
```

（4）为商品表建立索引

```
CREATE INDEX Commodity_commodityid on Commodity(commodityid);
```

（5）创建供应表

```
CREATE TABLE 'Supply' (
 'supid' CHAR(5) NOT NULL COMMENT '供应商编号',
 'commodityid' CHAR(11) NOT NULL COMMENT '商品编号',
 'supplytime' DATE NOT NULL COMMENT '供应时间',
 'supplyprice' DECIMAL(9,2) NOT NULL COMMENT '单价',
 'supplynumber' INT NOT NULL COMMENT '数量',
 PRIMARY KEY ('supid', 'commodityid') );
```

（6）为供应表建立索引

```
CREATE INDEX Supply_supcoid on Supply(supid,commodityid);
```

2. 装入数据

装入数据又称为数据库加载（Loading），是数据库实施阶段最主要的工作。

由于数据库的数据量一般很大，它们分散于一个企业（或组织）各个部门的数据文件、报表或多种形式的单据中，存在大量的重复数据，并且其格式和结构一般不符合数据库的要求，因此人们必须把这些数据收集起来加以整理，去掉冗余并转换成数据库所规定的格式，这样处理之后才能装入数据库，该过程称为数据的清洗和转换。数据的清洗和转换需要耗费大量的人力、物力，是一种非常单调乏味而又意义重大的工作。

由于应用环境和数据来源的差异，不可能存在普遍通用的清洗和转换规则，现有的DBMS并不提供通用的数据清洗和转换软件来完成这一工作。

对于一般的小型系统，装入的数据量较少，可以采用人工方法来完成。首先将需要装入的数据从各个部门的数据文件中筛选出来，清洗并转换成符合数据库要求的数据格式，然后输入计算机中，最后进行数据校验，检查输入的数据是否有误。但是，人工方法不仅效率低，而且容易产生差错。对于数据量较大的系统，应该由计算机来完成这一工作。通常的处理方法是设计一个数据输入子系统，其主要功能是从大量的原始数据文件中清洗、分类、综合和转换数据库所需的数据，把它们加工成数据库所要求的结构形式，最后装入数据库中，同时采用多种检验技术检查输入数据的正确性。

为了保证装入数据库中的数据正确无误，人们必须高度重视数据的检验工作。由于要入库的数据格式或结构与系统的要求不完全一样，有的差别可能还比较大，所以向数据库内输入数据时会发生错误，数据转换过程中也有可能出错。在系统的设计中应该考虑多种数据检验技术，在数据转换过程中应使用不同的方法进行多次检验，数据确认正确后方可入库。

如果在数据库设计时，原来的数据库系统仍在使用，则数据的转换工作是将原来老系统中的数据结构转换成新系统中的数据结构。同时还要转换原来的应用程序，使之能在新系统下有效地运行。

数据的清洗、分类、综合和转换常常需要多次才能完成，需要编写许多应用程序。由于这一工作需要耗费较多的时间，因此为了保证数据能够及时入库，在进行数据库物理结构设计的同时应该编制数据输入子系统，而不能等数据库物理结构设计完成后才开始。

目前，很多DBMS都提供了数据导入的功能，有些DBMS还提供了功能强大的数据转换功能，比如可以借助MySQL的导入和导出功能完成数据加载的部分工作。

3. 应用程序编码与调试

数据库应用程序的设计属于一般的程序设计范畴，但数据库应用程序有自己的一些特点。例如，大量使用屏幕显示控制语句、形式多样的输出报表、数据的有效性和完整性检查、有灵活的交互功能等。

为了加快应用系统的开发速度，一般选择集成开发环境，利用代码辅助生成、可视化设计、代码错误检测和代码优化技术，实现高效的应用程序编写和调试，如Microsoft的Visual Studio、Jetbrains的IntelliJ IDEA和开源的Eclipse等。这些工具一般还支持数据库访问的插件，方便在统一开发环境中进行程序编码和数据库调试工作。

数据库结构建立好之后，就可以开始编制与调试数据库的应用程序，这时由于数据入库尚未完成，调试程序时可以先使用模拟数据。

4. 数据库试运行

应用程序编写完成，并有了一小部分数据装入后，就可以进入数据库试运行阶段。该阶段应该按照系统支持的各种应用分别测试应用程序在数据库上的操作情况，该阶段也称为联合调试阶段。在这一阶段要完成以下两方面的工作。

（1）功能测试。实际运行应用程序，执行对数据库的各种操作，测试它们能否完成各种预先设计的功能。

（2）性能测试。测试系统的性能指标，分析是否符合设计目标。

数据库试运行对于系统的性能检验和评价是很重要的，因为有些参数的最佳值只有在试运行后才能找到。如果测试的结果不符合设计目标，则应返回设计阶段，重新修改设计和编写程序，有时甚至需要返回逻辑结构设计阶段，调整逻辑结构。

重新设计物理结构甚至逻辑结构，会导致数据重新入库。由于数据装入的工作量很大，所以一般分期分批地组织数据装入，先装入小批量数据做调试用，待试运行基本合格后，再大批量装入数据，逐步增加数据量，逐步完成运行评价。

数据库的实施和调试不是几天就能完成的，需要有一定的时间。在此期间由于系统还不稳定，随时可能发生硬件或软件故障，加之数据库刚刚建立，操作人员对系统还不熟悉，对其规律缺乏了解，容易发生操作错误，这些故障和错误很可能破坏数据库中的数据，这种破坏又很可能在数据库中引起连锁反应，破坏整个数据库。因此，数据库开发人员必须做好数据库的转储和恢复工作，这要求数据库开发人员熟悉DBMS的转储和恢复功能，并根据调试方式和特点首先加以实施，尽量减少对数据库的破坏，并简化故障恢复。

5. 整理文档

在应用程序编码、调试和试运行时，数据库开发人员应该随时将发现的问题和解决方法记录下来，将它们整理存档作为资料，供以后正式运行和改进时参考。全部的调试工作完成之后，数据库开发人员还应该编写测试报告、应用系统的技术说明书和使用说明书，在正式运行时随系统一起交给用户。完整的文件资料是应用系统的重要组成部分，这一点容易被忽视，数据库开发人员必须强调这一工作的重要性，以引起用户与数据库设计人员的充分重视。

14.2.2　数据库运行和维护

数据库试运行结果符合设计目标后，数据库就投入正式运行，进入运行和维护阶段。数据库系统投入正式运行，标志着数据库应用开发工作的基本结束，但并不意味着设计过程已经结束。由于应用环境不断发生变化，用户的需求和处理方法不断发展，数据库在运行过程中的存储结构也会不断变化，从而必须修改和扩充相应的应用程序。在这一阶段，应由DBA不断地对数据库设计进行评价、调整、修改，即对数据库进行经常性的维护。对数据库设计进行评价、调整、修改等维护工作是一个长期的任务，也是设计工作的继续和提高。数据库运行和维护阶段的主要任务包括以下4项内容。

1. 转储和恢复数据库

数据库的转储和恢复是系统正式运行后最重要的维护工作。为了防止数据库出现重大的失误（如数据丢失、数据库遭遇物理性破坏等），DBA应针对不同的应用需求制订不同的转储计划，定期对数据库和日志文件进行备份，将其转储到其他磁盘。同时，DBA也应该能够利用数据库备份和日志文件备份进行恢复，尽可能减少对数据库的破坏。具体操作方法和步骤可以参考第10章。

2. 维护数据库的安全性与完整性

按照设计阶段提供的安全规范和故障恢复规范，DBA要经常检查系统的安全，根据用户的实际需要授予用户不同的操作权限。数据库在运行过程中，由于应用环境发生变化，对安全性的要求可能发生变化，比如，有的数据原来是机密的，现在变成可以公开查询的了，系统中用户的权限等级也会发生变化，DBA要根据实际情况及时调整相应的授权，以保证数据库的安全性。同样，数据库的完整性约束条件也可能会随应用环境的改变而改变，这时DBA也要对其进行调整，以满足用户的要求。

3. 监测并改善数据库性能

监视数据库的运行情况，并对监测数据进行分析，找出能够提高性能的可行性，并适当地对数据库进行调整。目前许多DBMS产品都提供了监测系统性能参数的工具，DBA可以利用这些工具得到系统运行过程中一系列性能参数的值。DBA应仔细分析这些数据，判断当前系统运行状况是否为最佳；利用这些工具并结合用户的反馈确定改进措施；及时改正运行中发现的错误；按用户的要求对数据库的现有功能进行适当的扩充。但要注意，在增加新功能时应保证原有功能和性能不受损害。

4. 重新组织和构造数据库

数据库建立后，除了数据本身是动态变化以外，随着应用环境的变化，数据库本身也必须变化以适应应用要求。

数据库运行一段时间后，随着记录的不断增加、删除和修改，数据库的物理存储结构会发生改变，从而使数据库的物理特性受到破坏，这会降低数据库存储空间的利用率和数据的存取效率，使数据库的性能下降。因此，DBA需要对数据库进行重新组织，即重新安排数据的存储位置，回收垃圾，改进数据库的响应时间和空间利用率，提高系统性能。这与操作系统对"磁盘碎片"进行处理的概念相类似。数据库的重新组织只是使数据库的物理存储结构发生变化，而数据库的逻辑结构不变，根据数据库的三级模式，可以知道数据库的重新组织对系统功能没有影响，只是为了提高系统的性能。

数据库的重新组织并不修改原来设计的逻辑结构，而数据库的重新构造则不同，它要部分修改数据库的模式和内模式。

数据库应用环境的变化可能导致数据库的逻辑结构发生变化，例如，要增加新的实体、增加某些实体的属性、实体之间的联系发生了变化，这会使原有的数据库设计不能满足新的要求。DBA必须对原来的数据库重新构造，适当调整数据库的模式和内模式，例如，增加新的数据项、增加或删除索引、修改完整性约束条件等。

DBMS一般提供了重新组织和构造数据库的应用程序，以帮助DBA完成数据库的重新组织和重新构造工作。

数据库的结构和应用程序设计得好还是坏只是相对的，它并不能保证数据库应用系统始终处于良好的性能状态。这是因为数据库中的数据随着数据库的使用而发生变化，随着这些变化的不断增加，系统的性能有可能会日趋下降，所以即使在不出现故障的情况下，DBA也要对数据库进行维护，以便数据库始终能够获得较好的性能。因此，数据库的设计工作并非一劳永逸，一个好的数据库应用系统需要精心维护方能保持良好的性能。

只要数据库系统在运行，就需要不断地进行修改、调整和维护。一旦应用变化太大，数据库重新组织也无济于事，这就表明数据库应用系统的生命周期结束，应该建立新系统，重新设计数据库。从头开始数据库设计工作，标志着一个新的数据库应用系统生命周期的开始。

14.3　小结

数据库设计包括6个阶段，即需求分析、概念结构设计、逻辑结构设计、物理结构设计、数据库实施、数据库运行和维护，其中将数据库落实到应用中的最后3个阶段是物理结构设计、数据库实施、数据库运行和维护。

数据库物理结构设计的任务是在数据库逻辑结构设计的基础上为每个关系模式选择合适的存取方法和存储结构，常用的存取方法是索引方法和聚集方法。在常用的连接属性和选择属性上建立索引，可显著提高查询效率。物理结构设计包括确定物理结构和评价物理结构两步。

根据逻辑结构设计和物理结构设计的结果，在计算机上建立起实际的数据库结构，装入数据，进行应用程序的设计，并试运行整个数据库系统，这是数据库实施阶段的任务。

数据库设计的最后阶段是数据库的运行和维护，包括转储和恢复数据库、维护数据库的安全性与完整性、监测并改善数据库性能，必要时需要进行数据库的重新组织和构造。

数据库设计的成功与否与许多具体因素有关，但只要掌握了数据库设计的基本方法，就可以设计出可行的数据库系统。

习　题

一、选择题

1. 数据库物理设计完成之后，进入数据库实施阶段，下列各项中不属于实施阶段的工作的是（　　）。

    A. 建立数据库结构　　B. 扩充功能　　　　C. 加载数据　　　　D. 系统调试

2. 数据库物理设计不包括（　　）。

    A. 加载数据　　　　　B. 分配空间　　　　C. 选择存取空间　　D. 确定存取方法

3. 下列关于数据库运行和维护的叙述中，（　　）是正确的。

    A. 只要数据库正式投入运行，就标志着数据库设计工作的结束

    B. 数据库的维护工作就是维护数据库系统的正常运行

    C. 数据库的维护工作就是发现错误、修改错误

    D. 数据库正式投入运行标志着数据库运行和维护工作的开始

4. 下列因素中，（　　）不是决定存储结构的主要因素。

    A. 实施难度　　　　　B. 存取时间　　　　C. 存储空间　　　　D. 维护代价

5. 以下哪项不是数据库设计的内容？（　　）

    A. 创建数据库　　　　B. E-R模型设计　　C. 需求分析　　　　D. 逻辑结构设计

6. 数据库设计中，确定数据库存储结构，即确定关系、索引、备份等数据的存储安排和存储结构，这是数据库设计的（　　　）阶段。

    A. 需求分析　　　　　　B. 逻辑设计　　　　　C. 概念设计　　　　D. 物理设计

二、简答题

1. 试述数据库物理结构设计的内容和步骤。

2. 数据库实施阶段主要完成哪些工作？

3. 数据库正式投入运行之后还需要进行哪些维护工作？

篇章5
数据库编程

思维导图

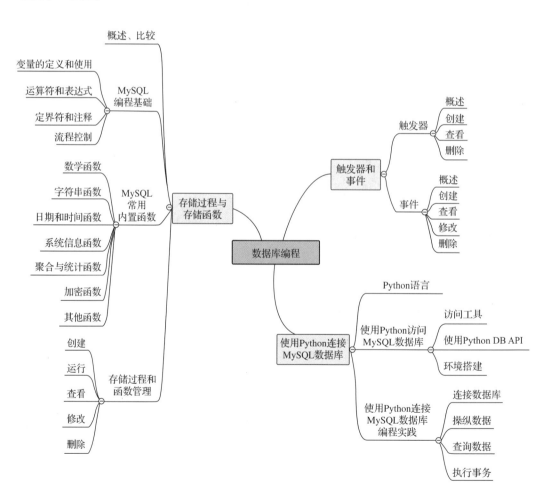

第15章
存储过程与存储函数

在大型数据库系统中，存储过程（Stored Procedure）和存储函数（Stored Function）具有很重要的作用。无论是存储过程还是存储函数，都是由一些SQL语句和流程控制语句构成的集合，它们可以被应用程序、触发器或另一个存储过程所调用，执行后能完成预先设定的功能。

存储过程和存储函数能避免开发人员重复地编写相同的SQL代码。存储过程和存储函数编写完成后，系统进行预编译，并在MySQL服务器中存储和执行。存储过程和存储函数具有执行速度快、提高系统性能、安全性高等优点。

本章将介绍存储过程与存储函数的有关概念、特点，以及创建、使用、查看、修改和删除存储过程与存储函数的方法。同时，本章将结合存储过程与存储函数，介绍MySQL编程基础知识，包括常用系统函数、变量、运算符、表达式和流程控制语句等。另外，本章还将讲解游标的概念、特点，以及如何利用游标访问记录集中的数据等。

本章学习目标：掌握存储过程与存储函数的概念，理解它们的优点和区别；掌握与MySQL编程相关的基础要素和语法要求；掌握存储过程和存储函数的创建、调用、查看、修改、删除的方法与操作步骤；理解存储过程和存储函数的参数类型与区别，以及调用时参数传递的类型与传递机理；掌握游标的概念；理解游标的工作机理；掌握游标的使用方法，包括定义游标、打开游标、提取数据和关闭游标等。

15.1 MySQL存储过程与存储函数

15.1.1 存储过程与存储函数概述

1. 存储过程

存储过程是能完成特定功能的SQL代码段，经编译后存储在数据库中，可被触发器、其他存储过程、程序设计语言所调用。

每个存储过程在定义时被指定为一个特定的名称，即存储过程的名称，因此，用户可通过指定存储过程的名称并给出参数（如果该存储过程带有参数）来调用执行指定的存储过程。

存储过程的功能由其过程体中的代码来决定，过程体由BEGIN…END语句所指定，相关代码写在该语句的内部，当存储过程被调用执行时，过程体中的代码将被执行，从而完成了相应的功能。

MySQL中的存储过程与其他编译语言中的过程类似，比如，可以接受输入参数并以输出参数的形式将多个值返回至调用过程，存储过程的执行能够完成某个预先设定的功能等。

2. 存储函数（Stored Function）

存储函数（自定义函数）与存储过程一样，也是由一组SQL语句和一些特殊的控制结构语句组成的代码段，但存储函数经过执行、运算，能通过RETURN语句返回一个函数值，因此，用户可以将经常需要使用的计算操作或功能写成一个存储函数。

与存储过程的过程体类似，存储函数的功能由其函数体中的代码来决定，函数体也由BEGIN…END语句所指定，函数体中的代码写在该语句的内部，当函数被调用执行时，函数体中的代码将被执行，从而完成了相应的功能。

本质上，存储函数与MySQL内部函数性质相同，所不同的是，存储函数是用户自定义的，而MySQL内部函数是系统预先定义好的。

15.1.2　存储过程的优点

存储过程具有以下优点。

（1）具有很强的灵活性，功能强大。存储过程中可用流程控制语句对SQL语句的执行进行控制，这使存储过程具有很强的灵活性，可以完成复杂的判断和较复杂的运算。

（2）便于被多次重复调用。创建好的存储过程被存储在其隶属的数据库中，用户在应用程序中可以多次调用，而不必重新编写存储过程的SQL语句。同时，数据库编程技术人员可随时对存储过程进行修改，但对应用程序没有影响，因为存储过程独立于程序源代码而单独存在，不影响客户端的使用。

（3）能实现更快的执行速度。如果实现某一操作需要若干条SQL语句，这些语句放在存储过程中执行要比作为一个批处理执行速度快得多，因为存储过程是预编译的，存储过程在创建时，MySQL就对其进行编译、分析和优化，并且给出最终被存储在系统表中的执行计划。在第一次被执行后，存储过程就存储在服务器的内存中，这样客户端应用程序在执行时就可以直接调用内存中的语句执行，无须再次进行编译，这就大大加快了执行速度。而这些SQL语句作为批处理执行时，每次都要从客户端重复发送，并且在MySQL每次执行这些语句时，都要对其进行编译和优化，速度相对较慢。

（4）减少网络流量。如果完成某一操作的SQL语句被组织到一个存储过程中，那么在客户端上调用该存储过程时，只需要一条调用该存储过程的语句就可实现，网络中传送的只是调用语句，而不需要在网络中传送这些SQL语句，从而大大降低了网络流量。

（5）存储过程可作为一种安全机制来利用。DBA可设定只有某用户才具有对指定存储过程的使用权，从而实现对相应数据访问权限的限制，避免了非授权用户对数据的访问，保证了数据的安全性。

15.1.3　存储过程与存储函数的比较

从语法上看，存储过程、存储函数是十分相似的。我们甚至可以说，存储函数就是一种特别的存储过程。但是，它们之间还是有一些区别的，如表15-1所示。

表15-1 存储过程与存储函数的区别

存储过程	存储函数
参数可以有IN、OUT、INOUT3种类型	参数只有IN类型
需要用CALL语句调用存储过程，即将存储过程作为一个独立的部分来执行	不需要CALL语句，可以直接调用存储函数，存储函数可以作为查询语句的一个部分来调用
过程体中不允许包含RETURN语句，不能有返回值，但可以通过OUT参数带回多个值	函数体中必须包含一条有效的RETURN语句，有且只有一个返回值，如单个值或者表对象
存储过程可以调用存储函数	存储函数不能调用存储过程
主要用于执行并完成某个功能操作	主要用于计算并返回一个函数值

15.2 MySQL编程基础

在前面的学习过程中，我们所用到的SQL语句是关系型数据库系统的标准语句，标准的SQL语句几乎可以在所有的关系型数据库系统上不加修改地使用。但是，标准的SQL语句不支持流程控制，仅仅是一些简单的语句，使用起来有时不方便，也很难实现满足要求的更复杂的功能。为此，大型的关系型数据库系统都在标准SQL语句的基础上，结合自身的特点推出了可以编程的、结构化的SQL编程语言。例如，SQL Server的Transact-SQL、Oracle的PL/SQL等。MySQL也引入了程序设计思想、相关编程语句、扩展语句等，利用这些语句，用户可以按照逻辑写出由若干条语句组成的程序代码（即MySQL脚本），从而实现更为复杂的数据库操作。编写的脚本代码可以保存在.sql文件中。

MySQL脚本编程中的要素主有包括注释、定界符、语句块、变量、运算符、表达式、流程控制语句等。

15.2.1 注释、定界符与语句块

1. 注释

利用注释符可以在程序代码中添加注释。注释的作用有两个：第一，对程序代码的功能及实现方式进行简要的解释和说明，以便于将来对程序代码进行维护；第二，可以把程序中暂时不用的语句加以注释，使它们暂时不被执行，等需要这些语句时，再将它们恢复。MySQL中有3类注释符可供用户使用。

（1）--：即双连线字符，用于单行注释，该符号到行尾的内容都为注释，既可以用在行首，也可以用在行末，但注意，双连线字符后一定要加一个空格，例如，如下代码中第一行和第二行的末尾是注释。

```
-- 这是一行注释
USE teaching; -- 打开数据库
```

（2）#：即井号字符，用于单行注释，该符号到行尾的内容都为注释，既可以用在行首，也可以用在行末，例如，如下代码中第一行和第二行的末尾是注释。

```
#这是另一行注释
SELECT * FROM s;  #读出学生表s中的所有记录信息
```

（3）/*…*/："/*"用于注释文字的开头，"*/"用于注释文字的结尾，二者之间的所有内容都是注释，可在程序中标识多行文字为注释。比如，以下代码段中的前三行就是一段注释内容，后两行是程序代码。

```
/* 以下程序代码的功能是:
```

```
1. 打开数据库teaching;
2. 从学生表s中读取所有的男生信息。*/
USE teaching;  -- 打开数据库teaching
SELECT * FROM s WHERE sex='男';  #查询学生表s中的所有男生信息
```

2. 定界符与 DELIMITER 命令

默认情况下，MySQL的命令行结束符是";"，即在MySQL命令行客户端中，如果有一行命令以";"结束，那么按"Enter"键后，MySQL会自动执行该语句行，而在存储过程和存储函数中通常包含多条以";"结尾的语句，所以MySQL不可能等用户把所有语句全部输入完之后，再执行整段代码，因此，创建存储过程或存储函数时会报错。比如，假设在存储函数中输入语句行"RETURN;"时，MySQL解释器马上执行了，这显然是不允许的。为此，我们需要把定界符转换成其他的符号，比如$$等，这相当于告诉MySQL解释器，该段代码的结束和执行有了新的标识，遇到原来默认的";"时暂不执行，直到新的定界符结束时，才整体运行这其中的整段代码。

在MySQL中，利用DELIMITER命令可以重新定义代码执行的结束符，用DELIMITER定义新定界符就是告诉MySQL解释器，代码的结束和执行有了新的标识。该命令的语法格式如下。

```
DELIMITER new_delimiter
```

其中，new_delimiter表示新定义的定界符，可以是//、$$等，示例如下。

```
DELIMITER $$
```

上述命令表示新的定界符为"$$"，自此开始，直到遇到下一个"$$"，MySQL才会整体执行这段代码。

再如，"DELIMITER ;"表示把定界符还原为默认的";"。

3. 语句块与 BEGIN…END 语句

语句块是由若干条语句构成的程序代码单元，在逻辑上被当作一个整体对待，因此，在程序执行流程中，语句块要么被执行，要么整体都不被执行。在MySQL中，我们可以用BEGIN…END语句定义语句块，处在关键字BEGIN和END之间的所有语句构成一个语句块，格式如下。

```
BEGIN
  statement_list
END;
```

statement_list表示这是语句块，其中可包含若干条语句。

15.2.2　变量的定义和使用

在MySQL编程中可以使用变量，每个变量相当于一个容器，用于在程序中保存数据或用变量的值参与运算。为了区分不同的变量，我们需要给变量命名，因此，变量具有变量名、变量值和数据类型3方面的要素。变量名就是每个变量的名称，用于区分不同的变量；变量值就是变量容器中的数据，变量值可以通过赋值进行改变；数据类型是变量值所属的数据类型，如INT、VARCHAR等。

从变量的生存期和作用域范围来看，MySQL编程中可以使用3种类型的变量，即用户会话变量、局部变量、系统变量。

1. 用户会话变量

MySQL数据库服务器可以被多个不同用户分别从多个客户端连接访问，用户连接成功后，MySQL数据库服务器会在内存中为每一个用户连接开辟一个独立的会话连接空间，不同的会话空间互不干扰，连接断开后，则会话结束，会话空间将被释放。

用户会话变量就是在某一用户会话连接空间内定义的变量，因此，用户会话变量是隶属于

特定会话的，也就是说，其他客户端无法看到或使用由一个客户端定义的用户会话变量。当某个用户连接断开后，其会话空间将被释放，因而其所定义的所有会话变量均消失。

另外，只要某个用户的会话连接没有断开，其所定义的所有会话变量就一直存在，在此期间，该用户会话连接空间内的所有程序代码都可使用这些变量。因此，用户会话变量的生命周期是从用户在客户端与MySQL数据库服务器建立连接开始，到客户端与服务器断开连接的整个期间。

在MySQL编程过程中，用户会话变量无须提前定义和赋值，直接写明变量名（前面加"@"）即可使用。如果使用了未赋值的用户会话变量，则其初值为NULL；如果希望用户会话变量具有初值，则可以用以下两种赋值方法：一是利用SET语句赋值；二是利用SELECT语句赋值。

SET语句的语法格式如下。

```
SET @variable_name1=expression1[,@variable_name2=expression2,…];
```
或
```
SET @variable_name1:=expression1[,@variable_name2:=expression2,…];
```

其中，SET为语句关键字，"="和":="表示赋值；variable_name1、variable_name2、…是变量的名称，需要由用户给出，变量命名要符合标识符的规则要求，且不能与关键字和已有的对象名重名，变量名前面要加上"@"，表示是用户会话变量；expression1、expression2、…是给变量赋值的内容，可以是常数，也可以是能够求值的运算式子。示例如下。

```
SET @num=1;
```
或
```
SET @num:=1;    #使用SET语句定义并初始化变量@num
```
一条SET语句也可以同时对多个变量定义与赋值，中间用","隔开，示例如下。
```
SET @a=100,@b=200;
```
或
```
SET @a:=100,@b:=200;        #使用SET语句定义并初始化变量@a和@b
SELECT @myvar;              //显示@myvar变量的值为NULL，因为该变量没有赋值
```
SELECT语句的语法格式如下。
```
SELECT @variable_name1:=expression1[,variable_name2:=expression2,…];
```
或
```
SELECT expression1 INTO @variable_name1;
```
其中，SELECT、INTO为关键字，其他符号含义同SET语句，但此语句的赋值号只能使用":="，而不能使用"="，示例如下。
```
SELECT @a:=100,@b:=200;  #使用SELECT语句定义并初始化变量@a和@b
SELECT 1 INTO @i;        #使用SELECT语句定义并初始化变量@i
```
综上可以看出，用户会话变量在定义时无须给出数据类型。

2. 局部变量

局部变量是在MySQL程序代码的语句块（BEGIN…END）内部定义的变量，其作用范围仅限于定义该变量的语句块，超出这个范围，局部变量就失效。此处，语句块可以是存储过程的过程体或存储函数的函数体等。

（1）局部变量的定义

使用DECLARE语句可定义局部变量和指定初值。局部变量必须先用DECLARE声明后才可使用，且局部变量名前必须以@为前缀，其声明形式如下。
```
DECLARE variable_name[,…] datatype(size)  DEFAULT default_value
```
相关说明如下。

① DECLARE是关键字，用来声明变量。

② variable_name是变量的名称，由用户实际给出，这里可以同时定义多个变量，变量之间

用英文逗号隔开，但变量名前不能加"@"。

③ datatype用来指定变量的数据类型，可以是MySQL能够支持的所有数据类型，如INT、VARCHAR、DATETIME等。

④ DEFAULT default_value子句将变量默认值设置为default_value，没有使用DEFAULT子句时，变量默认初值为NULL。

DECLARE语句的具体用法如下。

```
DECLARE total_sale INT DEFAULT 0;        #定义局部变量total_sale，类型为INT，初
值为0
DECLARE x,y INT DEFAULT 0;          #同时定义x和y两个变量，类型都为INT，初值都为0
DECLARE myname VARCHAR(10) ;        #定义局部变量myname，类型为VARCHAR，长度为10
```

（2）局部变量的赋值

局部变量定义完毕后，我们也可以使用SET语句或SELECT语句为其赋值，具体方法可参考用户会话变量赋值的方法，示例如下。

```
DECLARE total_count,total_nums INT;    #定义局部变量total_count，INT类型
SET total_count=10;             #为局部变量total_count赋值10
SELECT total_nums:=0;           #为局部变量total_nums赋值0
```

（3）注意事项

① 局部变量定义在BEGIN…END语句块之间时，局部变量必须先用DECLARE语句定义，才可以使用SELECT或SET语句进行赋值。

② 局部变量作为存储过程或者存储函数的参数使用时，此时不需要使用DECLARE语句定义，但在参数表中需要指定其数据类型。

③ 可以将局部变量嵌入SQL语句中使用，示例如下。

```
DECLARE total_s INT DEFAULT 0;        #定义变量total_s，初值为0
SELECT COUNT(*) INTO total_s FROM s;  #统计学生表s中所有的人数并保存到total_s中
SELECT total_s;                       #显示变量total_s的值
```

3．系统变量

（1）系统变量的概念

系统变量是由MySQL自动创建的变量，系统变量名前面有"@@"前缀，通常MySQL的调优工作会涉及这些系统变量的调整。系统变量分为全局变量（GLOBAL）与会话变量（SESSION）。

全局变量影响服务器整体操作，在MySQL启动的时候由MySQL服务器自动将它们初始化为默认值。

会话变量影响其各个客户端连接的操作，是在MySQL服务器每次针对一个客户端建立一个新的连接的时候创建的系统变量，由MySQL初始化，MySQL会将当前所有全局变量的值复制一份，作为会话变量。也就是说，如果在建立会话以后，没有手动更改过会话变量与全局变量的值，那么所有这些变量的值都是一样的。

全局变量与会话变量的区别就在于，对全局变量的修改会影响整个MySQL服务器，但是对会话变量的修改，只会影响当前的会话（也就是当前的数据库连接）。

（2）查看系统变量的名称及其取值

要查看系统变量的名称及取值情况，可以使用SHOW VARIABLES语句，有以下几种常用方法。

① 查询所有的全局变量，语法格式如下。

```
SHOW GLOBAL VARIABLES;
```

② 查询所有的会话变量，语法格式如下。

```
SHOW SESSION VARIABLES;
```

或

```
SHOW VARIABLES;
```

比如，在代码窗口中执行"SHOW GLOBAL VARIABLES;"语句，执行结果如图15-1所示。

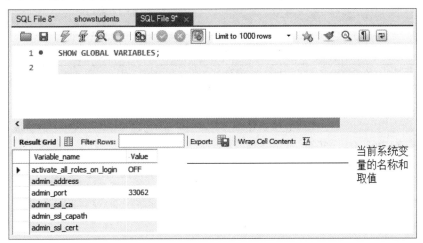

图15-1 查询系统变量的名称和取值情况

从图15-1可以看出，系统变量表包含Variable_name、Value两个字段，因此，我们可以通过这两个字段进行过滤查询，比如利用下面的语句可以查询未开启的日志有关的变量。

```
SHOW GLOBAL VARIABLES WHERE Variable_name LIKE '%log%' AND Value='off';
```

③ 查询某一个系统变量的取值，语法格式如下。

```
SELECT @@GLOBAL.var_name;        #查询var_name指定的某个全局变量
SELECT @@SESSION.var_name;       #查询var_name指定的某个会话变量
SELECT @@var_name; #查询由var_name指定的某个变量，优先查询会话变量，再查询全局变量
```

示例如下。

```
SELECT @@version; #查看全局变量@@version的值，可查看MySQL的版本
```

值得注意的是，除了可以查看系统变量及其取值，还可以修改系统变量的值，通过修改其中的某些值，来调整MySQL的运行性能等。有些系统变量的值是可以利用语句来动态进行更改的，但是有些系统变量的值却是只读的。由于篇幅所限，本书不介绍系统变量的修改和MySQL性能调整等方面的内容。

15.2.3 运算符与表达式

运算符是实施运算的符号，MySQL编程中，常用的运算符主要有算术运算符、比较运算符、逻辑运算符、位运算符等。

利用运算符、括号"()"能将常量、变量、函数等运算对象（或操作数）连接起来，形成一个有意义的运算式子，称为表达式。

1. 算术运算符与算术表达式

MySQL提供的算术运算符如表15-2所示。用算术运算符、括号将运算对象连接起来形成的运算式子称为算术表达式。

表15-2 算术运算符

算术运算符	含义	用法	算术表达式示例及结果
+	加	a+b	10+20的值为30
−	减	a−b	10−20的值为−10

续表

算术运算符	含义	用法	算术表达式示例及结果
*	乘	a*b	2*3的值为6
/	实数除，商为实数	a/b	2/4的值为0.5
DIV	整数除，商为整数	a DIV b	2 DIV 4的值为0
%或MOD	求余数	a%b或a MOD b	5%3的值为2

注：表15-2中的运算对象"a""b"可以是单个数据，也可以是一个表达式，表达式中也可以有括号"()"。

比如，在代码窗口中，测试算术表达式"3.14*10*2""(2+5)/2""(100-21)%4""5 DIV 3"，其值分别为62.80、3.5000、3、1，如图15-2所示。

图15-2　算术表达式的测试及结果

2．比较运算符与关系表达式

MySQL提供的比较运算符（也称关系运算符）如表15-3所示。用关系运算符、括号将运算对象连接起来形成的运算式子称为关系表达式。比较运算符用来比较两个运算对象之间的大小关系，因此，关系表达式的运算结果可以为1（真）、0（假）或NULL。当关系表达式成立时，运算结果为1；不成立时，运算结果为0；当任意参加运算一方为NULL时，运算结果为NULL（此为特殊情况）。在编程过程中，我们可用关系表达式来表示判断的条件，以便依据条件进行查询、决定程序执行的流程等。

表15-3　比较运算符

比较运算符	含义	用法	关系表达式示例及结果
=	相等	a=b	2=5的值为0
>	大于	a>b	5>-2的值为1
<	小于	a<b	2<-9的值为0
>=	大于或等于	a>=b	5>=3的值为1
<=	小于或等于	a<=b	10<=5的值为0
<> 或 !=	不等于	a<>b或a!=b	-5<>3的值为1
<=>	安全地等于，不会返回NULL	a<=>b	1<=>NULL的值为0
IS NULL	判断一个值是否为NULL	a IS NULL	NULL IS NULL的值为1
IS NOT NULL	判断一个值是否不为NULL	a IS NOT NULL	-3 IS NOT NULL的值为1
BETWEEN AND	判断一个值是否落在两个值之间	a BETWEEN b AND c	10 BETWEEN 1 AND 20的值为1

比较运算符	含义	用法	关系表达式示例及结果
IN	判断一个值是否处在一个集合中	a IN (集合)	5 IN (10,20,30,40) 的值为0
NOT IN	判断一个值是否不在一个集合中	a NOT IN (集合)	5 NOT IN (10,20,30,40) 的值为1
LIKE	模式匹配	a LIKE p	'BEI' LIKE 'BEI%'的值为1
NOT LIKE	模式不匹配	a NOT LIKE p	'BEI' NOT LIKE 'BEI%'的值为0
REGEXP	正则表达式匹配	a REGEXP reg	's1' REGEXP '^s[1-9]'的值为1

对于比较运算符，补充说明如下。

（1）比较运算符是对两个表达式的值进行比较，参加比较的表达式可以是数值、字符串、日期及其表达式，若参加运算对象之一的值为NULL，则运算结果为NULL。

两个字符串比较，按字符串从左向右的顺序依次比较两个字符串中对应位置上字符的大小（比较字符的ASCII码），直到不相等时，较大字符所在的字符串就大；如果两个字符串中对应位置上的字符全部相等且字符个数也相等，则两个字符串相等。

两个日期比较，较近（晚的）的日期比较远（早的）的日期大。

（2）"="运算符是对两个数据进行比较，看二者是否相等，如果相等，则结果为1，否则为0。此处"="不是表示赋值。

（3）对于运算符"<=>"，当两个表达式彼此相等或都等于NULL（空值）时，比较结果为1；若其中一个是NULL值或者都是非NULL值但不相等时，比较结果为0。

（4）"IN"运算符用于判断一个数据是否存在于一个集合中，集合可以直接给出，也可以是一个SELECT语句查询结果集。直接给出集合的写法是(元素1,元素2,…)，用法是"a IN (元素1,元素,…)"，表示判断数据"a"是否等于集合中的某个元素的值，如果"a"与集合中某个元素的值相等，则结果为1，否则为0。"NOT IN"运算符的用法与"IN"相同，只是运算结果相反。

（5）"BETWEEN…AND"运算符用于判断一个数据是否处在某个取值范围内，若在这个范围内，则运算结果为1；否则，运算结果为0。用法是"a BETWEEN 小值 AND 大值"，必须小值在前、大值在后。该运算符的否定形式是"NOT BETWEEN…AND"。

（6）"LIKE"运算符用来匹配字符串，用法是"a LIKE p"，"a"表示字符串，"p"表示模式，作用是判断一个字符串"a"是否匹配一个模式字符串"p"，若匹配，则结果为1；否则，结果为0。若运算对象其中之一为NULL，则运算结果为NULL。

在模式字符串中可以使用通配符"%"和"__"，"%"用来表示该位置可代替任意多个字符，"__"用来表示该位置可以是任意一个字符，比如，"张玉涛' LIKE '张%'的结果为1。

（7）"REGEXP"运算符也用来匹配字符串，用法为"a REGEXP p"，"a"表示字符串，"p"表示用正则表达式表示的模式字符串，作用是判断一个字符串"a"是否匹配正则表达式所表示的字符串"p"，如果匹配，则结果为1；否则为0。

在正则表达式中，常用的通配符有以下6种。

① "^"匹配以该字符后面的字符开头的字符串。

② "$"匹配以该字符前面的字符结尾的字符串。

③ "."匹配任意一个字符。

④ "[…]"匹配在方括号中的任何字符。如"[abc]"表示匹配字符"a""b"或"c"。使用"-"可以表示一个范围，如"[a-z]"表示匹配字符"a"至"z"中的任意字符，"[0-9]"表示匹配0～9中的任意一个数字字符。

⑤ "*"匹配0个或多个在它前面的字符。如"a*"表示匹配任意多个字符"a"，"[0-9]*"表示匹配任意多个0~9中的数字字符。

再如，"'abc' REGEXP '[a-z]*'"的运算结果为1，模式字符串"[a-z]*"表示可以匹配任意多个字母组成的字符串。

⑥ "{n, m}"匹配前面的字符串至少n次，至多m次。比如，"'aa' REGEXP 'a{2,5}'"的值为1，模式字符串"a{2,5}"表示由2~5个字符"a"组成的字符串。

比如，在代码窗口中，测试关系表达式"'A' BETWEEN 'A' AND 'C'""'张东' LIKE '_东*'""95 IN (80,90,95,100)"，其值分别为1、0、1，如图15-3所示。

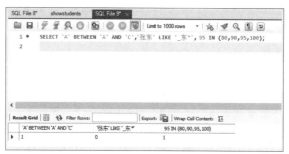

图 15-3　关系表达式的测试及结果

3. 逻辑运算符与逻辑表达式

MySQL提供的逻辑运算符如表15-4所示。逻辑运算符是用来对操作对象进行逻辑运算的运算符号。用逻辑运算符、括号将运算对象连接起来形成的运算式子叫逻辑表达式。逻辑表达式中，参加运算的对象可以是逻辑量（1、0）或NULL，也可以是可换算为逻辑量的数据（非0值当作真值1，0值当作假值0），还可以是关系表达式或逻辑表达式。逻辑表达式运算的最终结果为1（真）、0（假）或NULL。在编程过程中，通常用逻辑表达式表示复杂的条件。

表 15-4　逻辑运算符

逻辑运算符	含义	用法	逻辑表达式示例及结果
NOT或!	逻辑非，单目运算符。若参加运算的操作数为非0，则运算结果为0；若操作数为0，则运算结果为1；若操作数为NULL，则运算结果为NULL	NOT a或!a	!5的值为0
AND或&&	逻辑与。若参加运算的两个操作数的值都为非0（且不为NULL），则运算结果为1；若有任何一个操作数为0，则运算结果为0；若一个操作数为NULL且另一个操作数为非0或NULL，则运算结果为NULL	a AND b	5 AND NULL的值为NULL
OR或||	逻辑或，若参加运算的两个操作数的值其中之一为非0，则运算结果为1；若两个操作数都为0，则运算结果为0；若一个操作数为0或NULL，另一个操作数为NULL，则运算结果为NULL	a OR b	0 OR 5的值为1
XOR	逻辑异或，当任意一个操作数为NULL时，运算结果为NULL。对于非NULL的操作数，若两个操作数都是非0或都为0，则结果为0；若一个为0，另一个为非0，则运算结果为1	a XOR b	5 XOR 1的值为0

比如，在代码窗口中，测试逻辑表达式"5*10>25-4 AND -5+2*3<10""10 BETWEEN 5 AND 20 OR 'ABC' LIKE 'A_C'"，它们的值都为1，如图15-4所示。

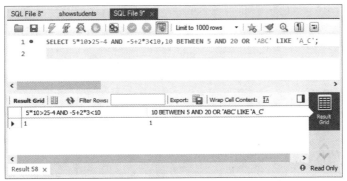

图15-4　逻辑表达式的测试及结果

4. 位运算符及其表达式

位运算符是对操作数的二进制数上的二进制位进行运算的运算符。位运算会先将操作数转换成二进制数，进行位运算，然后再将计算结果从二进制数转换为十进制数。MySQL支持的位运算符如表15-5所示。

表15-5　位运算符

位运算符	含义	用法	位表达式示例及结果
&	按位与。两个数进行按位与运算，对应的二进制位上都为1时，该位上的运算结果为1，否则为0	a&b	4&2的值为0
|	按位或。两个数进行按位或运算，两个数对应的二进制位上有一个为1时，该位上的运算结果为1，否则为0	a|b	4|2的值为6
~	按位取反，单目运算，对操作数的二进制数按二进制位取反运算，即二进制位上原来为1，运算结果为0，否则为1	~a	~(-4)的值为3
^	按位异或。两个数进行按位异或运算，两个数对应的二进制位上不同时，该位上的运算结果为1，否则为0	a^b	4^2的值为6
<<	按位左移。"a<<n"，将a对应的二进制数向左移动n位，右边补上n个0	a<<n	4<<2的值为16
>>	按位右移。"a>>n"，将a对应的二进制数向右移动n位，左边补上n个0	a>>n	4>>2的值为1

例如，位表达式7&4的值为4。运算过程：7对应的二进制数为00000111，4对应的二进制数为00000100，二者进行"&"运算，对它们的对应二进制位进行按位与运算，如下所示。

```
    00000111
&   00000100
    00000100
```

可见运算结果为4。

同理，位表达式7|4、~(-2)、7^4、7>>2、7<<2的值分别为7、1、3、1、28，如图15-5所示。

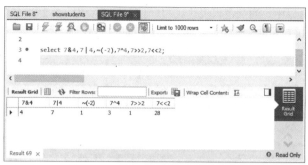

图 15-5　位表达式的测试及结果

5. 运算符的优先级

当一个复杂的表达式中有多个运算符时，运算符的优先级决定运算的先后次序，执行的顺序会影响表达式的运算结果。具有高优先级的运算符先于低优先级的运算符进行计算。如果表达式包含多个具有相同优先级的运算符，则一般按照从左到右的方向进行运算。

MySQL中，各种运算符的优先级如表15-6所示，排在前面的运算符比排在后面的优先级高。

表 15-6　各种运算符的优先级

优先级 （从高到低）	运算符	说明
1	( )	小括号
2	!	逻辑非
3	+、-、~	正、负、按位取反
4	^	按位异或
5	*、/、DIV、%或MOD	乘、除、整数除、求余数
6	+、-	加、减
7	<<、>>	按位左移、按位右移
8	&	按位与
9	|	按位或
10	=、<=>、<、<=、>、>=、<>、!=、IN、IS NULL、LIKE、REGEXP	各种比较运算符
11	BETWEEN⋯AND	比较运算符
12	NOT	逻辑非
13	AND或&&	逻辑与
14	XOR	逻辑异或
15	OR或 ||	逻辑或
16	=（赋值号）、:=	赋值运算符

不同优先级的运算符参与运算的先后顺序不同，下面举几个表达式中包含多种运算符的具体例子。

表达式"(2021 MOD 4)=0 AND (2021 MOD 100 !=0)"的值为0。

表达式"陈佳' LIKE '陈%' AND 19 BETWEEN 17 AND 21 AND 89>=85"的值为1。

表达式"1||4 XOR 4"的值为1。

表达式"1<<2+8-3*9 MOD 4^3"的值为16。

15.2.4 流程控制语句

流程控制语句采用了与程序设计语言相似的机制，能够产生控制程序执行及流程分支的作用。通过使用流程控制语句，用户可以完成功能较为复杂的操作，并且可使程序获得更好的逻辑性和结构性。

1. IF 语句

IF语句用来进行条件判断，根据是否满足条件（可包含多个条件）来执行不同的语句，IF语句是流程控制中最常用的判断语句，其语法格式如下。

```
IF condition1 THEN
    statement_list1
[ELSEIF condition2 THEN
        statement_list2]
...
[ELSE
    statement_listn]
END IF;
```

对于上述语法格式，相关说明如下。

（1）condition1、condition2、…表示条件，statement_list1、statement_list2、…是语句块，可以为一至多条语句。

（2）根据实际问题需要，语句中可以有0至多个ELSEIF子句，ELSE子句也是可选的。

（3）IF语句的执行过程：首先计算IF子句后面的condition1的值，如果该值为真，则执行其THEN子句后面的statement_list1语句块，执行完毕后跳出IF结构（跳至END IF语句之后），IF语句执行完毕；如果为假，则计算第1个ELSEIF子句后面的condition2的值，如果该值为真，则执行其THEN子句后面的statement_list2语句块，执行完毕后跳出IF结构，IF语句执行完毕；如果为假，则计算下一个ELSEIF子句后面的condition3的值，以此类推。如果所有的ELSEIF子句对应的condition值都不为真，则执行ELSE子句后面的语句块statement_listn，执行完毕后，IF语句执行结束；如果没有ELSE子句，则直接跳出IF语句，执行结束。

【例15-1】从教学数据库teaching中的选课表sc中求出学号为s1的学生的平均成绩，如果此平均成绩大于或等于60分，则输出"Pass！"信息。

分析：从sc表中筛选学号为s1的学生的记录，利用聚合函数AVG对这些记录的score字段求平均成绩，然后利用IF语句判断该成绩是否大于或等于60分，分情况进行处理。实现以上功能的代码如下所示。

```
BEGIN
  IF (SELECT AVG(score) FROM sc WHERE sno='s1')>=60 THEN
      SET @infor='Pass!';
  ELSE
      SET @infor='Fail!';
  END IF;
  SELECT @infor;
END;
```

2. CASE 语句

CASE语句是一种分多支语句结构，该语句有两种语法格式。

（1）CASE语句的语法格式1

```
CASE expression
    WHEN value1 THEN statement_list1
    [WHEN value2 THEN statement_list2]
    ...
```

```
        [ELSE statement_listn]
    END;
```

对于上述语法格式，相关说明如下。

① 上述语法格式中，expression为一个表达式，value1、value2、…是各种可能的值，statement_list1、statement_list2、…是语句块或值。

② 语句执行过程：计算CASE后面expression的值，将该值依次与各WHEN子句中的各value值进行比较，如果与某个value值相等，则执行对应于该子句的THEN子句后面的statement_list，执行完毕后，跳出CASE语句，CASE语句执行完毕；如果该值与任何WHEN子句中的value值都不相等，则执行ELSE子句后面的语句。当CASE语句中不包含ELSE子句时，如果所有比较均失败，CASE语句将返回NULL。

【例15-2】从教学数据库teaching中的学生表s选取sno和sex，如果sex字段值为"男"，则输出"M"；如果为"女"，则输出"F"。

分析：利用CASE子句对性别字段sex的值进行分情况判断，根据不同情况给予不同的处理结果，并将处理结果作为SELECT语句的一个字段输出。实现上述功能的代码如下所示。

```
SELECT sno,
    CASE sex
        WHEN '男' THEN 'M'
        WHEN '女' THEN 'F'
    END
    AS sex
FROM s;
```

（2）CASE语句的语法格式2

```
CASE
    WHEN search_condition1 THEN statement_list1
    [WHEN search_condition2 THEN statement_list2]
    ...
    [ELSE statement_listn]
END;
```

对于上述语法格式，相关说明如下。

① 上述语法格式中，search_condition1、search_condition2、…是条件表达式，statement_list1、statement_list2、…是语句块或值。

② 语句执行过程：依次计算每个WHEN子句后面的search_condition的值，当遇到值为真时，就执行对应于该子句的THEN子句后面的语句，执行完毕后，跳出CASE语句，CASE语句执行结束；如果所有WHEN子句后面的search_condition的值都不为真，则执行ELSE子句后面的语句。当CASE语句中不包含ELSE子句时，如果所有比较均失败，CASE语句将返回NULL。

【例15-3】从教学数据库teaching中的sc表查询所有学生选修课程的成绩情况，凡成绩为空的输出"未考"，小于60分的输出"不及格"，60～70分（不含70分）的输出"及格"，70～90分（不含90分）的输出"良好"，大于或等于90分的输出"优秀"。

分析：利用CASE子句对成绩score字段的值进行分情况判断，根据不同情况给予不同结果，并将结果作为SELECT语句的一个字段值进行输出。实现以上功能的代码如下。

```
SELECT sno,cno,
    CASE
        WHEN score IS NULL THEN '未考'
        WHEN score<60 THEN '不及格'
        WHEN score>=60 AND score<70 THEN '及格'
        WHEN score>=70 AND score<90 THEN '良好'
        WHEN score>=90 THEN '优秀'
    END
```

```
      AS score
FROM sc;
```

3. WHILE 语句

WHILE语句可以实现循环结构，其语法格式如下。

```
[begin_label:]WHILE condition DO
  statement_lists
END WHILE [begin_label];
```

相关说明如下。

（1）condition表示循环条件，statement_lists表示循环体，循环体可以由一至多条语句构成，循环条件和循环体可被重复执行若干次。begin_label表示语句标签，标签名需要由用户给出，也可以省略，如果书写了标签名，则WHILE关键词前面的标签名后必须有"："。END WHILE后面的标签名要与WHILE前面的标签名保持一致。

（2）WHILE语句的执行过程：首先判断condition条件是否为真，如果为真，则执行循环体statement_lists，执行结束后，继续回到WHILE判断condition条件是否为真，如果还为真，则重复以上过程，否则跳出循环。

可见，WHILE语句的特点是先判断condition条件是否为真，再决定是否执行循环体；每执行完一次循环，都要重新回到WHILE子句继续判断条件condition是否为真。

【例15-4】编写程序，求1+2+3+…+100的值。

分析：这是一个累加的过程，总和的初值为0，每次向总和中加入一个新数，每次新加进来的数比上一次加进来的数大1。这也是一个循环的过程，重复把1～100之间的整数加到总和中。完成所要求功能的代码如下所示。

```
BEGIN
   SET @i=1;
   SET @s=0;
   WHILE @i<=100 DO
      SET @s=@s+@i;
      SET @i=@i+1;
   END WHILE ;
   SELECT @s;
END;
```

上面的代码中，我们也可以在WHILE子句前面加上语句标签，改写为如下代码。

```
BEGIN
   SET @i=1;
   SET @s=0;
   begin_s:WHILE @i<=100 DO
      SET @s=@s+@i;
      SET @i=@i+1;
   END WHILE begin_s;
   SELECT @s;
END;
```

【例15-5】编写程序，计算并输出1～100之间所有能被3整除的数的总和及个数。

分析：对1～100之间的每个数逐一判断，看其是否能被3整除，如果能被3整除，则将该数加入总和，同时个数加1。这是一个循环的过程，能够完成该功能的代码如下所示。

```
BEGIN
   DECLARE i INT DEFAULT 1;        -- 声明变量i为INT型，初值为1
   DECLARE s,n INT DEFAULT 0;      -- 声明变量s和n为INT型，初值为0
   WHILE i<=100 DO                 -- 控制循环，使变量i从1变化到100
     IF i MOD 3=0 THEN             -- 如果当前值i能被3整除
       SET s=s+i;                  -- 将当前值i累加到总和s中
```

```
        SET n=n+1;                    -- 总个数n的值加1
      END IF;
      SET i=i+1;                      -- 变量i的值加1
    END WHILE;
    SELECT s AS 总和,n AS 个数;       -- 输出总和s和个数n的值
END;
```

4. REPEAT 语句

REPEAT语句的语法格式如下。

```
[begin_label:]REPEAT
    statement_lists
UNTIL condition
END REPEAT [begin_label];
```

相关说明如下。

（1）condition、statement_lists及begin_label的含义同WHILE语句。

（2）REPEAT语句的执行过程：首先执行循环体statement_lists中的语句，执行完循环体后，计算UNTIL子句后面的条件condition，如果该值为假，则返回REPEAT子句重复执行循环体，直到condition条件的计算结果为TRUE时，结束循环，跳到END REPEAT子句之后执行。因为REPEAT语句在执行完循环体后再检查条件condition，所以REPEAT语句也称为测试后循环语句。

可见，REPEAT语句的特点是先执行循环体，后判断条件condition是否为假。

【例15-6】求满足$1^2+2^2+3^2+\cdots+i^2<1000$的i的最大值。

分析：利用变量i表示某个从1开始的整数，利用循环将从1开始的整数i的平方进行累加，累加的各数的平方和用变量n表示，并以n<1000作为循环的判断条件，当有某个整数i的值可以使循环条件n<1000不满足时，则i-1为满足条件的最大值。能够实现以上功能的代码如下所示。

```
BEGIN
  DECLARE i,n INT DEFAULT 0;  -- 声明变量i和n为INT型，初值为0
  REPEAT
    SET i=i+1;
    SET n=n+i*i;  -- 将当前i值的平方累加到总和变量n中
  UNTIL n>1000    -- 如果总和小于1000就进入下一次循环
  END REPEAT;
  SELECT i-1;     -- 输出结果
END;
```

5. LOOP 语句

LOOP语句也是用于构成循环的语句，但是它构成的是一个无条件的循环，语句的语法格式如下。

```
[begin_label:]LOOP
    statement_lists
END LOOP [begin_label];
```

相关说明如下。

（1）statement_lists和begin_label的含义与WHILE语句相同。

（2）LOOP语句构成的循环默认是无条件的无限循环。其执行过程是，从LOOP子句进入循环，执行循环体statement_lists，当执行到END LOOP子句时，自动再回到LOOP，进入下一次循环，如此一直往复进行下去。

（3）由于LOOP循环是无限循环，要从LOOP循环中跳出，应使用LEAVE语句。

6. LEAVE 语句和 ITERATE 语句

（1）LEAVE语句

LEAVE语句是从循环体中跳出循环的语句，其语法格式如下。

```
LEAVE label ;
```

相关说明如下。

① label为语句标签。

② LEAVE语句用来跳出由标签label标识的语句块或者循环。

③ LEAVE语句可用在BEGIN…END中或者用在LOOP、REPEAT、WHILE语句的循环体中。LEAVE语句用于立即退出循环，而无须等待检查条件，其工作原理类似于C、C++、Java等语言中的break语句。

比如，以下代码中，循环之前，首先定义用户变量@a并赋值为10，接着进入LOOP循环（用语句标签mylabel进行标识），对变量@a执行减1操作，然后判断用户变量@a是否小于零，如果成立，则使用LEAVE语句跳出循环（跳出由mylabel标签标识的循环），否则，进入下一次循环，重复以上操作。

```
BEGIN
  SET @a=10;
  mylabel:LOOP
      SET @a=@a-1;
      IF @a<0 THEN
          LEAVE mylabel;
      END IF;
  END LOOP mylabel;
  SELECT @a;
END;
```

【例15-7】求2～100之间的所有素数的个数。

分析：只能被1及其本身整除的数为素数，因此，对2～100之间的每一个数i，判断2到i-1之间是否存在一个数j，如果i能被j整除，则当前的数i不是素数；如果2到i-1之间所有的数都不能和i整除，则i为素数。利用循环重复以上过程。实现以上功能的代码如下所示。

```
BEGIN
  DECLARE i,j,n INT;
  SET n=0;
  SET i=2;
  lab1:WHILE i<=100 DO  -- 该循环用于将i从2变化到100
    SET j=2;
    lab2:WHILE j<=i-1 DO  -- 该循环用于判断当前i的值是否为素数
          IF i MOD j=0 THEN
              LEAVE lab2;  -- 如果当前i的值不是素数，直接跳出本循环
          END IF;
          SET j=j+1;
          END WHILE;
          IF j>=i THEN  -- 如果当前i的值为素数
              SET n=n+1;  -- 素数个数加1
          END IF;
          SET i=i+1;
  END WHILE;
  SELECT n;  -- 输出素数个数
END;
```

（2）ITERATE语句

ITERATE语句的作用是在循环体中，中止当前执行的本次循环，直接进入下一次循环。该语句的语法格式如下。

```
ITERATE label;
```

相关说明如下。

① label为语句标签。

② 该语句用来跳出由标签label标识的语句块或者循环，只能用在LOOP、REPEAT和WHILE语句构成的循环中。

③ ITERATE语句类似于C、C++、Java等语言中的continue语句。

15.3 MySQL常用内置函数

函数是能够完成特定功能并返回处理结果的一组程序代码，处理结果称为"返回值"，处理过程称为"函数体"。为了用户计算方便，MySQL提供了许多系统内置函数，用户在编程过程中可以直接使用这些内置函数，同时MySQL允许用户根据需要自己定义函数。

MySQL提供的内置函数主要有数学函数、字符串函数、日期和时间函数、系统信息函数、聚合函数、统计函数、加密函数，以及其他的一些函数。

15.3.1 数学函数

数学函数主要是完成常见数学运算的函数，比如求绝对值函数、平方根函数、对数函数、指数函数等。MySQL中，常用的数学函数如表15-7所示。

表 15-7 常用的数学函数

函数类别	函数	功能	示例
三角函数	SIN(x)	返回以弧度表示的x的正弦值	SIN(0)的值为0
	COS(x)	返回以弧度表示的x的余弦值	COS(0)的值为1
	TAN(x)	返回以弧度表示的x的正切值	TAN(3.14159/4)的值为0.999998
	COT(x)	返回以弧度表示的x的余切值	COT(1)的值为0.642092
反三角函数	ASIN(x)	返回以x为正弦值的角的大小（弧度）	ASIN(0)的值为0
	ACOS(x)	返回以x为余弦值的角的大小（弧度）	ACOS(1)的值为0
	ATAN(x)	返回以x为正切值的角的大小（弧度）	ATAN(0)的值为0
角度弧度转换	DEGREES(x)	把x从弧度转换为角度	DEGREES(1)的值为57.29
	RADIANS(x)	把x从角度转换为弧度	RADIANS(90.0)的值为1.570796
指数函数	EXP(x)	返回以e为底的x次幂的值	EXP(1)的值为2.718282
	POWER(x,y)	返回以x为底的y次幂的值	POWER(2,4)的值为16
对数函数	LOG(x)	返回x的以e为底的自然对数值	LOG(1)的值为0
	LOG10(x)	返回x的以10为底的常用对数值	LOG10(10)的值为1
平方根函数	SQRT(x)	返回x的平方根	SQRT(1)的值为1
取近似值函数	CEILING(x)	返回大于值等于x的最小整数	CEILING(-5.6)的值为-5
	FLOOR(x)	返回小于值等于x的最大整数	FLOOR(-5.2)的值为-6
	ROUND(x,n)	将x按指定的小数位数n四舍五入	ROUND(5.6782,2)的值为5.68
	TRUNCATE(x,n)	保留x的n位小数并返回	TRUNCATE(12.567,2)的值为12.56
符号函数	ABS(x)	返回x的绝对值	ABS(-3.4)的值为3.4
	SIGN(x)	测试x的正负号，返回0、1或-1	SIGN(-3.4)的值为-1
圆周率函数	PI()	返回圆周率	PI()的值为3.141593
随机数函数	RAND()	返回(0,1)之间的随机数	

下面是3个使用数学函数进行运算的具体例子。

（1）表达式(-4+SQRT(4*4-4*1*4))/2的值为-2。

（2）表达式SIN(PI()/2)*SIGN(-4)*ABS(-2)的值为-2。

（3）表达式FLOOR(3.56)*SQRT(4)*LOG10(100)的值为12。

15.3.2　字符串函数

字符串函数主要用于处理字符串数据和表达式。MySQL中，常用的字符串函数及其功能如表15-8所示。

表 15-8　常用的字符串函数

函数	功能	示例
ASCII(s)	返回字符串s的第一个字符的ASCII码	ASCII('abc')的值为97
CHAR_LENGTH(s)或CHARACTER_LENGTH(s)	返回字符串s的字符数（长度）	CHAR_LENGTH('北京')的值为2
CONCAT(s1,s2,…,sn)	将字符串 s1、s2、…、sn等多个字符串合并为一个字符串	CONCAT('首都','北京')的值为'首都北京'
FIND_IN_SET(s1,s2)	分析逗号分隔的字符串s2，如果在s2中存在s1，则返回s1在s2中出现的位置	FIND_IN_SET('北京','首都,北京,大学,林业')的值为2
FORMAT(x,n)	对数字x按"#,###.##"进行格式化，将x保留到小数点后n位，最后一位四舍五入	FORMAT(315500.7489,2)的值为315,500.75
LOCATE(s1,s)或LOCATE(s1,s,pos)	从字符串s中返回s1首次出现的位置（从1开始计数）。如果给定参数pos，则从pos指定的位置开始查找。如果未找到，则返回0	LOCATE('ab','xyzabcefabc')的值为4
INSTR(s1,s)	从字符串s1中返回s首次出现的位置（从1开始计数），未找到时返回0	INSTR('xyzabcefabc','ab')的值为4
LEFT(s,n)	从字符串s的左端截取n个字符形成子串	LEFT('首都北京',2)的值为'首都'
LOWER(s)或LCASE(s)	将字符串s的所有字母变成小写字母	LCASE('Beijing')的值为'beijing'
LTRIM(s)	去掉字符串s开始处（左端）的空格	RTRIM(' CAPITAL ')的值为' CAPITAL '
POSITION(s1 IN s)	从字符串s中返回s1首次出现的位置	POSITION('ab' IN 'xyzabcefabc')的值为4
REPEAT(s,n)	将字符串s重复n次，形成新的字符串	REPEAT('北京',2)的值为'北京北京'
REPLACE(s,s1,s2)	用字符串s2替代字符串s中的子串s1	REPLACE('abc','a','x')的值为'xbc'

续表

函数	功能	示例
REVERSE(s)	将字符串s的顺序反过来	REVERSE('abc')的值为'cba'
RIGHT(s,n)	从字符串s的右端截取n个字符组成子串	RIGHT('BEIJING',4)的值为'JING'
RTRIM(s)	去掉字符串s结尾处（右端）的空格	RTRIM(' CAPITAL ')的值为'CAPITAL'
SPACE(n)	返回n个空格所组成的字符串	SPACE(10)返回10个空格
STRCMP(s1,s2)	比较字符串s1和s2，如果s1与s2相等，则返回0；如果s1>s2，则返回1；如果s1<s2，则返回-1	STRCMP('bei','BEIJING')的值为-1
SUBSTRING(s,start,length)或SUBSTR(s,start,length)或MID(s,start,length)	从字符串s的start位置截取长度为length的子字符串	SUBSTRING('BEIJING',1,3)的值为'BEI' SUBSTR('BEIJING',1,3)的值为'BEI' MID('BEIJING',1,3)的值为'BEI'
TRIM(s)	去掉字符串s开始和结尾处的空格	TRIM(' CAPITAL ')的值为'CAPITAL'
UCASE(s)或UPPER(s)	将字符串s转换为大写	UCASE('beijing')的值为'BEIJING'

15.3.3 日期和时间函数

日期和时间函数主要用于处理日期和时间数据，MySQL提供的日期和时间函数主要有获取当前日期函数、获取当前时间函数、计算日期的函数和计算时间的函数等。MySQL中，常用的日期和时间函数如表15-9所示。

表 15-9 常用的日期和时间函数

函数	功能	示例
CURDATE()或CURRENT_DATE()	返回当前日期	CURDATE()的值为'2021-2-6'
CURTIME()或CURRENT_TIME()	返回当前时间	CURTIME()的值为'15:30:00'
DATE_ADD(date,INTERVAL exp type)	返回日期date加上间隔exp的结果（exp必须按关键字进行格式化）	DATE_ADD（"2020-12-31 23:59:59"，INTERVAL 1 SECOND)的值为'2021-01-01 00:00:00'
DATE_FORMAT(date,f)	依据指定的格式f对日期date进行格式化	DATE_FORMAT(NOW(),'%b %d %Y %h:%i %p')的值为'Feb 06 2021 03:00 PM'
DATE_SUB(date,INTERVAL exp type)	返回日期date减去间隔exp的结果（exp必须按关键字进行格式化）	SELECT DATE_SUB（"2021-1-1 00:00:00"，INTERVAL 1 SECOND)的值为'2020-12-31 23:59:59'
DATEDIFF(date1,date2)	返回date1与date2两个日期间的天数	DATEDIFF(CURDATE(),'2021-1-1')的值为36
DAY(date)或DAYOFM ONTH(date)	返回日期date是该月的第几天（1~31）	DAYOFMONTH(CURDATE())的值为6

续表

函数	功能	示例
DAYNAME(date)	返回日期date是星期几（英文）	DAYNAME(CURDATE())的值为'Saturday'
DAYOFWEEK(date)	返回日期date的星期索引	DAYOFWEEK(CURDATE())的值为7
DAYOFYEAR(date)	返回日期date是一年中的第几天（1～366）	DAYOFYEAR(CURDATE())的值为37
HOUR(time)	返回时间time的小时部分	HOUR(CURTIME())的值为15
MINUTE(time)	返回时间time的分钟值（0～59）	MINUTE('15:35:40')的值为35
MONTH(date)	返回日期date的月份值（1～12）	MONTH('2021-2-6')的值为2
MONTHNAME(date)	返回日期date的月份名称	MONTHNAME('2021-2-6')的值为'February'
NOW()	返回当前日期和时间	NOW()的值为'2021-02-06 15:30:00'
QUARTER(date)	返回日期date所属季度（1～4）	QUARTER(CURDATE())的值为1
SECOND(time)	返回时间time的秒数（0～59）	SECOND('15:35:40')的值为40
SYSDATE()	返回函数执行时的时间	同NOW()函数
TIME_FORMAT(time,f)	对时间time用格式f进行格式化	TIME_FORMAT('15:30:00','%l:%i %p')的值为'3:30 PM'
UTC_DATE()	返回当前UTC日期	UTC_DATE()的值为'2021-02-06'
UTC_TIME()	返回当前UTC时间	UTC_TIME()的值为'07:35:00'
WEEK(date)或WEEKDAY(date)或WEEKOFYEAR(date)	返回日期date位于一年中的第几周（1～53）	WEEKOFYEAR('2021-2-6')的值为5
YEAR(date)	返回日期date的年份	YEAR('2021-2-6')的值为2021

注：表中涉及当前日期和时间时，假设系统当前的日期是2021-2-6，系统当前的时间是15:30:00。

在使用日期和时间的格式化函数DATE_FORMAT(date,f)及TIME_FORMAT(time,f)函数时，需要用格式f对date或time进行格式化。MySQL中常用的格式符及其功能如表15-10所示。

表15-10　常用的格式符及其功能

格式符	功能
%a	缩写的星期名（Sun～Sat）
%b	月份的英文缩写名称（Jan～Dec）
%c	月份，数字形式（1～12）
%d	月份中的天数（0～31）
%H	小时（00～23）
%h	小时（01～12）
%I	分钟（00～59）
%i	分钟（00～59）
%j	一年中的天数（001～366）
%l	小时（1～12）
%M	月份的英文名称（January～December）
%m	月份，数字形式（00～12）

续表

格式符	功能
%p	上午（AM）或下午（PM）
%r	12小时制时间（小时hh:分钟mm:秒数ss后加AM或PM）
%S	秒（00～59）
%T	时间，24小时制（小时hh:分钟mm:秒数ss）
%W	英文星期几的名称（Sunday～Saturday）
%w	一周中的某日对应的整数，"0"代表"周日"，"1"代表"周一"，以此类推
%Y	年份，数字形式，4位数
%y	年份，数字形式，2位数

下面通过几个具体的例子来说明格式符的用法。

（1）"SELECT TIME_FORMAT('17:20:35',"%r");"的执行结果为"05:20:35 PM'"。

（2）"SELECT DATE_FORMAT('21-2-6','%M/%d/%Y');"的执行结果为"'February/06/2021'"。

（3）"SELECT DATE_FORMAT('21-2-6','%M/%d/%Y%W');"的执行结果为"'February/06/2021 Saturday'"。

（4）"SELECT DATE_FORMAT('2021-02-06 11:07:45','%M %D,%Y');"的执行结果为"'February 6th,2021'"。

（5）SELECT DATE_FORMAT('2021-02-06','%d %b %Y');"的执行结果为"'06 Feb 2021'"。

15.3.4 系统信息函数

MySQL的系统信息函数用于查询MySQL数据库的系统信息，例如，查询数据库的版本号、当前用户名和连接数、系统字符集等。常用的系统信息函数如表15-11所示。

表 15-11 常用的系统信息函数

函数	功能
CHARSET(str)	返回字符串str的字符集
CONNECTION_ID()	返回当前用户的连接ID
CURRENT_USER()	返回当前用户名称
DATABASE()	返回当前数据库名
FOUND_ROWS()	返回最后一个SELECT查询进行检索的总行数
LAST_INSERT_ID()	返回系统自动产生的最后一个auto_increment（自动增长）的值
SCHEMA()	返回当前数据库名
SESSION_USER()	返回当前用户名称
USER()或SYSTEM_USER()	返回当前用户名称
VERSION()	返回数据库的版本号

比如，"SELECT VERSION(),DATABASE(),USER(),CHARSET('ABC'),CONNECTION_ID();"的执行结果如图15-6所示，结果中显示了MySQL版本号、当前连接的数据库名、用户

名、字符集、连接ID等。

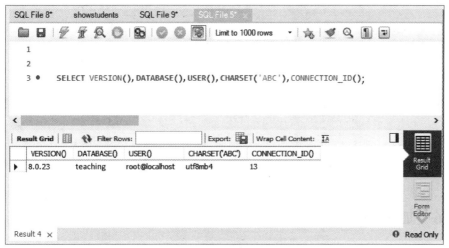

图15-6　系统信息函数使用示例

15.3.5　聚合与统计函数

聚合函数也称为分组统计函数，常用于对在组内的数据表行进行相关计算，比如，计算平均值、总和、个数、最大值、最小值等。统计函数主要用于对数据进行统计分析，比如，求方差、标准差等。MySQL常用的聚合与统计函数如表15-12所示。

表 15-12　常用的聚合与统计函数

函数	功能
AVG(col)	对列col求平均值，只计算非NULL值的平均值，即不包括NULL值，但包括0值
COUNT({[ALL|DISTINCT] col}|*)	COUNT(*)统计查询结果集中的总记录行数，无论是否包含NULL值；COUNT(col)或COUNT(ALL col)以列col的值统计查询结果集中的个数（行数），不包括NULL值，但包括重复值；COUNT(DISTINCT col)以列col的值统计查询结果集中的个数（行数），不包括NULL值且去掉重复值
MAX(col)	对列col求最大值，不包括NULL值
MIN(col)	对列col求最小值，不包括NULL值
SUM(col)	对列col求总和，不包括NULL值。只适用于对数值类字段求总和，比如字段类型可以是INT、FLOAT、DOUBLE、DECIMAL等类型
STD(col)或STDDEV(col)	对列col的值求标准差
VARIANCE(col)	对列col的值求方差

比如，"SELECT ROUND(VARIANCE(score),2) FROM sc;"能够统计所有学生选课成绩的方差。

【例15-8】从教学数据库teaching的选课表sc中统计每一位已选课学生的选课门数及平均成绩，要求显示学号、门数和平均分。

查询语句如下。

```
SELECT sno AS 学号,COUNT(*) AS 门数,ROUND(AVG(score),2) AS 平均分 FROM sc
GROUP BY sno;
```

执行结果如图15-7所示。

图15-7　聚合函数使用示例

15.3.6　加密函数

数据加密、解密在信息安全领域非常重要。比如，为了提高安全性，在很多应用系统中，用户登录密码在数据库中以密文方式存储。这对防止入侵者剽窃用户隐私意义重大，提高了系统的安全性。我们可以使用MySQL提供的加密函数来实现上述功能，常用的加密函数如表15-13所示。限于篇幅限制，本书只介绍加密函数及其使用方法，有关加密、解密的算法及原理，请读者参考有关教材。

表15-13　常用的加密函数

函数	功能
MD5(str)	对字符串str使用信息摘要算法进行加密，加密后形成长度为32位的密文，该加密算法不可逆
SHA(str)或SHA1(str)	对字符串str使用安全散列算法进行加密，加密后形成长度为40位的密文，该加密算法不可逆
AES_ENCRYPT(str,key)	返回用密钥key对字符串str利用高级加密标准算法（AES）加密后的结果，结果是一个二进制字符串，以BLOB类型存储
AES_DECRYPT(crypt_str,key)	返回用密钥key对使用AES_ENCRYPT()函数加密后的密文crypt_str进行解密的结果
COMPRESS(string_to_compress)	该函数对字符串string_to_compress进行压缩，且返回一个二进制串。压缩后的字符串可以通过UNCOMPRESS()函数来解压缩
UNCOMPRESS(string_to_uncompress)	该函数解压缩一个通过COMPRESS()函数压缩的字符串string_to_uncompress

比如，执行"SELECT MD5('bjfu3124'),SHA('bjfu3124'),SHA1('bjfu3124');"对字符串"bjfu3124"进行加密的结果如图15-8所示。

图15-8　MD5、SHA和SHA1加密函数使用示例

15.3.7 其他函数

1. 控制流函数

控制流函数也称为条件判断函数，用于根据条件的真假，取得不同的函数值。MySQL中常用的控制流函数如表15-14所示。

表 15-14 常用的控制流函数

函数	功能	示例
IF(expr,v1,v2)	如果表达式expr的值为真，则返回v1的值；否则返回v2的值	IF(50<100,5,10)的值为5
IFNULL(v1,v2)	如果v1的值为NULL，则返回v2；如果v1的值不为NULL，则返回v1	IFNULL(1/0, 4)的值为4

2. 数据类型转换函数

MySQL中常用的数据类型转换函数如表15-15所示。

表 15-15 常用的数据类型转换函数

函数	功能	示例
CAST(value AS type)	将value的数据类型转换为type类型	CAST(3.14 AS CHAR(4))的值为字符串'3.14'
CONVERT(value, type)	把value的数据类型转换为type类型	CONVERT('3.14',FLOAT)的值为3.14（数值）

【例15-9】输出1～10之内的所有奇数。

对1～10间的每个数逐一进行判断，凡不能被2整除的数为奇数，完成该功能的代码如下所示。

```
BEGIN
  DECLARE i INT DEFAULT 1;
  DECLARE s VARCHAR(100) DEFAULT '';
  mylabel:REPEAT
    IF i MOD 2=0 THEN          -- 如果当前i的值为偶数
        SET i=i+1;
        ITERATE mylabel;       -- 进入下一次循环
    END IF;
    SET s=CONCAT(s,CONVERT(i,char),' '); -- 将所有奇数连接成一个字符串，用空格隔开
    SET i=i+1;
    UNTIL i>=10
  END REPEAT;
  SELECT s;  -- 输出所有的奇数
END;
```

15.4 MySQL存储过程的使用

15.4.1 创建存储过程

在MySQL中创建存储过程，既可以在命令行工具MySQL Shell环境或可视化管理工具

MySQL Workbench的代码窗口中，输入命令语句完成，也可以在可视化管理工具MySQL Workbench中通过菜单交互操作完成。为了更加直观，本书相关示例都使用可视化管理工具MySQL Workbench来讲解。

利用可视化管理工具MySQL Workbench创建存储过程，用户既可以在其代码窗口中直接用CREATE PROCEDURE语句手工输入相关代码来创建，也可以利用其功能菜单操作完成。

1. 在代码窗口中使用CREATE PROCEDURE语句创建存储过程

创建存储过程需要使用CREATE PROCEDURE语句，但当前用户必须有CREATE PROCEDURE的权限。CREATE PROCEDURE语句的语法格式如下。

```
CREATE [DEFINER={user|current_user}] PROCEDURE procedure_ name([procedure_
parameter[,…]])
    [characteristic…]
    BEGIN
        routine_body
    END;
```

对于上述语法格式，相关说明如下。

（1）"[ ]"括起来的部分表示是可选的，根据情况可有可无，"{ }"中的部分是必选项，"|"表示多个选项中选择其中之一，"…"表示可以有多个。命令格式中出现的这些符号不是命令的一部分。

（2）DEFINER子句是可选的，用于指明存储过程的定义者，可以是某个用户，也可以是当前用户，如果省略该子句，则表示是当前用户。

（3）procedure_name是要创建的存储过程的名字，需要由创建用户具体给出，存储过程的命名必须符合标识符的命名规则。在一个数据库中对其所有者而言，存储过程的名字必须唯一。默认在当前数据库中创建存储过程。若需要在特定数据库中创建存储过程，则要在名称前面加上数据库的名称，即"数据库名.procedure_name"。

（4）procedure_parameter表示存储过程的参数（即形式参数），是可选的，根据实际需求情况可有可无。如果没有参数，则存储过程名称后面的一对"( )"不能省略；如果有两个及两个以上的参数，则参数间用英文逗号分隔。每个参数由3个部分组成，这3个部分分别表示参数传递类型、参数名称和参数数据类型，其格式如下。

```
[IN|OUT|INOUT] parameter_name type
```

各项内容的含义如下。

① 参数传递类型有IN、OUT、INOUT 3种。其中，关键字IN表示输入类型；OUT表示输出类型；INOUT表示既可以是输入类型，也可以是输出类型。如果省略，默认为IN。

② parameter_name表示参数的名称，必须由用户给出，其命名要符合标识符的命名规则。

③ type表示参数的数据类型，可以是MySQL数据库所支持的所有数据类型。

（5）characteristic参数是可选的，用于设定所定义的存储过程的某些特征，它可以包含的内容及其格式如下。

```
[LANGUAGE SQL]|[NOT] DETERMINISTIC|{CONTAINS SQL|NO SQL|READS SQL DATA|
MODIFIES SQL DATA}|SQL SECURITY {DEFINER|INVOKER}|COMMENT 'string']
```

各项内容的含义如下。

① LANGUAGE SQL指明编写这个存储过程的语言为SQL，省略时默认为SQL。

② [NOT] DETERMINISTIC，DETERMINISTIC表示存储过程对同样的输入参数产生相同的结果，表示"确定的"；NOT DETERMINISTIC则表示会产生不确定的结果（默认）。

③ CONTAINS SQL|NO SQL|READS SQL DATA|MODIFIES SQL DATA选项中，只能从中选择其一，表示存储过程包含读或写数据的语句，如果省略，默认为CONTAINS SQL。

CONTAINS SQL表示存储过程包含了SQL语句，但不包含读或写数据的语句（如SET语句等）。

NO SQL表示存储过程不包含SQL语句。

READS SQL DATA表示存储过程包含SELECT查询语句，但不包含更新语句。

MODIFIES SQL DATA表示存储过程包含更新数据的语句。

④ SQL SECURITY {DEFINER|INVOKER}子句用于指定存储过程执行时的权限验证方式，可以指定为DEFINER或INVOKER，省略时默认为DEFINER。

如果SQL SECURITY子句指定为DEFINER，MySQL将验证调用存储过程的用户是否具有存储过程的execute（执行）权限和DEFINER子句所指定的用户是否具有存储过程引用的相关对象的权限。

如果SQL SECURITY子句指定为INVOKER，那么MySQL将使用当前调用存储过程的用户执行此过程，并验证用户是否具有存储过程的execute权限和存储过程引用的相关对象的权限。

⑤ COMMENT 'string'子句用于给存储过程指定注释信息，其中string为描述内容，子句省略时，注释信息为空。

（6）BEGIN和END关键字之间的routine_body表示过程体，即在过程中需要书写的语句，表示了该存储过程需要完成的功能。

例如，下面的代码创建的存储过程是appendstudent，主要功能是向学生表s中增加一名学号为"s9"的学生，如果该学号学生在表s中已存在，则给出"学号为s9的学生已存在！"的信息，如果不存在，则将该生增加到表s中。

```
DELIMITER $$
  CREATE DEFINER='root@localhost'@'%' PROCEDURE 'appendstudent' ()
    MODIFIES SQL DATA
    SQL SECURITY INVOKER
    COMMENT '追加学生信息'
  BEGIN
  IF 's9' IN (SELECT sno FROM s) THEN
    SELECT '学号为s9的学生已存在！' AS infor;
  ELSE
    INSERT INTO s VALUES('s9','赵慧','男',19,'计算机','信息学院');
    SELECT * FROM s;
  END IF;
END $$;
```

对于上面的代码，相关说明如下。

① 子句DEFINER='root@localhost'表示存储过程的创建者为root@localhost。

② 存储过程的状态特征包括以下3个方面。

```
MODIFIES SQL DATA
SQL SECURITY INVOKER
COMMENT '追加学生信息'
```

③ 存储过程的内容代码如下。

```
IF 's9' IN (SELECT sno FROM s) THEN
  SELECT '学号为s9的学生已存在！' AS infor;
ELSE
  INSERT INTO s VALUES('s9','赵慧','男',19,'计算机','信息学院');
  SELECT * FROM s;
END IF;
```

下面通过具体实例来说明用CREATE PROCEDURE语句创建存储过程的具体方法和步骤。

【例15-10】在teaching数据库中，创建一个名称为showstudentsnums的不

用CREATE
PROCEDURE语
句创建存储过程

带参数的存储过程，该存储过程的功能是从数据表s中查询所有学生的人数。

方法和步骤如下。

（1）登录进入MySQL Workbench，单击工具栏中的"create a new SQL tab"按钮，新建一个SQL代码窗口，如图15-9所示，用户可以在新建的SQL代码窗口中输入相关的代码。

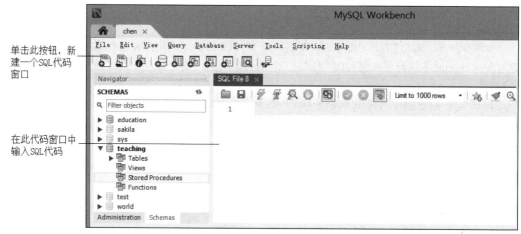

单击此按钮，新建一个SQL代码窗口

在此代码窗口中输入SQL代码

图 15-9　新建的 SQL 代码窗口

（2）根据本例的要求，在SQL代码窗口中输入以下代码。

```
USE teaching;
DELIMITER $$
CREATE PROCEDURE showstudentsnums()
BEGIN
  SELECT COUNT(sno) AS 学生总数 FROM s;
END $$
DELIMITER;
```

（3）代码输入完毕后，单击"Execute the selected"按钮，如图15-10所示，完成存储过程的创建。

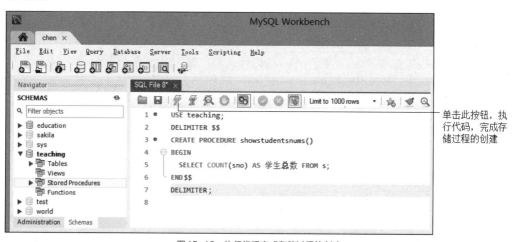

单击此按钮，执行代码，完成存储过程的创建

图 15-10　执行代码完成存储过程的创建

（4）在左侧数据库导航窗格中，依次单击展开数据库"teaching"→"Stored Procedures"分支，可以看到已创建完成的存储过程"showstudentsnums"，如图15-11所示。

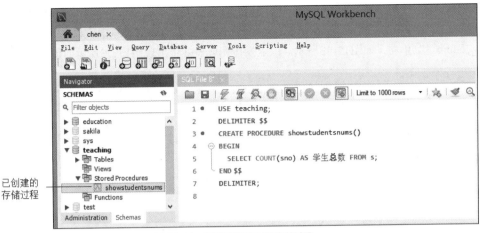

图15-11 查看已创建完成的存储过程

2. 利用可视化管理工具 MySQL Workbench 功能菜单创建存储过程

利用可视化管理工具MySQL Workbench的功能菜单，通过交互操作，也可以创建存储过程。系统通过自动生成CREATE PROCEDURE语句和存储过程框架代码，引导用户完成存储过程的创建。下面通过实例说明具体的创建方法和步骤。

用可视化管理工具 MySQL Workbench 创建存储过程

【例15-11】在teaching数据库中，创建一个名称为cal_courses的不带参数的存储过程，该存储过程的功能是从学生表s和选课表sc中查询所有学生的选课数量（没有选课的学生，选课数量显示为NULL），列出学号、姓名和选课门数。

方法和步骤如下。

（1）登录进入MySQL Workbench，将窗口左侧导航窗格切换到"Schemas"选项卡，然后在"teaching"数据库上双击，将其设置为当前数据库。

（2）单击工具栏中的"Create a new stored procedure"按钮，出现图15-12所示的创建存储过程的初始界面"new_procedure-Routine"。由图15-12可知，系统已自动创建好了存储过程的框架代码。

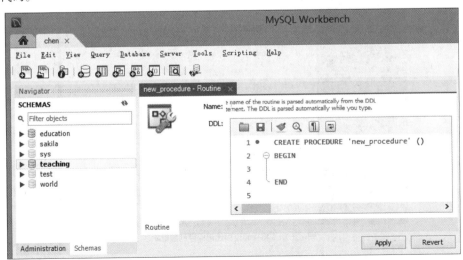

图15-12 创建存储过程的初始界面

除以上方法外，为了创建存储过程，我们也可以在左侧窗格的数据库列表中展开数据库"teaching"的分支，右击"Stored Procedures"，在弹出的快捷菜单中，单击"Create Stored Procedure"菜单项，如图15-13所示。以上操作完成后，将出现图15-12所示的创建存储过程的界面。

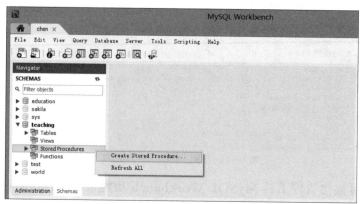

图15-13　创建存储过程的快捷菜单

（3）在图15-12所示的界面中，在已生成的存储过程的框架代码中，将系统给定的存储过程的名称"new_procedure"改为"cal_courses"，在"BEGIN…END"中间，输入存储过程的有关代码，由于本例要求实现的功能是从学生表s和选课表sc中查询所有学生的选课数量，因此在此输入以下代码。

```
SELECT s.sno,s.sn,courses.nums AS 选课门数
FROM s
LEFT JOIN
  (SELECT sno,COUNT(*) AS nums FROM sc GROUP BY sno) AS courses
ON s.sno=courses.sno;
```

（4）输入完毕并检查无误后，单击图15-12中的"Apply"按钮，系统将显示图15-14所示的窗口，让用户检查并确认存储过程代码，准备将存储过程代码保存到数据库。

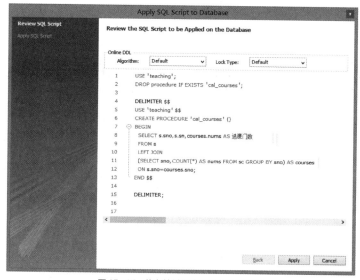

图15-14　将存储过程代码保存到数据库

（5）单击"Apply"按钮，出现图15-15所示的窗口，窗口中提示"SQL script was successfully applied to the database"，表示存储过程信息已成功保存到数据库。在此窗口中，我

们还可以通过单击"Show Logs"按钮查看存储过程的记录信息。

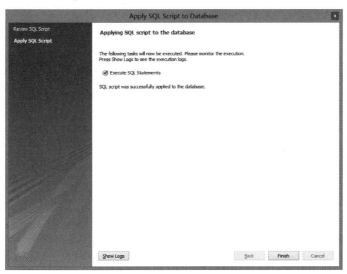

图15-15　存储过程创建成功窗口

（6）最后，单击"Finish"按钮，完成存储过程的创建。

我们可在左侧窗格中，依次单击展开数据库"teaching"→"Stored Procedures"分支，可看到在数据库"teaching"的"Stored Procedures"下已创建好的存储过程"cal_courses"，如图15-16所示。至此，存储过程创建完毕。

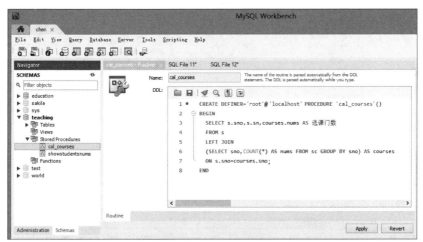

图15-16　创建完成的存储过程

15.4.2　调用存储过程

存储过程定义完成后，系统将对其进行预编译，并作为数据库中的一种对象存储到对应的数据库中。对于已创建好的存储过程，用户可以在MySQL中进行调用执行，也可以在应用程序中调用，本节主要讲述如何在MySQL中进行调用执行。

调用存储过程的语法格式如下。

```
CALL procedure_name [(procedure_parameter)];
```

相关说明如下。

（1）procedure_name表示已定义的存储过程的名称，也就是必须调用已存在的存储过程。

（2）procedure_parameter表示实际参数，即调用时应传入存储过程的参数。如果不需要参数，则语法格式可简化为"CALL procedure_name;"或"CALL procedure_name();"。

调用存储过程时，是否需要实际参数、需要几个实际参数，是由定义存储过程时的参数表的内容所决定的，有关参数类型及传递方式将在后面章节中进行讲解。

下面以例15-11所定义的存储过程"cal_courses"的调用为例，讲解如何在MySQL中调用执行存储过程。

方法和步骤如下。

（1）登录进入MySQL Workbench，将窗口左侧导航窗格切换到"Schemas"选项卡，双击数据库"teaching"，将其设置为当前数据库。

（2）依次单击展开数据库"teaching"→"Stored Procedures"分支，可看到在数据库"teaching"的"Stored Procedures"下已创建好的存储过程"cal_courses"。

调用、执行存储过程

（3）将鼠标指针指向"cal_courses"，出现运行存储过程图标，如图15-17所示，单击此图标，系统将调用存储过程的代码自动显示到SQL代码窗口中，并将执行结果显示到结果窗口中，如图15-18所示。

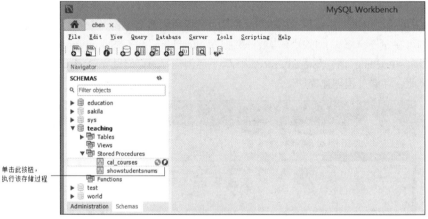

图15-17　调用存储过程的相关操作

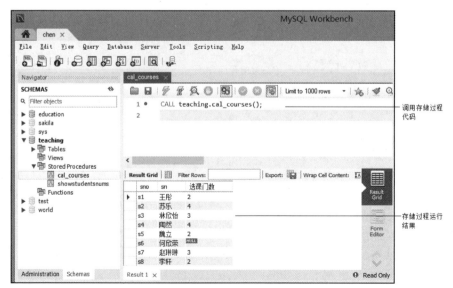

图15-18　存储过程调用执行及结果

该步操作也可以用以下方法操作完成：按图15-9所示的方法，进入SQL代码窗口，在SQL代码窗口中直接输入调用存储过程"cal_courses"的代码："CALL cal_courses();"或"CALL cal_courses;"。输入完成后，单击SQL代码窗口上部的执行按钮，即可完成存储过程的调用执行并出现图15-18所示的执行结果。

15.4.3　查看存储过程

存储过程创建以后，用户可以查看存储过程的定义内容和状态。

1. 使用 SHOW CREATE PROCEDURE 语句查看存储过程的定义

SHOW CREATE PROCEDURE语句的语法格式如下。

```
SHOW CREATE PROCEDURE procedure_name;
```

其中，procedure_name为存储过程的名称。

该语句的作用是，查看存储过程的定义信息，包括存储过程的名称、代码、字符集等信息。

比如，在SQL代码窗口中输入以下语句。

```
SHOW CREATE PROCEDURE cal_courses;
```

执行上述语句后，可查看存储过程"cal_courses"的定义信息，如图15-19所示。

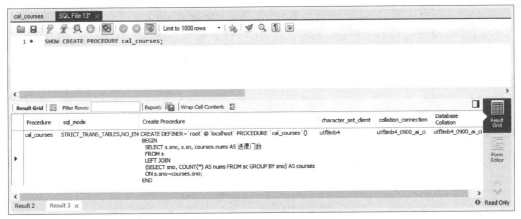

图15-19　查看存储过程的定义信息

2. 使用 SHOW PROCEDURE STATUS 语句查看存储过程的状态特征

SHOW PROCEDURE STATUS语句的语法格式如下。

```
SHOW PROCEDURE STATUS LIKE 'pattern';
```

pattern用来匹配存储过程名称的模式字符串，需要用英文单引号引起来，其中可以写普通的字符，也可以写%和_通配符。

该语句的作用是，查看名称与pattern所指定的模式相匹配的所有存储过程的状态特征信息，包括所属数据库、存储过程名称、类型、定义者、注释、创建和修改时间、字符编码等信息。

比如，语句"SHOW PROCEDURE STATUS LIKE 'c%';"表示查看名称以字母c打头的所有存储过程的状态特征信息。

再如，执行语句"SHOW PROCEDURE STATUS LIKE 'cal_courses';"可查看存储过程"cal_courses"的状态信息，如图15-20所示。

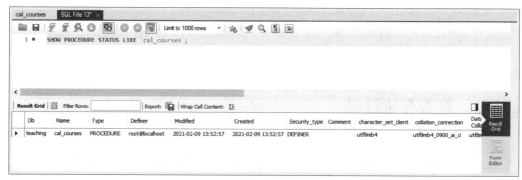

图15-20　查看存储过程的状态信息

15.4.4　修改存储过程

修改存储过程就是修改已经定义好的、已存在的存储过程。对于已创建完成的存储过程，用户可以根据需要对其代码进行相关的修改，也可以修改存储过程的状态特征。

1. 修改存储过程的代码

用户可以根据实际需要，修改存储过程的内容代码，比如，以例15-11中已创建的存储过程"cal_courses"的修改为例，方法和步骤如下。

（1）登录进入MySQL Workbench，将窗口左侧导航窗格切换到"Schemas"选项卡，依次单击展开数据库"teaching"→"Stored Procedures"分支，可看到在数据库"teaching"的"Stored Procedures"下已创建好的存储过程"cal_courses"。

修改存储过程

（2）将鼠标指针指向"cal_courses"，出现修改存储过程图标，如图15-21所示，单击此图标，系统将存储过程的原有代码显示到SQL代码窗口中，如图15-22所示。

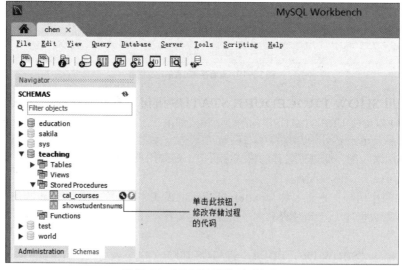

图15-21　修改存储过程代码相关操作

该步操作也可以用以下方法完成：在图15-21所示界面中，右击"cal_courses"，在弹出的快捷菜单中单击"Alter Stored Procedure"菜单项，如图15-23所示。单击操作完成后，系统将存储过程的原有代码显示到图15-22所示的SQL代码窗口中。

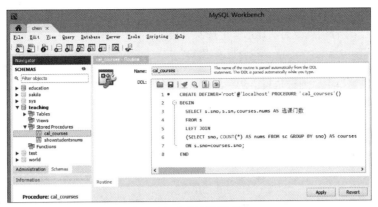

图 15-22　存储过程原有代码

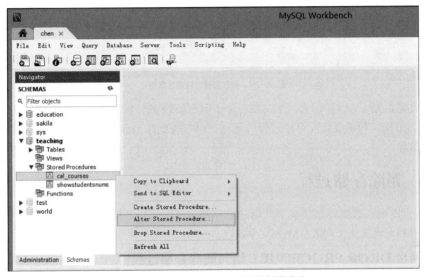

图 15-23　利用快捷菜单修改存储过程的代码

（3）在图15-22所示的SQL代码窗口中，我们可根据需要在"BEGIN…END"语句间对存储过程的代码进行相应的修改。比如，我们可在原来的语句SELECT语句后面加上条件：WHERE dept='信息学院'。修改后的代码如下。

```
SELECT s.sno,s.sn,courses.nums AS 选课门数
FROM s
LEFT JOIN
  (SELECT sno,COUNT(*) AS nums FROM sc GROUP BY sno) AS courses
ON s.sno=courses.sno
WHERE dept='信息学院';
SELECT * FROM s WHERE sex='男';
```

修改完成后，单击"Apply"按钮完成修改并保存。

这样，存储过程"cal_courses"的功能就变为"查询信息学院的每位学生的选课门数"。

2. 修改存储过程的状态特征

在MySQL中，用户可以通过ALTER PROCEDURE语句来修改存储过程的状态特征信息。该语句的语法格式如下。

```
ALTER PROCEDURE procedure_name [characteristic…]
```

其中，procedure_name表示已定义的存储过程；characteristic表示要更改的存储过程的特征信息，详见15.4.1小节中CREATE PROCEDURE语句的相关说明。

例如，执行以下语句后，访问数据的权限已经变成了MODIFIES SQL DATA，安全类型也变成了INVOKER，注释信息改为"显示学生选课门数"。

```
ALTER PROCEDURE cal_courses MODIFIES SQL DATA SQL SECURITY INVOKER COMMENT
'显示学生选课门数';
```

在SQL代码窗口中，通过执行语句"SHOW PROCEDURE STATUS LIKE 'cal_courses';"，可看到存储过程修改后的状态特征信息，如图15-24所示。

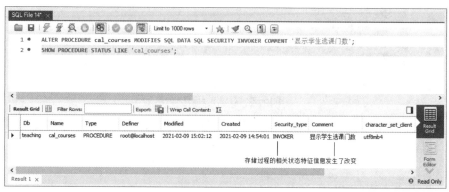

图15-24　修改存储过程的状态特征

值得注意的是，ALTER PROCEDURE语句不能修改存储过程的内容，只能修改存储过程的某些特征。另外，如果要修改存储过程的名称，可以先删除原存储过程，再以不同的命名创建新的存储过程。

15.4.5　删除存储过程

在MySQL中，如果要删除某个已创建的存储过程，可以利用DROP PROCEDURE语句删除，也可以利用可视化管理工具MySQL Workbench的功能菜单来完成。

1. 利用 DROP PROCEDURE 语句删除存储过程

DROP PROCEDURE语句的语法格式如下。

```
DROP PROCEDURE [IF EXISTS] procedure_name;
```

其中，procedure_name表示待删除的存储过程名称；关键字IF EXISTS是可选的，加上该关键字后，系统在删除存储过程前先判断是否存在，如果存在，则执行删除操作，该选项的作用是防止因删除不存在的存储过程而引发错误。

注意：

（1）存储过程名称的后面没有参数列表，也没有括号；

（2）在删除存储过程之前，必须确认该存储过程没有任何依赖关系，否则会导致其他与之关联的存储过程无法运行。

比如，假设已创建了存储过程testproc，要删除testproc，可以使用以下语句。

```
DROP PROCEDURE testproc;
```

2. 利用可视化管理工具MySQL Workbench功能菜单删除存储过程

以删除已创建的存储过程testproc为例，方法和步骤如下。

（1）登录进入MySQL Workbench，将窗口左侧导航窗格切换到"Schemas"选项卡，依次单击展开数据库"teaching"→"Stored Procedures"分支，可看到在数据库"teaching"的"Stored Procedures"下已创建好的存储过程"testproc"。

（2）右击"testproc"，弹出快捷菜单，如图15-25所示。

（3）在快捷菜单中单击"Drop Stored Procedure"菜单项，出现图15-26所示的对话框。在该对话框中，单击"Review SQL"选项可查看删除存储过程的SQL语句；单击"Drop Now"选项可完成删除当前的存储过程；单击"取消"按钮，则取消删除操作，存储过程继续保留。

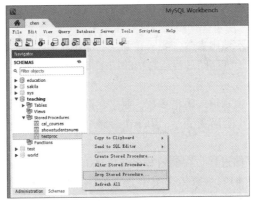

图 15-25　利用MySQL Workbench删除存储过程的相关操作

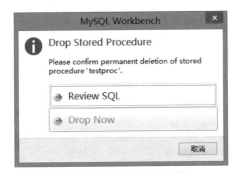

图 15-26　删除存储过程对话框

（4）在左侧导航窗格中，依次单击展开数据库"teaching"→"Stored Procedures"分支，可看到在数据库"teaching"的"Stored Procedures"下，存储过程"testproc"已被删除。

15.4.6　存储过程的参数

前面几节所举的例子中所创建的存储过程都是无参数的存储过程，事实上，用户也可以定义和创建带有参数的存储过程。

当定义的存储过程有参数时，表示该存储过程在运算过程中所需要的数据需要由外界通过参数传递来提供，外界必须正确地提供给该存储过程相应数目的数据和正确的数据，存储过程才能正常运算。可见，存储过程与外界间存在数据传递，而这种数据传递的实现是通过存储过程的参数来完成的。在提及与存储过程有关的参数时，有两种参数，一种是形式参数，另一种是实际参数。下面详细介绍形式参数、实际参数，以及调用有参存储过程的具体方法。

1. 形式参数

形式参数也可简称为形参，它是指在定义一个存储过程或存储函数时，跟在存储过程名或存储函数名右侧括号内的变量名，它用于接收从外界传递给该存储过程或存储函数的数据。

注意：

（1）形式参数指明了从调用过程处（即外界）传递给该存储过程的参数的个数和类型，形参表中可以定义任意多个参数，这由问题的需要来定。

（2）形参表类似于变量声明，当还未发生过程调用时，形参无值，只有当发生过程调用时，形参才具有值，其值是由调用处的实参传递过来的。

（3）形参的命名规则同变量名的命名规则，形参是变量。

（4）存储过程的参数可以有IN、OUT、INOUT 3种传递类型，省略时默认为IN类型。

IN类型的参数，表示输入参数，要求在调用存储过程时，必须为该参数传入一个确定的值（或有确定值的表达式），用于在存储过程中运算使用。

OUT类型的参数，表示输出参数，要求在调用存储过程时，必须为该参数传入一个用户会话变量（全局变量），用于将存储过程运算中的结果带出到调用处使用。这种参数的功能是将值从存储过程中带出。

INOUT类型的参数，表示输入输出参数，要求在调用存储过程时，必须为该参数传入一个有确定值的用户会话变量（全局变量），用于在存储过程运算中使用，同时，利用该参数又可将值从存储过程中带出。

比如，下面定义的存储过程，存储过程名是cal_students，存储过程名右面括号内的sst、dp、num为形式参数，它们的参数传递类型分别为IN、IN、OUT，它们的数据类型分别是ENUM、VARCHAR、INT。该存储过程的功能是从学生表s中统计指定学院和性别的学生数，性别由参数sst传入，学院名称由参数dp传入，学生数由参数num从存储过程中带出。

```
DELIMITER $$
CREATE PROCEDURE cal_students(IN sst ENUM('男','女'),IN dp VARCHAR(45),OUT
num INT)
BEGIN
  DECLARE people INT DEFAULT 0;
  SELECT COUNT(*) INTO people
  FROM s
  WHERE sex=sst AND dept=dp;
  SET num=people;  -- 将统计结果赋给参数num，通过该参数将值传出
END $$;
```

2. 实际参数

实际参数是指在调用存储过程时，传送给被调存储过程的常量、变量或表达式。实参表可由常量、有效的变量名组成，实际参数一定处在调用存储过程中的调用语句处，位于被调存储过程名的右侧括号内。实际参数的个数、数据类型、参数传递类型必须与被调存储过程的形式参数的要求保持一致。

比如，对于上面定义的存储过程cal_students，我们可用下列语句进行调用。

```
CALL cal_students('女','信息学院',@n);
SELECT @n; -- 显示从过程里带出的值
```

在CALL调用语句中，被调存储过程名是cal_students，实际参数分别是'女'、'信息学院'、@n，由于形参表中的sst和dp参数要求是IN类型，所以调用时，前两个实参必须传入确定的值；第3个形参num是输出类型，所以，调用时必须传入一个用户会话变量@n，用于在存储过程内部执行存储过程时，将结果通过该变量带出存储过程，它们之间的对应传递关系如图15-27所示。

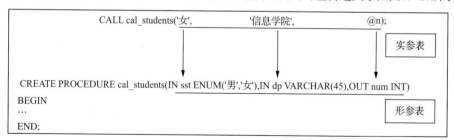

图15-27　调用存储过程时实参与形参的对应传递关系

执行调用语句时，实参的值'女'、'信息学院'分别传递给被调存储过程cal_students的形参sst

和dp，这样，在执行存储过程时，形参sst和dp就有了相应的值；而实参@n传递给形参num，由于形参num是输出类型，这样，相当于形参num得到的是实参@n的变量地址，所以，在被调存储过程执行时，对形参num的操作实质就是对实参@n的操作。过程体中的语句"SET num=people;"相当于将计算结果存放到实参@n中。

调用结束时，由于统计的人数已通过@n变量带出，所以存储过程调用结束后，执行语句"SELECT @n;"能够显示统计出的人数。

3．调用有参存储过程

调用带参数的存储过程，方法与15.4.2小节中介绍的调用无参存储过程的方法类似，只是此处调用时需要提供实参。调用有参存储过程的具体方法有以下两种。

（1）在SQL代码窗口中直接输入CALL语句调用

用户可以在SQL代码窗口中直接输入相应的CALL语句来调用已定义的有参存储过程，调用时，要提供与被调存储过程形式参数要求相对应的实参。

比如，要调用上面定义的存储过程cal_students，方法是：进入SQL代码窗口，在SQL代码窗口中输入以下语句，并执行这些语句，结果如图15-28所示。

```
CALL cal_students('女','信息学院',@n);
SELECT @n;
```

可见，输入的参数和传出的参数都达到了预期的要求和目标。

图15-28　调用带参数的存储过程

（2）利用MySQL Workbench调用

按15.4.2小节中调用存储过程的方法，依次单击展开数据库"teaching"→"Stored Procedures"分支，可看到在数据库"teaching"的"Stored Procedures"下已创建好的存储过程"cal_students"，将鼠标指针指向"cal_students"，出现运行存储过程图标，单击此图标，弹出图15-29所示的对话框。该对话框要求给被调存储过程的3个形参sst、dp、num提供实参值。

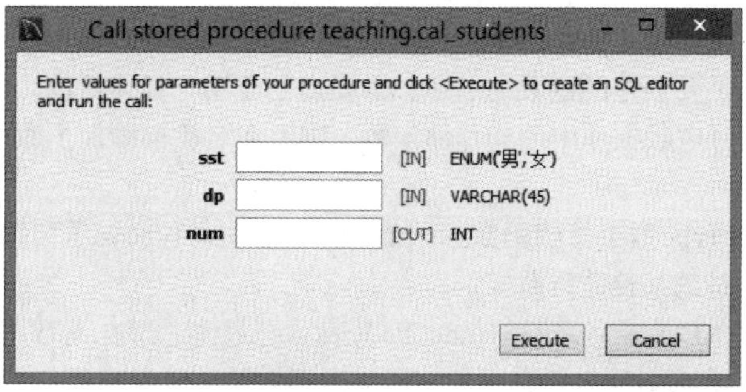

图15-29　调用有参存储过程时提供实参值的对话框

依次在3个文本框中输入"女""信息学院""@n"，然后单击"Execute"按钮，系统自动生成的调用存储过程代码和执行结果如图15-30所示。

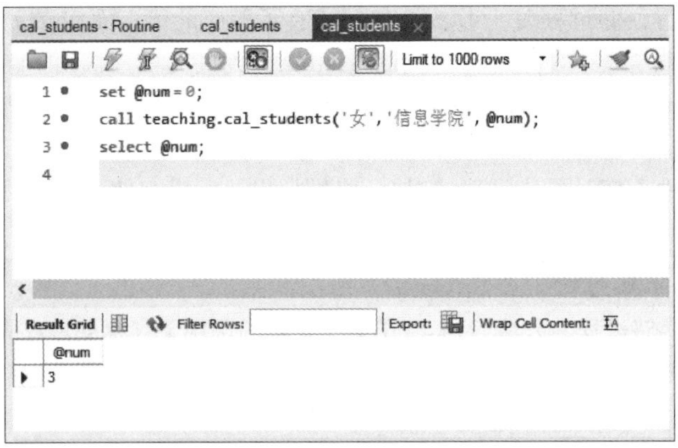

图 15-30　系统自动生成的调用存储过程代码和执行结果

15.5　MySQL用户自定义函数

15.3节已详细讲解了MySQL中的常用内置函数，这些内置函数由MySQL提供，用户可以直接使用。事实上，用户也可以根据实际工作需要创建自定义函数（存储函数）。在MySQL中，创建和使用自定义函数与15.4节介绍的存储过程的创建和使用方法类似，因此，本节只给出一些重要步骤和方法，更详细的内容，可参考15.4节的内容。

15.5.1　创建函数

与创建存储过程的方法和步骤相类似，创建自定义函数，既可以直接用CREATE FUNCTION语句手动输入相关代码来创建，也可以利用可视化管理工具MySQL Workbench中的功能菜单来完成。

1. 使用 CREATE FUNCTION 语句创建自定义函数

创建用户自定义函数需要使用CREATE FUNCTION语句，该语句的语法格式如下。

```
CREATE [DEFINER={user|current_user}] FUNCTION func_name([func_ parameter
[,…]])
RETURNS type
[characteristic…]
BEGIN
    func_body
END;
```

对于上述语法格式，相关说明如下。

（1）func_name是要创建的函数的名字，需要由创建用户具体给出，默认在当前数据库中创建函数。若需要在特定数据库中创建存储函数，则要在名称前面加上数据库的名称，即"数据库名.func_name"。

（2）RETURNS type用于指明函数返回值的数据类型；type表示数据类型，可以是MySQL支持的某种数据类型。

（3）BEGIN和END关键字之间的func_body表示函数体，即在函数中需要书写的语句，表示了该函数需要完成的功能。由于函数运算结束后必须有返回值，所以函数体中必须至少要有一个RETURN语句，格式是"RETURN value;"。

利用 CREATE FUNCTION 语句 创建函数

（4）func_parameter是函数的参数（形式参数），与定义存储过程中的形式参数不同的是，函数的形式参数只能是IN类型，不能为OUT和INOUT类型。

（5）characteristic用于定义函数的状态特征，其内容与格式同15.4.1小节中的CREATE PROCEDURE语句中的叙述，在此不再赘述。

【例15-12】用CREATE FUNCTION语句自定义一个函数isprime，用于判断一个正整数是否为素数，如果是，则返回TRUE，否则返回FALSE。

方法和步骤如下。

（1）按前述方法，登录进入MySQL Workbench，在左侧导航窗格中，双击"teaching"数据库，使其成为当前数据库。

（2）新建一个SQL代码窗口，在SQL代码窗口中输入如下代码。

```
DELIMITER $$
CREATE FUNCTION isprime(m INT)
  RETURNS BOOL    -- 函数返回值的数据类型
  NO SQL          -- 函数体不包含SQL语句
  COMMENT '判断一个正整数是否为素数，若是，返回TRUE，否则返回FALSE'
  BEGIN
   DECLARE i INT DEFAULT 2;
   IF m<=1 THEN
     RETURN FALSE;
   END IF;
   WHILE i<=m-1 DO
    IF m MOD i=0 THEN
       RETURN FALSE;
    END IF;
    SET i=i+1;
    END WHILE;
    RETURN TRUE;
  END $$
DELIMITER;
```

（3）单击SQL代码窗口中的"Execute the selected"按钮，运行以上代码，完成存储函数的创建。

（4）在左侧导航窗格中，依次单击展开数据库"teaching"→"Functions"分支，可以看到已创建完成的存储函数"isprime"，如图15-31所示。

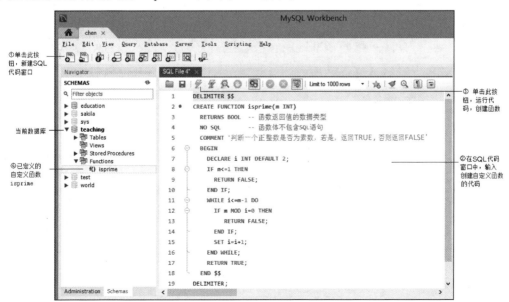

图15-31 创建自定义函数

2. 利用可视化管理工具 MySQL Workbench 功能菜单创建自定义函数

利用MySQL Workbench的有关菜单，用户可以通过交互操作，创建自定义函数。

【例15-13】在teaching数据库中，创建一个名称为cal_depts的不带参数的自定义函数，该函数的功能是从学生表s中查询学院的数量。

本例可参照创建存储过程的方法和步骤，主要步骤简述如下。

（1）登录进入MySQL Workbench，将teaching设置为当前数据库。

（2）单击工具栏中的"Create a new function"按钮，系统自动生成创建自定义函数的框架代码，如图15-32所示。

利用 MySQL Workbench 功能菜单创建自定义函数

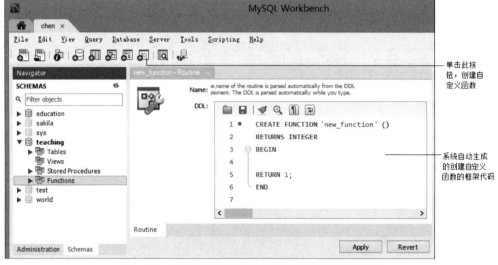

图15-32　创建自定义函数的相关操作及系统自动生成的框架代码

除以上方法外，用户也可以在左侧导航窗格中展开数据库teaching的分支，右击"Functions"项，在弹出的快捷菜单中单击"Create Function"菜单项，如图15-33所示。以上操作完成后，将出现图15-32所示的界面。

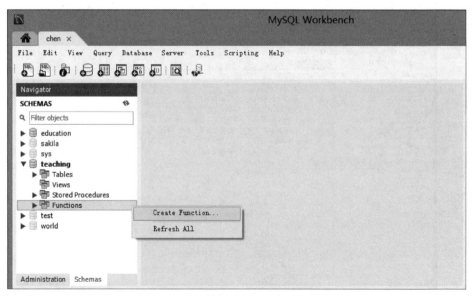

图15-33　创建自定义函数的快捷菜单

（3）在图15-32所示的界面中，在已生成的存储过程的框架代码中，将系统给定的函数名"new_function"改为"cal_depts"，所有代码如下。

```
CREATE FUNCTION 'cal_depts'()
RETURNS INTEGER
READS SQL DATA
COMMENT '统计学院数量'
BEGIN
  DECLARE n INTEGER;
  SELECT COUNT(DISTINCT dept) INTO n FROM s; -- 统计学院数量，存入变量n
  RETURN n; -- 返回学院数量
END;
```

输入完毕并检查无误后，单击图15-32中的"Apply"按钮，对函数代码进行编译，如果编译过程中没有错误，则系统将函数代码编译并保存到数据库，函数创建完成。

15.5.2 调用自定义函数

在MySQL系统中，因为用户自定义函数和数据库相关，所以要调用自定义函数，需要打开相应的数据库或指定数据库名。

在MySQL中，自定义函数的调用方法与MySQL内置函数的调用方法是一样的。换言之，用户自己定义的存储函数与MySQL内置函数是一个性质的。区别在于，存储函数是用户自己定义的，而内部函数是MySQL系统自带的。

调用方式：函数名(参数)。

此处的参数为实际参数，要与被调函数的形式参数的要求相匹配。

在实际使用中，用户可以将函数调用放在一个表达式中，也可以直接利用SELECT语句获得函数的返回值。

在MySQL Workbench中，用户可以使用以下两种方法调用函数。

方法1：在SQL代码窗口中，直接输入调用函数的语句并执行。

人工书写调用语句，调用自定义函数

比如，对于上面创建的存储函数cal_depts()，在SQL代码窗口中，输入并执行语句"SELECT cal_depts();"，进行函数调用，调用结果如图15-34所示，返回的结果表明，目前共有3个学院。

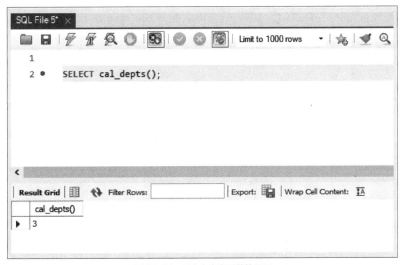

图15-34 用户自定义函数的调用

方法2：使用MySQL Workbench的函数调用执行按钮。

登录进入MySQL Workbench，在左侧导航窗格中，展开函数所在的数据库，再展开"Functions"分支，可以看到当前数据库中已创建完成的所有自定义函数，将鼠标指针指向待调用函数，单击出现的运行按钮，此时系统将自动生成和执行调用语句，并显示调用结果。

比如，要调用前面已定义的函数isprime，可以采用以下步骤和方法。

在左侧导航窗格中，依次单击展开"teaching"→"Functions"分支，将鼠标指针指向自定义函数"isprime"，出现函数调用执行按钮，如图15-35所示。

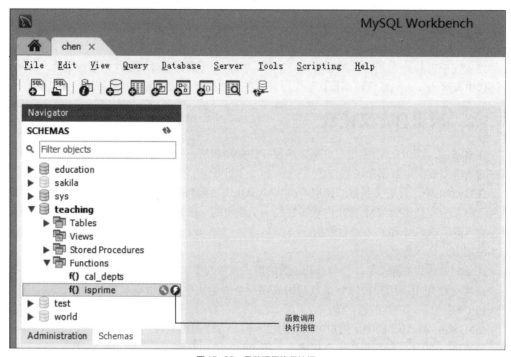

图15-35　函数调用执行按钮

单击此按钮，由于被调函数isprime是有参函数，所以系统弹出参数输入对话框，如图15-36所示。

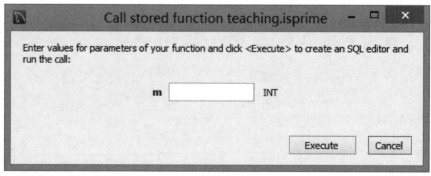

图15-36　参数输入对话框

在对话框的文本框中输入实参值，比如13，单击"Execute"按钮，系统自动生成函数调用语句并显示函数调用执行结果，如图15-37所示。

在此过程中，13是实参，将此值传递给被调函数isprime的形参m，并执行其函数体，执行结束后返回函数值1（真），说明13是素数。

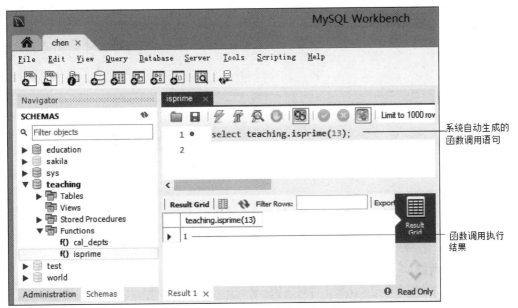

图15-37 系统自动生成的函数调用语句和执行结果

15.5.3 函数的维护管理

对于自定义函数的维护管理，主要有查看函数、修改函数、删除函数等方面内容。

1. 查看函数

用户自定义函数被创建后，用户可以查看其定义的内容和状态。

（1）查看函数的状态特征信息

与存储过程相类似，用户也可以查看当前数据库中所创建的自定义函数的状态信息，有以下几种情况和用法。

① 查看所有的自定义函数的状态特征信息，语法格式如下。

```
SHOW FUNCTION STATUS;
```

② 查看函数名与某一模式字符串匹配的所有自定义函数的状态特征信息，语法格式如下。

```
SHOW FUNCTION STATUS LIKE 'pattern';
```

pattern为用来匹配函数名称的模式字符串，需要用英文单引号引起来，其中可以写普通的字符，也可以写%和_通配符。

该语句的作用是，查看名称与pattern所指定的模式相匹配的所有函数的状态特征信息，包括所属数据库、函数名、类型、定义者、注释、创建和修改时间、字符编码等信息。

比如，在SQL代码窗口中，执行语句"SHOW FUNCTION STATUS LIKE 'cal_depts';"，可查看函数"cal_depts"的状态信息，如图15-38所示。

（2）查看函数的代码

要查看函数的代码，应使用SHOW CREATE FUNCTION语句，语法格式如下。

```
SHOW CREATE FUNCTION func_name;
```

其中，func_name是被查看的函数名。

比如，要查看自定义函数isprime的代码，可用如下语句。

```
SHOW CREATE FUNCTION isprime;
```

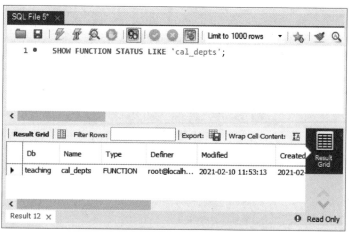

图15-38 查看自定义函数的状态特征信息

2. 修改函数

对于已创建的用户自定义函数，可对其状态特征进行修改，也可对其功能代码进行修改。

（1）修改函数的状态特征信息

修改函数的状态特征信息使用ALTER FUNCTION语句，语法格式如下。

```
ALTER FUNCTION func_name [characteristic…]
```

其中，func_name表示已定义的函数名；characteristic表示要更改的函数的特征信息，详见15.4.1小节中CREATE PROCEDURE语句的相关说明。

比如，在SQL代码窗口中，输入并执行如下语句，可将函数isprime的安全类型修改为INVOKER。

```
ALTER FUNCTION isprime SQL SECURITY INVOKER;
```

（2）修改函数的代码

在MySQL Workbench中，要修改函数的代码，可以使用以下两种方法。

方法1：登录进入MySQL Workbench，在左侧导航窗格中，展开函数所在的数据库，再展开"Functions"分支，可以看到当前数据库中已创建完成的所有自定义函数。将鼠标指针指向待修改函数，单击出现的修改按钮，此时系统将函数的代码自动调入SQL代码窗口。比如，修改teaching数据库中的自定义函数isprime，如图15-39所示。

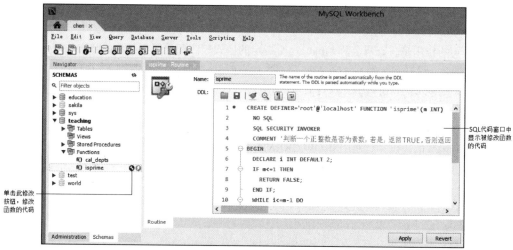

图15-39 修改函数的代码

修改完成后，单击"Apply"按钮，系统对新代码进行重新编译并保存。

方法2：登录进入MySQL Workbench，在左侧导航窗格中，展开函数所在的数据库，再展开"Functions"分支，可以看到当前数据库中已创建完成的所有自定义函数。右击需要修改代码的函数名（比如"isprime"），弹出快捷菜单，如图15-40所示。

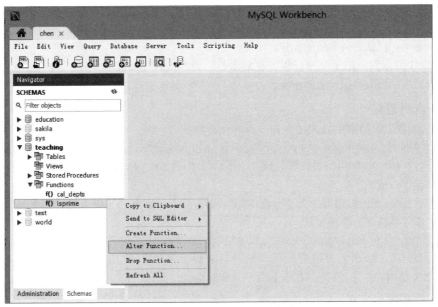

图15-40　修改函数代码的快捷菜单

在快捷菜单中，单击"Alter Function"菜单项，系统自动读取函数的代码，并将其显示在SQL代码窗口中，出现与图15-39一致的修改界面。修改后，单击"Apply"按钮，系统对新代码进行重新编译并保存。

3．删除函数

删除函数使用DROP FUNCTION语句，语法格式如下。

```
DROP FUNCTION func_name;
```

用户可以在SQL代码窗口中，直接输入并执行删除函数的语句，对指定的函数进行删除。比如，要删除前面创建的函数isprime，可以在SQL代码窗口中输入并执行如下语句。

```
DROP FUNCTION isprime;
```

用户也可以利用MySQL Workbench提供的功能菜单删除指定函数。利用前述方法，打开图15-40所示的快捷菜单，单击"Drop Function"菜单项，即可删除当前的函数。

15.6　游标的使用

用SELECT语句从数据库中检索数据后，结果被放在内存的一个区域中，查询结果往往是一个含有多个记录的集合（结果集），数据库编程人员常常需要对结果集中的记录逐条进行访问处理，游标机制就是可以解决此类问题的主要方法。

游标实际上是一种能从包括多条记录的结果集中逐条访问这些记录的机制。MySQL服务器会专门为游标开辟一定的内存空间，用以存放游标操作的结果集，同时游标的使用会使系统根据具体情况对某些数据进行封锁。游标能

游标的定义与工作原理

够实现允许用户访问单独的数据行，而不是只对整个结果集进行操作。

游标主要包括结果集和游标位置两部分，游标结果集是定义游标的SELECT语句的结果集，游标位置（游标指针）则是指向这个结果集中的某一行的指针。

实质上，游标位置充当了记录指针的作用，某一时刻指向结果集中的某一行。第一次打开游标时，游标指针指向结果集的第一条记录，使用游标每从结果集中取出一条记录后，指针自动移动一条记录，指向下一条记录。利用游标，可以对结果集中的每一条记录顺序地从前向后逐条进行遍历，以便进行相应的操作。

MySQL游标只能用于存储过程和存储函数。游标的使用过程和顺序：声明游标、打开游标、从结果集中提取数据、关闭游标。

1. 声明游标

声明游标需要使用DECLARE语句，语法格式如下。

```
DECLARE cursor_name CURSOR FOR select_statement;
```

其中，cursor_name表示游标的名称，由用户给出；select_statement为一SELECT语句，用于生成游标操作的结果集。

比如，在teaching数据库中为学生表s创建一个游标，名称为s_cursor，对应结果集为学生表s中的学生学号和姓名，语句如下。

```
DECLARE s_cursor CURSOR FOR SELECT sno,sn FROM s;
```

使用DECLARE语句声明游标后，此时与该游标相对应的SELECT语句并没有被执行，MySQL服务器内存中还不存在与SELECT子句相对应的结果集。

2. 打开游标

使用游标之前必须先打开游标，打开游标需要使用OPEN语句，语法格式如下。

```
OPEN cursor_name;
```

比如，要打开前面创建的游标s_cursor，使用如下语句。

```
OPEN s_cursor;
```

使用OPEN语句打开游标后，与该游标声明相对应的SELECT子句将被执行，MySQL服务器内存中将存放与该SELECT子句相对应的结果集，此时游标指针指向结果集中的第一条记录。

3. 从结果集中提取数据

打开游标后，就可以从游标指针指向的结果集中提取数据了，提取数据需要使用FETCH语句，其功能是从结果集中取出游标当前指针指向的记录，并存放到指定的变量。

FETCH语句每次只能取出一条记录，因此，如果要提取多条记录，则需要利用循环语句，重复执行FETCH语句即可。游标只能按顺序从前向后一条一条记录地读取结果集，不能从后向前读，或直接跳到中间某个位置读。

另外，FETCH语句每取出一条记录，游标指针自动向后移动一条记录，指向下一条记录。

FETCH语句的语法格式如下。

```
FETCH cursor_name INTO var_name1[,var_name2]…;
```

相关说明如下。

（1）cursor_name为已创建的游标名称，var_name1、var_name2、…是变量名，用于存放从结果集中取出的当前记录的各个字段值，因此，此处的变量的个数要与声明游标时SELECT子句中的字段个数保持一致。

（2）每从结果集中取出一条记录后，游标指针自动移动，指向下一条记录，这样一直进行下去。某一时刻，在游标指针指向最后一条记录后，再执行FETCH语句时，将产生错误信息代码1329，数据库开发人员可针对此错误代码编写错误处理程序，以便结束"结果集"的遍历。

（3）异常处理是存储过程里对各类错误异常进行捕获和自定义操作的机制，有以下两种类型。

EXIT：遇到错误就会退出执行后续代码。

CONTINUE：遇到错误会忽略错误继续执行后续代码。

由于FETCH语句采用SELECT…INTO…的方式将各字段值存放到相应变量，所以当到达结果集末尾，再读不到记录时，系统会抛出NOT FOUND错误。针对这一错误，用户可以声明处理的方式，语法格式如下。

```
DECLARE CONTINUE HANDLER FOR NOT FOUND statement;
```

此处，遇到没有记录时，声明处理方式是CONTINUE，即继续执行后面的代码，satement为处理后要执行的语句。

比如，"DECLARE CONTINUE HANDLER FOR NOT FOUND SET @rec_end=1;"表示当读到结果集尾部时，将用户会话变量@rec_end的值赋为1，同时继续执行后续的代码。

（4）游标错误处理语句要紧挨在声明游标语句之后书写。

4．关闭游标

游标使用完毕后，要用CLOSE语句关闭，语法格式如下。

```
CLOSE cursor_name;
```

关闭游标的目的是释放游标打开时产生的结果集，以通知MySQL服务器释放游标所占用的资源，节省MySQL服务器的内存空间。

如果程序中没有使用CLOSE语句对游标进行明确关闭，则系统将在到达END语句时自动关闭游标。

比如，要关闭已创建的游标s_cursor，可使用以下语句。

```
CLOSE s_cursor;
```

游标的使用举例

【例15-14】在teaching数据库中创建一个名称为cursor_proc的存储过程，在该存储过程中，创建一个名称为s_cursor的游标，对应的结果集为学生表s中的学生学号sno和姓名sn，然后利用游标逐一从结果集中取出每一条记录，并显示各字段的值。

（1）在SQL代码窗口中，输入以下代码并执行，完成存储过程的创建。

```
DELIMITER $$
CREATE PROCEDURE cursor_proc()
READS SQL DATA
COMMENT '游标的使用'
BEGIN
  DECLARE v_sno,v_sn VARCHAR(50) DEFAULT '';
  DECLARE s_cursor CURSOR FOR SELECT sno,sn FROM s;  #声明游标
  DECLARE CONTINUE HANDLER FOR NOT FOUND SET @finished=1;  #定义错误处理程序
  SET @finished=0;
  OPEN s_cursor;  #打开游标
  myloop:LOOP
    FETCH s_cursor INTO v_sno,v_sn;  #从结果集中逐一取出每一条记录，各字段值存入变量
    IF @finished=1 THEN
      LEAVE myloop;
    ELSE
      SELECT v_sno,v_sn;  #显示各字段的值
    END IF;
  END LOOP myloop;
  CLOSE s_cursor;  #关闭游标
END $$;
```

（2）在SQL代码窗口中，输入语句"CALL teaching.cursor_proc();"，调用、执行存储过程，结果如图15-41所示。

第15章 存储过程与存储函数

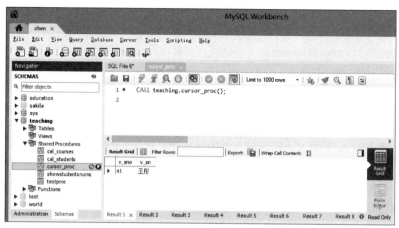

图 15-41　利用游标读取结果集

15.7　小结

本章是MySQL编程中的重要内容，重点讲解了以下几个方面的内容。

（1）本章详细介绍了在MySQL编程过程中常用的编程要素，包括变量、内置函数、运算符、表达式及流程控制语句等，应用这些要素，用户可以在存储过程、存储函数、视图等对象中进行编程，实现较为复杂的功能。

（2）本章介绍了存储过程和存储函数的概念、特点及区别，并采用编写语句和利用MySQL Workbench的功能菜单两种方法，详细讲解了存储过程与存储函数的定义、调用、查看、修改、删除等的具体方法。

（3）本章详细讲解了游标的概念、原理和特点，以及如何在编程过程中进行游标的声明、打开、提取数据和关闭。

习　　题

一、选择题

1. 在字符串模式匹配中，可用于代替所在位置任意一个字符的通配符是（　　）。

    A. %　　　　　　　　B. *　　　　　　　　C. _　　　　　　　　D. ?

2. 在程序代码中，可用于在行首或行末进行单行注释的是（　　）。

    A. –　　　　　　　　B. #　　　　　　　　C. /*　　　　　　　　D. */

3. 创建存储过程应使用的语句是（　　）。

    A. CREATE PROCEDURE　　　　　　　　B. DROP PROCEUDRE

    C. CREATE FUNCTION　　　　　　　　　D. DROP FUNCTION

4. 在MySQL编程中，可用于跳出循环的语句是（　　）。

    A. BREAK　　　　　　B. CONTINUE　　　　C. EXIT　　　　　　D. LEAVE

5. 表达式FLOOR(-8.5)*SIGN(-5)+8 MOD 7-5 DIV 10的值是（　　）。

    A. 9　　　　　　　　B. 8.5　　　　　　　C. 10　　　　　　　D. 9.5

6. 以下说法中正确的是（　　）。

A. 可通过移动游标指针，随机从结果集中读取所需要的记录行

B. ITERATE语句可用于在存储过程或存储函数中实现循环

C. 定义存储函数时，其形式参数可以有IN、OUT和INOUT 3种类型

D. 要修改存储函数的状态特征，可使用ALTER FUNCTION语句

7. 以下说法中正确的是（　　）。

A. 存储过程是所在数据库中的一个对象

B. 当函数的状态特征被定义为CONTAINS SQL时，在函数体中除SQL语句外，还可以含有读写语句

C. 调用有参函数时，实参的个数可根据实际需要进行个数调整

D. 要删除函数可以使用DELETE FUNCTION语句

8. 查看存储过程myproc的状态特征的语句是（　　）。

A. ALTER PROCEDURE myproc;

B. SHOW CREATE PROCEDURE myproc;

C. SHOW PROCEDURE STATUS LIKE 'myproc';

D. SHOW PROCEDURE STATUS myproc;

9. 下列给变量@a赋值的语句中，错误的是（　　）。

A. SET @a=10;　　　　　　　　B. SELECT @a=10;

C. SET @a:=10;　　　　　　　　D. SELECT @a:=10;

10. 下列声明局部变量的语句中，正确的是（　　）。

A. DECLARE i INT DEFAULT 0,j FLOAT DEFAULT 0;

B. DECLARE i,j INT DEFAULT 0;

C. DECLARE i=0,j=0 INT;

D. DECLARE @var1 FLOAT;

11. 打开已声明的游标s_cursor，应使用的语句是（　　）。

A. OPEN s_cursor;　　　　　　B. OPEN CURSOR s_cursor;

C. OPEN s_cursor CURSOR;　　D. DECLARE s_cursor CURSOR;

12. MySQL中用户会话变量名的前面应加的字符是（　　）。

A. @　　　　　B. @@　　　　　C. #　　　　　D. *

13. 设在教学数据库teaching中已定义存储过程disp_stu(dp VARCHAR(50))，该存储过程的功能是以传递给形参dp的值为学院名称，从学生表s中查询出所有属于该学院的所有学生的信息。以下说法中正确的是（　　）。

A. "CALL teaching.disp_stu();"是一条正确的存储过程调用语句

B. 可通过参数dp将过程体内部的某个值带出过程

C. "SELECT teaching.disp_stu();"可显示调用disp_stu的结果

D. 在存储过程disp_stu的过程体内，要实现题意所求的功能的查询语句是"SELECT * FROM s WHERE dept=dp;"

14. 以下关于游标的叙述中，正确的是（　　）。

A. 定义游标时，其所操作的结果集将自动被创建，并且游标指针指向结果集的第一条记录

B. 程序中需要对游标指针超出记录集范围的异常错误进行处理

C. 每从结果集中取出一条记录时，程序需要将游标指针移动到下一次读取的记录上

D. 游标指针的移动可以从记录集的后端向前移动，也可以从记录集的前端向后移动

15. 以下关于删除自定义函数myfunc的语句中，正确的是（　　）。

A. DROP FUNCTION 'myfunc';   B. DROP FUNCTION myfunc();

C. DROP FUNCTION myfunc;   D. DROP FUNCTION 'myfunc()';

16. 以下叙述中正确的是（ ）。

  A. 利用ALTER FUNCTION语句可以修改存储函数的功能代码

  B. 利用ALTER FUNCTION语句可以修改存储函数的名称

  C. 利用SHOW CREATE FUNCTION语句可以查看并更改存储函数的代码

  D. 利用SHOW FUNCTION STATUS语句可以查看存储函数的状态信息

17. 表达式CHAR_LENGTH(LCASE('北京Abc'))的值是（ ）。

  A. 5   B. 7   C. 3   D. 9

18. 表达式REVERSE(UCASE(MID('学习MySQL',3,2)))的值是（ ）。

  A. 习M   B. m习   C. ym   D. YM

19. 设有语句"SET @birthday='2002-5-18';"，用于存放某人的生日，则以下能得到截至当前日期为止的周岁数的语句是（ ）。

  A. SELECT ROUND(DATEDIFF(@birthday,CURDATE())/365);

  B. SELECT FLOOR(DATEDIFF(CURDATE(),@birthday)/365);

  C. SELECT DATEDIFF(CURDATE(),@birthday)/365;

  D. SELECT DATE_SUB(CURDATE(),@birthday)/365;

20. 下列表达式中，不能表示字段age（年龄）在18～20岁之间的是（ ）。

  A. age BETWEEN 18 AND 20   B. age IN (18,19,20)

  C. IS age>=18 AND age<=20   D. NOT(AGE<18 OR AGE>20)

二、填空题

1. 显示当前日期是星期几（英文名称）的语句是_____。

2. 显示当前日期是本周的第几天的语句是_____。

3. 假设系统当前的时间是"15:44:32"，要显示为"03:44:32 PM"，可使用的语句是_____。

4. 要获得当前日期的月份（英文名称），应使用的表达式是_____。

5. 设有一字符串"我喜欢MySQL数据库"，要获得其中的子串"MySQL"，应使用的表达式是_____；而要获得其中的子串"数据库"，应使用的表达式是_____。

6. 要把字符串"Forestry"变为"FORESTRY"，可以使用的表达式是_____。

7. 表达式CEILING(SIN(PI()/2)*LOG10(100)*SQRT(2))的值是_____。

8. 表达式FLOOR(RAND())+EXP(0)的值是_____。

9. 对于教学数据库teaching中的学生表s，创建名称为mycursor的游标，游标对应的结果集为学生表s中年龄大于或等于20岁的学生的学号和姓名，应使用的语句是_____。

要从已打开的游标mycursor的结果集中取出一条记录，并把结果存入变量var_sno和var_sn，应使用的语句是_____。

10. 将存储过程myproc删除的语句是_____。

11. 将函数值从函数体中返回的语句是_____。

12. 查看存储函数test_func的状态信息的语句是_____。

13. 将存储函数mytest_func的安全类型改为INVOKER、注释信息改为"测试"的语句是_____。

14. 针对教学数据库teaching，以下代码创建了能够从教师表t中查询指定学院教师最高工资的存储过程disp_maxsal，并通过调用该存储过程查询"信息学院"教师的最高工资，请将代码补充完整。

（1）以下是创建存储过程disp_maxsal的代码，请将代码补充完整。

```
DELIMITER $$
CREATE PROCEDURE disp_maxsal(dp VARCHAR(45),_____DECIMAL(6,2))
BEGIN
   SELECT MAX(sal) INTO maxsal FROM t WHERE dept_____;
END $$;
```

（2）以下是调用存储过程disp_maxsal查询"信息学院"教师最高工资的代码，请将代码补充完整。

```
SET @m=0;
CALL teaching.disp_maxsal('信息学院',_____);
SELECT @m;
```

15. 从循环体中跳出循环的语句是_____。

三、综合题

1. 什么是游标？游标的特点是什么？

2. 针对教学数据库teaching，首先创建一个存储函数show_average，函数的功能是根据参数传入的学号，计算该学生的平均分，并将平均分作为函数值返回；然后编写调用语句，对函数的功能进行测试。

3. 针对教学数据库teaching，首先创建一个存储过程display_salary，存储过程的功能是输出教师工资排在前三名的教师的教师号、教师姓名和工资，然后编写调用语句，对存储过程的功能进行测试；最后，修改存储过程的状态，给存储过程加上注释属性"输出工资排在前三名的教师信息"。

4. 简述存储过程和存储函数的区别。

5. 针对教学数据库teaching，编写一个存储过程display_course，存储过程的功能是根据参数传入的学号，利用游标机制，逐一显示该学生所选修的每一门课，要求显示学号、选修的课程名称和成绩。

6. 查看存储函数的状态特征有哪些方法？

7. 存储过程有哪些优点？

8. 在教学数据库teaching中定义一个函数gcd，函数的功能是求两个正整数的最大公约数，参加运算的两个数需要由参数传入。

第16章
触发器和事件

触发器（TRIGGER）和事件（EVENT）都是与表操作相关的特殊类型的存储过程，都包含一系列的SQL语句。触发器是在满足一定条件下自动触发执行的数据库对象，如向表中插入记录、更新记录或者删除记录时，触发器被系统自动地触发并执行。事件是MySQL基于特定时刻或时间周期调用的过程式数据库对象，例如在某一时刻定期激活事件向表中插入记录、更新记录或者删除记录，事件有时也被称作临时触发器。与触发器不同的是，一个事件可调用一次，也可周期性调用，它由一个特定的线程来管理，该线程被称作事件调度器（EVENT SCHEDULER）。

本章学习目标：了解MySQL中触发器和事件的应用场景与作用；掌握使用MySQL创建、查看和删除触发器的方法；掌握使用MySQL创建、查看和修改事件的方法。

16.1 MySQL触发器

16.1.1 触发器概述

MySQL从5.0.2版本开始支持触发器的功能。在MySQL中，触发器通常是定义在表上的，用于保护表中的数据。触发器针对的是永久性表，而不是临时表，它只能由数据库的特定操作事件来触发，当操作影响到被保护的数据时，如对数据表进行插入（INSERT）、修改（UPDATE）和删除（DELETE）操作时，数据库系统就会自动执行触发器中定义的程序语句，以保护数据完整性和执行其他的一些业务操作。触发器与存储过程的区别在于触发器能够自动触发执行。触发器基于一个表创建，但可以基于多个表进行操作，因此，触发器可以对表执行复杂的完整性约束。根据数据操作与触发器执行的先后顺序，触发器可分为BEFORE和AFTER两类，BEFORE触发器在INSERT/UPDATE/DELETE操作之前执行，AFTER触发器则在INSERT/UPDATE/DELETE操作之后执行，如图16-1所示。通常，BEFORE触发器用于一些数据的校验工作（数据类型、格式等），AFTER触发器则用于一些后续的统计工作（计算行数、平均值等）。每一类触发器根据触发的操作事件又可分为INSERT、UPDATE和DELETE 3类。

在MySQL实际应用中，触发器主要可应用于以下场景。

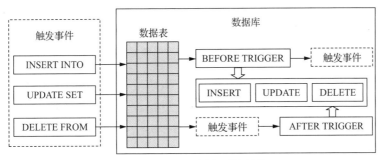

图16-1 触发器的分类及执行过程

（1）数据库的安全性检查。例如，禁止在非工作日时间插入学生信息。

（2）数据库的数据校验。触发器可以防止恶意的或错误的INSERT、UPDATE和DELETE操作。例如，每增加一个学生信息到数据表时，触发器都检查其出生日期格式是否正确。

（3）数据库的审计。例如，跟踪表上操作的记录，比如什么时间什么人操作了数据库。

（4）数据库的备份和同步。例如，无论什么时候删除一名学生信息，触发器都在某个备份表中保留一个副本。再比如，有两个数据库，一个在北京、一个在南京，在北京的数据库为主数据库，在南京的为备份数据库，数据库管理员可以利用触发器监听北京数据库的修改内容，如果北京数据库被修改则将修改的数据库传递给南京的备份数据库。

（5）实现复杂的数据库完整性规则。触发器实现非标准的数据完整性检查和约束，可以引用列或数据库对象。例如，老师向学生成绩表中输入超过满分限制的分数时，触发器返回默认值。

（6）自动计算数据值。当数据的值达到一定的要求时进行特定的处理。例如，每当一届学生毕业时，触发器就从学生数量中减去毕业的学生数量。

16.1.2 创建触发器

1. 创建触发器的语法

MySQL使用CREATE TRIGGER语句创建触发器，语法格式如下。

```
CREATE [DEFINER={'user'|CURRENT_USER}]
TRIGGER trigger_name trigger_time trigger_event
ON table_name
FOR EACH ROW
[trigger_order] trigger_body
```

相关说明如下。

（1）DEFINER：可选参数，用来指定创建者，默认为当前登录用户（CURRENT_USER），触发器将以此参数指定的用户执行。

（2）trigger_name：表示所创建触发器的名称。触发器在当前数据库中必须具有唯一的名称。

（3）trigger_time：表示触发程序触发的顺序，指定为BEFORE或者AFTER，用来表示触发器是在触发它的程序之前或之后被触发。

（4）trigger_event：表示触发器的触发操作事件，指明了激活触发程序语句的类型，主要包括以下3种。

INSERT：将新的数据插入表时激活触发程序，主要通过INSERT、LOAD DATA和REPLACE语句进行操作。这里LOAD DATA语句用于将一个文件导入数据表中，相当于一系列的INSERT操作；REPLACE与INSERT类似，如果插入的数据与表中数据具有相同的PRIMARY

KEY或UNIQUE索引，则先删除原来的数据，然后增加一条新的数据。

UPDATE：当修改表中数据时激活触发程序，主要通过UPDATE语句进行操作。

DELETE：从表中删除数据时激活触发程序，主要通过DELETE和REPLACE语句进行操作。

（5）table_name：表示创建触发器的表名，即在数据库的哪张表上创建触发器。

（6）FOR EACH ROW：行级触发说明，即对受触发操作事件影响的每一行都要激活触发程序。例如，使用INSERT语句向一张表中插入多行数据时，触发器会对每一行数据的插入都执行相应的触发器操作。目前MySQL只支持行级触发器，不支持语句级触发器，例如，不支持CREATE TABLE等语句。

（7）trigger_order：可选参数，当定义了多个具有相同触发操作事件的触发器时，使用此参数来改变它们的触发顺序，可以指定为PRECEDES和FOLLOWS来分别表示当前创建的触发器在已存在触发器之前和之后激活触发程序。默认的触发顺序与触发器创建顺序一致。

（8）trigger_body：触发器激活时执行的MySQL语句。当执行多条语句时，一般使用BEGIN…END复合语句结构。

由于每个表都支持INSERT、UPDATE和DELETE的BEFORE和AFTER触发器，一般情况下，每个表的每个操作事件只允许有一个触发器，因此每个表最多可设置6个触发器。单一的触发器不能与多个事件或多个表关联，例如，INSERT和UPDATE操作执行的触发器需要定义两个不同的触发器。

注意：在MySQL 5.7.2及以上版本，可以对一个操作事件使用多个触发器。除了INSERT、UPDATE和DELETE关键字，还有一些其他的关键字可以对数据进行修改，如TRUNCATE等，但是这些关键字并没有对应的触发器。

2. NEW 和 OLD 关键字

在触发程序执行的过程中，MySQL可以分别使用NEW和OLD关键字来创建与原表属性完全一样的两个临时表NEW表和OLD表。其中，NEW表用于存放数据修改过程中将要更新的数据，OLD表则用于存放数据修改过程中的原有数据。

当向表中插入新记录时，在触发程序中可以使用NEW关键字访问新记录，例如使用"NEW.字段名"的方式访问新记录的某个字段。由于在INSERT触发程序中没有涉及表中旧的记录，所以INSERT操作不支持OLD关键字。

当从表中删除旧记录时，在触发程序中可以利用OLD关键字访问旧记录，例如使用"OLD.字段名"的方式访问旧记录的某个字段。由于在DELETE触发程序中没有涉及表中新的记录，所以DELETE操作不支持NEW关键字。

当修改表的某条记录时，可以使用NEW关键字访问修改后的新记录，使用OLD关键字访问修改前的旧记录，例如，分别使用"NEW.字段名"和"OLD.字段名"的方式访问修改后的新记录的某个字段和旧记录的某个字段。由于UPDATE操作相当于先删除旧记录，然后插入新记录，所以UPDATE操作同时支持NEW和OLD关键字。

OLD表中的记录是只读的，只能引用，不能修改。而NEW表可以在触发器中使用SET关键字赋值，例如，在BEFORE触发程序中，可使用"SET NEW.col_name=value"的语句更改NEW表记录的值。

【例16-1】创建一个触发器insert_sc_trigger，其功能是当向sc表中插入某个学生的课程成绩为空时，就把成绩设置为0，如果不为空就按照设定值插入。

（1）创建触发器insert_sc_trigger的代码如下。

```
USE teaching;
DELIMITER $
```

```
CREATE TRIGGER insert_sc_trigger
BEFORE INSERT
ON sc
FOR EACH ROW
BEGIN
  IF NEW.score IS NULL THEN
    SET NEW.score=0;
  END IF;
END $;
```

将上述代码在MySQL Workbench上执行，如图16-2所示，我们就在sc表上创建了触发器insert_sc_trigger，接下来我们通过往sc表中插入成绩为空的记录来验证触发器的功能。在本例中，我们分别采用MySQL Workbench和MySQL Shell环境来验证触发器的功能。后面的例子中只在MySQL Shell环境下显示验证结果。

（2）通过往sc表中插入记录 ('s2','c8',NULL) 来验证触发器insert_sc_trigger的功能。

① 在MySQL Workbench 环境下输入以下代码。

```
INSERT INTO sc VALUES('s2','c8',NULL);
SELECT * FROM sc WHERE sno='s2';
```

显示结果如图16-3所示。

图16-2　执行代码完成insert_sc_trigger 触发器的创建

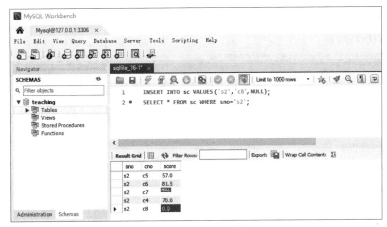

图16-3　查看已创建的触发器

② 在MySQL Shell或者DOS窗口中输入以下代码。

```
INSERT INTO sc VALUES('s2','c8',NULL);
SELECT * FROM sc WHERE sno='s2';
```

查询结果如表16-1所示。

表 16-1　查询结果

sno	cno	score
s2	c5	57.0
s2	c6	81.5
s2	c7	NULL
s2	c4	70.0
s2	c8	0.0

通过查询结果可知，当插入('s2','c8',NULL)记录时，触发器insert_sc_trigger被激活，其将成绩为NULL的记录自动设置为0。

【例16-2】创建一个触发器update_s_trigger，其功能是当修改学生表s中学生的专业时，把修改时间和修改前后学生的专业信息添加到update_s_log表中作为修改记录。

（1）在MySQL中，输入以下代码创建一个名为update_s_log的新表。

```
CREATE TABLE update_s_log(
    sno CHAR(5) NOT NULL,
    sn VARCHAR(10) NOT NULL,
    omaj VARCHAR(100) NOT NULL,
    nmaj VARCHAR(100) NOT NULL,
    udate DATETIME(0) NOT NULL
);
```

（2）创建触发器update_s_trigger的代码如下。

```
DELIMITER $
CREATE TRIGGER update_s_trigger
AFTER UPDATE
ON s
FOR EACH ROW
BEGIN
  INSERT INTO update_s_log VALUES(OLD.sno,OLD.sn,OLD.maj,NEW.maj,NOW());
END $;
```

（3）验证触发器update_s_trigger的功能，代码如下。

```
UPDATE s SET maj='计算机' WHERE sno='s2';
SELECT * FROM update_s_log WHERE sno='s2';
```

执行上述代码，结果如表16-2所示。

表 16-2　代码执行结果

sno	sn	omaj	nmaj	udate
s2	苏乐	信息	计算机	2021-02-06 16:18:53

【例16-3】创建一个触发器delete_s_trigger，其功能是当删除s表中某个学生的记录时，同时删除sc表中相应的所有课程的成绩。

（1）创建触发器delete_s_trigger的代码如下。

```
DELIMITER $
CREATE TRIGGER delete_s_trigger
BEFORE DELETE
ON s
FOR EACH ROW
```

```
BEGIN
  DELETE FROM sc WHERE sc.sno=OLD.sno;
END $;
```

（2）验证触发器delete_s_trigger的功能，代码如下。

```
DELETE FROM s WHERE s.sno='s1';
SELECT * FROM s;
SELECT * FROM sc;
```

16.1.3 查看触发器

查看触发器是对数据库中已存在的触发器的定义、状态和语法等信息进行查看。用户可以通过SHOW TRIGGERS语句和查询INFORMATION_SCHEMA数据库下的TRIGGERS表两种方法来查看触发器的信息。

1. 通过 SHOW TRIGGERS 语句查看触发器

在MySQL中，用户可以通过SHOW TRIGGERS语句来查看所有触发器的详细信息，包括触发器名称、激活事件、操作对象表、执行的操作等，其语法格式如下。

```
SHOW TRIGGERS \G;
```

语句中\G表示在DOS环境下触发器信息纵向显示，触发器信息默认为横向显示，在MySQL Workbench中查询时不需要加\G。

【例16-4】使用SHOW TRIGGERS语句查看当前数据库中所有触发器的信息。

```
SHOW TRIGGERS \G;
```

显示结果如图16-4所示。

```
*********************** 1. row ***********************
          Trigger: update_s_trigger
            Event: UPDATE
            Table: s
        Statement: BEGIN
 INSERT INTO update_s_log VALUES (OLD.sno,OLD.sn,OLD.maj,NEW.maj,now());
END
           Timing: AFTER
          Created: 2021-02-06 16:03:29.78
         sql_mode: STRICT_TRANS_TABLES,NO_ENGINE_SUBSTITUTION
          Definer: root@localhost
character_set_client: utf8mb4
collation_connection: utf8mb4_0900_ai_ci
 Database Collation: utf8mb4_0900_ai_ci
*********************** 2. row ***********************
          Trigger: delete_s_trigger
            Event: DELETE
            Table: s
        Statement: BEGIN
 DELETE FROM sc WHERE sc.sno=OLD.sno;
END
```

图16-4 例16-4的结果

由图16-4可知，在s表上存在创建的触发器update_s_trigger，触发事件为UPDATE，触发器执行的操作为 BEGIN…END中的语句，触发器执行的顺序为AFTER。其他信息还包括SQL的模式、触发器的定义账户和字符集等。

2. 通过 TRIGGERS 表查看触发器

在MySQL中，所有触发器的定义都存储在INFORMATION_SCHEMA数据库下的

TRIGGERS表中，用户可以通过SELECT语句来查看所有触发器和特定触发器的信息。

查看所有触发器信息的语法格式如下。

```
SELECT * FROM INFORMATION_SCHEMA.TRIGGERS;
```

使用SELECT语句查看特定触发器信息的语法格式如下。

```
SELECT * FROM INFORMATION_SCHEMA.TRIGGERS WHERE condition;
```

【例16-5】使用SELECT语句查看INFORMATION_SCHEMA数据库中有关update_s_trigger触发器的信息。

```
SELECT * FROM INFORMATION_SCHEMA.TRIGGERS
WHERE trigger_name='update_s_trigger' \G;
```

显示结果如图16-5所示。

```
*********************** 1. row ***********************
            TRIGGER_CATALOG: def
             TRIGGER_SCHEMA: teaching
               TRIGGER_NAME: update_s_trigger
         EVENT_MANIPULATION: UPDATE
       EVENT_OBJECT_CATALOG: def
        EVENT_OBJECT_SCHEMA: teaching
         EVENT_OBJECT_TABLE: s
               ACTION_ORDER: 1
           ACTION_CONDITION: NULL
           ACTION_STATEMENT: BEGIN
 INSERT INTO update_s_log VALUES(OLD.sno,OLD.sn,OLD.maj,NEW.maj,now());
END
         ACTION_ORIENTATION: ROW
             ACTION_TIMING: AFTER
ACTION_REFERENCE_OLD_TABLE: NULL
ACTION_REFERENCE_NEW_TABLE: NULL
  ACTION_REFERENCE_OLD_ROW: OLD
  ACTION_REFERENCE_NEW_ROW: NEW
                    CREATED: 2021-02-06 16:03:29.78
                   SQL_MODE: STRICT_TRANS_TABLES,NO_ENGINE_SUBSTITUTION
                    DEFINER: root@localhost
       CHARACTER_SET_CLIENT: utf8mb4
       COLLATION_CONNECTION: utf8mb4_0900_ai_ci
         DATABASE_COLLATION: utf8mb4_0900_ai_ci
1 row in set (0.00 sec)
```

图16-5　例16-5的结果

16.1.4　删除触发器

在MySQL中，修改触发器可以通过删除原触发器，再以相同的名称创建新的触发器来实现。当不再使用触发器时，建议将触发器删除以避免影响数据操作。MySQL使用DROP TRIGGER语句来删除已经定义的触发器，其基本语法格式如下。

```
DROP TRIGGER [IF EXISTS] [schema_name.]trigger_name;
```

参数说明如下。

（1）IF EXISTS：可选项，避免在没有触发器的情况下执行删除触发器操作。

（2）schema_name：可选项，指定触发器所在的数据库名称，若没有指定，则为当前默认的数据库。

（3）trigger_name：需要删除的触发器名称。

注意：执行DROP TRIGGER语句需要SUPER权限；删除一个表的同时会自动删除该表上的所

有触发器。另外，触发器不能更新或覆盖，为了修改一个触发器，必须先删除它，再重新创建。

【例16-6】删除名称为update_s_trigger的触发器。

```
DROP TRIGGER update_s_trigger;
```

16.2 MySQL事件

16.2.1 事件概述

在系统管理或者数据库管理中，数据库管理员经常需要周期性地执行某一条或者多条SQL语句。为此，MySQL从5.1版本开始推出了事件。事件是一种特殊的存储过程，可以用于定时执行的任务，如定时删除记录、对数据进行汇总、清空表、删除表等某些特定任务。事件与触发器类似，都是在某些事务发生时被激活。触发器的语句是为了响应给定表上发生的特定类型的操作事件而执行的，而事件的语句是为了响应指定的时间间隔而执行的。因此，有时事件也被称作临时性触发器。类似于Linux下的cron作业或Windows任务调度程序的思想，MySQL事件是根据日程表运行的任务。当我们创建一个事件时，可以创建一个包含一条或者多条SQL语句的数据库对象，这些SQL语句可以在固定的时刻或者周期性地被执行。MySQL事件可以精确到每秒执行一次任务，而操作系统的计划任务只能精确到每分钟执行一次，这充分体现了事件的实时优势。对于一些对数据实时性要求比较高的应用，如股票交易、银行转账、营业额汇总等应用，可以通过事件定时或周期性处理。通过事件可以将依赖于外部程序的一些对数据的定时性操作转移到通过数据库本身提供的功能来实现，也就是说，事件不需要外部程序进行调用，其可以根据设定的时刻被调用一次或者周期性调用。

MySQL使用事件调度器（EVENT SCHEDULER）来调用事件，它可以不断地监视一个事件是否需要被调用。事件调度器默认是开启的，如果要创建事件，必须打开它。用户可以通过以下语句开启（on）或者关闭（off）事件调度器。

```
SET GLOBAL event_scheduler=on|off;
SET @@GLOBAL.event_scheduler=on|off;
```

用户也可以在配置文件my.ini（Windows系统）或者my.cnf（Linux系统）中加入语句event_scheduler=on，并且重启MySQL服务器来开启事件调度器。在配置文件中添加了该语句后，MySQL就可以始终开启事件。

用户可以在MySQL Shell中通过以下语句来查看事件调度器是否开启。

```
SHOW VARIABLES LIKE '%event_scheduler%';
```

执行上述语句，结果如表16-3所示。

表 16-3　事件调度器开启情况

Variable_name	Value
event_scheduler	ON

用户也可以使用SHOW PROCESSLIST语句来查看事件调度器是否开启。当事件调度器开启时，其作为守护进程出现在SHOW PROCESSLIST的输出结果中。SHOW PROCESSLIST语句的语法格式如下。

```
SHOW PROCESSLIST \G;
```

16.2.2 创建事件

在MySQL中，用户可以使用CREATE EVENT语句来创建事件。事件主要由两部分组成：

第一部分是事件调度（EVENT SCHEDULE），说明事件激活的时刻和频率；第二部分是事件动作，说明事件激活时执行的SQL语句。事件的动作可以是一条SQL语句，例如INSERT或者UPDATE操作，也可以是一个存储过程或者BEGIN…END语句块。创建事件的语法格式如下。

```
CREATE EVENT [IF NOT EXISTS] event_name
ON SCHEDULE schedule
[ON COMPLETION [NOT] PRESERVE]
[ENABLE|DISABLE|DISABLE ON SLAVE]
[COMMENT 'comment']
DO event_body;
```

其中，schedule的语法格式如下。

```
{AT timestamp[+INTERVAL interval]…
    |EVERY interval
    [STARTS timestamp[+INTERVAL interval]…]
    [ENDS timestamp[+INTERVAL interval]…]}
```

Interval的语法格式如下。

```
quantity{YEAR|QUARTER|MONTH|DAY|HOUR|MINUTE|WEEK|SECOND|YEAR_MONTH|DAY_
HOUR|DAY_MINUTE|DAY_SECOND|HOUR_MINUTE|HOUR_SECOND|MINUTE_SECOND}
```

参数说明如下。

（1）event_name：表示创建的事件名称。同一个数据库中的事件名称必须是唯一的，事件名称不区分大小写。

（2）schedule：表示时间调度规则，决定事件激活的时间或者频率。AT子句：定义事件发生的时刻。timestamp表示一个具体的时刻，后面还可以加上一个时间间隔interval，表示在这个时间间隔后激活事件。EVERY子句：定义事件在时间区间内每隔多长时间激活事件一次。STARTS子句指定事件执行的开始时间。ENDS子句指定事件执行的结束时间。

（3）ON COMPLETION [NOT] PRESERVE：可选项，表示是一次执行还是永久执行，默认为ON COMPLETION NOT PRESERVE，即事件为一次执行，执行后会自动删除。ON COMPLETION PRESERVE为永久执行事件。

（4）ENABLE|DISABLE|DISABLE ON SLAVE：可选项，表示设定事件的状态，默认为ENABLE，表示事件是被激活的，即事件调度器会检查该事件是否被调用。DISABLE表示事件关闭，即事件的声明存储到目录中，但是事件调度器不会检查事件是否被调用。DISABLE ON SLAVE 表示事件在从机中是关闭的。

（5）COMMENT 'comment'：可选项，定义注释的内容，comment表示注释内容。

（6）event_body：事件激活时执行的代码，可以是SQL语句、存储过程、事件或者BEGIN…END语句。

在MySQL Workbench窗口中创建事件及验证事件的功能

【例16-7】创建现在立刻执行的事件event_name1，该事件的任务为在数据库teaching中创建一个表tb_one，表的字段包括tno和ttime，这里tno为主键，且插入数据时自动增加，ttime的格式为TIMESTAMP。

（1）创建事件event_name1的代码如下。

```
CREATE EVENT event_name1
ON SCHEDULE AT NOW()
DO
CREATE TABLE tb_one(tno INT PRIMARY KEY AUTO_INCREMENT,ttime TIMESTAMP);
```

（2）验证事件event_name1的功能，代码如下。

```
SHOW TABLES;
```

显示结果如表16-4所示。

【例16-8】创建立刻执行的事件event_name2，该事件的任务为10s后往tb_one表中插入一条记录。

（1）创建事件event_name2的代码如下。

```
CREATE EVENT event_name2
ON SCHEDULE AT CURRENT_TIMESTAMP+INTERVAL 10
SECOND
  DO
  INSERT INTO tb_one VALUES(0,NOW());
```

（2）查询事件event_name2的功能，代码如下。

```
SELECT * FROM tb_one;
```

显示结果如表16-5所示。

表16-4　例16-7显示结果

Tables_in_teaching
c
s
sc
t
tb_one
tc

表16-5　例16-8显示结果

tno	ttime
1	2021-02-08 16:14:28

注意：例16-8及以后的例子中的时间为写书时创建事件的时间，请读者根据需要自行设定时间。

【例16-9】创建立刻执行的事件event_name3，该事件的任务为在时刻2021-02-08 16:29:59往tb_one表中插入一条记录。

（1）创建事件event_name3的代码如下。

```
CREATE EVENT event_name3
ON SCHEDULE AT '2021-02-08 16:29:59'
DO
INSERT INTO tb_one VALUES(0,NOW());
```

（2）查询事件event_name3的功能，代码如下。

```
SELECT * FROM tb_one;
```

显示结果如表16-6所示。

表16-6　例16-9显示结果

tno	ttime
1	2021-02-08 16:14:28
2	2021-02-08 16:29:59

【例16-10】创建周期性执行的事件event_name4，该事件的任务为从现在开始，每隔5s往tb_one表中插入一条记录。

（1）创建事件event_name4的代码如下。

```
CREATE EVENT event_name4
ON SCHEDULE EVERY 5 SECOND
DO
INSERT INTO tb_one VALUES(0,NOW());
```

（2）查询事件event_name4的功能，代码如下。

```
SELECT * FROM tb_one;
```

显示结果如表16-7所示。

表16-7　例16-10显示结果

tno	ttime
1	2021-02-08 16:14:28
2	2021-02-08 16:29:59

续表

tno	ttime
3	2021-02-08 17:04:44
4	2021-02-08 17:04:49
…	…

【例16-11】创建周期性执行的事件event_name5，该事件的任务为从时刻2021-02-08 17:10:00开始，在未来一周内每隔1h清空一次tb_one表。

本例中只给出创建事件的代码，未验证事件执行的结果，请读者根据自身的需要自行设定时间进行验证。创建事件event_name5的代码如下。

```
CREATE EVENT event_ name5
ON SCHEDULE EVERY 1 HOUR
STARTS '2021-02-08 17:10:00'
ENDS CURRENT_DATE+INTERVAL 1 WEEK
DO
DELETE FROM tb_one;
```

【例16-12】创建事件event_name6，该事件的任务为调用存储过程pro_score，实现每周查看一次每个学生所有课程的平均分和总分并把查询结果插入week_score表中，表中的字段包括学生学号（sno）、平均分（avgscore）、总分（sumscore）和插入数据的时间（updatetime）。

（1）创建表week_score的代码如下。

```
CREATE TABLE week_score(
  sno CHAR(5) NOT NULL,
  avgscore INT,
  sumscore INT,
  updatetime TIMESTAMP
);
```

（2）创建存储过程pro_score，实现查询每个学生所有课程的平均分和总分，并把查询结果插入week_score表中，代码如下。

```
CREATE PROCEDURE pro_score()
BEGIN
  INSERT INTO  week_score SELECT sno,AVG(score),SUM(score),NOW() FROM sc GROUP
BY sno;
END;
```

（3）创建事件event_name6，调用存储过程pro_score，代码如下。

```
CREATE EVENT event_name6
ON SCHEDULE EVERY 1 WEEK
DO
BEGIN
 CALL pro_score();
END;
```

（4）验证事件event_name6的功能，代码如下。

```
SELECT * FROM week_score;
```

16.2.3　查看事件

在当前数据库下，创建好事件后，用户可以通过以下方式查询事件的信息。

（1）在MySQL中，用户可以使用SHOW EVENTS语句查询当前数据库中所有事件的信息，语法格式如下。

```
SHOW EVENTS;
```

（2）在MySQL中，用户可以使用SHOW CREATE EVENT语句查询特定事件的信息，语法格式如下。

```
SHOW CREATE EVENT event_name;
```

【例16-13】显示当前数据库下所有事件的信息。

```
SHOW EVENTS \G;
```

显示结果如图16-6所示。

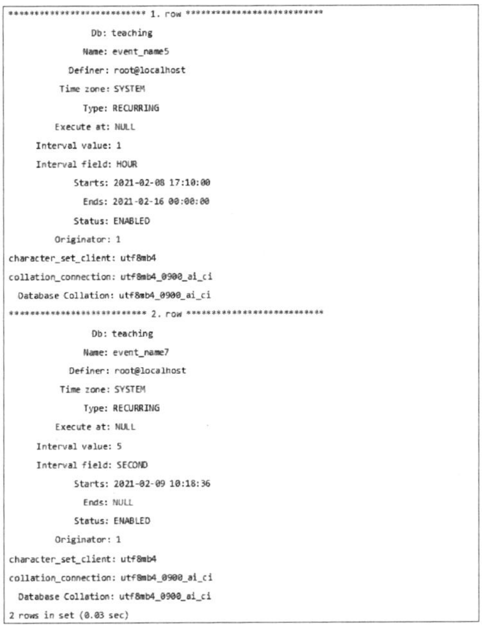

```
*************************** 1. row ***************************
                  Db: teaching
                Name: event_name5
             Definer: root@localhost
           Time zone: SYSTEM
                Type: RECURRING
          Execute at: NULL
      Interval value: 1
      Interval field: HOUR
              Starts: 2021-02-08 17:10:00
                Ends: 2021-02-16 00:00:00
              Status: ENABLED
          Originator: 1
character_set_client: utf8mb4
collation_connection: utf8mb4_0900_ai_ci
  Database Collation: utf8mb4_0900_ai_ci
*************************** 2. row ***************************
                  Db: teaching
                Name: event_name7
             Definer: root@localhost
           Time zone: SYSTEM
                Type: RECURRING
          Execute at: NULL
      Interval value: 5
      Interval field: SECOND
              Starts: 2021-02-09 10:18:36
                Ends: NULL
              Status: ENABLED
          Originator: 1
character_set_client: utf8mb4
collation_connection: utf8mb4_0900_ai_ci
  Database Collation: utf8mb4_0900_ai_ci
2 rows in set (0.03 sec)
```

图16-6　例16-13显示结果

【例16-14】显示当前数据库下事件名称为event_name5的信息。

```
SHOW CREATE EVENT event_name5 \G;
```

16.2.4　修改事件

在MySQL中，用户可以使用ALTER EVENT语句修改事件的定义和相关属性，如事件的名称、状态、注释等，语法格式如下。

```
ALTER EVENT [IF NOT EXISTS] event_name
[ON SCHEDULE schedule]
[ON COMPLETION [NOT] PRESERVE]
[RENAME TO new_event_name]
[ENABLE|DISABLE|DISABLE ON SLAVE]
[COMMENT 'comment']
[DO event_body];
```

注意：使用ON COMPLETION [NOT] PRESERVE属性定义的事件最后一次执行后，事件就不存在了，因此，用户也不需要再修改事件了。

【例16-15】对事件event_name4进行如下操作：将每隔5s插入一条记录，修改成每隔1min插入一条记录，将事件的名称改为name4并对事件添加注释“添加测试用例的注释”。

```
ALTER EVENT event_name4 ON SCHEDULE EVERY 1 MINUTE
RENAME TO name4
COMMENT '添加测试用例的注释';
```

【例16-16】对事件event_name5进行如下修改：当事件到期了，事件就被自动删除。

```
ALTER EVENT event_name5 ON COMPLETION NOT PRESERVE;
```

16.2.5　删除事件

在MySQL中，使用DROP EVENT语句删除事件，语法格式如下。

```
DROP EVENT [IF NOT EXISTS] event_name;
```

【例16-17】从当前数据库删除名称为event_name5的事件。

```
DROP EVENT event_name5;
```

16.3　小结

本章介绍了MySQL数据库的触发器和事件，包括触发器和事件的定义、作用、创建、查看、使用和删除等内容。触发器和事件的创建是本章的重点内容，也是本章的难点。在创建触发器时，用户需要明确触发器的结构，确定是BEFORE触发器还是AFTER触发器，确定表操作是INSERT、UPDATE还是DELETE。在创建事件时，用户需要明确事件激活的时间，以及是一次执行事件还是周期性执行事件。

习　题

一、选择题

1. 下面有关触发器的叙述错误的是（　　　）。
   A. 触发器是一种特殊的存储过程
   B. 触发器可以引用所在数据库以外的对象
   C. 一个表上可以定义多个触发器
   D. 触发器创建之后不能修改

2. MySQL数据库所支持的触发器不包括（　　　）。
   A. INSERT触发器　　　　　　　　　　B. UPDATE 触发器
   C. DELETE 触发器　　　　　　　　　　D. ALTER 触发器

3. MySQL中创建修改表中数据的触发器基于（　　　）。
   A. INSERT操作　　　B. UPDATE 操作　　C. DELETE 操作　　D. 以上都正确

4. 下列关于触发器的描述正确的是（　　　）。
   A. 触发器被触发的时刻可以指定为BEFORE或者AFTER
   B. 利用触发器可以维护数据的完整性
   C. 删除一个表的同时也会删除该表上所有的触发器
   D. 以上都正确

5. 通过以下（　　　）语句可以临时关闭事件event_name_test。
   A. DROP EVENT event_name_testl;
   B. ALTER EVENT event_name_test DISABLE;
   C. ALTER EVENT event_name_test ENABLE;
   D. SET GLOBAL event_name_test=OFF;

6. 下列关于事件的描述不正确的是（　　　）。
   A. 通过SHOW EVENTS语句只能查看当前数据库中创建的事件
   B. 对于递归调度的事件，结束日期不能在开始日期之前

C. 默认创建的事件存储在当前数据库中，用户也可指定事件创建在哪个数据库中

D. 事件和触发器一样，都是可以被调度的

二、填空题

1. 触发器分为_____和_____两类。

2. 创建和删除触发器的关键字分别为_____和_____。

3. 查询特定事件的关键字是_____。

4. 可以通过关键字_____修改事件的定义和属性。

三、综合题

1. 什么是触发器？触发器的作用是什么？

2. MySQL中有哪些触发器？触发器的触发顺序是什么？

3. 什么是事件？事件的作用是什么？事件与触发器的区别是什么？

4. 如何开启MySQL事件调度器？

5. 在教学数据库teaching中创建触发器，其功能是当删除c表中的课程时，同时删除sc表和tc表中关于此课程的数据。

6. 在教学数据库teaching中创建触发器，当修改sc表中的成绩时，要求触发器完成以下任务。

（1）当修改后的成绩小于60分时，按照成绩等于60分设定。

（2）当修改后的成绩大于或等于90分时，按照成绩等于90分设定。

7. 在教学数据库teaching中创建事件，其任务是在特定的时间向c表中插入记录（'c9','线性代数',32）。特定的时间：系统时间的任意时间。

8. 在教学数据库teaching中创建事件，其任务是完成每月一次的成绩统计及计算每位学生的平均成绩和总分。

第17章
使用Python连接MySQL数据库

MySQL已经成为最流行的关系型数据库管理系统，其具有稳定、可靠、速度快及易于设置、使用和管理的特点，可以在各种版本的UNIX和Windows环境下使用，为多种编程语言提供了API，如C、C++、Python、Java、Perl、PHP等。

Python是一种解释型、面向对象、动态数据类型的高级程序设计语言，支持命令式编程、函数式编程，拥有大量功能强大的内置对象、标准库。Python在大数据、机器学习、人工智能等领域发展迅速，同时也适用于Web开发、后端、移动应用程序开发等。Python提供了多种操作MySQL数据库的方式，可以满足不同类型项目的需要。本章将介绍使用Python对MySQL数据库进行操作的原理。

本章学习目标：了解Python语言的优点和应用场景，以及使用Python连接数据库的环境搭建方法；掌握使用Python访问MySQL数据库的方法和详细步骤；掌握使用Python操纵MySQL数据库数据的方法，包括插入、删除、修改和查询数据。

17.1 Python语言

Python诞生于20世纪90年代，目前已经广泛应用于系统管理任务的处理和Web编程。Python具有简洁性、易读性和可扩展性，还提供了大量的第三方扩展库，如Pandas、Numpy、Matplotlib、Scripy、Keras等，这使Python逐渐在数据分析、机器学习、人工智能等领域占据越来越重要的位置。与C、C++、Java等语言相比，Python易学易用，语法简洁清晰，代码可读性强。自2004年以来，Python的使用率呈线性增长。

Python是一种面向对象的计算机程序设计语言。Python具有强大的库，它常被称作胶水语言，能够把使用其他语言编写的各种模块（尤其是C/C++）很轻松地连接在一起。与其他编程语言相比，Python具有编程简单、语法清晰、可扩展性好、很强的面向对象特性等优势。Python是目前最为流行的编程语言，在Web开发、大数据开发、人工智能开发、自动化运维、嵌入式开发等领域均有广泛的应用。Python自发布以来，主要有3个系列版本：Python 1、Python 2.x和Python 3.x。本章将以Python 3.x为例进行叙述。

17.2 使用Python访问MySQL数据库

17.2.1 Python 数据库访问工具概述

Python中所有数据库接口程序都在一定程度上遵守Python DB API规范。Python DB API是Python访问数据库的统一接口规范。在没有Python DB API之前,各数据库之间的应用接口比较混乱,实现各不相同,当开发项目需要更换数据库时,则需要大量修改,这对项目的开发造成极大的不便。因此,Python DB API应运而生,它定义了一系列的对象和数据库存取方式,可以为各种各样的底层数据库系统和多种多样的数据库接口程序提供一致的访问接口,如图17-1所示。使用Python DB API连接数据库后,用户就可以用相同的方式操作各种数据库,从而轻松实现不同数据库之间的代码移植。

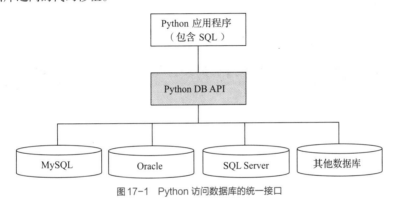

图 17-1 Python 访问数据库的统一接口

Python DB API主要包括数据库连接对象Connection、数据库交互对象Cursor和数据库异常类Exceptions。

Connection用于与MySQL数据库系统建立连接,等价于与服务器的实际网络连接,其主要方法如表17-1所示。

表 17-1 Connection 对象的主要方法

方法	说明
cursor()	使用连接返回一个新的游标对象
commit()	提交当前事务,如果不提交,那么自上次调用commit()方法之后的所有修改都不会保存到数据库文件中
rollback()	撤销当前事务,此方法将使数据库回滚到提交commit()方法后的状态。在未提交的情况下关闭连接将导致执行隐式回滚
close()	关闭数据库连接,即从现在开始,Python与MySQL服务器的连接无法使用。如果用户试图对该连接进行任何操作,将引发Error异常

虽然通过数据库连接对象Connection可以访问数据库,但是接口模块必须为其提供构造函数connect(parameters…)来创建与数据库的连接,返回值为一个连接对象。该构造函数接受许多依赖于数据库的参数。

Python可以利用Cursor对象向MySQL发送SQL查询,以及获取MySQL处理查询生成的结果,Cursor对象支持的主要方法如表17-2所示。

表 17-2　Cursor 对象支持的主要方法

方法	说明
execute(query[,args])	执行一个数据库查询命令，其中query（字符型）参数为需要执行的查询操作，args（元组、列表或字典类型）为可选项，为与查询一起使用的参数
nextset()	使游标跳到下一个可用集合，丢弃当前集合中的任何剩余行。如果没有更多的集合，该方法返回None
fetchone()	获取结果集的下一行
fetchmany(size)	获取结果集的指定几行
fetchall()	获取结果集中的所有行
rowcount	最近一次execute返回数据的行数或影响行数
close()	关闭游标对象

Python DB API 通过Exceptions异常类或其子类提供所有的错误信息，在Python操作数据库过程中主要有表17-3所示的异常。

表 17-3　Exceptions 异常

异常	描述
Warning	严重警告引发的异常，例如插入数据时被截断等，它必须是 StandardError 的子类
Error	所有其他错误异常的基类，可以捕获警告以外所有其他异常类，它必须是 StandardError 的子类
InterfaceError	数据库接口模块的错误（而不是数据库的错误）引发的异常，必须是Error的子类
DatabaseError	与数据库有关的错误引发的异常，必须是Error的子类
DataError	处理数据时的错误引发的异常，如除零错误、数据超范围等，它必须是DatabaseError的子类
OperationalError	与数据库操作相关且不一定在用户控制下发生的错误引发的异常，如连接意外断开、找不到数据源名称、事务无法处理，它必须是DatabaseError的子类
IntegrityError	数据库的关系完整性相关的错误引发的异常，如外键检查失败等，它必须是DatabaseError的子类
InternalError	数据库的内部错误引发的异常，如游标不再有效、事务不同步等，它必须是DatabaseError的子类
ProgrammingError	程序错误引发的异常，如SQL语句语法错误、参数数量错误等，它必须是DatabaseError的子类
NotSupportedError	使用数据库不支持的方法或API引发的异常，如使用.rollback()函数作为连接函数等，它必须是DatabaseError的子类

17.2.2　使用 Python DB API 访问数据库的流程

在Python中，使用Python DB API访问数据库的流程（见图17-2）如下。

（1）导入特定数据库相应的Python编程接口。

（2）使用connect()函数连接数据库，并返回一个Connection对象。

（3）通过Connection对象的cursor()方法，返回一个Cursor对象。

（4）通过Cursor对象的execute()方法执行SQL语句，包括执行命令、执行查询、获取数据和处理数据等。

（5）如果执行的是查询语句，通过Cursor对象的fetchall()等方法返回结果。

（6）调用Cursor对象的close()方法关闭Cursor对象。

（7）调用Connection对象的close()方法关闭数据库连接。

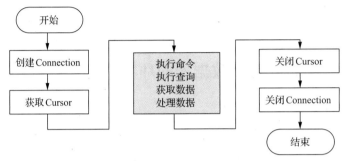

图17-2　使用Python DB API访问数据库的流程

17.2.3　使用 Python 连接 MySQL 数据库的操作步骤

使用Python访问MySQL数据库一般通过接口实现，常用的接口有mysql.connector、MySQLdb和PyMySQL。mysql.connector是MySQL官方提供的驱动，它在Python中重新实现MySQL协议，它虽然比较慢，但不需要C库，因此可移植性比较好。MySQLdb又叫作MySQL-python，是使用Python连接MySQL最流行的一个驱动，很多框架都是基于此库进行开发的，遗憾的是它只支持Python 2.x系列版本，而且安装的时候有很多前置条件，因为它是基于C开发的库，在Windows系统安装非常不友好，经常出现失败的情况，现在基本不推荐使用，取代它的是其衍生版本，如mysqlclient。PyMySQL是纯Python实现的驱动，安装方式没那么烦琐，同时也兼容MySQLdb，相对于mysql.connector和MySQLdb来说比较年轻，它的效率和可移植性与mysql.connector理论上差不多。PyMySQL和mysql.connector在使用上是类似的。

本章将以mysql.connector接口为例，介绍使用Python操作MySQL数据库的方法和步骤。使用Python连接MySQL数据库的操作主要分为以下几个步骤。

（1）在用Python创建的.py文件中导入mysql.connector接口。

```
import mysql.connector
```

（2）建立与MySQL服务器的连接，并连接当前的数据库。

```
db=mysql.connector.connect(
    host='host_name',
    user='user_name',
    passwd='mysql_password',
    database='database_name',
    port='port_number')
```

参数说明如下。

db：连接对象的返回名。

host_name：MySQL服务器所在的主机名，可以是域名或IP地址。

user_name：可以登录MySQL服务器的用户名。

mysql_password：登录MySQL服务器验证用户身份的密码。

database_name：要操作的已经创建好的数据库名。

port：要使用的MySQL端口号，默认是3306，一般不需要设置。

（3）使用游标对连接的数据库对象执行SQL语句和关闭数据库连接。

```
cursor=db.cursor()          #使用数据库连接对象的cursor()方法创建一个游标对象
```

```
try:
    cursor.execute("sql_querys")        #使用execute()方法执行SQL语句
    db.commit()                         #提交事务到数据库执行
except:
    db.rollback()                       #如果发生错误则执行回滚操作
    cursor.close()                      #关闭游标
    db.close()                          #关闭数据库连接
```

说明： sql_querys表示在MySQL中执行的SQL语句、存储过程或者BEGIN…END语句块。

17.2.4 使用 Python 连接数据库的环境搭建

1. Python 的安装

Python的安装比较简单，打开Python官方主页，进入下载界面，选择适合的版本下载并安装即可。如果使用的是Linux系统，则系统很可能已经预装了某个版本的Python，请读者根据需要进行升级。如果没有特别说明，本章将在Windows 10环境下使用Python 3.9.2进行演示。首先进入Python官方网站，如图17-3所示，选择"Download Windows installer (64-bit)"直接进行下载。

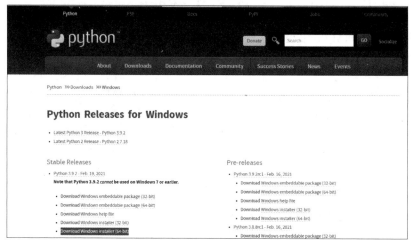

图17-3　Python 3.9.2下载界面

选中"Add Python 3.9 to PATH"复选框，然后选择"Customize installation"（自定义安装）进行安装，如图17-4所示。

图17-4　Python 3.9.2安装界面

单击"Next"按钮，之后设置Python的安装路径为"D:\Python"，如图17-5所示。

图 17-5　自定义 Python 3.9.2安装路径

　　安装完毕之后，在DOS环境下测试是否安装成功。按"Win+R"组合键，输入"cmd"调出命令提示符，输入"python"，确认Python安装成功，如图17-6所示。当界面显示Python版本等信息时，表示Python已经安装成功。

图 17-6　确认 Python 安装成功

2.　PyCharm 的安装

　　PyCharm 是Python语言的集成开发环境。PyCharm和Python的关系相当于Eclipse与Java的关系，即编程工具与编程语言的关系。PyCharm 包含两个版本：一个是免费的社区版本；另一个是面向企业开发者的专业版本。社区版本能够实现大部分的功能，包括智能代码补全、直观的项目导航、错误检查和修复、遵循PEP8规范的代码质量检查、智能重构、图形化的调试器和运行器。它还能与IPython notebook进行集成，并支持Anaconda及其他的科学计算包，比如Matplotlib和NumPy。PyCharm专业版本除了支持社区版本的功能，还支持更多高级功能，比如远程开发功能、数据库支持、对Web开发框架的支持等。由于社区版本不能直接支持MySQL数据库连接，因此本章采用Python专业版本进行演示。

　　首先下载Windows版本下的PyCharm专业版本。单击"Next"按钮进入安装路径设置界面，如图17-7所示。然后进入安装设置界面，选中"64-bit launcher"和".py"复选框，并单击"Next"按钮进入安装界面，如图17-8所示。之后单击"Install"按钮安装PyCharm，如图17-9所示。

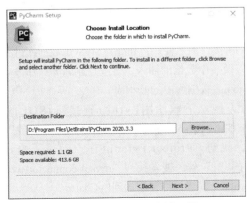

图 17-7　PyCharm 安装路径设置

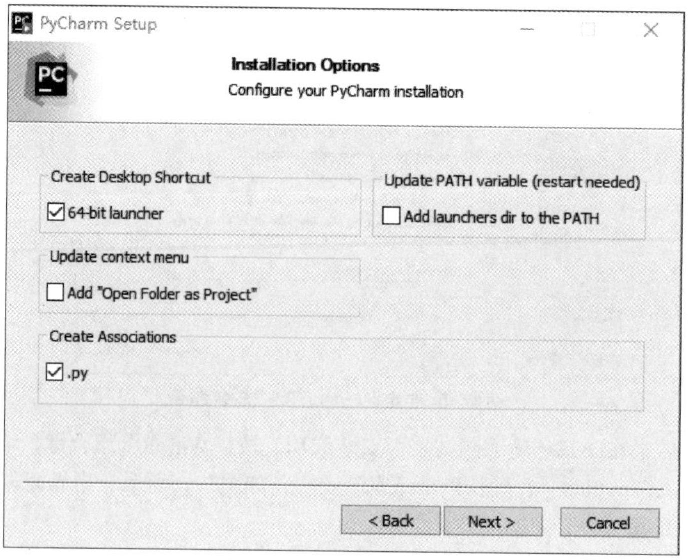

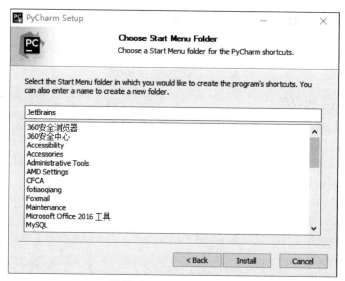

图17-8　PyCharm安装设置

图17-9　PyCharm安装界面

17.3　使用Python操作MySQL数据库编程实践

　　本节通过mysql.connector接口演示使用Python对MySQL数据库进行基本操作，包括数据库的连接，以及表中数据的插入、修改、删除等操作。本章后续所有的例子都使用第3章teaching数据库中的基本表。

　　首先进入MySQL官方网站下载使用Python连接MySQL的驱动程序，然后在PyCharm中添加mysql-connector-python驱动器。步骤：单击"File"→"Settings"，找到"Project:PythonFile"目录下的"Python Interpreter"，单击左下角的"+"号，搜索找到"mysql-connector-python"，单击左下角的"Install Package"按钮，将其添加到PyCharm。

使用 Python 连接 MySQL 数据库的方法

17.3.1 连接数据库

本节通过编写Python代码连接MySQL中的数据库teaching，并输出MySQL数据库的使用版本，代码如下（见文件connect_database_01.py）。

```
import mysql.connector              #导入mysql.connector接口
db=mysql.connector.connect(         #打开数据库连接
    host='localhost',
    user='root',
    passwd='123456',
    database='teaching')
cursor=db.cursor()                  #使用cursor()方法创建一个游标对象cursor
cursor.execute("SELECT VERSION()")  #使用execute()方法执行SQL查询
data=cursor.fetchone()              #使用fetchone()方法获取单条记录
print("Database version:%s" %data)  #输出MySQL的版本
cursor.close()                      #关闭游标
db.close()                          #关闭数据库连接
```

文件connect_database_01.py的执行结果显示"Database version:8.0.23"，即MySQL的版本为8.0.23。

17.3.2 操纵数据

1. 插入数据

通过编写Python代码把王天一、苏红霞、林勇和李玉4位学生的信息插入学生表s中。4位学生的信息如表17-4所示。

使用 Python
操纵数据

表 17-4　4 位学生的信息

sno	sn	sex	age	maj	dept
s9	王天一	女	18	计算机	信息学院
s10	苏红霞	女	20	信息	信息学院
s11	林勇	男	19	信息	信息学院
s12	李玉	女	21	自动化	工学院

具体代码如下（见文件insert_s_02.py）。

```
import mysql.connector
db=mysql.connector.connect(         #打开数据库连接
    host='localhost',
    user='root',
    passwd='123456',
    database='teaching')
cursor=db.cursor()                  #使用cursor()方法创建一个游标对象cursor
try:
    #执行SQL插入语句
    cursor.execute("INSERT INTO s VALUES('s9','王天一','女',18,'计算机',
'信息学院')")
        cursor.execute("INSERT INTO s VALUES('s10','苏红霞','女',20,'信息',
'信息学院')")
        cursor.execute("INSERT INTO s VALUES('s11','林勇','男',19,'信息','信
息学院')")
        cursor.execute("INSERT INTO s VALUES('s12','李玉','女',21,'自动化',
'工学院')")
        db.commit()                 #提交到数据库执行
```

```
except:
    db.rollback()                           #如果发生错误则回滚
    db.close()                              #关闭数据库连接
```

执行文件insert_s_02.py中代码后，我们可在DOS环境或者MySQL Shell环境下通过SELECT关键字查看代码执行的结果，结果如表17-5所示。

表 17-5　插入数据后的学生表 s

sno	sn	sex	age	maj	dept
s1	王彤	女	18	计算机	信息学院
s10	苏红霞	女	20	信息	信息学院
s11	林勇	男	19	信息	信息学院
s12	李玉	女	21	自动化	工学院
s2	苏乐	女	20	信息	信息学院
s3	林毅	男	19	信息	信息学院
s4	陶然	女	18	自动化	工学院
s5	魏立	男	17	数学	理学院
s6	何欣荣	女	21	计算机	信息学院
s7	赵琳琳	女	19	数学	理学院
s8	李轩	男	19	自动化	工学院
s9	王天一	女	18	计算机	信息学院

从结果可知，4条记录都已经成功插入s表中。

注意：如果insert_s_02.py文件插入的记录中存在一条记录的主键在表s中已经存在，则文件insert_s_02.py可以再次执行成功，但是不能将文件中需要插入的记录插入表s中。

文件insert_s_02.py中的代码也可以写成文件insert_s_03.py所示的方式，具体代码如下。

```
import mysql.connector
db=mysql.connector.connect(                 #打开数据库连接
    host='localhost',
    user='root',
    passwd='123456',
    database='teaching')
cursor=db.cursor()                          #使用cursor()方法创建一个游标对象cursor
sql1="""INSERT INTO s VALUES('s9','王天一','女',18,'计算机','信息学院')"""
sql2="""INSERT INTO s VALUES('s10','苏红霞','女',20,'信息','信息学院')"""
sql3="""INSERT INTO s VALUES('s11','林勇','男',19,'信息','信息学院')"""
sql4="""INSERT INTO s VALUES('s12','李玉','女',21,'自动化','工学院')"""
try:
#执行SQL插入语句
    cursor.execute(sql1);
    cursor.execute(sql2);
    cursor.execute(sql3);
    cursor.execute(sql4);
    db.commit()                             #提交到数据库执行
except:
    db.rollback()                           #如果发生错误则回滚
    db.close()                              #关闭数据库连接
```

2．删除数据

通过编写Python代码可以对MySQL数据库进行删除操作。接下来通过编写Python代码删除学生表s中sno=s12的学生信息，代码如下（见文件delete_s_04.py）。

```
import mysql.connector
db=mysql.connector.connect(          #打开数据库连接
    host='localhost',
    user='root',
    passwd='123456',
    database='teaching')
cursor=db.cursor()                   #使用cursor()方法创建一个游标对象cursor
try:
    cursor.execute("DELETE FROM s WHERE sno='s12'")   #执行SQL语句
    db.commit()                      #提交到数据库执行
except:
    db.rollback()                    #如果发生错误则回滚
    db.close()                       #关闭数据库连接
```

执行完文件delete_s_04.py中的代码后，我们可以发现学生表s中李玉的信息已经不存在了，使用SELECT语句查询，结果如表17-6所示。

表 17-6　删除数据后的学生表 s

sno	sn	sex	age	maj	dept
s1	王彤	女	18	计算机	信息学院
s10	苏红霞	女	20	信息	信息学院
s11	林勇	男	19	信息	信息学院
s2	苏乐	女	20	信息	信息学院
s3	林毅	男	19	信息	信息学院
s4	陶然	女	18	自动化	工学院
s5	魏立	男	17	数学	理学院
s6	何欣荣	女	21	计算机	信息学院
s7	赵琳琳	女	19	数学	理学院
s8	李轩	男	19	自动化	工学院
s9	王天一	女	18	计算机	信息学院

3. 修改数据

通过编写Python代码将学生表s中姓名为林毅的maj改为"计算机"，代码如下（见文件update_s_05.py）。

```
import mysql.connector
db=mysql.connector.connect(          #打开数据库连接
    host='localhost',
    user='root',
    passwd='123456',
    database='teaching')
cursor=db.cursor()                   #使用cursor()方法创建一个游标对象cursor
sql= "UPDATE s SET maj='计算机' WHERE sn='林毅'"
try:
    cursor.execute(sql)              #执行SQL语句
    db.commit()                      #提交到数据库执行
except:
    db.rollback()                    #如果发生错误则回滚
    db.close()                       #关闭数据库连接
```

执行完文件update_s_05.py中的代码后，我们可以发现学生表s中林毅的maj信息已经改为"计算机"，查询语句如下。

```
SELECT * FROM s WHERE sn='林毅';
```

显示结果如表17-7所示。

表 17-7　修改数据后的结果

sno	sn	sex	age	maj	dept
s3	林毅	男	19	计算机	信息学院

17.3.3　查询数据

我们可以通过编写Python程序查询学生表s中的信息。

（1）查询age字段大于或等于20的所有数据，Python代码如下（见文件select_s_06.py）。

```
import mysql.connector
db=mysql.connector.connect(        #打开数据库连接
    host='localhost',
    user='root',
    passwd='123456',
    database='teaching')
cursor=db.cursor()                 #使用cursor()方法创建一个游标对象cursor
sql= "SELECT * FROM s WHERE age >=%s" % 20
try:
    cursor.execute(sql)            #执行SQL语句
    results=cursor.fetchall()      #获取所有满足条件的记录列表
    print(results)                 #输出结果
except:
    db.close()                     #关闭数据库连接
```

文件select_s_06.py中代码执行结果为：[('s10', '苏红霞', '女', 20, '信息', '信息学院'), ('s2', '苏乐', '女', 20, '信息', '信息学院'), ('s6', '何欣荣', '女', 21, '计算机', '信息学院')]。

（2）查询age字段小于20的第一条记录，Python代码如下（见文件select_s_07.py）。

```
import mysql.connector
db=mysql.connector.connect(        #打开数据库连接
    host='localhost',
    user='root',
    passwd='123456',
    database='teaching')
cursor=db.cursor()                 #使用cursor()方法创建一个游标对象cursor
sql= "SELECT * FROM s WHERE age<%s"  % 20
try:
    cursor.execute(sql)            #执行SQL语句
    results=cursor.fetchone()      #获取所有满足条件的第一条记录
    print(results)                 #输出结果
except:
    db.close()                     #关闭数据库连接
```

文件select_s_07.py中代码执行的结果为：('s1', '王彤', '女', 18, '计算机', '信息学院')。

17.3.4　执行事务

Python DB API 3.x提供了两个处理事务的方法：commit() 和rollback()。其中，commit()方法提交游标的所有操作事务，rollback()方法回滚当前游标的所有操作。

MySQL数据库支持事务操作，使用Python进行编程，在游标建立之时，系统就自动开始了一个隐形的数据库事务。

在commit() 方法中，当游标的操作导致数据库改变时，使用rollback()方法可回滚当前游标的所有操作。对数据表进行的插入、删除、更新操作都会使数据发生改变，为确保数据的一致性，当这些操作发生错误时，需要做回滚操作。查询操作不需要修改数据库的数据，因此，其不需要回滚操作。

如果在Python代码中不提交事务，则游标中的SQL语句只在缓冲区进行更改数据，而原始表并未发生改变。例如，在delete_s_04.py文件中删除db.commit()之后，再执行文件中代码不会改变s表中的数据。

17.4　小结

本章首先介绍了Python语言的发展过程、使用场景和优势，然后介绍了使用Python连接数据库的接口Python DB API、使用Python DB API访问数据库的流程、使用Python连接MySQL数据库的方法及详细步骤。之后，本章详细介绍了Python环境的搭建过程。最后，本章通过具体的编程实例详细介绍了使用Python通过mysql.connector接口连接MySQL数据库的方法，以及通过Python对MySQL数据库数据进行插入、删除、修改和查询等操作的实现方法。此外，本章还简单介绍了使用Python进行编程时两个处理事务的方法。

习　　题

一、选择题

1. Python语言的优势不包含（　　）。
   - A. 编程简单
   - B. 较强的面向对象特性
   - C. 语法清晰易懂
   - D. 可以直接对硬件进行操作
2. 下列不属于使用Python进行MySQL数据库编程基本步骤的是（　　）。
   - A. 建立与MySQL服务器的连接
   - B. Cursor对象的方法返回结果
   - C. 执行SQL语句
   - D. 关闭数据库连接
3. Connection对象中用户获取游标对象通过（　　）来实现。
   - A. commit()
   - B. cursor()
   - C. nextset()
   - D. execute()
4. 可用于获取查询结果集的前3条记录的方法是（　　）。
   - A. fetchmany()
   - B. fetchall()
   - C. fetchmany(3)
   - D. fetchall(3)
5. 以下不是DatabaseError的子类的是（　　）
   - A. InterfaceError
   - B. OperationalError
   - C. ProgrammingError
   - D. IntegrityError
6. 执行 SQL 语句的方法是（　　）。
   - A. commit()
   - B. cursor()
   - C. nextset()
   - D. execute()

二、填空题

1. 使用Python连接MySQL数据库的connect函数中，必选的参数有_____、_____、_____。
2. Cursor对象中用于获得结果集的下一行的方法是_____，用于获得执行execute()方法后影响的行数的方法是_____。
3. 使用Python连接MySQL数据库执行事务时，提交事务的方法为_____，回滚事务的方法为_____。

    4. 使用Python连接MySQL数据库的接口主要有_____、_____和_____等。

三、综合题

    1. 请简述Python程序设计语言的优势和应用场景。

    2. 请简述使用Python连接MySQL数据库的基本步骤。

    3. 使用MySQL Workbench创建数据库mysql_test，然后在mysql_test中创建员工表tb_test，字段信息如表17-8所示。

表 17-8　字段信息

sno 编号	sname 姓名	ssex 性别	sbirthday 生日	ssalary 工资	scomm 奖金	smaj 领导
CHAR(5)	VARCHAR(20)	CHAR(1)	DATE	DOUBLE(10,2)	DOUBLE(10,2)	CHAR(5)
主键	非空	非空、 男:1/女:2/ 其他:3	非空	非空	可为空	可为空

    使用Python语言对表tb_test执行以下操作。

    （1）往员工表tb_test中插入以下4条记录：

    ① S0001、张三、1、1921-12-30、10000、5684.25、NULL;

    ② S0002、李四、1、1952-03-05、8000、NULL、S0001;

    ③ S0003、王五、1、1962-08-05、6000、1235.28、S0001;

    ④ S0004、赵六、1、1972-04-21、4000、2456.25、S0001;

    （2）把S0002的ssex修改成3。

    （3）查询一个月（按照30天算）需要支出给所有员工多少钱。

    （4）查询于1960-01-01之后出生的所有员工信息，并按照奖金降序排列输出。

    （5）查询有领导的员工中奖金最高的员工信息并输出。

    （6）删除奖金低于2000元的员工信息，并输出删除的总人数。

    （7）查询S0004员工的领导的姓名、生日。

参考文献

[1] 陈志泊，许福，韩慧，等. 数据库原理及应用教程[M]. 4版. 北京：人民邮电出版社，2017.

[2] 王珊，萨师煊. 数据库系统概论[M]. 5版. 北京：高等教育出版社，2014.

[3] 李辉，等. 数据库系统原理及MySQL应用教程[M]. 2版. 北京：机械工业出版社，2020.

[4] 托马斯·M. 康诺利，卡洛琳·E. 贝格. 数据库系统——设计、实现与管理（基础篇）[M]. 6版. 宁洪，贾丽丽，张元昭，译. 北京：机械工业出版社，2018.

[5] 姜桂红. MySQL数据库应用与开发[M]. 北京：清华大学出版社，2018.

[6] 卡西克·阿皮加特拉. MySQL 8 Cookbook[M]. 周彦伟，孟治华，王学芳，译. 北京：电子工业出版社，2018.

[7] 杨建荣. MySQL DBA工作笔记——数据库管理、架构优化与运维开发[M]. 北京：中国铁道出版社有限公司，2019.

[8] 董付国. Python程序设计[M]. 3版. 北京：清华大学出版社，2020.

[9] 王坚，唐小毅，柴艳妹，等. MySQL数据库原理及应用[M]. 北京：机械工业出版社，2021.

[10] 西泽梦路. MySQL基础教程[M]. 卢克贵，译. 北京：人民邮电出版社，2020.

[11] 林子雨. 大数据技术原理与应用[M]. 3版. 北京：人民邮电出版社，2021.

[12] 西尔伯·沙茨，亨利·F. 科恩，苏达尔山. 数据库系统概念[M]. 6版. 杨冬青，李红燕，唐世渭，译. 北京：机械工业出版社，2012.